U0137402

· *Treatise on Conic Sections* ·

阿波罗尼奥斯为阿基米德之后一个时期里，唯一可与阿基米德比肩的几何学家。

——乔治·萨顿（G.Sarton，1884—1956），美国科学史家

了解阿基米德和阿波罗尼奥斯的人，将不会钦佩后期最重要人物的成就。

——莱布尼兹（G.W.Leibniz，1646—1716），德国数学家

《圆锥曲线论》被誉为古希腊三大数学名著之一，影响后世2000多年。

本书列入“十四五”国家重点图书出版规划

科学元典丛书

The Series of the Great Classics in Science

主　　编　任定成

执行主编　周雁翎

策　　划　周雁翎

丛书主持　陈　静

科学元典是科学史和人类文明史上划时代的丰碑，是人类文化的优秀遗产，是历经时间考验的不朽之作。它们不仅是伟大的科学创造的结晶，而且是科学精神、科学思想和科学方法的载体，具有永恒的意义和价值。

科学元典丛书

圆锥曲线论

Treatise on Conic Sections

[古希腊] 阿波罗尼奥斯 著 [英] T.L.希思 编
凌复华 译

北京大学出版社
PEKING UNIVERSITY PRESS

图书在版编目(CIP)数据

圆锥曲线论／（古希腊）阿波罗尼奥斯著，凌复华译. —北京：北京大学出版社，2023.11

（科学元典丛书）

ISBN 978-7-301-34248-0

Ⅰ.①圆…　Ⅱ.①阿…②凌…　Ⅲ.①圆锥曲线　Ⅳ.①O123.3

中国国家版本馆 CIP 数据核字（2023）第 137652 号

TREATISE ON CONIC SECTIONS
By Apollonius
Translated by T. L. Heath
London：Cambridge University Press，1896

书　　名	圆锥曲线论 YUANZHUI QUXIAN LUN
著作责任者	[古希腊] 阿波罗尼奥斯　著　[英] T. L. 希思　编　凌复华　译
丛书策划	周雁翎
丛书主持	陈　静
责任编辑	陈　静
标准书号	ISBN 978-7-301-34248-0
出版发行	北京大学出版社
地　　址	北京市海淀区成府路 205 号　100871
网　　址	http://www. pup. cn　　新浪微博：@ 北京大学出版社
微信公众号	通识书苑（微信号：sartspku）　科学元典（微信号：kexueyuandian）
电子邮箱	编辑部 jyzx@ pup. cn　　总编室 zpup@ pup. cn
电　　话	邮购部 010-62752015　发行部 010-62750672　编辑部 010-62707542
印 刷 者	北京中科印刷有限公司
经 销 者	新华书店
	787 毫米×1092 毫米　16 开本　25.75 印张　彩插 8　490 千字 2023 年 11 月第 1 版　2023 年 11 月第 1 次印刷
定　　价	118.00 元

弁　言

· *Preface to the Series of the Great Classics in Science* ·

这套丛书中收入的著作，是自古希腊以来，主要是自文艺复兴时期现代科学诞生以来，经过足够长的历史检验的科学经典。为了区别于时下被广泛使用的“经典”一词，我们称之为“科学元典”。

我们这里所说的“经典”，不同于歌迷们所说的“经典”，也不同于表演艺术家们朗诵的“科学经典名篇”。受歌迷欢迎的流行歌曲属于“当代经典”，实际上是时尚的东西，其含义与我们所说的代表传统的经典恰恰相反。表演艺术家们朗诵的“科学经典名篇”多是表现科学家们的情感和生活态度的散文，甚至反映科学家生活的话剧台词，它们可能脍炙人口，是否属于人文领域里的经典姑且不论，但基本上没有科学内容。并非著名科学大师的一切言论或者是广为流传的作品都是科学经典。

这里所谓的科学元典，是指科学经典中最基本、最重要的著作，是在人类智识史和人类文明史上划时代的丰碑，是理性精神的载体，具有永恒的价值。

一

科学元典或者是一场深刻的科学革命的丰碑，或者是一个严密的科学体系的构架，或者是一个生机勃勃的科学领域的基石，或者是一座传播科学文明的灯塔。它们既是昔日科学成就的创造性总结，又是未来科学探索的理性依托。

哥白尼的《天体运行论》是人类历史上最具革命性的震撼心灵的著作，它向统治西方思想千余年的地心说发出了挑战，动摇了“正统宗教”学说的天文学基础。伽利略《关于托勒密和哥白尼两大世界体系的对话》以确凿的证据进一步论证了哥白尼学说，更直接地动摇了教会所庇护的托勒密学说。哈维的《心血运动论》以对人类躯体和心灵的双重关怀，满怀真挚的宗教情感，阐述了血液循环理论，推翻了同样统治西方思想千余年、被“正统宗教”所庇护的盖伦学说。笛卡儿的《几何》不仅创立了为后来诞生的微积分提供了工具的解析几何，而且折射出影响万世的思想方法论。牛顿的《自然哲学之数学原理》标志着17世纪科学革命的顶点，为后来的工业革命奠定了科学基础。分别以惠更斯的《光论》与牛顿的《光学》为代表的波动说与微粒说之间展开了长达200余年的论战。拉瓦锡在《化学基础论》中详尽论述了氧化理论，推翻了统治化学百余年之久的燃素理论，这一智识壮举被公认为历史上最自觉的科学革命。道尔顿的《化学哲学新体系》奠定了物质结构理论的基础，开创了科学中的新时代，使19世纪的化学家们有计划地向未知领域前进。傅立叶的《热的解析理论》以其对热传导问题的精湛处理，突破了牛顿的《自然哲学之数学原理》所规定的理论力学范围，开创了数学物理学的崭新领域。达尔文《物种起源》中的进化论思想不仅在生物学发展到分子水平的今天仍然是科学家们阐释的对象，而且100多年来几乎在科学、社会和人文的所有领域都在施展它有形和无形的影响。《基因论》揭示了孟德尔式遗传性状传递机理的物质基础，把生命科学推进到基因水平。爱因斯坦的《狭义与广义相对论浅说》和薛定谔的《关于波动力学的四次演讲》分别阐述了物质世界在高速和微观领域的运动规律，完全改变了自牛顿以来的世界观。魏格纳的《海陆的起源》提出了大陆漂移的猜想，为当代地球科学提供了新的发展基点。维纳的《控制论》揭示了控制系统的反馈过程，普里戈金的《从存在到演化》发现了系统可能从原来无序向新的有序态转化的机制，二者的思想在今天的影响已经远远超越了自然科学领域，影响到经济学、社会学、政治学等领域。

科学元典的永恒魅力令后人特别是后来的思想家为之倾倒。欧几里得的《几何原本》以手抄本形式流传了1800余年，又以印刷本用各种文字出了1000版以上。阿基米德写了大量的科学著作，达·芬奇把他当作偶像崇拜，热切搜求他的手稿。伽利略以他的继承人自居。莱布尼兹则说，了解他的人对后代杰出人物的成就就不会那么赞赏了。为捍卫《天体运行论》中的学说，布鲁诺被教会处以火刑。伽利略因为其《关于托勒密和哥白尼两大世界体系的对话》一书，遭教会的终身监禁，备受折磨。伽利略说吉尔伯特的《论磁》一书伟大得令人嫉妒。拉普拉斯说，牛顿的《自然哲学之数学原理》揭示了宇宙的最伟大定律，它将永远成为深邃智慧的纪念碑。拉瓦锡在他的《化学基础论》出版后5年被法国革命法庭处死，传说拉格朗日悲愤地说，砍掉这颗头颅只要一瞬间，再长出这样的头颅 100 年也不够。《化学哲学新体系》的作者道尔顿应邀访法，当他走进法国科学院会议厅时，院长和全体院士起立致敬，得到拿破仑未曾享有的殊荣。傅立叶在《热的解析理论》中阐述的强有力的数学工具深深影响了整个现代物理学，推动数学分析的发展达一个多世纪，麦克斯韦称赞该书是“一首美妙的诗”。当人们咒骂《物种起源》是“魔鬼的经典”“禽兽的哲学”的时候，赫胥黎甘做“达尔文的斗犬”，挺身捍卫进化论，撰写了《进化论与伦理学》和《人类在自然界的位置》，阐发达尔文的学说。经过严复的译述，赫胥黎的著作成为维新领袖、辛亥精英、“五四”斗士改造中国的思想武器。爱因斯坦说法拉第在《电学实验研究》中论证的磁场和电场的思想是自牛顿以来物理学基础所经历的最深刻变化。

在科学元典里，有讲述不完的传奇故事，有颠覆思想的心智波涛，有激动人心的理性思考，有万世不竭的精神甘泉。

二

按照科学计量学先驱普赖斯等人的研究，现代科学文献在多数时间里呈指数增长趋势。现代科学界，相当多的科学文献发表之后，并没有任何人引用。就是一时被引用过的科学文献，很多没过多久就被新的文献所淹没了。科学注重的是创造出新的实在知识。从这个意义上说，科学是向前看的。但是，我们也可以看到，这么多文献被淹没，也表明划时代的科学文献数量是很少的。大多数科学元典不被现代科学文献所引用，那是因为其中的知识早已成为科学中无须证明的常识了。即使这样，科学经典也会因为其中思想的恒久意义，而像人文领域里的经典一样，具有永恒的阅读价值。于是，科学经典就被一编再编、一印再印。

早期诺贝尔奖得主奥斯特瓦尔德编的物理学和化学经典丛书“精密自然科学经典”从 1889 年开始出版，后来以“奥斯特瓦尔德经典著作”为名一直在编辑出版，有资料说目前已经出版了 250 余卷。祖德霍夫编辑的“医学经典”丛书从 1910 年就开始陆续出版了。也是这一年，蒸馏器俱乐部编辑出版了 20 卷“蒸馏器俱乐部再版本”丛书，丛书中全是化学经典，这个版本甚至被化学家在 20 世纪的科学刊物上发表的论文所引用。一般把 1789 年拉瓦锡的化学革命当作现代化学诞生的标志，把 1914 年爆发的第一次世界大战称为化学家之战。奈特把反映这个时期化学的重大进展的文章编成一卷，把这个时期的其他 9 部总结性化学著作各编为一卷，辑为 10 卷“1789—1914 年的化学发展”丛书，于 1998 年出版。像这样的某一科学领域的经典丛书还有很多很多。

科学领域里的经典，与人文领域里的经典一样，是经得起反复咀嚼的。两个领域里的经典一起，就可以勾勒出人类智识的发展轨迹。正因为如此，在发达国家出版的很多经典丛书中，就包含了这两个领域的重要著作。1924 年起，沃尔科特开始主编一套包括人文与科学两个领域的原始文献丛书。这个计划先后得到了美国哲学协会、美国科学促进会、美国科学史学会、美国人类学协会、美国数学协会、美国数学学会以及美国天文学学会的支持。1925 年，这套丛书中的《天文学原始文献》和《数学原始文献》出版，这两本书出版后的 25 年内市场情况一直很好。1950 年，沃尔科特把这套丛书中的科学经典部分发展成为“科学史原始文献”丛书出版。其中有《希腊科学原始文献》《中世纪科学原始文献》和《20 世纪（1900—1950 年）科学原始文献》，文艺复兴至 19 世纪则按科学学科（天文学、数学、物理学、地质学、动物生物学以及化学诸卷）编辑出版。约翰逊、米利肯和威瑟斯庞三人主编的“大师杰作丛书”中，包括了小尼德勒编的 3 卷“科学大师杰作”，后者于 1947 年初版，后来多次重印。

在综合性的经典丛书中，影响最为广泛的当推哈钦斯和艾德勒 1943 年开始主持编译的“西方世界伟大著作丛书”。这套书耗资 200 万美元，于 1952 年完成。丛书根据独创性、文献价值、历史地位和现存意义等标准，选择出 74 位西方历史文化巨人的 443 部作品，加上丛书导言和综合索引，辑为 54 卷，篇幅 2 500 万单词，共 32 000 页。丛书中收入不少科学著作。购买丛书的不仅有“大款”和学者，而且还有屠夫、面包师和烛台匠。迄 1965 年，丛书已重印 30 次左右，此后还多次重印，任何国家稍微像样的大学图书馆都将其列入必藏图书之列。这套丛书是 20 世纪上半叶在美国大学兴起而后扩展到全社会的经典著作研读运动的产物。这个时期，美国一些大学的寓所、校园和酒吧里都能听到学生讨论古典佳作的声音。有的大学要求学生必须深研 100 多部名著，甚至在教学中不得使用最新的实验设备，而是借助历史上的科学大师所使用的方法和仪器复制品去再现划时代的著名实验。至 20 世纪 40 年代末，美国举办古典名著学习班的城市达 300 个，学员 50 000 余众。

相比之下，国人眼中的经典，往往多指人文而少有科学。一部公元前 300 年左右古希腊人写就的《几何原本》，从 1592 年到 1605 年的 13 年间先后 3 次汉译而未果，经 17 世纪初和 19 世纪 50 年代的两次努力才分别译刊出全书来。近几百年来移译的西学典籍中，成系统者甚多，但皆系人文领域。汉译科学著作，多为应景之需，所见典籍寥若晨星。借 20 世纪 70 年代末举国欢庆“科学春天”到来之良机，有好尚者发出组译出版“自然科学世界名著丛书”的呼声，但最终结果却是好尚者抱憾而终。20 世纪 90 年代初出版的“科学名著文库”，虽使科学元典的汉译初见系统，但以 10 卷之小的容量投放于偌大的中国读书界，与具有悠久文化传统的泱泱大国实不相称。

我们不得不问：一个民族只重视人文经典而忽视科学经典，何以自立于当代世界民族之林呢？

三

科学元典是科学进一步发展的灯塔和坐标。它们标识的重大突破，往往导致的是常规科学的快速发展。在常规科学时期，人们发现的多数现象和提出的多数理论，都要用科学元典中的思想来解释。而在常规科学中发现的旧范型中看似不能得到解释的现象，其重要性往往也要通过与科学元典中的思想的比较显示出来。

在常规科学时期，不仅有专注于狭窄领域常规研究的科学家，也有一些从事着常规研究但又关注着科学基础、科学思想以及科学划时代变化的科学家。随着科学发展中发现的新现象，这些科学家的头脑里自然而然地就会浮现历史上相应的划时代成就。他们会对科学元典中的相应思想，重新加以诠释，以期从中得出对新现象的说明，并有可能产生新的理念。百余年来，达尔文在《物种起源》中提出的思想，被不同的人解读出不同的信息。古脊椎动物学、古人类学、进化生物学、遗传学、动物行为学、社会生物学等领域的几乎所有重大发现，都要拿出来与《物种起源》中的思想进行比较和说明。玻尔在揭示氢光谱的结构时，提出的原子结构就类似于哥白尼等人的太阳系模型。现代量子力学揭示的微观物质的波粒二象性，就是对光的波粒二象性的拓展，而爱因斯坦揭示的光的波粒二象性就是在光的波动说和微粒说的基础上，针对光电效应，提出的全新理论。而正是与光的波动说和微粒说二者的困难的比较，我们才可以看出光的波粒二象性学说的意义。可以说，科学元典是时读时新的。

除了具体的科学思想之外，科学元典还以其方法学上的创造性而彪炳史册。这些方法学思想，永远值得后人学习和研究。当代诸多研究人的创造性的前沿领域，如认知心理学、科学哲学、人工智能、认知科学等，都涉及对科学大师的研究方法的研究。一些科学史学家以科学元典为基点，把触角延伸到科学家的信件、实验室记录、所属机构的档案等原始材料中去，揭示出许多新的历史现象。近二十多年兴起的机器发现，首先就是对科学史学家提供的材料，编制程序，在机器中重新做出历史上的伟大发现。借助于人工智能手段，人们已经在机器上重新发现了波义耳定律、开普勒行星运动第三定律，提出了燃素理论。萨伽德甚至用机器研究科学理论的竞争与接受，系统研究了拉瓦锡氧化理论、达尔文进化学说、魏格纳大陆漂移说、哥白尼日心说、牛顿力学、爱因斯坦相对论、量子论以及心理学中的行为主义和认知主义形成的革命过程和接受过程。

除了这些对于科学元典标识的重大科学成就中的创造力的研究之外，人们还曾经大规模地把这些成就的创造过程运用于基础教育之中。美国几十年前兴起的发现法教学，就是在这方面的尝试。近二十多年来，兴起了基础教育改革的全球浪潮，其目标就是提高学生的科学素养，改变片面灌输科学知识的状况。其中的一个重要举措，就是在教学中加强科学探究过程的理解和训练。因为，单就科学本身而言，它不仅外化为工艺、流程、技术及其产物等器物形态，直接表现为概念、定律和理论等知识形态，更深蕴于其特有的思想、观念和方法等精神形态之中。没有人怀疑，我们通过阅读今天的教科书就可以方便地学到科学元典著作中的科学知识，而且由于科学的进步，我们从现代教科书上所学的知识甚至比经典著作中的更完善。但是，教科书所提供的只是结晶状态的凝固知识，而科学本是历史的、创造的、流动的，在这历史、创造和流动过程之中，一些东西蒸发了，另一些东西积淀了，只有科学思想、科学观念和科学方法保持着永恒的活力。

然而，遗憾的是，我们的基础教育课本和科普读物中讲的许多科学史故事不少都是误讹相传的东西。比如，把血液循环的发现归于哈维，指责道尔顿提出二元化合物的元素原子数最简比是当时的错误，讲伽利略在比萨斜塔上做过落体实验，宣称牛顿提出了牛顿定律的诸数学表达式，等等。好像科学史就像网络上传播的八卦那样简单和耸人听闻。为避免这样的误讹，我们不妨读一读科学元典，看看历史上的伟人当时到底是如何思考的。

现在，我们的大学正处在席卷全球的通识教育浪潮之中。就我的理解，通识教育固然要对理工农医专业的学生开设一些人文社会科学的导论性课程，要对人文社会科学专业的学生开设一些理工农医的导论性课程，但是，我们也可以考虑适当跳出专与博、文与理的关系的思考路数，对所有专业的学生开设一些真正通而识之的综合性课程，或者倡导这样的阅读活动、讨论活动、交流活动甚至跨学科的研究活动，发掘文化遗产、分享古典智慧、继承高雅传统，把经典与前沿、传统与现代、创造与继承、现实与永恒等事关全民素质、民族命运和世界使命的问题联合起来进行思索。

我们面对不朽的理性群碑，也就是面对永恒的科学灵魂。在这些灵魂面前，我们不是要顶礼膜拜，而是要认真研习解读，读出历史的价值，读出时代的精神，把握科学的灵魂。我们要不断吸取深蕴其中的科学精神、科学思想和科学方法，并使之成为推动我们前进的伟大精神力量。

任定成
2005 年 8 月 6 日
北京大学承泽园迪吉轩

阿波罗尼奥斯（Apollonius of Perga / Perge，约前 262—约前 190），古希腊数学家。（宋佳 / 绘）

公元前 490 年，希波战争爆发。希波战争是古代波斯帝国为了扩张版图而入侵希腊的战争，战争以希腊联军胜利而告结束。希波战争促进了雅典民主政治制度的发展和城邦文明的大繁荣，确立了雅典在希腊诸城邦国家中的统治地位。雅典的对外扩张政策也因此而起。图为表现希波战争的名画《列奥尼达在温泉关》（雅克–路易斯·大卫 / 绘）。

希波战争结束后，雅典依靠其海上优势和商业领导地位，成了希腊各城邦的主导者。这段时期，雅典历史上最伟大的政治家伯里克利（前 495—前 429）大力推行民主改革。在他的领导下，雅典的奴隶制经济、民主政治、海上霸权和古典文化臻于极盛。图为伯里克利头像。

帕特农神庙由伯里克利主持修建，是雅典卫城的主体建筑，为歌颂雅典战胜波斯侵略者而建。

雅典的伟大建筑都是在伯里克利时代兴建起来的。雅典民主政治时期，卫城成为国家的宗教活动中心。自雅典联合各城邦战胜波斯入侵后，这里被视为国家的象征。每逢宗教节日或城邦庆典，公民列队上山进行祭神活动。图为卫城遗址。

卫城的中心是雅典城的保护神雅典娜的铜像，主要建筑是膜拜雅典娜的帕特农神庙、伊瑞克先神庙、胜利神庙以及卫城山门。南坡是平民活动中心，有露天剧场。

伊瑞克先神庙，始建于公元前 421 年。位于卫城的北部，供奉的是雅典娜和海神波塞冬。

胜利神庙建于公元前 427 年（雅典与斯巴达争雄时期），用以激励斗志，祈求胜利。

德尔菲的阿波罗神庙被认为是所有希腊圣地中最重要的神殿。神庙的入口处刻着一句深受苏格拉底看重的铭文：“认识你自己。”下图为德尔菲的阿波罗神庙遗址。

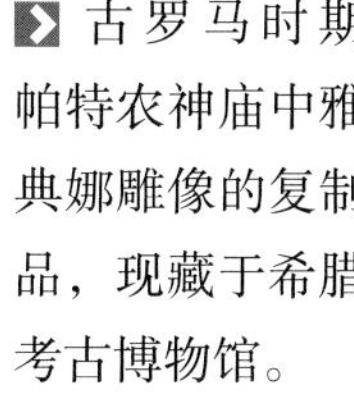

古罗马时期帕特农神庙中雅典娜雕像的复制品，现藏于希腊考古博物馆。

意大利文艺复兴时期的杰出画家和建筑师拉斐尔（Raffaello Sanzio，1483—1520），在其不朽画作《雅典学园》中，以古希腊哲学家柏拉图创办的雅典学园为题材，打破时空界限，把代表着哲学、数学、音乐、天文等不同学科领域的文化名人绘制在同一个画面中，表达了作者对人类追求智慧和真理的敬仰。此壁画创作于 1509 年至 1510 年间，位于梵蒂冈。

画作中央的柏拉图（Plato，前 427—前 347）左手持《蒂迈欧篇》，右手指向天；亚里士多德（Aristotle，前 384—前 322）左手持《伦理学》，右掌向下。这样的手势反映出他们世界观和认识论的差别——柏拉图是一个理想主义者，而亚里士多德是一个现实主义者。他们和苏格拉底（Socrates，前 469—前 399）一起，被后人尊为“古希腊三贤”。

画作中唯一的女性，叫希帕提娅（Hypatia，约 370—415），生于埃及亚历山大城。她是世界上第一位女数学家和天文学家。她曾经对欧几里得的《几何原本》和阿波罗尼奥斯的《圆锥曲线论》做了评注。

古希腊可划分为大约 750 个城邦。城邦绝大部分都很小，平均面积不足 100 平方千米，成年男性不足 1000 人。雅典是希腊人口最多的城邦，公元前 5 世纪，伯里克利领导时期的雅典，成年男性公民约 6 万。雅典城区加上比雷埃夫斯海港城，面积约 2500 平方千米。下图中的实心黑点为希腊殖民地，地图引自《世界经济简史：从旧石器时代到20世纪末（第4版）》（上海译文出版社2012年版）。

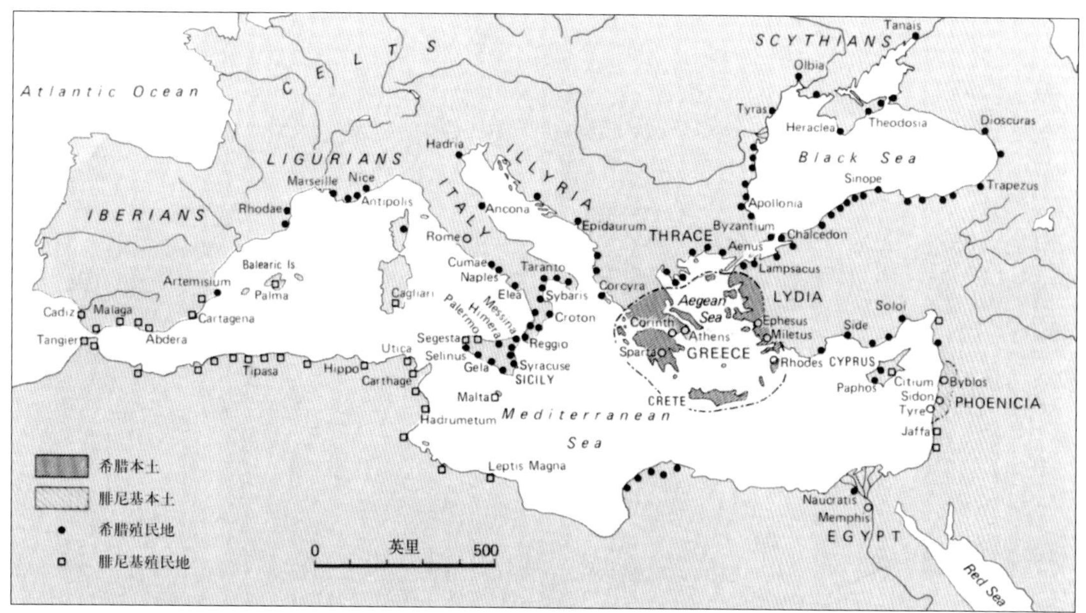

公元前 431 年，以希腊雅典和斯巴达为首的两大城邦联盟，为了争夺海上贸易和政治霸权，发动了第二次伯罗奔尼撒战争。这场将几乎所有希腊城邦裹挟进来的“世界大战”，持续了 27 年，以雅典战败而告终。这场内战是古代希腊历史的一个重大转折点，结束了雅典古典时代和希腊民主时代。战争带来了前所未有的破坏，整个希腊开始由盛转衰。下图（铜版画）描绘了雅典海军大战斯巴达舰队的战争场景。

公元前 338 年，希腊被北方的马其顿王国征服。两年后，马其顿亚历山大大帝（Alexander the Great，前 356—前 323）即位。他在短短的 13 年中，建立了一个横跨欧亚非的大帝国。遗憾他英年早逝，此后帝国分裂成三个希腊化王朝，即安提柯王朝（马其顿和希腊本土）、塞琉古王朝（西亚）和托勒密王朝（埃及）。下图为亚历山大大帝在格兰尼库斯击败波斯人的首次重大胜利。

亚历山大大帝是古代世界最著名的军事家和政治家。随着亚历山大帝国的建立，古希腊文明得到了广泛传播与繁荣发展，促进了东西方文化的交流，开启了世界历史上影响深远的希腊化时代。左图为战场上的亚历山大大帝，骁勇善战。

青年时代的亚历山大曾受教于哲学家亚里士多德。这段经历对他产生了重大影响。

托勒密王朝的亚历山大城成为世界科学之都，数学和科学发展到了顶峰，许多希腊学者都曾在那里学习和工作。阿波罗尼奥斯年轻时曾到埃及亚历山大城在欧几里得创办的学校里学习。那时正处于希腊化时代（前 323—前 30），是希腊科学文化向周边传播并达到顶峰的时期。

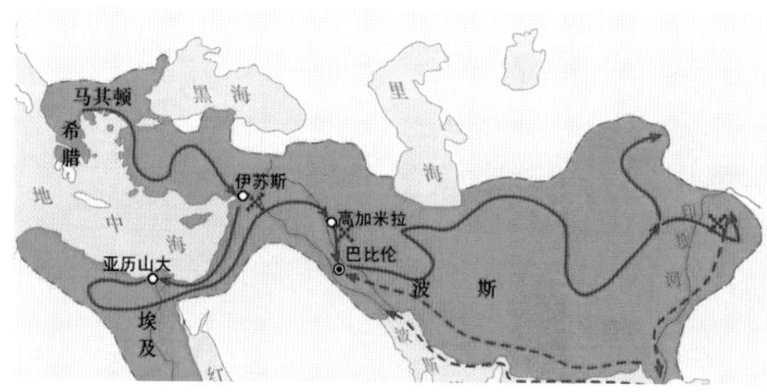

希腊化时期地域图。

欧几里得（Euclid，约前 330—前 270）画像。

古城亚历山大新貌。

亚历山大灯塔遗址，位于亚历山大港近旁的法罗斯岛上。大约在公元前 283 年托勒密王朝时建造，是当时世界最高的建筑。14 世纪时，灯塔毁于地震。1480 年，埃及马穆鲁克苏丹卡特巴（Qaitbay，1418—1496）为了抵抗外来侵略，使用灯塔遗留下来的石料在灯塔遗址上建造了一个城堡。

亚历山大图书馆建于公元前 3 世纪，其唯一目的，就是“收集全世界的书”，实现“世界知识总汇”。在鼎盛时期，藏书量高达 50 万卷（一说 70 万卷），其中绝大部分为莎草纸手抄稿；在雇用大量抄书人制作复本的同时，还聘请了上百名驻馆研究学者。遗憾的是，这座伟大的知识宫殿先后多次被战火焚毁，全部书籍被化为灰烬。它原本的模样，只存于人们的想象中。

托勒密二世时期亚历山大图书馆。

工作在亚历山大图书馆中的学者们。

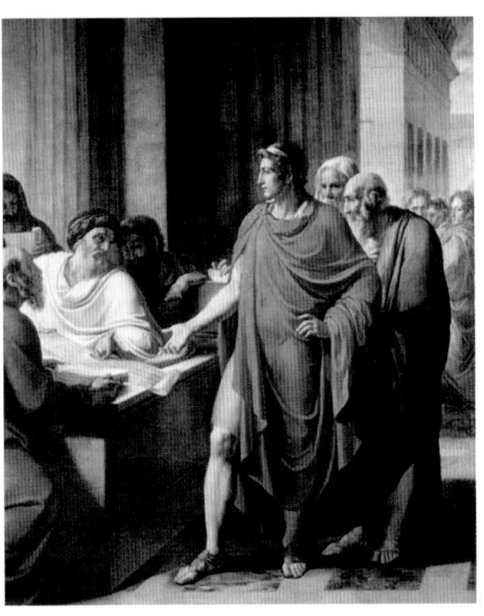

被焚毁的亚历山大图书馆。

1995 年，联合国教科文组织和埃及政府，在托勒密王朝时期图书馆的旧址上，开始重建亚历山大图书馆。2002 年正式开馆。主体建筑为圆柱体，穹顶为圆柱体斜切面，会议厅呈金字塔形，天文台为球形。

目 录

阿波罗尼奥斯的《圆锥曲线论》

导　读

凌复华
(上海交通大学、美国史蒂文斯理工学院 教授)

· *Introduction to Chinese Version* ·

阿波罗尼奥斯的主要成就是建立了完美的圆锥曲线理论。他总结了前人在这方面的工作,再加上自己的研究成果,撰写成《圆锥曲线论》八大卷,将圆锥曲线的性质网罗殆尽,使后人几乎没有插足的余地。

Aristippus Philosophus Socraticus, naufragio cum ejectus ad Rhodiensium litus animadvertisset Geometrica schemata descripta, exclamavisse ad comites ita dicitur, Bene speremus, Hominum enim vestigia video.

Vitruv. Architect. lib. 6. Præf.

阿波罗尼奥斯是古希腊三大数学家之一，形式与状态几何学的开山鼻祖。他的主要著作《圆锥曲线论》写于公元前3世纪，该书对圆锥曲线的讨论十分详尽，以致在此之后的两千年间，未见有实质性的新内容添加；直到17世纪，才因为坐标几何和射影几何的出现而有所突破。

一、古希腊文明与古希腊数学

公元前5000—前3000年，在北半球的两河流域、尼罗河、印度河和恒河流域以及黄河和长江流域，相继产生了世界四大文明。

稍晚一些，约公元前3000—前1100年，爱琴海中克里特岛上的米诺斯人创造了克里特文明。米诺斯人可能是从埃及渡海过来的，他们使用的“线形文字A”并非希腊文字，今已消失。米诺斯王朝晚期，阿卡亚人从巴尔干半岛南下，在希腊南部建立了自己的国家。阿卡亚人建立了迈锡尼王朝，灭掉了米诺斯王朝。迈锡尼王朝使用的是最早的希腊文字，被称为“线形文字B”，现也已消失。米诺斯王朝虽在希腊领土上，但因未使用希腊文字，因此有些历史学家认为希腊历史应该始于迈锡尼王朝而不是米诺斯王朝。

公元前1100—前1000年，多利亚人入侵毁灭了迈锡尼文明，希腊历史进入了没有文字的所谓“黑暗时期”，其后期又因《荷马史诗》的留传而被称为荷马时期，不过荷马是否确有其人，尚无确凿证据。

希腊城邦制度是希腊特有的制度，城邦就是主要以城镇为中心的独立自主的小国。在黑暗时期晚期，新的城邦国家纷纷建立。公元前776年，第一次奥林匹克运动会的举办，标志着“古风时期”的开始。此后，各城邦国家（称为“母城邦”）的希腊人纷纷向外殖民。有些殖民地由逃离本土的战败者或放逐者所建立，更多的是为了贸易需要。在250年中，新的希腊城邦（称为“殖民城邦”）遍及巴尔干半岛、小亚细亚和北非的地中海及黑海沿岸，也包括今天的西班牙、法国和意大利，见图1。因此，许多古希腊名人并不出生在希腊本土。阿基米德便出生在今意大利西西里岛的锡拉库萨（古名叙拉古），而阿波罗尼奥斯则出生在今土耳其的帕加。

◀希思英译本里的插图。插图下方的拉丁文的意思是：当我看到人类存在时，我们没有什么可害怕的。

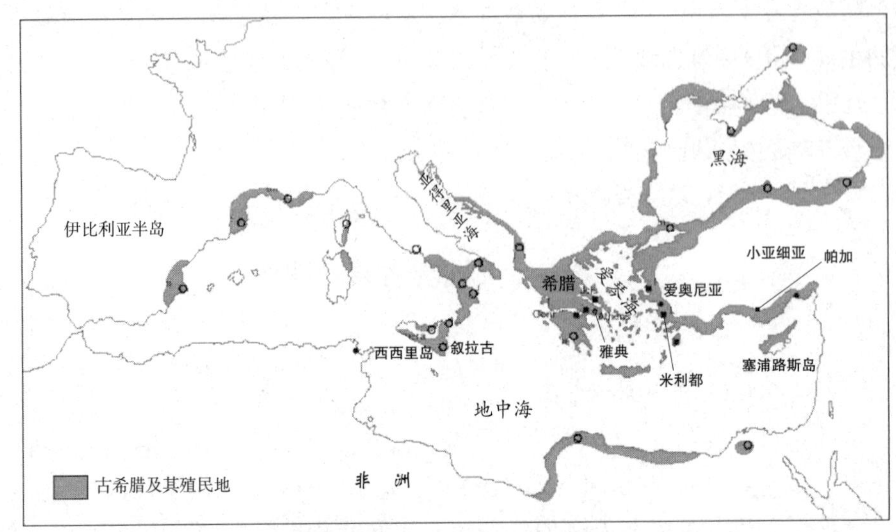

图1 古希腊及其殖民地示意图

在诸城邦中,势力最大的是雅典和斯巴达。公元前 490 年,波斯大军渡海西侵,但在马拉松战役中被人数居于劣势的雅典重装步兵击败。希腊人赢得了第一次希波战争的胜利,希腊历史进入"古典时期"。

此后,希腊内部雅典与斯巴达争霸,公元前 431 年,伯罗奔尼撒战争爆发,十年后以《尼西亚斯和约》结束。内战导致希腊国力式微,于公元前 338 年被北方的马其顿王国(马其顿王国不属于希腊本土,被希腊人排除在希腊世界之外,虽然其宫廷中使用希腊语)征服。公元前 337 年,马其顿王国国王菲利普二世召开科林斯会议,会议的决议要求各城邦承认他为全希腊的统帅,但保存各城邦的自治地位。不过各城邦在政治上的独立自主性此后不复存在。

乱世出英雄。在雅典社会危机和希腊城邦危机交织的过程中,有两位思想家最具影响力,柏拉图(Plato,前 427—前 347)和他的学生亚里士多德(Aristotle,前 384—前 322)。还要提到的是柏拉图的老师苏格拉底(Socrates,前 469—前 399)。苏格拉底视个人的道德修养和灵魂为最重要,当他被不恰当地指控不尊敬神祇和带坏青年,他拒不认错并不愿出逃,最后饮毒酒身亡。柏拉图致力于探讨理想的城邦及其制度,表述于著名的《理想国》一书中。亚里士多德则认为社会应当包容,使得贫富阶层都不走极端。

公元前 336 年,菲利普二世被刺身亡,他的儿子,即马其顿帝国亚历山大大帝即位。大帝战功辉煌,先是统一希腊全境,进而横扫中东地区,又不费一兵一卒占领埃及,再荡平波斯帝国,大军一直开到印度河流域。但他三年后就病逝,年仅 33

岁。死后无继承人,手下将领经多年争夺后,最后建立了三个希腊化王朝,即安提柯王朝(马其顿和希腊本土)、塞琉古王朝(西亚)和托勒密王朝(埃及)。

托勒密王朝极其富裕,亚历山大城成为世界科学之都,数学和科学发展到了顶峰,许多希腊学者都曾在那里工作,包括阿基米德(Archimedes,前 287—前 212)和阿波罗尼奥斯(Apollonius,约前 262—约前 190)。托勒密王朝于公元前 30 年覆灭,希腊化时期结束。

表 1 列出了古希腊的知名数学家。他们大都生活和工作于公元前 6 世纪至公元前 2 世纪的 400 年间,即从古风时期的后半至希腊化时期的前半。而自欧几里得开始的大数学家,都生活在希腊化时期。这段时间正是中国的春秋战国时期(公元前 8 世纪至公元前 2 世纪),诸子百家辈出,不过多半是哲学家,鲜少数学家和科学家。

表 1 古希腊的知名数学家

年代(公元前)	姓名(汉译)	姓名(英译)	主要成就
约 624—约 547	泰勒斯	Thales	引进几何学
约 570—约 495	毕达哥拉斯	Pythagoras	勾股定理和无理数
约 560—约 490	埃利斯的希庇亚斯	Hippias of Elis	
500—428	阿那可萨哥拉	Anaxagoras	
460—370	希俄斯的希波克拉底	Hippocrates of Chios	
460—370	德谟克利特	Democritus	
460—385	昔兰尼的特奥多鲁斯	Theodorus of Cyrene	
约 430—360	阿尔基塔斯	Archytas of Taras (Tarentum)	
427—347	柏拉图	Plato	
417—369	特埃特图斯	Theaetetus	
408—355	尼多斯的欧多克斯	Eudoxus of Cnidus	穷举法与比例
活跃于约 350	梅奈奇姆斯	Menaechmus	发现圆锥曲线
390—320	狄诺斯特拉杜斯	Dinostratus	
活跃于前 4 世纪	泰乌迪乌斯	Theudius	
约 330—270	欧几里得	Euclid	公理系统
310—230	萨摩斯的阿里斯塔克	Aristarchus of Samos	首创日心说
287—212	阿基米德	Archimedes	度量几何学
284—203	厄拉多塞	Eratosthenes	
约 262—约 190	帕加的阿波罗尼奥斯	Apollonius of Perga/Perge	形式与状态几何学

四大文明中除了中华文明,其余都与古希腊及其殖民地在地理上十分接近。古希腊文明从中汲取了许多营养。而后来的西欧文明可以看作古希腊文明的延续。

二、阿波罗尼奥斯及其在数学史中的地位

阿波罗尼奥斯约公元前262年生于古国潘菲利亚的帕加(Perga),约公元前190年卒。帕加位于今土耳其小亚细亚半岛。阿波罗尼奥斯年青时到亚历山大跟随欧几里得的后继者学习,那时是托勒密三世(Ptolemy Euergetes,前246—前221在位)统治时期,到了托勒密四世(Ptolemy ,前221—前205在位)时期,他在天文学研究方面已颇有名气。后来他到过小亚细亚西岸的佩加蒙(Pergamon)王国,那里有一个大图书馆,规模仅次于亚历山大图书馆。国王阿塔勒斯一世(Attalus Ⅰ Soter,前241—前197在位)除崇尚武功外,还注重文化建设。阿波罗尼奥斯的《圆锥曲线论》从第四卷起都是题献给阿塔勒斯的,后世有些学者认为该阿塔勒斯就是这位国王。但存在一个疑点,阿波罗尼奥斯在写信给阿塔勒斯时直书其名,而没有在前面加上“国王”的称呼,这是违背当时的礼仪习惯的。可能有两种解释,一是他指的不是国王而是另一个同名的人,二是他不循礼法,而这位君主确能礼贤下士,不拘小节。

阿波罗尼奥斯在佩加蒙还结识了一位欧德莫斯(Eudemus),《圆锥曲线论》的前三卷是题献给他的。在这书的卷Ⅱ的前言中,阿波罗尼奥斯说他曾将该卷通过他儿子交给欧德莫斯,并请欧德莫斯如果见到菲洛尼底斯(Philonides),也让他一阅此书。菲洛尼底斯是阿波罗尼奥斯在以弗所(Ephesus)结识的几何学家,对圆锥曲线论颇感兴趣,阿波罗尼奥斯曾介绍他与欧德莫斯相识。卷Ⅲ没有前言。卷Ⅳ的前言是写给阿塔勒斯的,开头说这八卷著作的前三卷是题献给欧德莫斯的,现在他已去世,我决定将其余各卷题献给您,因为您也渴望得到我的著作。由此可知阿波罗尼奥斯写此书是在晚年,至少是在他的儿子成年以后。在卷I的前言中,阿波罗尼奥斯向欧德莫斯叙述撰写该书的经过:“几何学家劳克拉泰斯(Naucrates)来到亚历山大,鼓励我写出这本书。我赶在他乘船离开之前仓促完成并交给他,未能仔细推敲。现在才有时间逐卷修订,并分批寄给您。”

阿波罗尼奥斯的主要成就是建立了完美的圆锥曲线理论。他总结了前人在这方面的工作,再加上自己的研究成果,撰写成《圆锥曲线论》八大卷,将圆锥曲线的性质网罗殆尽,使后人几乎没有插足的余地。根据尤托西乌斯(Eutocius,约480—540)引述格米努斯(Geminus,约前70)的话,阿波罗尼奥斯的同时代人对他

就圆锥曲线所作的绝妙处理评价极高，称他为“大几何学家”。《圆锥曲线论》的出现，立刻引起人们的重视，被公认为这方面的权威著作。著名数学史家帕普斯（Pappus，3—4 世纪）曾给它增加了许多引理，著名数学家塞里纳斯（Serenus，4 世纪）及希帕提娅（Hypatia，约 370—415）都对之做过注解。尤托西乌斯校订注释了前四卷希腊文本。

《圆锥曲线论》的写作风格仿效欧几里得。先设立若干定义，再由此证明各个命题。推理是十分严谨的，有些性质在欧几里得《几何原本》中已得到证明，便作为已知的使用，但原文并没有标明出自《几何原本》何处，有些后人对此颇有微词。阿基米德的传记作者甚至说，阿波罗尼奥斯将阿基米德未发表的关于圆锥曲线的成果据为己有。此说出自尤托西乌斯的记载，但他同时说这种看法是不正确的。帕普斯则指责阿波罗尼奥斯采用了许多前人（包括欧几里得）在这方面的工作，而未归功于这些先驱者。事实上，阿波罗尼奥斯在前人的基础上有巨大的进步，它的卓越的贡献也是应该肯定的。本书《希思导言》中对这些有详细讨论，故不在此赘述。

阿波罗尼奥斯在天文学方面的研究也很有名。他的其他著作有：《截取线段成定比》《截取面积等于已知面积》《论接触》《平面轨迹》《逼近》《内接于同一个球的十二面体与二十面体对比》《无序无理量》，此外，还有圆周率计算以及天文学方面的著述等。

古希腊是一个数学家辈出的时代，表 1 列出了 20 位最负盛名的数学家，其中 6 位做出了里程碑式的贡献，如表 2 所示，最后一位就是阿波罗尼奥斯。一般认为，古希腊最伟大的三位数学家是欧几里得、阿基米德和阿波罗尼奥斯。在他们以后，希腊数学再无创造性的发展。不过还值得注意的是上面提到的帕普斯，他生活于罗马帝国晚期，著有《数学汇编》（*Synagoge*）一书，该书记录了许多重要的古希腊数学成果（其中很多原本已佚失），且留存至今，在数学史上意义十分重大，本书中也多处引用了该书。

表 2　古希腊数学里程碑

公元前世纪	姓名（汉译）	里程碑
7—6	泰勒斯	引进几何学
6—5	毕达哥拉斯	勾股定理和无理数
5—4	尼多斯的欧多克斯	穷举法与比例
4—3	欧几里得	公理系统
3	阿基米德	度量几何学
3—2	帕加的阿波罗尼奥斯	形式与状态几何学

三、《圆锥曲线论》的各种版本

9世纪时，君士坦丁堡（东罗马帝国都城）兴起了学习希腊文化的热潮，尤托西乌斯编辑的《圆锥曲线论》四卷本被转写成安色尔字体（uncial，手稿常用的一种大字体）并保存下来，不过有些地方有所改动。前四卷最早由叙利亚人希姆斯（Hilāl ibn Abī Hilāl al Himsī，卒于883或884）译成阿拉伯语。卷Ⅴ—Ⅶ由塔比·伊本·库拉（Thābit ibn Qurra，约826—901）从另一版本译成阿拉伯语。纳西尔丁（Nasīr ad-Dīn al-Tūsi，1201—1274）对卷Ⅰ—Ⅶ做了修订（1248），现有两个抄本收藏于英国牛津大学博德利图书馆，分别为1301年的抄本和1626年卷Ⅴ—Ⅶ的抄本。卷Ⅰ—Ⅳ的拉丁语译本于1537年由门努斯（J. B. Menus）在威尼斯出版；而卷Ⅰ—Ⅳ较标准的拉丁语译本出自科曼迪诺（F. Commandino，1509—1575），于1566年在博洛尼亚出版，其中包括帕普斯的引理和尤托西乌斯的评注，还加上许多解释以便于研读。卷Ⅴ—Ⅶ最早的拉丁语译本出自埃凯伦西斯（A. Echellensis）及博雷利（G. A. Borelli，1608—1679），1661年出版于佛罗伦萨，它是从983年的阿拉伯语抄本译出的。天文学家哈雷（E. Halley，1656—1742）参考了各种版本，重新校订了卷Ⅰ—Ⅶ拉丁语本及卷Ⅰ—Ⅳ希腊语本，1710年在牛津大学出版社出版，哈雷也曾试图复原已遗失的卷Ⅷ。目前权威的卷Ⅰ—Ⅳ希腊语、拉丁语对照评注本是海贝格（J. L. Heiberg，1854—1928）的 *Apollonii Pergaei qüae Graece exstant cum commentariis antiquis*（《帕加的阿波罗尼奥斯的现存希腊语著作，包括古代注释》）二卷，1891—1893年在莱比锡出版。阿拉伯语本只有卷Ⅴ的一部分正式出版，并附尼克斯（L. Nix）的德译本（1889，莱比锡）。

本书也被译为多种现代语言。巴萨姆（Balsam）的德语译本，1861年出版于柏林。埃克（P. V. Eecke）的法语译本 *Les coniques d'Apollonius de Perge*（《帕加的阿波罗尼奥斯的圆锥曲线论》），前四卷根据希腊语本，后三卷根据哈雷的拉丁语本，1923年出版于布鲁日，1963年重印于巴黎。希思（T. L. Heath，1861—1940）注释改写的英译本，1896年由剑桥大学出版社出版，1961年重印。这是本译本的原本，下面还要详细介绍。《圆锥曲线论》另一种英译本为托利弗（C. Taliaferro）所译（1939），载于《西方名著丛书》（*Great Books of the Western World*，1952，不列颠百科全书出版社)卷Ⅺ中,但只有卷Ⅰ—Ⅲ。卷Ⅳ的英译本由绿狮出版社于2002年出版, 图默(G. J. Toomer)的卷Ⅴ—Ⅶ的英译本由斯普林格出版社于1990年出版。

汉语译本有朱恩宽、张毓新、张新民、冯汉桥译《圆锥曲线论》(卷Ⅰ—Ⅳ)第2版,陕西科学技术出版社,2018年6月;朱恩宽、冯汉桥、郝克琦译《圆锥曲线论》(卷Ⅴ—Ⅶ),陕西科学技术出版社,2014年6月。

四、圆锥曲线的表示方法

本书是两千多年前的一部几何巨著,它仅仅讲了一类曲线——圆锥曲线,也就是大家耳熟能详的椭圆(包括圆)、双曲线和抛物线,但是讲得非常透彻。描述圆锥曲线常用的三种方法是轨迹法、代数方程和几何方法,其中前两种是大家熟悉的,最后一种应该听说过,但多半不知其详。而本书中采用的正是几何方法,本节拟简述这几种方法,说明本书中常用的一些概念及其与相应的现代概念之间的异同。

图2显示了如何把三种圆锥曲线描述为一个动点的轨迹,其文字描述如下:

椭圆是到两个定点距离之和等于一个常数的动点的轨迹;

双曲线是到两个定点距离之差等于一个常数的动点的轨迹;

抛物线是到一个定点的距离与到一条定直线的距离相等的动点的轨迹。

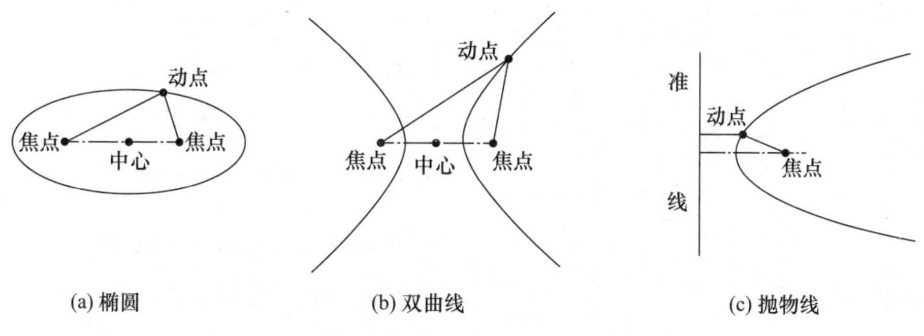

图2 圆锥曲线被描述为一个动点的轨迹

这里的定点称为焦点,定直线称为准线。对椭圆和双曲线,二焦点的连线称为(对称)轴,轴的中点称为中心,因此它们也被称为有心曲线。抛物线只有一个焦点,焦点到准线的垂线称为(对称)轴;抛物线没有中心。这三条曲线也可以统一定义为到焦点距离与到准线距离之比 e 为常数的点 P 的轨迹,也就是: $e>1$,双曲线;$e=1$,抛物线;$0<e<1$,椭圆。

经过一些简单的推导,可以得到圆锥曲线的方程如下,参见图 3。

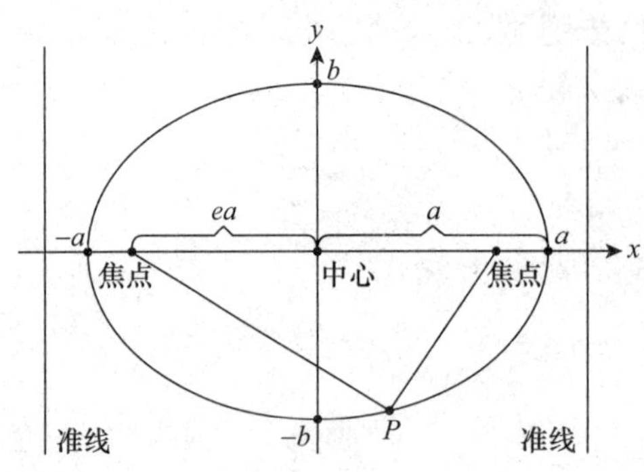

椭圆: $\frac{x^2}{a^2}+\frac{y^2}{b^2}=1$,

其中 a 是给定的半长轴,又给定偏心率 $e(0<e<1)$,则半焦距 $c=ea$,半短轴 b 满足 $b^2=a^2-c^2$,它们都是椭圆的对称轴。准线方程为 $x=\frac{a^2}{c}$ 和 $x=-\frac{a^2}{c}$。

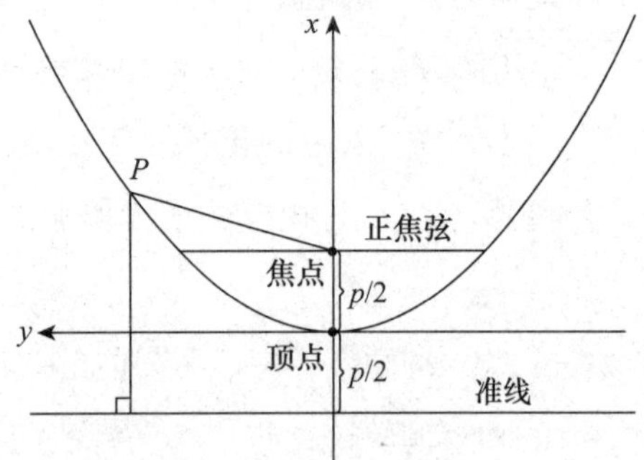

抛物线: $y^2=2px$,

其中 p 是焦距。抛物线有一根通过顶点的对称轴(x 轴)。

双曲线: $\frac{x^2}{a^2}-\frac{y^2}{b^2}=1$,

其中 a 是给定的半实轴,又给定偏心率 $e(e>1)$,则半焦距 $c=ea$,半虚轴 b 满足 $b^2=c^2-a^2$。实轴 x 和虚轴 y 都是双曲线的对称轴。双曲线有两个分支,互为相对分支。另外,若把虚轴与实轴对调,便得到其共轭双曲线方程: $\frac{y^2}{b^2}-\frac{x^2}{a^2}=1$。这两条双曲线被称为互为共轭。$b=a$ 的双曲线称为等轴双曲线。实轴和虚轴都是双曲线的对称轴。准线方程为 $x=\frac{a^2}{c}$ 和 $x=-\frac{a^2}{c}$。

图 3 椭圆、抛物线和双曲线的方程

以上是我们在中学里学到的知识。但是古希腊人不知道代数(代数是阿拉伯人后来发明的),而且他们把几何学看得圣洁至上,简直是神一般的存在。他们对圆锥曲线具有十分丰富的知识,本书对此作了非常出色的总结和扩充。而这些知识,都是用几何方法得到的。简而言之,如图 4 所示,用一个平面去截一个(对顶双)圆锥,便得到了三种圆锥曲线(因此也常称为圆锥截线)。

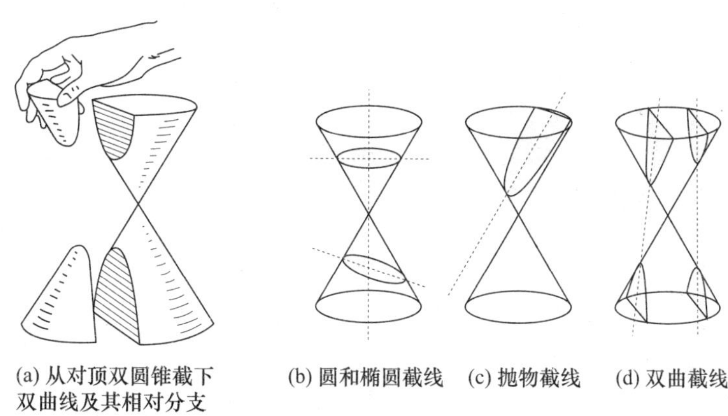

(a) 从对顶双圆锥截下双曲线及其相对分支　(b) 圆和椭圆截线　(c) 抛物截线　(d) 双曲截线

图 4　三种圆锥截线

这样得到的截线在形状上与上面用方程描述的圆锥曲线相像,那么这两组曲线是否有相同的性质呢?首先观察有心圆锥曲线(即有中心的椭圆和双曲线),第一步是找到焦点。阿波罗尼奥斯并未使用焦点这个术语,只是称它们为"在应用中出现的点"。它们是这样被找到的:对椭圆的长轴适配一个矩形,它的面积等于短轴上的正方形的面积,但亏缺一个正方形;对双曲线的实轴适配一个矩形,它的面积等于虚轴上的正方形的面积,但超出一个正方形。即图 5 中对椭圆的矩形 AF 及对双曲线的 $A'F$,它们的面积分别等于 CB^2。在椭圆的情形,底边 AS' 比 AA' 短;在双曲线的情形,底边 $A'S$ 比 $A'A$ 长。对椭圆,$S'F$ 等于 $S'A'$,而对双曲线,SF 等于 SA。于是,椭圆的点 S' 及其镜像点 S,以及双曲线的点 S 及其镜像点 S',便是待求的焦点,如图 5 所示。

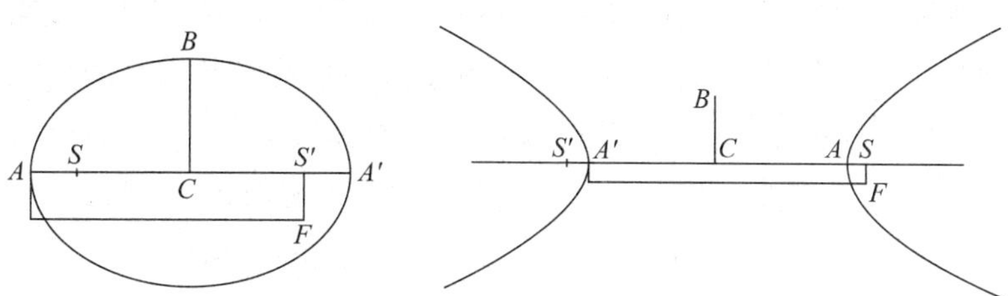

图 5　有心圆锥曲线(椭圆和双曲线)的焦点

本书在这个定义的基础上,经过命题69—72,最终证明了命题73(Ⅲ. 51,52)①:对椭圆,任意点到两个焦点的距离之和等于轴 AA';对双曲线,任意点到两个焦点的距离之差等于轴 AA'。

这就确认了对椭圆和双曲线,轨迹法(从而代数方程)与几何方法是等价的。

阿波罗尼奥斯没有用到或提及抛物线的焦点,故以上方法不适用于抛物线,但阿波罗尼奥斯直接根据抛物截线的构建(图 6)给出了证明如下,详见本书命题 1,即 I. 11。

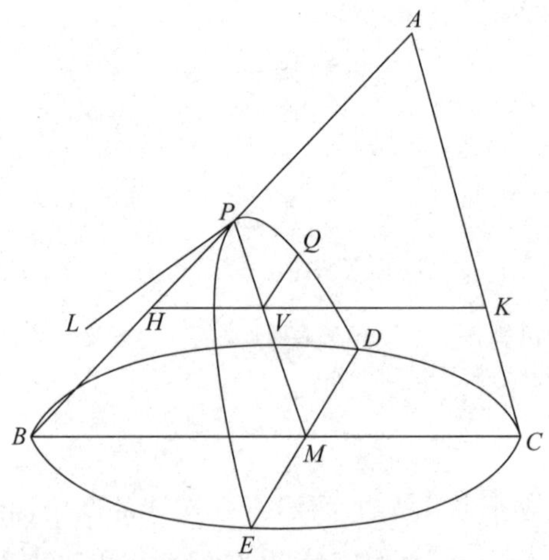

图 6　抛物线方程推导用图

首先设截线的直径 PM 平行于轴向三角形的一边如 AC,并设 QV 为任意点对直径 PM 的纵坐标。于是,若取一条直线 PL(假定垂直于截平面中的 PM)的长度使得 $PL : PA = BC^2 : (BA \cdot AC)$,命题 1 根据相似三角形和平行性证明了

$$QV^2 = PL \cdot PV。$$

这就是熟知的抛物线方程。此后,命题 2(Ⅰ. 12)和命题 3(Ⅰ. 13)分别给出了双曲线和椭圆方程的推导。值得指出,三幅图中的 PL 在本书中都被称为"正焦弦(latus rectum)"或"纵坐标的参数(parameter)"或"曲线的参数"或简单地就是"参数",记作 p。

还需要提到的是,本书中经常用到直径这个概念,它是我们习惯使用的圆的直径概念的推广。直径定义为一条直线,该直线等分与在其端点的切线平行的所有弦。如图 7 展示了抛物线的直径,注意直径总是与抛物线的对称轴平行。顺便指出,这时往往取直径和在直径端点的切线为坐标轴,抛物线上一点对直径的纵坐标便是上述弦的一半。

---

① 这里的命题 73 是本书中的编号,Ⅲ. 51,52 指阿波罗尼奥斯原著中的卷Ⅲ,命题 51,52。下同。

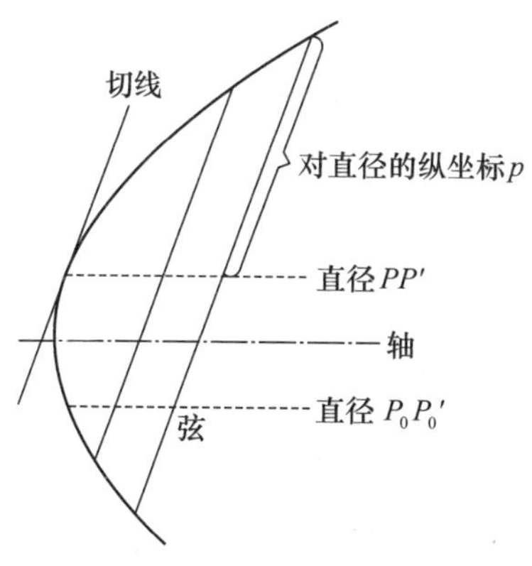

图 7　抛物线的直径

图 8 展示了椭圆和双曲线的直径。命题 5(Ⅰ.15)证明了：若第一条直径等分所有平行于第二条直径的弦，第二条直径将等分所有平行于第一条直径的弦。随后有定义：若一条直径等分所有与另一条直径相互平行的弦，则这两根直径互为共轭直径。事实上，椭圆和双曲线中的直径都有相应的共轭直径。共轭直径中有一组是对称轴，如前所述，对椭圆，它们被称为“长轴”和“短轴”；对双曲线，它们被称为“实轴”（双曲线二分支自身对称轴的一段）和“虚轴”（双曲线二分支之间对称轴的一段）。

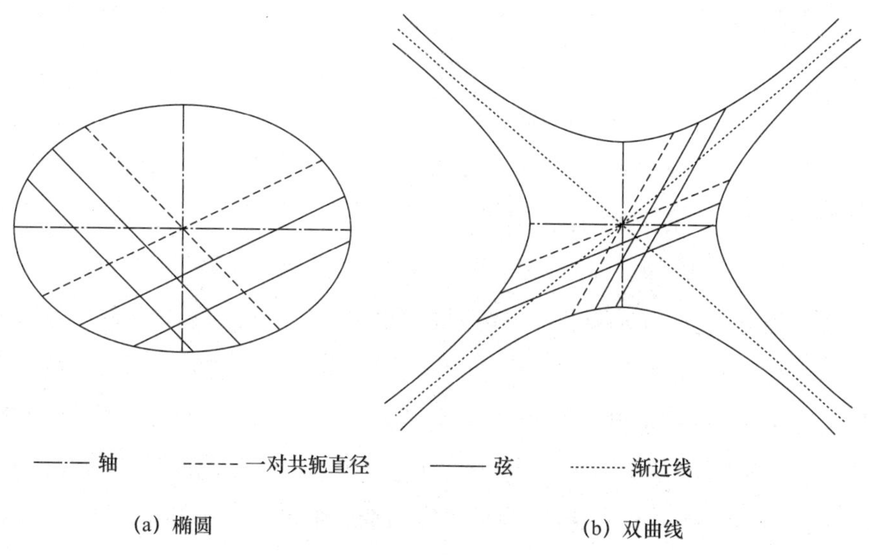

图 8　椭圆和双曲线的共轭直径

有了直径和共轭直径的定义,我们可以对参数 p 做进一步的说明。参数 p 其实是与直径相关联的,在图 6 至图 8 这三张图中,对抛物线,这条直径通过顶点,它就是抛物线的轴;对椭圆是长轴;而对双曲线是实轴。对椭圆和双曲线,命题 5 证明了参数等于直径与共轭直径的第三比例项,即直径∶共轭直径=共轭直径∶参数。故在图 3 中,对椭圆的长、短轴 a,b 有 $p=\frac{b^2}{a}$,而对双曲线的实、虚轴 a,b 也有 $p=\frac{b^2}{a}$。在抛物线的情形,如图 7,对一般的直径 PP',参数记为 p;当直径为轴时,参数记为 p_a,有时也称之为主参数;若直径为 $P_0P'_0$,参数记为 p_0,以此类推。对本书所用的右开口水平抛物线,其表达式为:$y^2=p_ax$,与我们常用的 $y^2=2px$ 略有不同。以上所述的记法在正文中多处用到,敬请读者注意。

五、本书的主要内容

《圆锥曲线论》现存的七卷包含 387 个命题,几乎囊括了人们能想到或不易想到的所有圆锥曲线的性质,而且原书全部用文字叙述,没有使用任何插图。除了用单独的段落来标识形式上的分隔,原书命题连续书写无间断,甚难辨认证明中的相继步骤,更难理解论据的整体。原书符号完全不统一,几乎在每一个新的命题中,都使用不同的字母来表示相同的点。因此,这本书是很难阅读的。近代以来有不少希腊数学史家,增补插图并用现代数学符号改写,其中最有名的是哈雷和海贝格的希腊语译本和拉丁语译本。

1896 年希思注释改写的英译本出版,即本书的原文。希思编撰这本书遵循以下原则:(1) 它应该是阿波罗尼奥斯的,并且只是阿波罗尼奥斯的,无论是在实质上还是在他的思想顺序上,不应该作任何改变;(2) 它应该是完整的,不应遗漏任何有意义的或重要的东西;(3) 它应该在不同标题下展示论题的相继划分,以使作者所遵循的确定方案可以被视为一个整体。希思的第一步是彻底熟悉全部著作的第一手资料,为此,他把现存的七卷书做了一个完美的直译。然而真正的困难始于重新编写本书的建设性工作,涉及代入统一的新符号,浓缩一些命题,把两个或多个命题组合为一个,略微调整一些命题的次序,以便在可能的情况下整合相似的命题。希思努力的结果是,在不遗漏任何必要或重要内容的前提下，这本书的篇幅减少了一半以上，独立命题的数量也相应地减少了。

本书的上半部是希思撰写的导言，其中第一部分叙述了希腊圆锥曲线研究的早期历史。从梅奈奇姆斯到阿里斯塔俄斯(Aristaeus)和欧几里得，再到阿基米德。第二部分是对本书主要内容的介绍。包括对阿波罗尼奥斯的概述，阿波罗尼奥斯对现存各卷的题献前言(但卷Ⅲ无前言)，本书的一般特征(忠实于欧几里得的形式、概念与语言，尽量应用曲线的平面性质和系统性)，以及他的方法(几何代数：比例理论和面积适配、借助辅助线的面积的图形表示和卷Ⅶ中辅助点的特别应用，坐标的应用，坐标变换，找到两个比例中项的方法，通过给定点构建法线的方法)，借助切线构建圆锥曲线，三线和四线轨迹，通过五点作一条圆锥曲线，等等。

本书的下半部是阿波罗尼奥斯原书的内容，希思把它分为21个专题。通过把一些相似的命题归并，本书的总命题数由387个减为147个。各专题的名称和内容如下。

卷Ⅰ的60个命题归入5个专题中：

(1) **圆锥**：说明了如何用平面截圆锥得到诸圆锥曲线；

(2) **直径及共轭直径**：定义了椭圆与双曲线的直径及其共轭直径，并推导了它们的一些性质；

(3) **切线**：推导了诸圆锥曲线切线的一些性质；

(4) **以任意新的直径及在其端点的切线为参考的圆锥曲线的命题**；

(5) **由一定数据构建圆锥曲线**：例如以给定长度为直径，加上一个指定角度，作圆锥曲线。

卷Ⅱ的53个命题归入2个专题中：

(1) **渐近线**：双曲线的渐近线的定义、性质，以及由渐近线作双曲线等；

(2) **切线、共轭直径与轴**：有关三者之间的关系、性质，以及相关的作图题。

卷Ⅲ的56个命题归入6个专题中：

(1) **命题17—19的推广**：圆锥曲线在斜坐标系中的一些性质；

(2) **相交弦段所夹矩形**：两条切线上的正方形与分别平行于这两条切线的相交弦所夹矩形之间的比例关系；

(3) **极与极线的调和性质**：与有心圆锥曲线的切线、二切线交点所引线段、切点连线、渐近线平行线等有关的调和关系；

(4) **两条切线被第三条切线所截的截距**：指出它们成一定比例；

(5) **有心圆锥曲线的焦点性质**：曲线上的点到二焦点的距离之和(之差)分别为常数；

(6) **关于三条线的轨迹**：这种轨迹与有心圆锥曲线之间的关系。

卷Ⅳ的57个命题归入**相交的圆锥曲线**专题中，几乎罗列了所有可能的相交情况；

卷Ⅴ的77个命题归入4个专题中：

(1) **法线作为极大与极小**：讨论了许多种可能的情况；

(2) **导致立即确定渐屈线的命题**；

(3) **法线的构建**：由相对于曲线取不同位置的点出发作法线；

(4) **有关极大与极小的其他命题**：讨论了法线以外的情形。

卷Ⅵ的33个命题归入2个专题中：

(1) **相等与相似的圆锥曲线**：给出定义和可能实现的情形；

(2) **作图题**：在给定的正圆锥中找一条截线等于给定的圆锥曲线，或找一个正圆锥与给定的圆锥相似，并包含一条截线等于给定的圆锥曲线。

卷Ⅶ的51个命题归入**共轭直径长度的一些函数的值**专题中，归纳为25个命题。其中往往多个命题共用一幅图，图中的线条和符号也不够完整。我们把多次引用的命题137双曲线的图和命题141椭圆的图做了增补，并把引用情况列表如下(见表3)，以方便读者查阅。

表3 引用情况

命题	123	124	125	126	127	128	129	130	131	132	133	134	135
曲线	抛	双	双、椭	抛	双、椭	双、椭	双、椭	双、椭	双	椭	双、椭	双、椭	双、椭
图	有	有	有	有	有	127	127	127	127	有	127、132	127、132	127、132
命题	136	137	138	139	140	141	142	143	144	145	146	147	
曲线	双、椭	双	双	椭	双	椭	双	椭	抛	椭	双	椭	
图	有	有	137	132	137	有	137	141	126	141	137	141	

注：抛——抛物线，双——双曲线，椭——椭圆。

六、圆锥曲线理论发展概况

古希腊几何学中有三大难题，即只使用圆规和直尺求出下列问题的解：

（1）倍立方体。作一个立方体，使其体积等于给定立方体的两倍。

（2）化圆为方。作一个正方形，使其面积等于给定的圆。

（3）三等分角。分一个任意给定的角为三个相等的角。

直到19世纪，才证明了它们是无解的。但在漫长的岁月中，人们也使用其他工具求解这些问题，并得到了许多有意义的结果。圆锥曲线便是在求解倍立方体问题时找到的。

尤托西乌斯提到，“希波克拉底第一个注意到，若在两条线段（其中较长线段是较短线段的两倍）之间的连比例中找到两个比例中项，就可以把立方体加倍；这样，他把原始问题中的困难转化为并不更小的另一种困难。……梅奈奇姆斯在小范围内不无困难地做到了这一点”。此外，普罗克勒斯（Proclus）引用了格米努斯的话，说圆锥曲线是梅奈奇姆斯发现的。

尤托西乌斯所描述的梅奈奇姆斯的解，相当于 $x^2=ay$，$y^2=bx$，$xy=ab$ 中的任意两个在笛卡儿直角坐标系中表示的曲线的交点，即抛物线-抛物线及抛物线-椭圆的交点。他还引用了格米努斯的一句话，大意是古人把圆锥定义为直角三角形围绕一条直角边旋转所形成的曲面，而且他们除了正圆锥以外不知道任何其他圆锥。他们根据圆锥的顶角小于、等于或大于直角，把圆锥区分为三种类型。此外，他们从每种圆锥只生成三种截线之一，总是用垂直于一条母线的平面将其切割，并以对应于特定类型圆锥的名称命名相应的曲线；于是，他们称抛物线为“直角圆锥截线”，椭圆为“锐角圆锥截线”，双曲线为“钝角圆锥截线”。后世的阿基米德对这些截线就是这样称呼的。

在这以后，阿里斯塔俄斯写了五卷《立体轨迹》，欧几里得写了四卷《圆锥曲线原本》。这些书均已遗失，但根据帕普斯的叙述，我们得到了关于其内容的一些提示。阿里斯塔俄斯对立体轨迹的工作涉及抛物线、椭圆或双曲线，换句话说，这是一部把圆锥曲线作为轨迹处理的著作。欧几里得的书的范围肯定与阿波罗尼奥斯著作前三卷的范围大致相同，尽管这些主题的阐述在阿波罗尼奥斯著作中更系统和更完备。此外，欧几里得还写了《曲面轨迹》一书，对其具体内容，我们虽一无所知，然而我们可以合理地假定，它涉及的是圆锥面、球面和圆柱面，也许还有其他二次曲面。

阿基米德也对圆锥曲线理论的发展作出了重大贡献。他的存世著作中，《抛物线求积》《论球与圆柱》（Ⅰ，Ⅱ）《论拟圆锥与旋转椭球》等给出了圆锥曲线的许多性质。

阿波罗尼奥斯的一个重大发现是他认识到双分支双曲线起源于同一条曲线。此外,在前人研究的基础上,加上许多进一步的发现和论证,他参照欧几里得《几何原本》的风格写成了《圆锥曲线论》,把形式与状态几何学发展到最高水平。这本书可谓把有关圆锥曲线的内容网罗殆尽,故在以后将近 20 个世纪中,人们未能增添多少新内容。直到 17 世纪笛卡儿(R. Descartes,1596—1650)、费马(P. de Fermat,1601—1665)创立坐标几何,用代数方法重现了圆锥曲线(二次曲线)理论;笛沙格(G. Desargues,1591—1661)、帕斯卡(B. Pascal,1623—1662)创立射影几何学,研究了圆锥曲线的仿射性质和射影性质,才使圆锥曲线理论发展到一个新的阶段。然而这两大领域的基本思想都可以从阿波罗尼奥斯的《圆锥曲线论》中找到其根源。

七、中译本翻译说明

希思的译注本对具备高中数学基础的读者而言,是有可读性的,理解命题本身并不困难,但要真正搞懂命题的证明还是十分劳心费神的。特别是本书的插图仍有许多可改进之处:一是插图仍显不足;二是有些插图用于多段文字,但因插图无编号,有时离开其引用文字较远而不易找到;三是有些插图上的文字标记存在缺损,其中有些缺损读者容易想到,有些则较为困难;四是在归谬法的证明中,需证明为不可能的情形往往难以在图中实际显示,读者需要凭想象理解。译者就自己阅读中的体会增加了一些译者注,希望对读者有所帮助。

下面说明一些词语的译法。古希腊人并不区分直线(无限长)与直线段(有限长),在希思英语原文中也未区分(都写成 straight line,甚至就是 line),译文中按照汉语习惯予以适当调整。另一个词是 ordinate,译为纵坐标,是一条线段,在我们中文概念中的纵坐标是点离水平轴的竖直距离,是一个数,但本书中也常常用于斜坐标系中,这时它指一根倾斜的线段,其参数值是线段的长度。另外两个常常用到的短语 a square on AB 和 a rectangle under AB,AD(或 a rectangle contained by AB,AD),分别译为"AB 上的正方形"和"AB,AD 所夹矩形",贴近原文并较为简洁。应该也不难理解它们的意思分别是"以 AB 为一边的正方形"和"以 AB,AD 为边的矩形"。

椭圆的"长轴"和"短轴"的英语词分别为 major axis 和 minor axis。双曲线的

“实轴”的英语词是 major axis 或 transverse axis,“虚轴”的英语词是“conjugate axis”。本书中用“横径（transverse diameter,简称 transverse）”和“第二直径（second diameter）”或“竖径(erect)”分别明确地表示实轴上双曲线二顶点之间的线段和虚轴上共轭双曲线二顶点之间的线段,其长度为第四节中的 $2a$ 和 $2b$。敬请读者注意。

本书正文及希思导言征引的阿波罗尼奥斯原文中,有一些注释性文字出现在方括号[ ]中,这些文字并非出自阿波罗尼奥斯,多数出自希思。

本书中常用的一个概念：适配(application),中国读者可能不熟悉。其意义是：“求一个面积为 A 的矩形与一条长度为 a 的线段适配,其实质就是要求一个 x,使得$A=ax$;同样的矩形与线段适配并多出一个正方形,是求 x,使得 $A=(a+x)x$;适配而亏缺一个正方形,是求 x ,使得 $A=(a-x)x$。”(图 9)这种方法相当于把代数问题化为几何问题求解。注意在阿基米德时代还没有代数方法,因此不得不采用这种现在看起来有点烦琐的所谓几何代数方法。

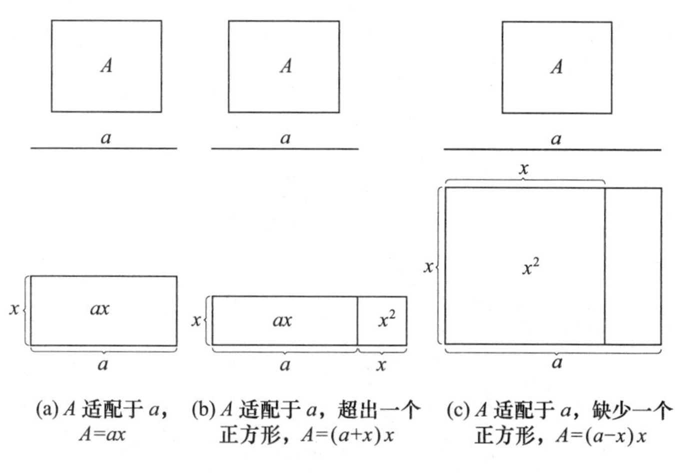

图 9 适配

中译本文字和公式中的符号以希思的英译本为准,不予改动。虽与现代汉语规范格式并不完全一致,但不会引起歧义,而且强行统一可能会造成新的问题。例如对平行四边形 $ABCD$,现代也写成 ▱$ABCD$,而本书常用(AC)(A,C 是两个对角)或 ▱AC 来表示,简洁但不会引起歧义,均予以保留。唯一改动的是公式中的乘号,英译本用下圆点“.”,而中译本改为比较清楚和通用的中圆点“·”。又若一个等式的两侧是两个图形(三角形、正方形、矩形、四边形等)就表示二者的面积相等,无须加上“的面积”字样。

需要特别说明的是,公式和个别文字中出现了符号“~”,它在本书中表示该符号前后两项之间的差额,姑且称为差号。因为前后两项孰大孰小,对各种曲线(如双曲线、圆、椭圆等)不尽相同,而符号“~”是表示它们差值的简单方法。例如155页命题14中出现的$CV \sim CP$,对双曲线,$CV > CP$,而对圆和椭圆,$CV < CP$。这里的前后两项都是线段,除此之外,也用于三角形面积(例如160页命题18)、平方数(例如219页命题59)等。按照同样的思路,本书中还使用了差加号“∓”(例如211页命题55)和加差号“±”(例如221页命题60)。

我们在小学算术中就学到了“先乘除、后加减”的概念。这里引入的“差号”“加差号”和“减差号”,其优先级与加减号相同。也就是说,对$A \cdot B - C$,应先把A与B相乘,然后求得到的积与C的差;而对$A \cdot B \sim C$,应先把A与B相乘,然后求得到的积与C的差(永远取正值)。另外,本书中认为比号(:)是更低级的运算,即$A+B : C+D$就是$(A+B) : (C+D)$。不过本书为了方便读者,已增添了括号。

希思前言

· *Preface by T. L. Heath* ·

这本写于大约 21 个世纪以前的书,包含着“人们最感兴趣的圆锥曲线的性质”,更不用说,作者用纯几何手段得到了如此精彩的研究成果,完美地确定了任何圆锥曲线的演化。阿波罗尼奥斯因其研究工作而被其同时代人称誉为“伟大几何学家”。人们对他的忽略,与其先驱者欧几里得的命运形成了十分强烈的对比。

——希思

APOLLONIUS OF PERGA

TREATISE ON CONIC SECTIONS

EDITED IN MODERN NOTATION

WITH INTRODUCTIONS INCLUDING AN ESSAY ON THE EARLIER HISTORY OF THE SUBJECT

BY

T. L. HEATH, M.A.

SOMETIME FELLOW OF TRINITY COLLEGE, CAMBRIDGE.

ζηλοῦντες τοὺς Πυθαγορείους, οἷς πρόχειρον ἦν καὶ τοῦτο σύμβολον σχᾶμα καὶ βᾶμα, ἀλλ' οὐ σχᾶμα καὶ τριώβολον.

PROCLUS.

CAMBRIDGE:
AT THE UNIVERSITY PRESS.
1896

可以毫不夸张地说，对当今的大多数数学家而言，阿波罗尼奥斯只是一个名字，而对于所有实际应用而言，他的《圆锥曲线论》只是一本不为人知的书。但是按照夏斯莱(Charsley)的说法，这本写于大约21个世纪以前的书，包含着"人们最感兴趣的圆锥曲线的性质"，更不用说，作者用纯几何手段得到了如此精彩的研究成果，完美地确定了任何圆锥曲线的演化。阿波罗尼奥斯因其研究工作而被其同时代人称誉为"伟大几何学家"。人们对他的忽略，与其先驱者欧几里得的命运形成了十分强烈的对比；因为至少在英国，无论就内容和优先序而言，欧几里得的《几何原本》仍然是初等几何学公认的基础，但是对圆锥曲线现代教科书的形式和方法，阿波罗尼奥斯可以说至今实际上全无影响。

也不难找到人们对这个专题的知识普遍匮乏的原因。首先，面对总共包含387个命题的希腊语或拉丁语的七卷书，无须惊讶普通的数学家会知难而退；并且毫无疑问，这本似乎来势汹汹的大部头著作，阻止了许多人对之了解的尝试。其次，命题的形式带来了额外的困难，因为就理解这一在某种程度上复杂的几何著作而言，读者在其中完全找不到起码的帮助。例如，未用规定字母标注各种圆锥曲线上的特定点，而在现代教科书里标出特定点却是常规。与此相反，本来可以借助已经统一的符号用几行文字来说明的一些命题，阿波罗尼奥斯却总是采用类似于欧几里得的叙述风格，那些话语通常笨拙不便。而在阿波罗尼奥斯的书中，不便之处更加严重，因为与关于线条和圆的较为基本的概念相比，圆锥曲线研究中的概念要复杂得多，故在许多情况下，需要用多达相当于本书半页的篇幅予以说明。因此，即使要掌握对一个命题的说明，也往往十分劳心费时。再次，除了用单独的段落来标识正式的分隔，命题是连续书写的；证明中的相继步骤毫无间断而难以辨认，因而不易理解论据的整体。最后，符号完全不统一，几乎在每一个新的命题中，都使用不同的字母来表示相同的点，以致记住某些命题的结果也是极其困难的，这一点不足为奇。然而这些命题，虽然不为当今的数学家们所熟悉，却是阿波罗尼奥斯系统的精髓之所在，并且被不断地使用，因此必须牢记心中。

以上评论指的是可以用希腊语或拉丁语译文阅读的阿波罗尼奥斯的著作，即哈雷和海贝格的译本；但采用使现代读者更容易理解的形式全面表述阿波罗尼奥斯著作精髓的唯一尝试，却同样备受质疑。《圆锥曲线论》的德语译本(H.

◀《圆锥曲线论》希思英译本扉页。

Balsam, Berlin, 1861), 其准确性和一些有用的阐释性注释值得高度赞扬, 也许更重要的是, 德语译本有一套令人赞叹的插图, 多达 400 幅; 但命题的叙述仍然用话语几乎无间断地书写, 而且符号并未足够现代化, 这些使得德语译本与原本相比, 并未为普通读者提供任何更多真正的帮助。

因此, 仍然需要有这样一个版本, 在某些方面, 它应该比巴萨姆(Balsam)更严格地忠实于原文, 但同时又借助公认的现代符号被彻底地改造, 使任何有能力的数学家都能完全读懂; 而这正是本书的目的。

在给自己下达这个任务时, 我决定,《圆锥曲线论》的任何令人满意的再现必须满足一些基本条件: (1) 它应该是阿波罗尼奥斯的, 并且只是阿波罗尼奥斯的, 无论是在实质上还是在他的思想顺序上, 不应该作任何改变; (2) 它应该是完整的, 不应遗漏任何有意义的或重要的东西; (3) 它应该在不同标题下展示论题的相继划分, 以使作者所遵循的确定方案可以被视为一个整体。

因此, 我认为自己的首要任务是必须完全熟悉整部著作的第一手资料。以此为目标, 我首先把现存的七卷书做了一个完美的直译。这是一项辛苦的工作, 但由于标准版本的卓越超群, 我并未遇到其他困难。在这些标准版本中, 哈雷的译本是里程碑式的, 其设计和执行都是无可争议的; 对于卷Ⅴ—Ⅶ, 哈雷的译本仍然是唯一的完整版本。对于卷Ⅰ—Ⅳ, 我主要使用了海贝格的希腊语新版, 这位学者通过成功地出版阿基米德的关键著作(其拉丁语译文)、欧几里得的《几何原本》, 以及阿波罗尼奥斯所有仍然存世的希腊语作品, 赢得了所有对希腊数学史感兴趣的人们的感激之情。海贝格的译本的唯一缺点是插图, 这些插图质量很差而且不乏误导性。所以我发现, 即使在编译卷Ⅰ—Ⅳ时, 拥有哈雷版本及其令人赞叹的插图也是一大优势。

真正的困难始于重新编写本书的建设性工作, 涉及使用统一的新符号, 浓缩一些命题, 把两个或多个命题组合为一个, 略微调整一些命题的次序, 以便在相近命题的分离只是意外发生而不是刻意设计的情况下, 把它们整合, 如此等等。其结果是, 在不遗漏任何必要或重要内容的前提下, 这本书的篇幅减少了一半以上, 独立命题的数量也相应地减少了。

完成《圆锥曲线论》的重新编辑之后, 为了完整起见, 看来我有必要为其加上一个导言, 以便: (1) 显示阿波罗尼奥斯与其同一领域的先驱者相比在内容和方法上的关系; (2) 与在正文中方括号内插入的少量注释相比, 更充分地说明《圆锥曲线论》某些部分的数学意义, 以及它与我们所知阿波罗尼奥斯的其他较小论文之间可能的联系; (3) 充分描述和说明希腊语原文中命题的形式和语言。这些目标中的第一个，要求我给出阿波罗尼奥斯时代及以前的圆锥曲线的历史概要，所以我认为把导言的这一部分写得尽可能详尽是值得的。因此，例如就阿基米德的情况而言，我在他的许多著作中实际收集了所有这样的命题——它们给出了与圆锥曲线有关的实质性证明；并且我希望，将这个历史概要作为一个整体，不仅对于所述的时期比任何英文版本都更详尽无遗，而且它也会像本书的其余部分一样对读者有吸引力。

对于更早的圆锥曲线历史，以及《圆锥曲线论》某些部分和阿波罗尼奥斯其他较小论文的数学意义，我一直备受宙森（Zeuthen）的一部宝贵著作《古代圆锥曲线论》（H. G. Zeuthen, *Die Lehre von den Kegelschnitten im Altertum*, German edition Copenhagen, 1886）之恩泽，该著作在很大程度上涵盖了本书同样的领域。然而，它的一大部分由数学分析组成而不是重现阿波罗尼奥斯的工作，它当然地被这里重新编写的专论本身所替代。我也经常使用海贝格的《关于欧几里得文献的历史研究》（*Litterargeschichtliche Studien über Euklid*, Leipzig, 1882）、欧几里得的《几何原本》希腊语原文、阿基米德的著作、帕普斯的《数学汇编》和普罗克勒斯所写重要的《对欧几里得卷 I 的评论》。

本前言的开首插画页是出现在哈雷版开头的一幅古色古香的图画及附加的传说。除了维特鲁维乌斯（Vitruvius），这个故事也在别处被讲述过，但内容较少。［参见克劳迪・加雷尼・佩尔加梅尼（Claudii Galeni Pergameni），*Προτρεπτικὸς ἐπὶ τε ́χνας* c. v. § 8, p. 108, 3-8 ed. I. Marquardt, Leipzig, 1884。其标题页上的引文摘自普罗克勒斯《对欧几里得卷I的评论》（p. 84, ed. Friedlein）中充满活力和鼓舞人心的一段文字，他在其中叙述了欧几里得工作的科学目的，并将其与对微不足道的引理、案例的区分之类的无用研究进行了对比，这些是普通希腊评论员惯用的手法。］普罗克勒斯声称他的工作的一个优点是，它至少包含了“哦！他是一位更切实际的理论家”（*ὅσα πραγματειωδεστε ́ραν ἔχει θεωρίαν*）；我想我可以声称我自己的工作也是如此，如果称职能干的批评家们在他们的判断中还可以加上一句，“正中哲学家之下怀”（*συντελεῖ πρὸς τὴν ὅλην φιλοσοφίαν*），那么我真的会引以为豪。

我要向我的兄弟，伯明翰梅森学院院长 R. H. S. 希思表示感谢，感谢他阅读了我这本书的大多数清样，以及他对这项工作进展的持续关注。

T. L. 希思

1896 年 3 月

英译本主要参考文献

（一）《圆锥曲线论》拉丁文版本

Edmund Halley. *Apollonii Pergaei Conicorum libri octo et Sereni Antissensis de sectione cylindri et coni libri duo.* (Oxford,1710)

Edmund Halley. *Apollonii Pergaei de Sectione Rationis libri duo, ex Arabico versi.* (Oxford,1706)

J. L. Heiberg. *Apollonii Pergaei qüae Graece exstant cum commentariis antiquis.* (Leipzig,1891—1893)

H. Balsam. *Des Apollonius von Perga sieben Bücher über Kegelschnitte nebst dem durch Halley wieder hergestellten achten Buche deutsch bearbeitet.* (Berlin,1861)

（二）其他参考文献

J. L. Heiberg. *Litterargeschichtliche Studien über Euklid.* (Leipzig,1882)

J. L. Heiberg. *Euclidis elementa.* (Leipzig,1883—1888)

G. Friedlein. *Procli Diadochi in primum Euclidis elementorum librum commentarii.* (Leipzig,1873)

J. L. Heiberg. *Quaestiones Archimedeae.* (Copenhagen,1879)

J. L. Heiberg. *Archimedis opera omnia cum commentariis Eutocii.* (Leipzig,1880—1881)

F. Hultsvh. *Pappi Alexandrini collectionis quae supersunt.* (Berlin,1876—1878)

C. A. Bretschneider. *Die Geometrie und die Geometer vor Euklides.* (Leipzig,1870)

M. Cantor. *Vorlesungen über Geschichte der Mathematik*. (Leipzig, 1880)

H. G. Zeuthen. *Die Lehre von den Kegelschnitten im Altertum. Devtsche Ausgabe*. (Copenhagen, 1886)

19 世纪的版画，展示了阿波罗尼奥斯在亚历山大港演示几何学的场景。

希思导言

· *Introduction by T. L. Heath* ·

完成《圆锥曲线论》的重新编辑之后，为了完整起见，看来有必要加上一个导言，以便(1) 显示阿波罗尼奥斯与其同一领域的先驱者相比在内容和方法上的关系；(2) 与在正文中方括号内插入的少量注释相比，更充分地说明《圆锥曲线论》某些部分的数学意义，以及它与我们所知阿波罗尼奥斯的其他论文之间可能的联系；(3) 充分描述和说明希腊语原文中命题的形式和语言。这些目标中的第一个，要求我给出阿波罗尼奥斯时代及以前的圆锥曲线的历史概要；所以我认为把导言的这一部分写得尽可能详尽是值得的。

希思夫妇合影，摄于1922年，现藏于英国伦敦肖像博物馆。

第一部分　希腊圆锥曲线研究的早期历史

· *Part Ⅰ. The Earlier History of Conic Sections Among the Greeks* ·

迄今为止的证据表明：(1) 梅奈奇姆斯(欧多克斯的学生且和柏拉图是同时代人)是圆锥曲线的发现者；(2) 他利用圆锥曲线作为解倍立方体问题的手段。我们从尤托西乌斯那里了解到，梅奈奇姆斯给出了两个比例中项的问题的两个解，希波克拉底对原始问题做了简化，先通过抛物线与等轴双曲线的交点求得了这两个中值，后来又通过两条抛物线的交点求得这两个中值。

Fred^k. Winthrop New York May 18th. 1812

ARISTIDES · DEMOSTH · PLATO · ARISTOP · EVRIPID · ARISTOPH

Joannes Deeus : Anglus : 1549 .

APOLLO
NII PERGEI PHI
LOSOPHI, MATHEMA-
TICIQVE EXCELLENTISSIMI
Opera, Per Doctissimũ Philosophum
Ioannem Baptistam Memum Pa-
tritium Venetum, Mathemati-
charumq; Artium in Vrbe
Veneta Lectorem Publi-
cum. De Græco in La
tinum Traducta.
& Nouiter Im
pressa. 1537.

Cum Summi Pontificis Senatusq; Veneti Priuilegio.

PLVTARC9 · LVCANVS

THEOCRIT · PINDARV

CICERO · QVINTIL ·

VERGIL · HORATI

PLINIIVS · A · GELLIVS ·

LIVIVS · SALVST

John Winthrop

第一章 圆锥曲线的发现：梅奈奇姆斯

希腊几何学史上也许再没有比倍立方体更受关注的问题了。关于其起源的传说见于吉雷娜的厄拉多塞(Eratosthenes of Cerene)致尤尔盖特·托勒密国王(King Ptolemy Euergetes)的一封信中，它被尤托西乌斯(Eutocius)在对阿基米德著作《论球与圆柱》卷Ⅱ的评论①中引用；下面是这封信的译文，其中提到了梅奈奇姆斯(Menaechmus)，当前的主题就是由他开始的。

“厄拉多塞向托勒密国王问好。

“传说一位代表米诺斯的老悲剧作家想要为格劳克斯(Glaucus)建立一座陵墓，当听说每一维度都是一百英尺②时，他表示：

计划太小，不足包容皇室陵墓。

把它加倍，但仍保持原始形状；

不会失败，赶快去把每边加倍。③”

但他显然错了，因为若把每边的长度加倍，面积增为四倍，体积增为八倍。几何学家也继续研究这个问题，如何把一个给定的立体加倍而仍保持其形状不变。

◀《圆锥曲线论》1537 年的拉丁文版本扉页。

① 摘引阿基米德著作或尤托西乌斯对其工作的评论时，我们总是参考海贝格版本(*Archimedis opera omnia cum commentariis Eutocii.* 3 vols. Leipzig, 1880—1881)。这里参考的是 Ⅲ. p. 102。

μικρὸν γ' ἔλεξας βασιλικοῦ σηκὸν τάφου·
διπλάσιος ἔστω· τοῦ καλοῦ δὲ μὴ σφαλεὶς
δίπλαζ' ἕκαστον κῶλον ἐν τάχει τάφου.

② 1 英尺≈0. 3 米。——编辑注

③ 瓦莱克内尔(Valekenaer, *Diatribe de fragm. Eurip.*)指出，这些诗句出自欧里庇得斯(Euripides)的《波利伊得斯》，但σφαλεὶς(或σφαλῇς)之后的词语是厄拉多塞自己的，而悲剧中的诗就是

μικρὸν γ' ἔλεξας βασιλικοῦ σηκὸν τάφου·
διπλάσιος ἔστω· τοῦ κύβου δὲ μὴ σφαλῇς.

不过若厄拉多塞加入这些词语只是为了再次订正它们，这会很奇怪：瑙克(Nauck, *Tragicorum Graecorum Fragmenta*, Leipzig, 1889, p. 874)给出了以上三句诗，但认为它们并不属于《波利伊得斯》，又说它们无疑出自一位早于欧里庇得斯的诗人，也许是埃斯库罗斯(Aeschylus)。

这种类型的问题，叫作“倍立方体”，因为人们从一个立方体着手，试图把它加倍。然而以后在很长一段时间里，每个人都茫然不知所措，希俄斯的希波克拉底（Hippocrates of Chios）第一个注意到，若在两条直线（其中较长直线是较短直线的两倍）之间的连比例中找到两个比例中项，就可以把立方体加倍；这样，他把原始问题中的困难转化为不比前者更小的另一种困难。[①] 此后，人们说，试图按照神谕把祭坛加倍的德利安人，也陷入了同样的困境。于是，他们请求与柏拉图一起在学园工作的几何学家们，为他们寻找所需的解决方案。而当几何学家们精神十足地投入工作，试图在两条给定的直线之间找到两个比例中项时，据说塔伦图姆的阿尔基塔斯（Archytas of Tarentum）借助半圆柱体找到了解，而欧多克斯（Eudoxus，前408—前355）则借助所谓曲线找到了解。然而，这些解有共同的特点，它们确实给出了说明，但无法实际实施或达到实际应用的程度，除了梅奈奇姆斯在较低程度上勉强地做到了。

信的末尾指出厄拉多塞自己的解决方案的诗句提示，无须使用阿尔基塔斯笨拙的圆柱设计，也不需要“在梅奈奇姆斯的三元组中切割圆锥”[②]。厄拉多塞的最后一句话在普罗克勒斯的一段文字[③]中再次出现，作为确认的证据，其中引用了格米努斯（Geminus）的话，他说圆锥曲线是梅奈奇姆斯发现的。

于是，迄今为止的证据表明：(1) 梅奈奇姆斯（欧多克斯的学生且和柏拉图是同时代人）是圆锥曲线的发现者；(2) 他利用圆锥曲线作为解倍立方体问题的手段。我们从尤托西乌斯那里了解到，[④]梅奈奇姆斯给出了两个比例中项的问题的两个解，希波克拉底对原始问题做了简化，先通过抛物线与等轴双曲线的交点求得了这两个中值，后来又通过两条抛物线的交点[⑤]求得这两个中值。假设 a, b 是给定的两条不等直线且 x, y 是待求的两个比例中项，希波克拉底的发现相当于发现了以下事实，由关系式

$$\frac{a}{x}=\frac{x}{y}=\frac{y}{b} \quad \cdots\cdots\cdots\cdots\cdots\cdots (1)$$

---

① *τὸ ἀπόρημα αὐτοῦ*被海贝格翻译为 haesitatio eius，无疑表示“他的困难”。但我认为把*αὐτοῦ*看作中性的更佳，从而指的是倍立方体问题的困难。

② *μηδὲ Μεναιχμείους κωνοτομεῖν τριάδας.*

③ *Comm. on Eucl.* I.，p. 111（ed. Friedlein）。这段文字及其上下文在 Bietschneider，*Die Geometrie und die Geometer vor Euklides*，p. 177。

④ *Commentary on Archimedes*（ed. Heiberg，Ⅲ. pp. 92—98）。

⑤ 必须注意到，如后面所示，梅奈奇姆斯不可能使用过词语抛物线与双曲线，它们是尤托西乌斯自己的术语。

可以得到
$$\left(\frac{a}{x}\right)^3=\frac{a}{b},$$
即若 $a=2b$,则
$$a^3=2x^3。$$

方程(1)等价于三个方程

$$x^2=ay,\ y^2=bx,\ xy=ab,\cdots\cdots\cdots\cdots\cdots\cdots\cdots\cdots\cdots\ (2)$$

且由尤托西乌斯所描述的梅奈奇姆斯的解,相当于方程组(2)中的任意两个在笛卡儿直角坐标系中表示的曲线的交点。

设 AO,BO 是在 O 成直角的直线,其长度分别为 a,b。[①] 延长 BO 为 x 轴及延长 AO 为 y 轴。

现在,第一个解在于作一条抛物线,其顶点为 O 及轴为 Ox,其参数等于 BO 或 b,以及作一条以 Ox,Oy 为渐近线的双曲线,使得由曲线上任意点分别到 Ox,Oy 的垂线所夹矩形等于 AO,BO 所夹矩形,[②]即等于 ab。若 P 是双曲线与抛物线的交点,作 PN,PM 垂直于 Ox,Oy,即若记 P 点的坐标 y,x 为 PN,PM,我们将有

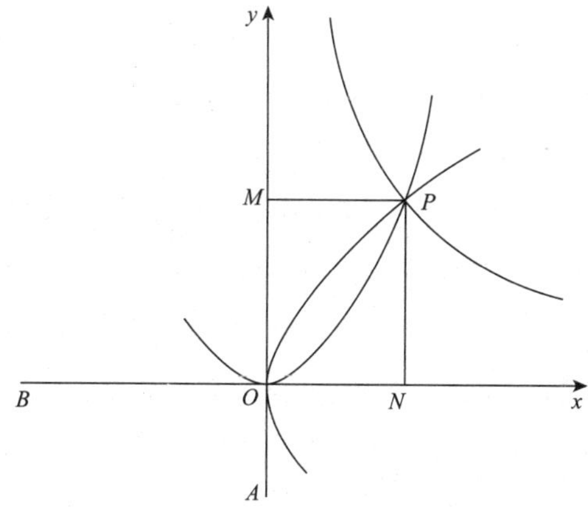

$$y^2=b\cdot ON=b\cdot PM=bx,$$
及
$$xy=PM\cdot PN=ab,$$
据此
$$\frac{a}{x}=\frac{x}{y}=\frac{y}{b}。$$

---

① 尤托西乌斯用一幅图替代了两幅图,以便用于所有两个解。该图与附加于第二个解的图等同,只是添加了用于第一个解的等轴双曲线部分。

尤托西乌斯的第二幅图中,代表每条抛物线参数长度的直线段作在与轴相同的直线上,而阿波罗尼奥斯总是作参数为始于顶点(或直径端点)并垂直于轴(或直径)的线段,这是很奇怪的。有可能这里我们有一个额外的提示,参数ὀρθία或 *latus rectum* 始于阿波罗尼奥斯;虽然也有可能 AO,BO 方向的选择完全是偶然的,或者也许为了使连比例中的相继项以循环次序数字的形式出现,此外,这又对应于它们在柏拉图给出的力学解中的相对位置。关于这个解,见尤托西乌斯的同一段文字(*Archimedes*, ed. Heiberg, Ⅲ. pp. 66—70)。

② "AO,BO 所夹矩形"指"以 AO,BO 为边的矩形"。下同。——译者注

在梅奈奇姆斯的第二个解中，我们作第一个解中描述的抛物线，并也作顶点为 O，轴为 Ox 及参数等于 a 的抛物线。两条抛物线的相交点 P 由

$$\begin{cases}y^2=bx,\\x^2=ay,\end{cases}$$

给出，据此，如前面一样有 $\frac{a}{x}=\frac{x}{y}=\frac{y}{b}$。

因此，我们把这两个解中的抛物线和等轴双曲线看作轨迹，因为其任意点分别满足方程组(2)中表述的条件；而且极为可能，梅奈奇姆斯的发现是基于确定具有这些特征的轨迹的努力，而不是基于对圆锥截线作系统研究的任何考虑。这个假定可以用以下很特别的方式予以证实，在其中，正如现在将要看到的，圆锥截线最初是由正圆锥生成的；事实上，这种特别的方法很难基于其他假设来说明。此外，发现了倍立方体问题可以转化为求两个比例中项的问题以后，很自然地会假定，所导致方程的两种形式便成为最细致和最彻底地研究的主题。表示三个比值相等的方程(1)，自然导致了归功于柏拉图的解，其中，代表连比例相继项的四条线相互成直角并顺序环绕一个固定点，线的端点可以借助一个矩形框架找到，矩形的三条边是固定的，第四边可以平行于其自身自由移动。对方程组(2)形式的研究使得梅奈奇姆斯尝试确定与之相对应的轨迹。众所周知，由 $y^2=x_1x_2$ 表示的轨迹是一个圆，其中 y 是由一条给定长度固定直线上任意点出发的垂直线，x_1，x_2 是直线被垂直线分割的线段；自然会假设，方程 $y^2=bx$ 与另一个的区别只在于用一个常数代替了一个变量，它可以用来表示一个轨迹或一条连续曲线。唯一的困难在于找到其形式，正是在这里引入了圆锥。

若需要就梅奈奇姆斯为了生成平面轨迹而依赖任何立体图形(特别是圆锥)作一个解释，我们会发现，事实上，立体几何学在当时已经达到了高度发展的水平，如同塔伦图姆的阿尔基塔斯(生于约前430年)对两个比例中项的问题的解所展示的。这个解本身也许比任何其他解都更引人注目，它确定了某一点为以下三个旋转曲面的交点：(1)一个正圆锥，(2)一个正圆柱，其底面是以圆锥的轴为直径，并通过圆锥顶点的一个圆，(3)由一个半圆生成的曲面，该半圆位于垂直于圆柱底面的平面上，其直径与圆柱底面的直径相同，半圆环绕作为固定点的圆锥顶点旋转，其直径始终保持在原始平面上；换句话说，这个曲面由半个裂环面组成，环的中心是圆锥的顶点，内径无穷小。在求解的过程中我们发现：(a)曲面(2)与(3)相交于某一条曲线(*γραμμήν τινα*)，实际上是一条双曲率曲线；(b)在证明中应用了正圆锥的一条圆截线；(c)作为倒数第二步，在圆锥的同一个平面(三角

形）截线中找到了两个比例中项。① 因此，梅奈奇姆斯引入圆锥这件事本身

---

① 与阿尔基塔斯的其他解一样，这个解是由尤托西乌斯（pp. 98—102）给出的，非常有启发性而使我禁不住要引用它。假定 AC，AB 是需在其间寻找两个平均中值的直线，取 AC 为圆的直径，AB 作为弦置于圆中。

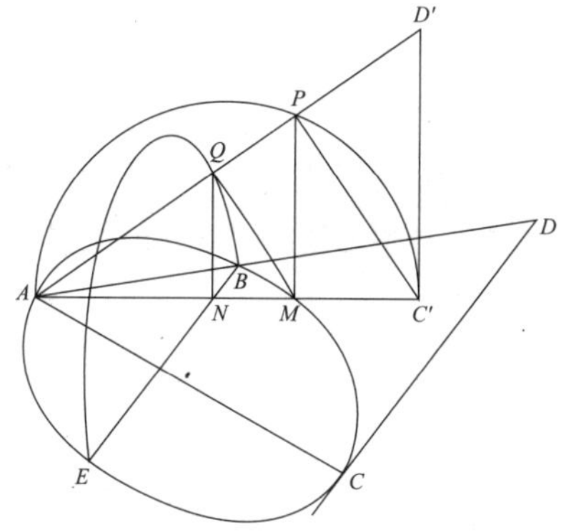

以直径 AC 在垂直于 ABC 的平面上作一个半圆，它环绕通过 A 且与 ABC 的平面垂直的一根轴旋转。以 ABC 为底面立一个直半圆柱：它将切割由移动的半圆描述的曲面 ABC 于某条曲线。

最后，设圆 ABC 在 C 点的切线 CD 与 AB 的延长线相交于 D；并假定三角形 ACD 以 AC 为轴旋转。这将生成一个正圆锥曲面，B 点将描述垂直于 ABC 平面的一个半圆 BQE，其直径 BE 与 AC 成直角。圆锥曲面将与在圆柱上所描述的曲线相交于某一点 P。设 APC' 为旋转半圆的对应位置，并设 AC' 与圆 ABC 相交于 M。

作 PM 垂直于 ABC 的平面，我们看到，它必定与圆 ABC 的周边相交，因为 P 在以圆 ABC 为底面的圆柱上。设 AP 与半圆 BQE 的圆周相交于 Q，并设 AC' 与直径 BE 相交于 N。连接 PC'，QM，QN。

然后，由于两个半圆都垂直于平面 ABC，它们的交线 QN 也是如此。因此，QN 垂直于 BE。

从而，

$$QN^2=BN\cdot NE=AN\cdot NM。$$

因此，角 AQM 是一个直角。又角 $C'PA$ 也是一个直角；因此，MQ 平行于 $C'P$。

由相似三角形的性质可知，

$$C'A:AP=AP:AM=AM:AQ,$$

也就是

$$AC:AP=AP:AM=AM:AB,$$

且 AB，AM，AP，AC 成连比例。

用解析几何的语言，若 AC 是 x 轴，平面 ABC 中通过 A 且垂直于 AC 的线是 y 轴，以及通过 A 且平行于 PM 的线是 z 轴，则 P 由以下诸曲面的交点确定：

$$x^2+y^2+z^2=\frac{a^2}{b^2}x^2, \quad\cdots\cdots (1)$$

$$x^2+y^2=ax, \quad\cdots\cdots (2)$$

$$x^2+y^2+z^2=a\sqrt{x^2+y^2}, \quad\cdots\cdots (3)$$

其中

$$AC=a,AB=b。$$

由方程（1），（2）可得

$$x^2+y^2+z^2=\frac{(x^2+y^2)^2}{b^2},$$

而由这个方程和方程（3），我们有

$$\frac{a}{\sqrt{x^2+y^2+z^2}}=\frac{\sqrt{x^2+y^2+z^2}}{\sqrt{x^2+y^2}}=\frac{\sqrt{x^2+y^2}}{b},$$

或者

$$AC:AP=AP:AM=AM:AB。$$

不应令人感到惊讶。

有关梅奈奇姆斯从圆锥截线导出其性质的实际方法，我们没有确凿的资料；但是，若我们记住(1)我们被告知的，圆锥截线以前的作者从特定类型的正圆锥生成三条曲线采用的方法，以及(2)阿波罗尼奥斯(和阿基米德)处理任何圆锥(无论是正的还是斜的)截线的途径；我们也许会对他的可能步骤形成一些想法。

尤托西乌斯在他对阿波罗尼奥斯《圆锥曲线论》的评论中，经格米努斯同意引用了他的一句话，大意是，古人把圆锥定义为直角三角形围绕一条直角边旋转所描述的曲面，而且他们除了正圆锥以外不知道任何其他圆锥。他们根据圆锥的顶角小于、等于或大于直角，把圆锥区分为三种类型。此外，他们从每种圆锥只生成三种截线之一，总是用垂直于一条母线的平面将其切割，并以对应于特定类型圆锥的名称命名相应的曲线；于是，“直角圆锥截线”是他们对抛物线的称呼，“锐角圆锥截线”对椭圆，“钝角圆锥截线”对双曲线。阿基米德对这些截线就是如此描述的。

现在很显然，抛物线是三种截线之一，生成它的最现成方法，是应用直角圆锥及与其母线成直角的截面。若 N 是这样一个圆锥中任意圆截线直径 BC 上的点，又若 NP 是该截线平面上垂直于 BC 的直线，它与圆周(因此也是圆锥表面)交于 P，则

$$PN^2=BN\cdot NC。$$

在轴向三角形 OBC 的平面上作 AN，与母线 OB 成直角相交于 A，并作 AD 平行于 BC，与 OC 相交于 D；设垂直于 AD 或 BC 的 DEF 与 BC 相交于 E，并与 AN 相交于 F。

于是 AD 被圆锥的轴等分，且因此 AF 也被该轴等分。作 CG 垂直于 BC，与 AF 的延长线相交于 G。

现在，角 BAN，BCG 都是直角；因此 B，A，C，G 共圆，且

$$BN\cdot NC=AN\cdot NG。$$

但

$$AN=CD=FG;$$

因此，若 AF 与圆锥的轴相交于 L，则

$$NG=AF=2AL。$$

因此

$$\begin{aligned}PN^2&=BN\cdot NC\\&=2AL\cdot AN,\end{aligned}$$

且若 A 是固定的，则 $2AL$ 是常数。

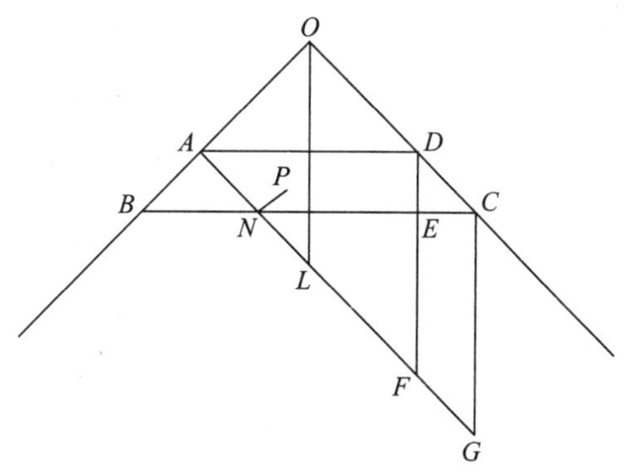

于是 P 满足方程

$$y^2=2AL\cdot x,$$

其中 $y=PN, x=AN$。

因此，只需要在 OB 上选择一点 A，使得 AL（或 AO）$=\frac{b}{2}$，我们便找到了对应于方程 $y^2=bx$ 的曲线。

抛物线的“参数”等于 A 到 AN 与圆锥的轴的交点之间距离的两倍，或是如阿基米德所说的ἁ διπλασία τᾶς με ́χρι τοῦ ἄξονος。①

方程 $xy=ab$ 表示的双曲线（其中两条渐近线是坐标轴），可以用一个垂直于钝角圆锥母线的平面切割圆锥而找到，但不是那么容易，因此有人质疑梅奈奇姆斯是否知道这个事实。在阿波罗尼奥斯中，对以渐近线为参考的双曲线的性质 $xy=$常数的研究，直到卷Ⅱ中直径的性质被证明以后才出现。它依赖于以下命题：（1）每组平行弦被同一条直径等分；（2）任何弦在曲线与渐近线之间所截的部分相等。但不一定需要假设梅奈奇姆斯知道这些一般命题。更可能的是，他根据以轴为参考的方程得到了以渐近线为参考的方程；而对他应用的特殊情况（等轴双曲线），这并不困难。

① 参见《阿基米德经典著作集》（北京大学出版社 2022 年 1 月出版）中的《论拟圆锥与旋转椭球》篇。——中译者注

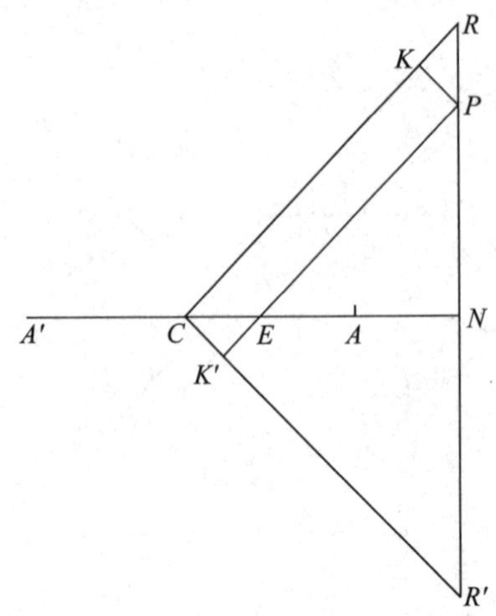

于是,若 P 是曲线上的一点,PK,PK'垂直于一条等轴双曲线的渐近线 CR,CR',且若 $RPNR'$垂直于二渐近线夹角的等分线,则

$$PK \cdot PK' = \text{矩形 } CKPK'$$
$$= \text{四边形 } CRPE。$$

因为 $\triangle CEK' = \triangle PRK$。

因此

$$PK \cdot PK' = \triangle RCN - \triangle PEN$$
$$= \frac{1}{2}(CN^2 - PN^2)$$
$$= \frac{x^2 - y^2}{2},$$

其中 x,y 是 P 以双曲线二轴为参考的坐标。

然后我们需要说明,梅奈奇姆斯如何可能借助一个垂直于母线的截面,由钝角圆锥得到等轴双曲线,例如

$$x^2 - y^2 = \text{常数} = \frac{a^2}{4},$$

或

$$y^2 = x_1 x_2,$$

其中 x_1,x_2 分别是由 A,A'点至纵坐标 y 的底脚的距离,且 $AA' = a$。

取一个钝角圆锥,并设 BC 为其任意圆截线的直径。设 A 是母线 OB 上的任意点,并通过 A 作 AN 与 OB 成直角,与 CO 的延长线相交于 A'且与 BC 相交于 N。

设 y 是由 N 所作垂直于轴向三角形 OBC 所在平面的直线段的长度。于是 y 将由以下方程确定:

$$y^2=BN\cdot NC。$$

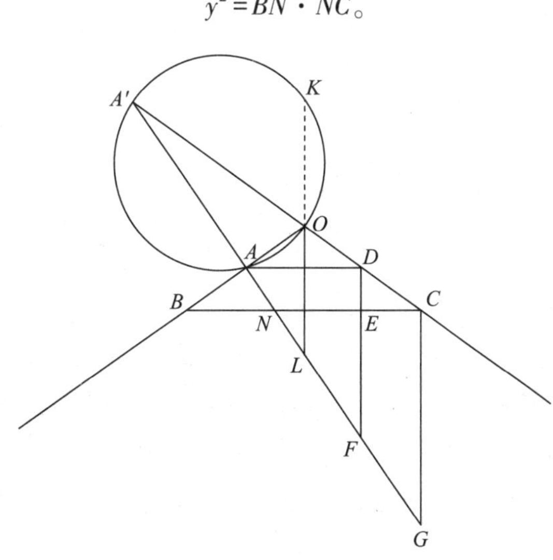

与前相同，作 AD 平行于 BC，与 OC 相交于 D，又作 OL,DF,CG 垂直于 BC，与 AN 的延长线分别相交于 L,F,G。

于是，由于角 BAG,BCG 是直角，点 B,A,C,G 共圆，

$$\therefore y^2=BN\cdot NC=AN\cdot NG。$$

又由相似三角形的性质有

$$NG:AF=CN:AD,$$
$$=A'N:AA'。$$

因此

$$y^2=AN\cdot\frac{AF}{AA'}\cdot A'N$$
$$=\frac{2AL}{AA'}\cdot x_1x_2;$$

且对圆截线不同位置的端点 y 的轨迹，或由一个通过 AN 并与轴向三角形的平面垂直的平面所作的圆锥截线，当 $\frac{2AL}{AA'}=1$ 时满足想得到的条件。

这一关系，加上角 AOL 等于角 $A'OA$ 的补角的一半这个事实，使我们能够确定顶点 O 的位置，且因此确定待求的包含等轴双曲线的圆锥的顶角。

因为假定 O 已确定，并作圆外接于 AOA'；该圆将与 LO 的延长线交于某一点 K，且 OA' 将为其直径。因此，角 $A'KO$ 是直角；$\angle AA'K=\angle AOK$ 的补角 $=\angle AOL=\angle LOC=\angle A'OK$，由此可以看出截距 $AK,A'K$ 相等。且因此，K 在垂直等分 AA' 的直线上。

但由于角 $A'KL$ 是直角，K 也在以 $A'L$ 为直径的半圆上。

因此,可以通过作这个半圆,然后作一条成直角等分 AA' 并与半圆相交的直线来确定 K,再连接 KL,则 O 得以确定。

以上对等轴双曲线的构建可以同样有效地应用于双曲线或椭圆的一般情况;只是常数值$\frac{2AL}{AA'}$与 1 不同。在每种情况下,$2AL$ 都等于对 A,A'的纵坐标的参数,或者说,该参数等于截线的顶点与圆锥的轴之间的距离,*ἁ διπλασία τᾶς μέχρι τοῦ ἄξονος*,的两倍(阿基米德称之为抛物线的主参数)。

对梅奈奇姆斯以上述方式发现了所有三条圆锥曲线的假设,与厄拉多塞的"梅奈奇姆斯三元组"的提法一致,尽管不无可能,椭圆是正圆柱的一条截线这一点,以前就为人所知。例如,欧几里得在《现象》中说,"若圆锥或圆柱被一个与底面不平行的平面切割,那么生成的是一条锐角圆锥截线,类似于一个 *θυρεός*(门)",这表明了欧几里得区分了两种生成椭圆的方法。海贝格[*Litterargeschichtliche Studien über Euklid*(《欧几里得文献历史研究》),p. 88]认为,*θυρεός*很可能就是梅奈奇姆斯称呼该曲线的名字。[①]

对梅奈奇姆斯是否使用机械方法来实现他的曲线构建,是有争议的。认为他这样做,是基于 (1) 厄拉多塞信中的一段文字[②],大意是,所有解决了这两个比例中项的问题的人都只就理论撰文,但未能应用于实际结构,把理论与实践相结合,只有梅奈奇姆斯在某种程度上勉强地做到了,(2)基于普鲁塔克的两段著名文字。其中之一说柏拉图指责欧多克斯、阿尔基塔斯和梅奈奇姆斯试图把倍立方体问题约化为仪器和力学构建(好像说这种寻找两个比例中项的方法是不合法的),理由是几何的优越性将因此而丧失殆尽,犹如使它回归理性世界,而不再翱翔蓝天,洞察那些永恒和无形的形象,其中神是且永远是神[③];另一段文字(*Vita Marcelli* 14, § 5)说,由于柏拉图的这种态度,力学与几何学完全分离,在长

---

① 对椭圆的表达式*ὁ τοῦ θυρεός*(拟似"门")在普罗克勒斯中出现了几次,特别是在被引用的格米努斯的一段文字中(p. 111);这个名词似乎在格米努斯的时代比"椭圆"这个名字更常见。[*Bretschneider*, p. 176]。

② 见上面译出的厄拉多塞中的文字,p. xviii。所述句子对应的希腊语是:*συμβέβηκε δὲ πᾶσιν αὐταῖς γεγραφέναι, χειρουργῆσαι δὲ εἰς χρεῖαν μὴ δύνασθαι πλὴν ἐπὶ βραχύ τι τοῦ Μενεχμου καὶ ταῦτα δυσχερῶς.*

③ *Διὸ καὶ Πλάτων αὐτὸς ἐμέμψατο τοὺς περὶ Εὔδοξον καὶ Ἀρχύταν καὶ Μέναιχμον εἰς ὀργανικὰς καὶ μηχανικὰς κατασκευὰς τὸν τοῦ στερεοῦ διπλασιασμὸν ἀπάγειν ἐπιχειροῦντας (ὥσπερ πειρωμένανς διὰ λόγου* [scr. *δι' ἀλόγου*] *δύα μέσας ἀνάγον μὴ* [scr. *ᾗ*] *παρείκοι λαβεῖν). ἀπόλλυσθαι γὰρ οὕτω καὶ διαφείρεσθαι τὰ γεωμετρίας ἀγαθόν, αὖθις ἐπὶ τὰ αἰσθητὰ παλινδρομούσης καὶ μὴ φερονένης ἄνω, μηδ' ἀντιλαμ. βανομένης τῶν ἀϊδίων καὶ ἀσωμάτων εἰκάνων, πρὸς αἷσπερ ὢν ὁ θεὸς ἀεὶ θεὸς ἐστι.* (*Quaest. conviv.* viii.2.1)

期被哲学家忽视之后，仅仅成为战争科学的一部分。我并不认为能从这段文字中可以看出，梅奈奇姆斯和阿尔基塔斯制造了某种机械来实现构建；因为这种猜测显得与厄拉多塞的直接陈述并不一致，除了梅奈奇姆斯是部分的例外，所提到的三位几何学家都只给出了理论解。厄拉多塞的话语意味着阿尔基塔斯没有使用任何机械设计，而对于梅奈奇姆斯，这些话语更可能指的是在曲线上找到许多点的一种方法。[①] 因此，柏拉图的批评似乎不是指使用机械，而只是指在阿尔基塔斯、欧多克斯和梅奈奇姆斯的三个解中的每一个都引入了有关机械的考虑。

这种对阿尔基塔斯等人的指责，与尤托西乌斯把机械解归于柏拉图自己这个事实，颇令人困惑。有许多文章对其进行了讨论。最可能的解释是，假定尤托西乌斯错误地把解归功于柏拉图；然而如果机械解确实属于柏拉图，厄拉多塞应该不会不提到它，他提到过许多其他事项，例如德里安斯(Delians)曾就倍立方体问题咨询过柏拉图。

宙森提出，柏拉图的反对意见可能指的是，在梅奈奇姆斯的情形，他不满意的是把曲线看作完全由基本的平面性质定义。就像我们用方程表示的那样；他认为必须给曲线一个几何定义，例如通过切割圆锥而得到，使它的形状容易被想象，尽管这种表示在对其性质的后续研究中不起作用。但若应用这一解释来反对阿尔基塔斯的解，就不那么讲得通，因为其中旋转半圆与固定半圆交于一条双曲率曲线，而不是用一个方程可以方便地表示的平面曲线。

---

① 尤托西乌斯对阿波罗尼奥斯Ⅰ.20,21的评论，部分地提示了这一点。其中指出，常常需要借助仪器用连续的一系列点来描述圆锥曲线。这段文字是泰勒博士引用的，*Ancient and Modern Geometry of Conics*, p. xxxiii。

第二章 阿里斯塔俄斯与欧几里得

接下来我们要讨论被认为是由“年长的”阿里斯塔俄斯(Aristaeus)和欧几里得所写的论文;鉴于在帕普斯的描述中二者密切关联,一起予以讨论较为方便。因为这些论文都已佚失,故关于论文的内容,帕普斯是我们的权威来源。帕普斯的文字在一些地方含糊不清,有些句子被胡尔奇(Hultsch)放在括号里,不过其实质性部分可以表述如下。①

“欧几里得的四卷《圆锥曲线原本》由阿波罗尼奥斯继续补充完善,后者又添加了四卷,写成了八卷的《圆锥曲线论》。阿里斯塔俄斯写了存留至今的五卷《立体轨迹》,它们与圆锥截线有关,其中称一种圆锥截线为锐角圆锥截线,一种为直角圆锥截线,其余为钝角圆锥截线……。阿波罗尼奥斯在他的卷Ⅲ中说,欧几里得并未对‘三线或四线轨迹’完全地研究过。事实上,无论阿波罗尼奥斯本人或其他任何人,都未能借助圆锥曲线的那些性质,对欧几里得的著作添加任何新的内容,除了那些在欧几里得时代已经被证明的;阿波罗尼奥斯本身便是这一事实的佐证,因为他说,若没有那些他不得不自行证明的命题,轨迹理论便不能完成。现在,欧几里得——认为应当认可阿里斯塔俄斯对圆锥曲线做出的发现,但并不预期或希望重建同样的系统(这正是他一丝不苟的公平,以及他对所有推进数学科学人士的典型慷慨态度,哪怕只在十分细微的程度上),而且毫无争议地,尽管精准,但不像他人那样自夸——借助阿里斯塔俄斯的圆锥曲线理论,关于轨迹写了如此之多,但并未声称他的证明是完备的。如果他这样做了,他肯定会受到谴责,但事实上阿波罗尼奥斯也并未追究。他无论如何也不应当受到谴责,尽管他留下的《圆锥曲线原本》大部分不完整。阿波罗尼奥斯也通过事先熟悉欧几里得已经写下的内容,并通过与欧几里得的学生在亚历山大港共处很长时间,能够添加轨迹理论的缺少部分,他的科学思维习惯就来自那时的训练。现在,这个

① 见 Pappus(ed. Hultsch), pp. 672—678。

‘三线或四线轨迹’,他如此感到自豪的理论(尽管他应该承认他获益于原始作者)已经以这种方式完成。若给定三条直线的位置,由同一点作直线与这三条直线以给定的角度相交,且若由这样所作两条线所夹矩形,与第三条线上的正方形[1]之比给定,则该点将位于位置给定的立体轨迹上,即在三条圆锥曲线中一条之上。又,若所作直线与给定角度、给定位置的四条直线相交且由如此所作两条线所夹矩形与剩下两条线所夹矩形之比给定,则以相同的方式,该点将在位置给定的一条圆锥截线上。”

在此有必要对立体轨迹(*στερεὸς τόπος*)这个词组说几句话。普罗克勒斯把轨迹(*τόπος*)定义为“涉及同一性质的线或曲面的位置”(*γραμμῆς ἢ ἐπιφανείας θε΄σις ποιοῦσα ἓν καὶ γαὐτὸν σύμπτωμα*),并接着说,轨迹分为两类:线轨迹(*τόποι πρὸς γραμμαῖς*)和曲面轨迹(*τόπος πρὸς ἐπιφανείαις*)。其中线轨迹又被普罗克勒斯再次划分为平面轨迹和立体轨迹(*τόποι ἐπίπεδοι*和 *τόποι στερεοί*),前者是简单地在平面上生成的,如直线,后者来自立体图形的某一截线,如圆柱螺线和圆锥截线。类似地,尤托西乌斯给出了平面轨迹的例子。(1)圆,它是所有以下点的轨迹:由这些点到有限直线的垂线是被垂线底脚所分成两段的比例中项;(2)圆,它是与两个固定点的距离之比等于一个给定比值的点的轨迹(阿波罗尼奥斯在*τόπος ἀναλυόμενος*中研究的一种轨迹),然后他接着说,立体轨迹的名称是因为它们来自对立体图形的切割,例如圆锥和其他图形的截线。[2] 帕普斯把那些并非平面轨迹的线性轨迹,即普罗克勒斯和尤托西乌斯命名为立体轨迹的类别,划分为立体轨迹(*στερεοὶ τόποι*)和线性轨迹(*τόποι γραμμικοί*)。

这样一来,他说,平面轨迹可以一般地被描述为直线或圆,立体轨迹是那些圆锥曲线,即抛物线、椭圆或双曲线,而线性轨迹是指那些并非直线、并非圆,也并非所述三种圆锥曲线中的任一种。[3] 例如,阿里斯塔俄斯对两个比例中项的问题的解——在圆柱上描述的曲线,是一个线性轨迹(实际上是一条双曲率曲线),且这种轨迹出自或可以追溯到一个曲面轨迹(*τόπος πρὸς ἐπιφανείᾳ*)。因此,线性轨迹比直线、圆和圆锥具有更复杂和非自然的起源,“是由更不规则的曲面

① “第三条线上的正方形”指“以第三条线为边的正方形”,下同。——译者注

② Apollonius, Vol. II. p. 184.

③ Pappus, p. 662.

和错综复杂的运动产生的。”①

现在可以从上面转述的帕普斯的文字得出一些结论。

1. 阿里斯塔俄斯对立体轨迹的工作涉及抛物线、椭圆或双曲线那些轨迹，换句话说，这是一部把圆锥曲线作为轨迹处理的著作。

2. 这本关于立体轨迹的书先于欧几里得关于圆锥曲线的书，至少在原创性方面更为重要。虽然两部著作都涉及相同的主题，但其对象和观点是不同的；若它们是相同的，欧几里得不大可能不尝试改进早期的著作，而帕普斯说他并未尝试。因此，帕普斯的意思必定是，虽然欧几里得像阿波罗尼奥斯一样，写了关于圆锥曲线一般理论的书，但他仍然局限于分析阿里斯塔俄斯的《立体轨迹》所必需的那些性质。

3. 阿里斯塔俄斯使用了“直角、锐角和钝角圆锥截线”这些名称，由此，到阿波罗尼奥斯的时期，这三种圆锥曲线是已知的。

4. “三线和四线轨迹”，一定在阿里斯塔俄斯的著作中讨论过，虽然并不完美；而欧几里得在对同样轨迹作综合处理时，只使用了阿里斯塔俄斯的圆锥曲线理论而未加入自己的新发现，故未能完善这一理论。

5. 欧几里得的《圆锥曲线原本》被阿波罗尼奥斯的著作所取代，并且在帕普斯时代，虽然阿里斯塔俄斯的《立体轨迹》仍然存在，但欧几里得的工作是否也存在却存疑。

我们将在涉及阿波罗尼奥斯时，对“三线和四线轨迹”这个主题进行较详细的讨论；但是在这里作以下陈述也许是合适的，宙森曾对此写了一些极佳的文字，推测阿里斯塔俄斯和欧几里得研究的不完善性，起源于对作为同一条曲线的双分支双曲线没有任何概念（这个概念为阿波罗尼奥斯所发现，可以从他充分处理双分支双曲线这一点来推断）。因此，对于“相交弦在固定方向上截距所夹矩形有一个与交点位置无关的恒定比值”这个命题，阿波罗尼奥斯对双分支双曲线，对其单独一个分支，以及对椭圆和抛物线都给出了证明。在阿波罗尼奥斯之前，该定理由于未对双分支双曲线予以证明而是不完备的。另一方面，设想欧几里得掌握了该定理的最一般形式的证明，那么，若假设，通过阿里斯塔俄斯对这一特定性质的分析，“三线或四线轨迹”被简化为这种特定性质，欧几里得也会有

---

① Pappus, p. 270: *γραμμαὶ γὰρ ἕτεραι παρὰ τὰς εἰρημε΄νας εἰς τὴν κατασκευὴν λαμβάνονται ποικιλωτε΄ραν ε῞χουσαι τὴν γε΄νεσιν καὶ βεβιασμε΄νην μᾶλλον, ε῍ξ ἀτακτοτε΄ρων ε᾿πιφανειῶν καὶ κινήσεων ε᾿πιπεπλεγμε΄νων γεννώμεναι.*

可能(我们被告知他没有)完成该轨迹的综合。阿波罗尼奥斯可能提到了欧几里得没有完成理论,而不是阿里斯塔俄斯没有完成理论。其理由是,正是欧几里得的著作与他自己的著作在相同的方向上;而且,由于欧几里得在时间上比阿里斯塔俄斯稍晚,在任何情况下都很自然,阿波罗尼奥斯会认为欧几里得是旧的、有缺陷的研究的代表,而他自己则完成了这项研究。

关于欧几里得《圆锥曲线原本》的内容,我们得到以下提示。

1. 其范围肯定与阿波罗尼奥斯著作的前三卷的大致相同,尽管主题的发展在阿波罗尼奥斯著作中更系统和更完备。由阿波罗尼奥斯自己的前言和上面引用的帕普斯的陈述,我们可以作此推断。

2. 就给出更多细节而言,阿基米德的著作是一个更重要的信息来源。阿基米德经常引用有关圆锥曲线的命题作为已知的而无须证明。例如

(a) 椭圆的基本性质。

$$PN^2:(AN\cdot NA')=P'N'^2:(AN'\cdot N'A')=BC^2:AC^2,$$

双曲线的基本性质

$$PN^2:(AN\cdot NA')=P'N'^2:(AN'\cdot N'A'),$$

抛物线的基本性质

$$PN^2=p_a\cdot AN$$

都被认为是已知的,因此,这些性质想必都已包含在欧几里得的著作之中。[①]

(b) 在处理抛物线弓形面积之初,简单地引用了以下定理。

(1) 若 PV 是一个抛物线弓形的直径,QVq 是平行于在 P 的切线的弦,则 $QV=Vq$。

(2) 若在 Q 的切线与 VP 的延长线交于 T,则 $PV=PT$。

(3) 若 QVq,$Q'V'q'$是在 V,V'被等分的平行于在 P 的切线的两根弦,则

$$PV:PV'=QV^2:Q'V'^2。$$

“而且这些命题在《圆锥曲线原本》中(即在欧几里得和阿里斯塔俄斯的书

---

① 参考以下诸图。——译者注

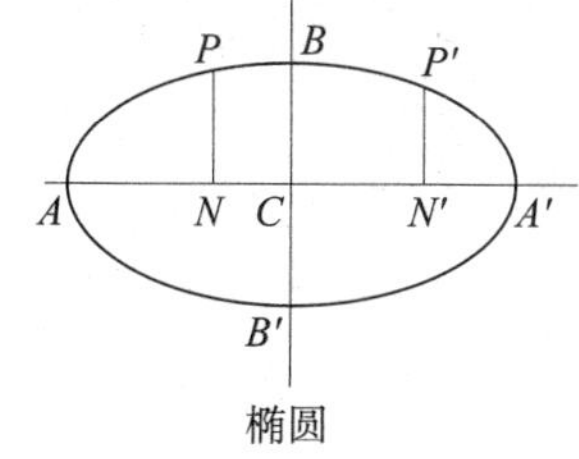

椭圆

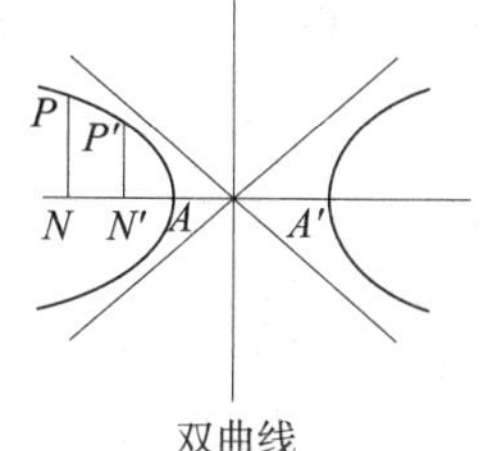

双曲线

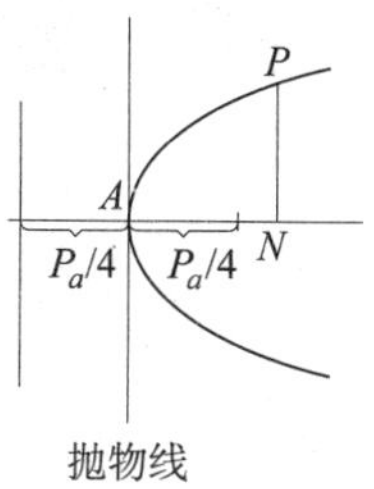

抛物线

中)已经证明了"。[1]

(c)专著《论拟圆锥与旋转椭球》的第三个命题开始于说明以下定理：若由同一点作两条直线与任意圆锥截线相切，且若又在圆锥截面上另外作二直线平行于二切线并相互切割，则由(弦)段所夹矩形之比，等于(与弦平行的)切线的平方之比。"并且这已在《圆锥曲线原本》中证明。"

(d)在同一命题中，我们找到抛物线的以下性质：若 p_a 是对轴的纵坐标的参数，QQ' 是不垂直于轴的任何弦，它被直径 PV 在 V 等分，且若作 QD 垂直于 PV，则(阿基米德说)，假定 p 是这样的长度，使得

$$QV^2 : QD^2 = p : p_a,$$

则在 PV 的纵坐标(与 QQ'平行)上的正方形，等于适配于长度为 p 的线段上的矩形，其宽度等于 PV 上朝向 P 的相应截距。"因为这已在《圆锥曲线原本》中证明。"

换句话说，若 p_a，p 是分别对应于轴和等分 QQ'的直径的参数，则

$$p : p_a = QV^2 : QD^2。$$

(关于该性质的图和证明，请读者参阅 pp. 35—36 关于阿基米德的章节。)

欧几里得仍然对这三条圆锥截线使用老名称，但他知道，用一个不与底面平行的平面以任何方式切割一个圆锥，就可以得到一个椭圆(假设该截线完全位于圆锥体的顶点和底面之间)，也可以通过切割一个圆柱体来得到椭圆。这一点在上面引述的《现象》的文字(p. 14)中有明确的说明。但是欧几里得不大可能想到除了正圆锥以外的任何其他东西；因为，若圆锥是斜的，那么若不排除与圆锥底面反位的圆截面，这个陈述就不可能是正确的。

对欧几里得《曲面轨迹》(或τόποι πϱὸς ἐπιφανείᾳ)的内容，我们一无所知，然而我们可以合理地假定，这本著作涉及的是圆锥面、球面和圆柱面，也许还有其他二次曲面。但是帕普斯给出了对《曲面轨迹》的两条引理，其中的第二条最为

① 参考下图。——译者注

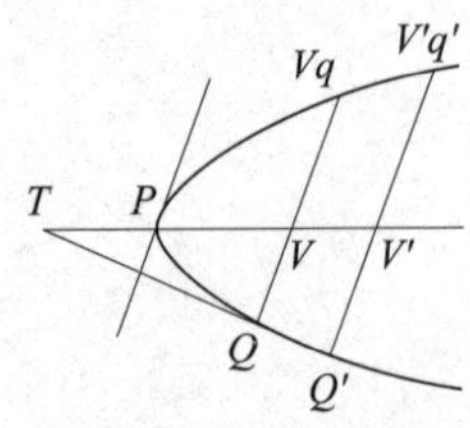

重要。[1] 该引理陈述并给出了以下命题的完整证明：与给定点的距离及与固定线的距离之间有给定比值的点的轨迹是一条圆锥截线，且根据该比值是小于、等于或大于1，分别是椭圆、抛物线或双曲线。

在给定比值不等于1情况下的证明简述如下。

设 S 是固定点，SX 是由 S 至一条固定线的垂线。设 P 为轨迹上的任意点，且 PN 垂直于 SX，使 SP 与 NX 成给定比值，设 e 是这个比值，使得

$$e^2=\frac{PN^2+SN^2}{NX^2}。$$

现在，设 K 是线 SX 上的点，使得

$$e^2=\frac{SN^2}{NK^2};$$

于是，若 K' 是所取的另一个点，它使得 $NK=NK'$，我们将有

$$e^2=\frac{PN^2+SN^2}{NX^2}=\frac{SN^2}{NK^2}=\frac{PN^2}{NX^2-NK^2}=\frac{PN^2}{XK\cdot XK'}。$$

N,K,K' 的位置随着点 P 的位置而改变。若假定当 K 与 X 重合时 N 落在 A 上，我们有

$$\frac{SA}{AX}=e=\frac{SN}{NK}。$$

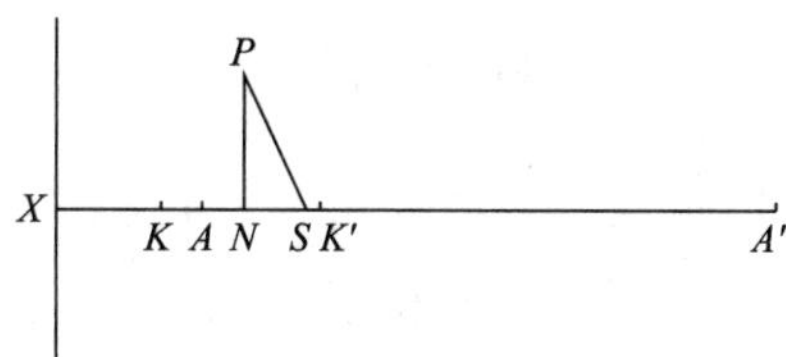

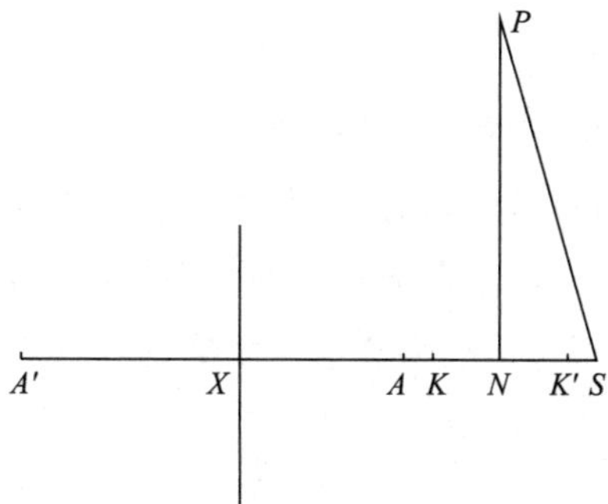

① Pappus (ed. Hultsch), p. 1006 seqq.

由此可知，$\frac{AX}{SA}$，$\frac{NK}{SN}$都已知且相等，并且因此，$\frac{SX}{SA}$，$\frac{SK}{SN}$都已知且相等。于是，最后两个表达式的每一个都等于

$$\frac{SX-SK}{SA-SN} \text{或} \frac{XK}{AN},$$

从而

$$\left[=\frac{SX}{SA}=1+\frac{1}{e}\right]。$$

类似地，若假设当 K' 与 X 重合时 N 落在 A' 上，我们有$\frac{SA'}{A'X}=e$；且以同样的方式，我们将发现 $\frac{XK'}{A'N}$ 是已知的并等于

$$=\frac{SX}{A'S}\left[=1\sim\frac{1}{e}\right]。$$

因此通过相乘，比例式$\frac{XK \cdot XK'}{AN-A'N}$的值已知。

又由前述$\frac{PN^2}{XK \cdot XK'}=e^2$，

我们有 $$\frac{PN^2}{AN \cdot A'N}=\text{常数}\left[=e^2\left(1\sim\frac{1}{e^2}\right)=1\sim e^2\right]。$$

这是有心圆锥曲线的性质，取决于 e 小于或大于 1，相应地该曲线将会是椭圆或双曲线；因为点 A，A'在前一种情况下将位于 X 的同侧，而在后一种情况下将位于 X 的两侧，并且在前一种情况下，N 将在 AA'上，而在后一种情况下，N 将在 AA'的延长线上。

$e=1$ 的情形很容易，无须在此给出证明。

我们几乎不能避免这样的结论：欧几里得必定应用了专著《曲面轨迹》中的这个命题，帕普斯的引理即针对该命题。该引理之所以有必要提及，在于欧几里得并未证明它。欧几里得肯定认为这是显而易见或众所周知的。因此它很可能

来自一些已知的著作,[①]不无可能是来自阿里斯塔俄斯的《立体轨迹》。

欧几里得应该熟悉涉及焦点和准线的圆锥曲线的性质,但不能不使人感到惊讶的是,这一性质在阿波罗尼奥斯中根本没有出现,他甚至没有提到抛物线的焦点。可能的解释是,正如我们从阿波罗尼奥斯的前言中所见,他并不把他所知道的圆锥曲线的所有性质都归功于自己,他的卷Ⅲ,旨在给出立体轨迹综合的方法,而不是真正地确定它们。因此,涉及焦点的性质可能被认为更适合于关于立体轨迹的专著,而不是关于圆锥曲线的专著。我们不能假设,直到阿波罗尼奥斯的时代,焦点性质还没有得到足够的重视。相反的情况其实更有可能,这个假定得到以下事实的支持:阿波罗尼奥斯确定有心圆锥曲线焦点的方法,与包含在帕普斯对欧几里得《推论集》的引理 31 的定理之间,有着引人注目的一致性。

这个定理如下:设 $A'A$ 是一个半圆的直径,由 A',A 作两条直线与 $A'A$ 成直角,设任意直线 RR'分别与过 A,A'的两条垂线交于 R,R',并与半圆相交于 Y。进而作 YS 垂直于 RR',与 $A'A$ 的延长线交于 S。要证明的是

---

① 与此相关值得指出,在帕普斯的另一段文字中,他讨论了三等分一个角或圆弧的各种不同方法。他给出了(p. 284)“某些人”使用过的一种方法,涉及构建偏心率为 2 的双曲线。

假定要把一个圆弓形分成相等的三部分。假定这已完成,并设弧 SP 是弧 SPR 的三分之一。连接 RP,SP,则角 RSP 等于角 SRP 的两倍。

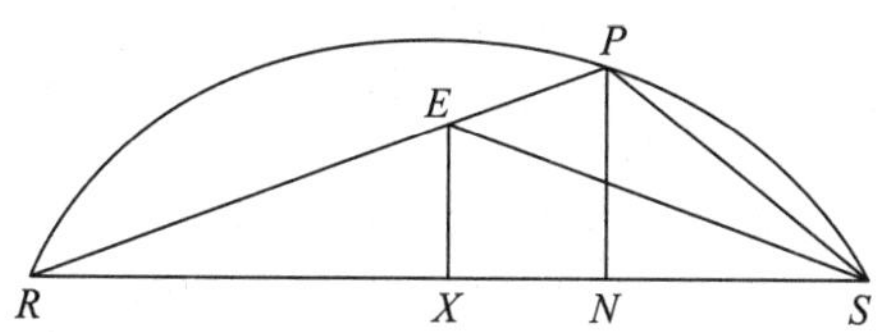

设 SE 平分角 RSP,与 RP 相交于 E,并作 EX,PN 垂直于 RS。于是,角 ERS 等于角 ESR,

$$\therefore RE=ES;$$

$$\therefore RX=XS,\text{且 } X \text{ 是给定的。}$$

又

$$RS:SP=RE:EP=RX:XN;$$

$$\therefore RS:RX=SP:NX。$$

$$\because RS=2RX;$$

$$\therefore SP=2NX,$$

从而

$$SP^2=4NX^2,$$

或者

$$PN^2+SN^2=4NX^2。$$

“这样,因为两点 S,X 给定,且 PN 垂直于 SX,而 NX^2 与 PN^2+SN^2 的比值给定,故 P 在双曲线上。”

这显然是对τόποι πρὸς ἐπιφανείᾳ的引理的一种特殊情况。比值$\frac{NX^2}{PN^2+SN^2}$在这两种情况下以相同的形式陈述。

$$AS \cdot A'S = AR \cdot A'R',$$

即

$$AS : AR = A'R' : A'S。$$

现在,因为 R', A', Y, S 共圆,$\angle A'SR'$等于对应同一弧的$\angle A'YR'$。

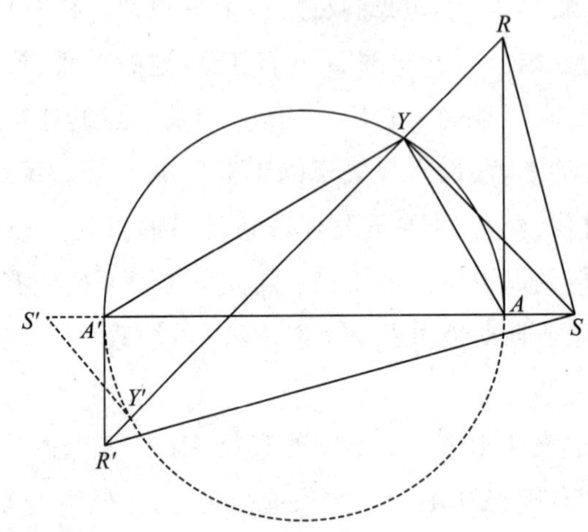

类似地,$\angle ARS$ 等于$\angle AYS$。

$$\because \angle A'YA, \angle R'YS \text{ 都是直角},$$

$$\therefore \angle A'YR' = \angle AYS;$$

$$\therefore \angle A'SR' = \angle ARS;$$

因此,由相似三角形的性质,有

$$A'R' : A'S = AS : AR$$

或

$$AS \cdot A'S = AR \cdot A'R'。$$

当然由此可知,若矩形 $AR \cdot A'R'$恒定,则 $AS \cdot A'S$ 也恒定,且 S 是一个固定点。

将会观察到,在阿波罗尼奥斯,Ⅲ.45[命题 69]中应用了完整的圆,$AR, A'R'$是在一条圆锥曲线的轴 AA'两端的切线,RR'是该圆锥曲线的任何其他切线。他已经证明了Ⅲ.42[命题 66],在这种情况下,$AR \cdot A'R' = BC^2$,且他在轴或轴的延长线上取两点 S, S',使得

$$AS \cdot SA' = AS' \cdot S'A' = BC^2。$$

他然后证明了 RR'在 S, S'这两点都对向一个直角,并进一步导出其他涉及焦点的性质。

因此,阿波罗尼奥斯的步骤与欧几里得《推论集》中引理的步骤完全相似,只是后者没有引入圆锥曲线。这一事实进一步支持了宙森关于欧几里得《推论集》的起源和目的之观点,他认为它们部分地是圆锥曲线研究的某种副产品,以及部分地是为了进一步发展这一主题而设计的一种方法。

第三章　阿基米德

在**阿基米德**的现存著作中可以找到关于圆锥曲线的十分详尽的叙述,若没有这些,本主题的历史综述不可能是完整的。

没有值得信赖的证据表明,阿基米德写过关于圆锥曲线的单独专著。认为他这样做过的想法并无实质性根据,只是基于在上面引用的段落中参考了*κωνικὰ στοιχεῖα*(《圆锥几何学》,并无对作者姓名的任何提及),这被有些人认为参考的是阿基米德本人的专著。但若把该文献与类似参考文献中的另一些段落[①]进行比较,容易看出这种假设很不可信,其中的短语*ἐν τῇ στοιχειώσει*无疑意味着欧几里得的《几何原本》。类似地,短语"这是在《圆锥曲线原本》中证明了的"就是意味着它可以在有关圆锥曲线基本原理的教科书中找到。对此的一个正面证明,可在尤托西乌斯对阿波罗尼奥斯所做的评论中找到。阿基米德的传记作者赫拉克利德斯(Heracleides)[②]说,阿基米德第一个发现了圆锥曲线的定理,而阿波罗尼奥斯发现阿基米德并未发表这些定理,便不适当地擅自应用了[③];尤托西乌斯添加的评注认为这种指责不实,"因为一方面,阿基米德在许多段文字中似乎征引《圆锥曲线原本》作为较老的专著(*ὡς παλαιοτέ ́ρας*),另一方面,阿波罗尼奥斯并未声称这是他自己的发现。"因此,尤托西乌斯认为,提及这些文献是介绍其他几何学家对圆锥曲线基本理论的阐述:否则,即若认为阿基米德提到自己早期的工作,他不会应用词*παλαιοτέ ́ρας*(旧时)而更会用一些表达式如*πρότερον ἐκδεδομέ ́νης*(先前)。

---

① 《论球与圆柱》卷Ⅰ。引用的命题是欧几里得Ⅻ.2。

② 出现在所引文字中的姓名是*Ἡράκλειος*。《阿波罗尼奥斯》(ed. Heiberg) Vol. Ⅱ. p. 168。

③ 赫拉克利德斯所述阿基米德第一个"发现"(*ἐπινοῆσαι*)圆锥曲线论中的定理,这一点不容易解释。布雷特施奈德(Bretschneider, p. 156)把这一点,以及对阿波罗尼奥斯剽窃的指控,归结为小心眼的人可能会因阿波罗尼奥斯这样的智者对他们的轻蔑而恶意地报复。另一方面,海贝格认为这对赫拉克利德斯是不公平的,他也许因为发现许多阿波罗尼奥斯的命题曾被阿基米德引用为已知的而受到误导,从而提出了有关剽窃的指控。海贝格还指出,赫拉克利德斯无意把圆锥曲线论的真正发明归功于阿基米德,他只是说明,阿波罗尼奥斯提出的圆锥曲线的基本理论源自阿基米德;否则,尤托西乌斯的否认就会有一种不同的形式。海贝格也不会忘记指出一个众所周知的事实,即梅奈奇姆斯是圆锥截线的发现者。

要寻找阿基米德著作中有关圆锥曲线的各种命题,自然首先要知道,除了应用正圆锥和垂直于母线的平面,阿基米德对于生成三种圆锥曲线的可能性知道多少。我们首先注意到,他总是应用阿里斯塔俄斯的“直角圆锥曲线”等老名称,而且毫无疑问,ἔλλειψις 这个词在抄本中出现的三处都与此无关。其次,在《论拟圆锥与旋转椭球》的开头,我们就找到了以下陈述:“若圆锥被与该圆锥的所有边都相交的一个平面切割,则截线将或是圆,或是锐角圆锥截线[即椭圆]。”在截平面与对称平面成直角的情况下,这个命题的证明方式可由同一专著的命题 7 和 8 导出,其中证明了可以找到一个圆锥,使给定的椭圆是它的一条截线,且圆锥的顶点位于由椭圆中心引出的一条直线上,该直线或者(1)垂直于椭圆的平面,或者(2)不垂直于它的平面,但在与之成直角的平面上,并通过椭圆的一根轴。这个问题显然可以归结为确定圆锥的圆截线,而这正是阿基米德所做的。

(1) 设想垂直于纸面平面上以 BB' 为短轴的一个椭圆;假定作直线 CO 垂直于椭圆平面,并设 O 是待求圆锥的顶点。延长 OB,OC,OB',并在与它们相同的平面上作 BED 分别交 OC,OB' 的延长线于 E,D,并且其方向使得

$$BE \cdot ED : EO^2 = CA^2 : CO^2,$$

其中 CA 是椭圆的半长轴。且这是可能的,因为

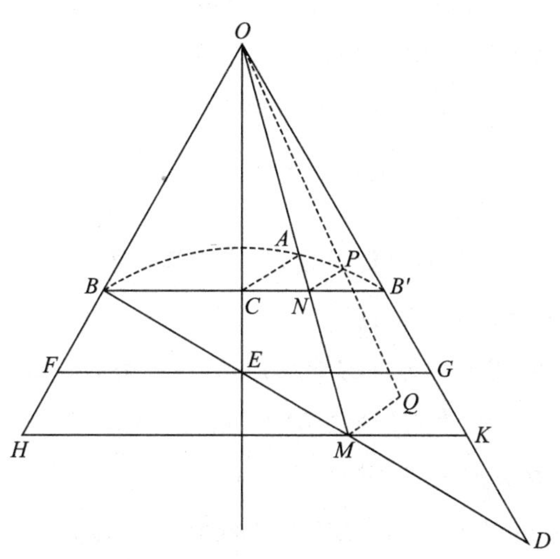

$$BE \cdot ED : EO^2 > BC \cdot CB' : CO^2。$$

[构形与这最后一个命题都被假设为已知的。]

现在,设想在垂直于纸面的平面上作一个以 BD 为直径的圆,并作一个通过

这个圆且以 O 为顶点的圆锥。

我们然后要证明，给定的椭圆是这个圆锥的截线，或者说，若 P 是椭圆上的任意点，则 P 在圆锥曲面上。

作 PN 垂直于 BB'。连接 ON，且其延长线与 BD 相交于 M，又在以 BD 为直径并垂直于 BD 的平面上作 MQ 与圆周相交于 Q。再作 FG，HK 分别通过 E，M，它们都平行于 BB'。现在

$$\begin{aligned}\because QM^2 : HM \cdot MK &= (BM \cdot MD) : (HM \cdot MK)\\ &= (BE \cdot ED) : (FE \cdot EG)\\ &= [(BE \cdot ED) : EO^2] \cdot [EO^2 : (FE \cdot EG)]\\ &= (CA^2 : CO^2) \cdot [CO^2 : (BC \cdot CB')]\\ &= CA^2 : (BC \cdot CB')\\ &= PN^2 : (BN \cdot NB')。\end{aligned}$$

$$\begin{aligned}\therefore QM^2 : PN^2 &= (HM \cdot MK) : (BN \cdot NB')\\ &= OM^2 : ON^2,\end{aligned}$$

又 PN，QM 平行，故 OPQ 是直线。

但 Q 在以 BD 为直径的圆周上；因此 OQ 是圆锥的母线，进而，P 在圆锥上。

于是，圆锥通过给定椭圆的所有点。

(2) 设 OC 不垂直于给定椭圆的一根轴 AA'，又设纸面是包含 AA' 与 OC 的平面，故椭圆平面垂直于该平面。设 BB' 是椭圆的另一根轴。

现在 OA，OA' 不等。延长 OA' 至 D 使得 $OA=OD$。连接 AD，并作 FG 通过 C 且与之平行。

设想通过 AD 的一个平面垂直于纸面，并在其中作：

或者(a)，若 $CB^2=FC \cdot CG$，直径为 AD 的圆，

或者(b)，若不是，以 AD 为轴的椭圆，使得若 d 是另一根轴，则

$$d^2 : AD^2 = CB^2 : (FC \cdot CG)。$$

取一个顶点为 O 并通过刚才所作圆或椭圆的圆锥。即使曲线是椭圆，这也是可能的，因为由 O 至 AD 中点的线垂直于椭圆所在的平面，且构形与前面的情形(1)相同。

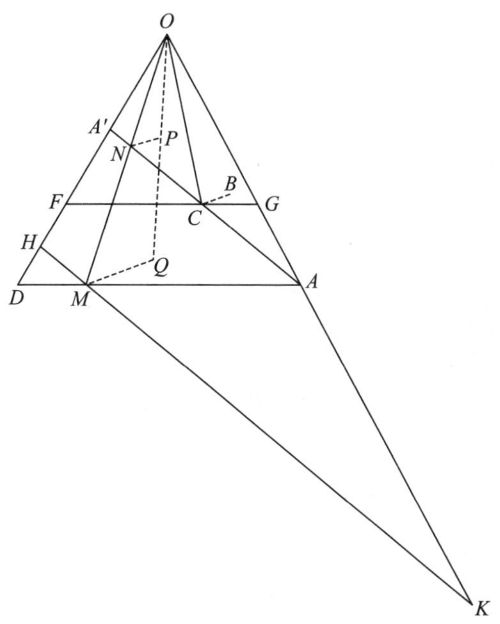

设 P 是给定椭圆上的任意点，我们只需要证明 P 在这样描述的圆锥曲面上。

作 PN 垂直 AA' 于 N。连接 ON 且其延长线与 AD 相交于 M。通过 M 作 HK 平行于 $A'A$。最后，作 MQ 垂直于纸面（且因此垂直于 HK 和 AD），并与以 AD 为轴的椭圆和以 AD 为直径的圆（且因此与圆锥曲面）相交于 Q。于是

$$\begin{aligned}\because QM^2:(HM\cdot MK) &= (QM^2:DM\cdot MA)\cdot[(DM\cdot MA):(HM\cdot MK)]\\ &=(d^2:AD^2)\cdot[(FC\cdot CG):(A'C\cdot CA)]\\ &=[CB^2:(FC\cdot CG)]\cdot[(FC\cdot CG):(A'C\cdot CA)]\\ &=CB^2:(A'C\cdot CA)\\ &=PN^2:(A'N\cdot NA)。\end{aligned}$$

$$\begin{aligned}\therefore\quad QM^2:PN^2 &=(HM\cdot MK):(A'N\cdot NA)\\ &=OM^2:ON^2。\end{aligned}$$

因此，OPQ 是一条直线，且 Q 在圆锥曲面上，由此可知，P 也在圆锥曲面上。

三种圆锥曲线都可以借助任何圆锥（无论是直的还是斜的），由垂直于对称平面，但不一定需要垂直于母线的平面生成，对此的证明，当然与对椭圆的证明在本质上相同。因此可以推断，阿基米德同样知道，不用老方法也可以找到抛物线与双曲线。在这一点上，是否继续使用曲线的旧名称并不重要，因为已经发现了椭圆可通过切割任何圆锥的所有母线生成（无论其顶角如何）。海贝格的结论

是,阿基米德只是用老方法得到了抛物线,因为他把参数描述为抛物线的顶点与圆锥的轴之间线段的两倍;而这只有在正圆锥的情况下才是正确的;但这并非反对继续使用这个术语作为对这个参数的众所周知的描述,而是反对阿基米德继续使用"锐角圆锥曲线"这一术语,因为椭圆被发现可以用不同的方式获得。作为进一步的证据,宙森指出以下事实,我们有下列命题被阿基米德叙述而无证明(《论拟圆锥与旋转椭球》,Ⅱ):

(1)"若直角拟圆锥[旋转抛物面]被通过其轴或平行于其轴的一个平面切割,则得到的截线是一条直角圆锥截线,与旋转面的包容图形(*ἁ αὐτὰ τᾶ περιλαμβανούσᾳ τὸ σχῆμα*)相同。且其直径[轴]是切割图形的平面与通过垂直于切割平面的轴所作平面的公共部分。

(2)"若钝角拟圆锥[旋转双曲面]被一个通过其轴,或平行于其轴,或平行于通过拟圆锥的圆锥包络(*περιε΄χοντος*)顶点的轴的平面切割,则截线是一条钝角圆锥截线:若[切割平面]通过上述轴,则截线与旋转面的包容图形相同;若切割平面平行于上述轴,则截线与上述图形相似;若通过拟圆锥的圆锥包络顶点,则与图形不相似。且该截线的直径[轴],将是切割图形的平面与通过轴所作与切割平面成直角的平面的公共部分。

(3)"若任何一个旋转椭球被通过其轴或平行于其轴的一个平面切割,则截线是一条锐角圆锥曲线;若切割平面通过轴,则截线包容旋转椭球;若切割平面与轴平行,则截线与之相似。"

阿基米德补充说,所有这些命题的证明都是显然的。因此,颇为肯定的是,这些证明与他先前关于圆锥曲面截线的证明,以及后来在研究各种旋转曲面的椭圆截线时给出的证明,所依据的基本原则都相同。正如我们将要看到的,这些取决于这样一个命题:若在固定方向上所作的两根弦相交于一点,则它们的二截段所夹矩形面积之比与点的位置无关。这正好对应于在上述关于圆锥的证明中使用的以下命题:若在构成一个角的两条线之间的固定方向上作直线 FG,HK,且若 FG,HK 在任意点 M 相交,则比值($FM \cdot MG$):($HM \cdot MK$)恒定;后一性质实际上是前者的特殊情况,其中圆锥曲线退化为两条直线。

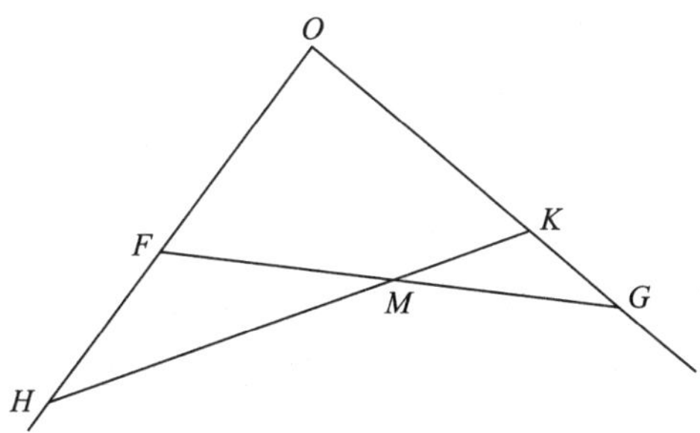

下面是作为例子给出的复制图，取自《论拟圆锥与旋转椭球》命题 13，它证明了，用任意与包络圆锥的所有母线相交且不垂直于轴的平面，切割钝角拟圆锥［旋转双曲面］得到的截线是一个椭圆，其长轴是截平面与通过轴且垂直于截平面的平面的交线被旋转双曲面截取的部分。

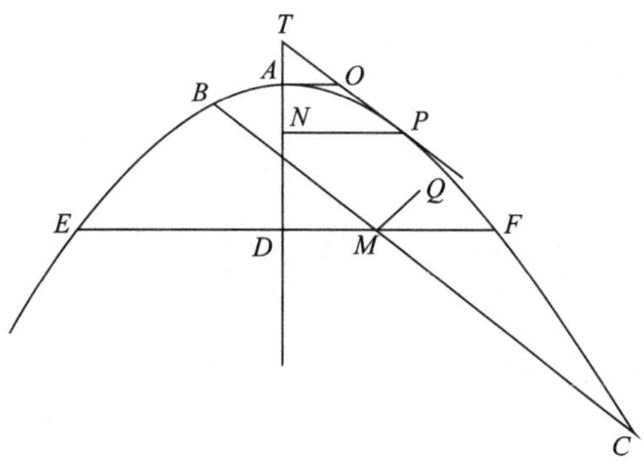

假定纸面是后一个平面，线 BC 是它与垂直于纸面的截平面的交点。设 Q 是旋转双曲面截线上的任意点，并作 QM 垂直于 BC。

设 EAF 是由纸面平面所作旋转双曲面的双曲截线，其轴为 AD。通过这个平面上的 M 点作 EDF 与 AD 成直角，与双曲线相交于 E，F。

于是，由通过 EF 且垂直于 AD 的平面所作旋转双曲面的截线是一个圆，QM 位于其平面中，Q 是其上一点。因此

$$QM^2=EM\cdot MF。$$

兹设 PT 是双曲线在 P 点的切线，它平行于 BC，并设它与轴相交于 T，与在 A 的切线相交于 O。作 PN 垂直于 AD。于是

$$QM^2:(BM\cdot MC)=(EM\cdot MF):(BM\cdot MC)$$
$$=OA^2:OP^2,$$

它对通过 BC 的截线上所有位置的 Q 是常数。

并且 $OA < OP$,因为这是双曲线的一个性质

$$AT < AN,\text{且因此 } OT < OP,$$

据此更有 $OA < OP$。

因此 Q 在一个椭圆上,椭圆的长轴是 BC。

同样显而易见的是,所有平行的椭圆截线都是相似的。

我们将看到,阿基米德在这里假设了两个命题:

(a) 固定方向上二相交弦被分成的二截段所夹矩形面积之比,等于圆锥曲线与弦平行的切线上的正方形之比;

(b) 在双曲线中 $AN > AT$。

已经提到,这两个命题中的第一个在阿基米德的时代[p. 20]之前就是已知的;第二个假设也是令人关注的。不容易看出后者如何得以证明,除非借助一般性质:若 PP' 是双曲线的直径,且由曲线上的任意点 Q 对直径作纵坐标 QV,而切线 QT 与直径相交于 T,则

$$TP : TP' = PV : P'V。$$

故我们也许可以认为,阿基米德知道双曲线的这个性质,或至少在直径就是轴的特殊情况下知道。

阿基米德肯定也熟悉对应于对抛物线 $PV = PT$ 的一般命题,因为他经常使用它。

作为收集和整理阿基米德认定或证明的圆锥曲线的性质的准备,他的命名法与阿波罗尼奥斯的命名法相比较的一些特点值得注意。当用于表述完整的圆锥曲线时,与该曲线的弓形相区别,术语“直径”只应用于后来被称为轴的东西。在椭圆中,长轴是*ἁ μείζων διάμετρος*,短轴是*ἁ ἐλάσσων διάμετρος*。对双曲线,“直径”只被理解为它在(单一分支) 双曲线内的部分。这是我们从以下事实推断的:双曲线的“直径”被界定为双曲线环绕之旋转所描述图形的轴,而旋转双曲面的轴并不延伸到曲面以外,因为它交(*ἅπτεται*)曲面于顶点(*κορυφά*),且顶点与包络圆锥顶点[旋转双曲线的中心]之间的距离,是“轴的邻线”(*ἁ ποτεοῦσα τῷ ἄξονι*)。在抛物线中,除了轴以外的直径都被称为“平行于直径的线”;但在抛物线弓形中,等分弓形底边的线被称为弓形的直径(*τοῦ τμάματος*)。在椭圆的直径中,除了轴以外没有特别的名称,简单地就是“通过中心所作的线”。

术语“轴”只用于旋转体。对于完整的图形而言,它是旋转轴;对于被平面切

割的截段,它是旋转轴线在截段中被截取的部分。(1) 在旋转抛物面中,它通过截段的顶点,与旋转轴平行;(2) 在旋转双曲面中,它是截段顶点与包络圆锥顶点的连线;(3) 在旋转椭球中,它是图形被分割所成两个截段顶点的连线,这里任意截段的顶点是平行于底面的切平面的接触点。在旋转椭球中,"直径"有一个特殊的含义,它意味着通过中心(定义为轴的中点)所作与轴成直角的直线。因此,我们被告知,"轴与直径之比相同的那些旋转椭球被称为相似的。"①

椭圆的两条直径(轴)称为共轭的(*συζυγεῖς*)。

在阿基米德著作中,双曲线的渐近线是最接近钝角圆锥截线(*αἱ ἔγγιστα εὐθεῖαι τᾶς τοῦ ἀμβλυγωνίου κώνου τομᾶς*)的直线,而我们所说的双曲线的中心,对阿基米德而言是这些最接近的线的相交点(*τὸ σαμεῖον,καθ' ὃ αἱ ἔγγιστα συμπίπτοντι*)。阿基米德从来没有说过双曲线的"中心";实际上,它的使用意味着双曲线的两个分支形成一条曲线的概念,这个概念出现的时间不早于阿波罗尼奥斯。

当双曲线的渐近线连同双曲线本身绕轴旋转时,它们会生成双曲旋转面及其包络(或包容)圆锥,*τὸν δε` κῶνον τὸν περιλαφθε ́ντα ὑπὸ τᾶν εγγιστα τᾶς τοῦ ἀμβλωνίου κώνου τομᾶς περιε ́χοντα τὸ κωνοειδε`ς καλεῖσθαι*。

下面列举②阿基米德著作中提到或证明的圆锥曲线的主要性质。把它们分成几类较为方便,首先选取那些命题,它们或是被早期作者作为已经证明而引用,或是被假定为已知的。它们自然地分列在四个标题下。

I. 一般(参考 p. 19 注①中的图)

1. 已经提到过的关于相交弦截段所夹矩形的命题(p. 20 及 p. 32)。

2. 相似圆锥曲线。有心圆锥曲线及其截段的相似性准则实际上与阿波罗尼奥斯给出的相同。

所有抛物线皆相似这个命题显然是阿基米德所熟悉的,而且实际上在他对所有旋转抛物面皆相似的陈述中涉及*τὰ με` οὖν ὀρθογώνια κωνοειδε ́α πάντα ὅμοιά ε'ντι*。

3. 在"直径"(轴)端点的切线与之垂直。

---

① 《论拟圆锥与旋转椭球》,p. 282。

② 这里要感谢海贝格的极有价值的综述《阿基米德对圆锥曲线的知识》,"Kenntnisse des Archimedes über die Kegelschnitte", *Zeitschrift für Mathematik und Physik* (*Historisch-literarische Abteilung*),1880, pp. 41—67。这篇文章是对阿基米德著作中相关文字段落的完整导引,虽然我当然并不以此作为在某种情况下不引用原文的理由。

Ⅱ. 椭圆

1. 关系式

$$PN^2:(AN\cdot A'N)=P'N'^2:(AN'\cdot A'N')$$
$$=BB'^2:AA'^2(\text{或}=CB^2:CA^2)$$

一直被用于表达一条曲线是椭圆的准则和椭圆的基本性质。

2. 更一般的命题

$$QV^2:(PV\cdot P'V)=Q'V'^2:(PV'\cdot P'V')$$

也有出现。

3. 作一个以长轴为直径的圆,并延长对椭圆的轴的纵坐标 PN 与圆相交于 p,则

$$pN:PN=\text{常数}。$$

4. 由中心至一条切线的切点所作的直线等分所有平行于该切线的弦。

5. 连接两条平行切线切点的直线通过中心;且若作一条直线通过中心并平行于任一条切线而与椭圆相交于两点,则通过这两个点,并与原始两平行切线切点的连线平行的线将与椭圆相切。

6. 若圆锥被一个与所有母线相交的平面切割,则截线或是圆或是椭圆。

并且,若圆柱被两个皆与所有母线相交的平行平面所截,则二截线或是圆或是椭圆,且彼此相等且相似。

Ⅲ. 双曲线

1. 作为基本性质,我们找到以下关系,

$$PN^2:P'N'^2=(AN\cdot A'N):(AN'\cdot A'N'),$$
$$QV^2:Q'V'^2=(PV\cdot P'V):(PV'\cdot P'V')。$$

但阿基米德并未对恒定比值 $PN^2:(AN\cdot A'N)$ 和 $QV^2:(PV\cdot P'V)$ 给出任何表达式,由此我们可以推断,他并不知道双曲线的直径或半径不与曲线相交。

若 C 是渐近线的交点,A'是通过延长 AC 和沿之测量 CA'等于 CA 得到的点;然后用相同的步骤求出通过 P 的直径的另一端 P';于是,AA',PP'的长度在每种情况下都是轴的邻线的两倍[一种情况是对整个曲面的,另一种情况是 P 为"顶点"的截距]。毫无疑问,应用 AA',PP'的这个术语,只是为了避免提到双曲线是某个圆锥的一条截线,因为引入这个圆锥可能使情况复杂化(考虑到也出现了

包络圆锥);很明显,AA'首先作为沿着双曲线主直径的一段距离出现,这段距离在顶点及主直径与双重圆锥另一半的曲面的相交点之间,而渐近线的概念则是后来才出现的。

2. 若从双曲线上一点在任意方向上作两条直线与渐近线相交,从另一点类似地作另外两条直线分别平行于前两条,则每一对所夹矩形相等。[①]

3. 通过两渐近线交点及任意切线的切点的一条线,将等分所有平行于该切线的弦。

4. 若由 P 的主纵坐标 PN 和在 P 的切线 PT 分别与轴相交于 N,T,则

$$AN > AT。$$

5. 若两渐近线之间的一条线与一条双曲线相交,并被等分于交点,则它将与该双曲线相切。

Ⅳ. 抛物线

1. 有关系

$$\begin{cases} PN^2 : P'N'^2 = AN : A'N \\ QV^2 : Q'V'^2 = PV : PV' \end{cases}$$

我们也找到以下形式:

$$\begin{cases} PN^2 = p_a \cdot AN \\ QV^2 = p \cdot PV \end{cases}$$

其中 p_a(主参数)被阿基米德称为纵坐标(平行于顶点处切线)的参数,παρ᾽ ἃν δύνανται αἱ ἀπὸ τᾶς τομᾶς,也被描述为[从顶点]延伸至[圆锥的]轴的直线段的两倍,ἁ διπλασία τᾶς μέχρι τομᾶς。

对刚刚给出的四个方程中最后一个的常数 p,阿基米德并未采用“参数”这一术语。p 被简单地描述为一条线段,面积等于 QV^2 和宽度等于 PV 的矩形对之适配。

2. 相互平行的弦被平行于轴的直线等分;对这样一条直线,若对它与抛物线相交处的切线作平行弦,则这些弦被上述直线平分。

3. 若作 QD 垂直于直径 PV 且 PV 等分弦 QVQ',又若 p 是与 QQ'平行的纵坐标的参数,而 p_a 是主参数,则

---

① 这个命题及其逆命题出现在尤托西乌斯对《论球与圆柱》卷Ⅱ命题4附注的片段中。

$$p : p_a = QV^2 : QD^2。$$

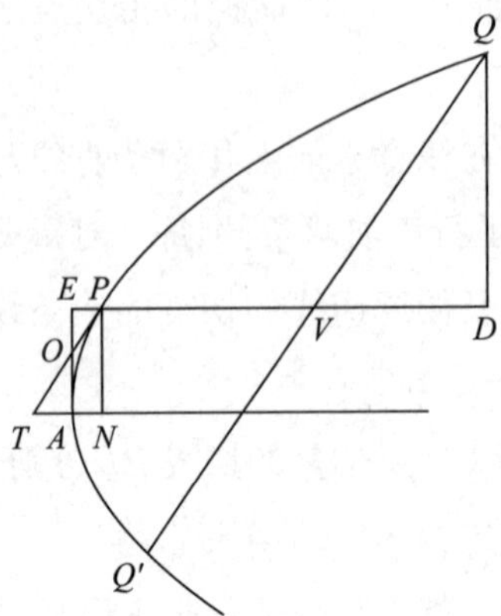

［这个命题前面已经提到过(pp. 19,20)。容易由阿波罗尼奥斯的命题Ⅰ.49(命题22)导出。若 PV 与在 A 的切线相交于 E，且过 P 的切线 PT 与 AE 相交于 O，所讨论的命题证明了

$$\because OP : PE = p : 2PT,$$

$$且\ OP = \frac{1}{2}PT;$$

$$\therefore PT^2 = p \cdot PE$$

$$= p \cdot AN。$$

于是，

$$QV^2 : QD^2 = PT^2 : PN^2(由相似三角形的性质),$$

$$= (p \cdot AN) : (p_a \cdot AN)$$

$$= p : p_a。]$$

4. 若在 Q 的切线与直径 PV 相交于 T，且 QV 是对直径的纵坐标，则

$$PV = PT。$$[①]

5. 借助以上，可以(a)由抛物线上一点，(b)平行于给定弦，作一条抛物线的切线。

6. 在专著《论浮体》(πεϱὶ τῶν ὀχουμένων)，Ⅱ.5 中，我们有以下命题：若 K 是轴上一点，KF 沿着轴离开顶点方向度量，等于主参数之半，作 KH 垂直于通过任意点 P 的直径，则 FH 垂直于在 P 的切线(见下图)。

显然，这等价于以下命题：在任意点 P 的次法线恒定且等于主参数之半。

① 这一条按原文译出，但含义不甚清楚。——译者注

7. 若 QAQ' 是一个抛物线弓形，QQ' 垂直于轴，而 QVq 平行于在 P 的切线，它与通过 P 的直径相交于 V，且若 R 是曲线上的任意其他点，其纵坐标 RHK 与 PV

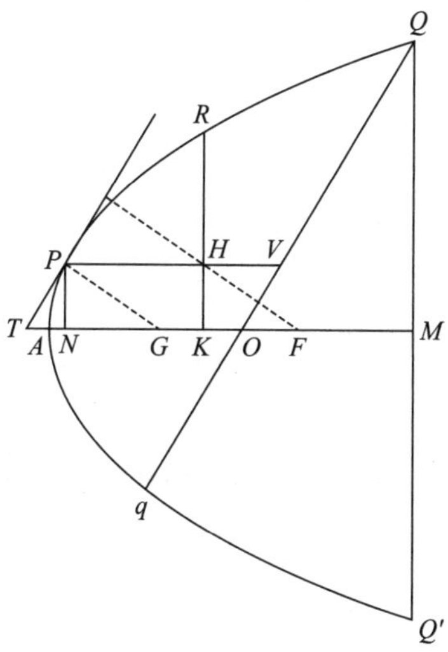

相交于 H 及与轴相交于 K，则（M 是 QQ' 的中点）

$$PV : PH \geqslant MK : KA,$$

“因为这是已经证明了的。”（《论浮体》，Ⅱ.6）

［没有说明何处或何人证明了这个命题，但我们可以提供其证明如下：

我们必须证明 $\frac{PV}{PH}-\frac{MK}{KA}\geqslant 0$。

设 Qq 与 AM 相交于 O。现在

$$\begin{aligned}\frac{PV}{PH}-\frac{MK}{KA}&=\frac{PV\cdot AK-PH\cdot MK}{PH\cdot KA}\\&=\frac{AK\cdot PV-(AK-AN)(AM-AK)}{AK\cdot PH}\\&=\frac{AK^2-AK(AM+AN-PV)+AM\cdot AN}{AK\cdot PH}\\&=\frac{AK^2-AK\cdot OM+AM\cdot AN}{AK\cdot PH},\end{aligned}$$

因为 $AN=AT$。又

$$\because \frac{OM}{QM}=\frac{NT}{PN},$$

$$\therefore \frac{OM^2}{p_a\cdot AM}=\frac{4AN^2}{p_a\cdot AN},$$

据此 $$OM^2=4AM\cdot AN,$$

或 $$AM\cdot AN=\frac{OM^2}{4}。$$

由此可知

$$AK^2-AK\cdot OM+AM\cdot AN=AK^2-AK\cdot OM+\frac{OM^2}{4},$$

这是一个完全平方,因此不可能为负;

$$\therefore\left(\frac{PV}{PH}-\frac{MK}{KA}\right)\geqslant 0,$$

据此本命题得证。]

8. 若任意三个相似的抛物线弓形相似地放置,它们的底边 BQ_1, BQ_2, BQ_3 在同一直线上,这些底边有公共端点(B),作 EO 平行于弓形中任一个的轴,它与在 B 的切线相交于 E,与公共底边相交于 O,与三个弓形分别相交于 R_1, R_2, R_3,则

$$\frac{R_3R_2}{R_2R_1}=\frac{Q_2Q_3}{BQ_3}\cdot\frac{BQ_1}{Q_1Q_2}。$$

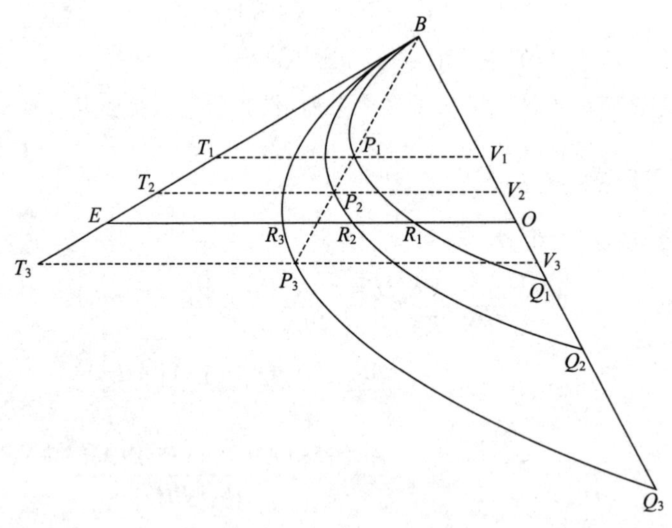

[在这里给出这个命题,是因为它是无证明的假设(《论浮体》,Ⅱ. 10)。但也很有可能,这种假设并不是因为它太为人熟知而无须证明,而只是因为它可以很容易地由《抛物线弓形求积》中已证明的另一个命题导出,对此读者可以自行完成。后一个命题(下一组的第一个)给出如下,它表明,若 EB 是弓形 BR_1Q_1 在 B 的切线,

$$ER_1 : R_1O = BO : OQ_1。$$

为了由上面已说明的性质导出之,我们首先注意到,若 V_1, V_2, V_3 分别是三个弓形底边的中点,且通过 V_1, V_2, V_3 的(平行)直径分别与对应的弓形相交于 P_1, P_2, P_3,则因为诸弓形相似,所以

$$BV_1 : BV_2 : BV_3 = P_1V_1 : P_2V_2 : P_3V_3。$$

由此可知 B, P_1, P_2, P_3 在一条直线上。

但因为 BE 是弓形 BR_1Q_1 在 B 的切线,$T_1P_1 = P_1V_1$(这里 V_1P_1 与 BE 相交于 T_1)。

同理,若 V_2P_2, V_3P_3 分别与 BE 相交于 T_2, T_3,则

$$T_2P_2 = P_2V_2,$$

$$T_3P_3 = P_3V_3,$$

以及因此,BE 是所有三个弓形的切线。

其次,因为 $$ER_1 : R_1O = BO : OQ_1,$$

有 $$ER_1 : EO = BO : BQ_1,$$

类似地 $$ER_2 : EO = BO : BQ_2,$$

以及 $$ER_3 : EO = BO : BQ_3。$$

由方程组中前两个关系我们导出

$$\frac{R_2R_1}{EO} = BO\left(\frac{1}{BQ_1} - \frac{1}{BQ_2}\right) = \frac{BO \cdot Q_1Q_2}{BQ_1 \cdot BQ_2},$$

类似地,有 $$\frac{R_3R_2}{EO} = \frac{BO \cdot Q_2Q_3}{BQ_2 \cdot BQ_3}。$$

由上述两个结果可以得到

$$\frac{R_3R_2}{R_2R_1} = \frac{Q_2Q_3}{BQ_3} \cdot \frac{BQ_1}{Q_1Q_2}。]$$

9. 若底边为 $BQ_1 \cdot BQ_2$ 的两个相似抛物线弓形如在前面一个命题中那样放置,且若 BR_1R_2 是通过 B 且分别切割弓形于 R_1, R_2 的直线,则

$$BQ_1 : BQ_2 = BR_1 : BR_2。$$

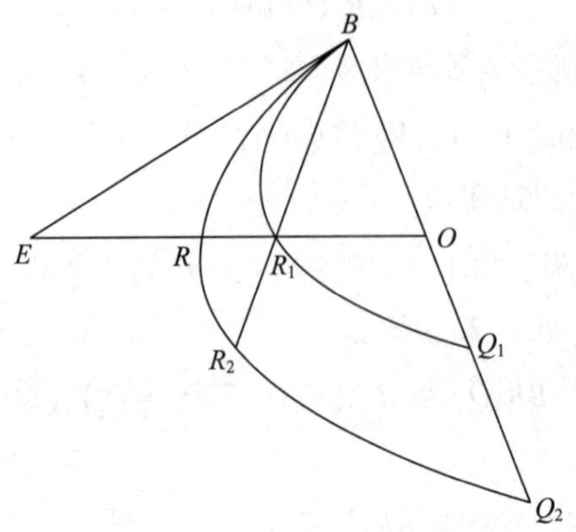

［设通过 R_1 的直径与在 B 的切线相交于 E，与另一弓形相交于 R，以及与公共底边相交于 O。

于是，由上一个命题可知

$$ER_1 : EO = BO : BQ_1,$$

$$ER : EO = BO : BQ_2;$$

$$\therefore ER : ER_1 = BQ_1 : BQ_2。$$

又因为 R_2 是弓形 BRQ_2 中的一点，且 ERR_1 是通过 R_1 的直径，类似地我们有

$$ER : ER_1 = BR_1 : BR_2。$$

因此 $$BQ_1 : BQ_2 = BR_1 : BR_2。］$$

10. 阿基米德给出了以下问题的解：两个相似的抛物线弓形相似地放置，在它们之间作一条长度给定且平行于这两条抛物线直径的直线。

［设给定长度为 l，并假设问题已解出，RR_1 等于 l。

应用最后一幅图，我们有

$$\frac{BO}{BQ_1} = \frac{ER_1}{EO},$$

$$\frac{BO}{BQ_2} = \frac{ER}{EO}。$$

上述两式相减后得到 $$\frac{BO \cdot Q_1Q_2}{BQ_1 \cdot BQ_2} = \frac{RR_1}{EO};$$

据此， $$BO \cdot OE = l \cdot \frac{BQ_1 \cdot BQ_2}{Q_1Q_2},$$

它是已知的。

且比值 $BO:OE$ 是给定的。

因此 BO^2 或 OE^2 可以求得，且因此 O 可以求得。

最后，通过 O 的直径确定了 RR_1。]

尚需描述这样的研究，其中或是直接地或是间接地说明，它们表示了或意味着归功于阿基米德本人的圆锥曲线理论的新发展。除了与椭圆面积有关的某些命题外，他的发现大多数涉及抛物线，特别是任意抛物线弓形面积的确定。

关于这个主题（阿基米德不是称之为*τετραγωνισμὸς παραβολῆς*，而是称之为*περὶ τῆς τοῦ ὀρθογωνίου κώνου τομῆς*）的专著的前言是很有意义的。在提到早期的几何学家试图把圆和圆弓形与正方形等积之后，阿基米德接着说："随后他们努力使整个圆锥曲线①及一条直线为界的区域与一个正方形相等，引用了并非容易认可的引理，以致大多数人认为这个问题尚未解出。但据我所知，没有哪一位先辈试图把以直线及直角圆锥的截线[抛物线]为界的弓形等于一个正方形，对此我现在已经求出了解。这里将说明以直线与直角圆锥的截线[抛物线]为界的弓形，是与其同底等高的三角形面积的三分之四，为了证明这个性质，引用以下引理：（两个）不等面积的较大者超过较小者的部分，可以通过自我相加，超过任意给定的面积②。先前的几何学家也应用过这个引理；正因为应用了这同一个引理，他们证明了圆面积与其直径的平方成正比，以及球体积与其直径的立方成正比，进而，每个角锥都是与之同底等高棱柱体积的三分之一；另外，引用与上述相似的某个引理证明了，每个圆锥是与之同底等高的圆柱体积的三分之一。其结果是，上述定理中的每一个的接受程度，都不亚于未用该引理而证明的那些。因此，我现在发表的工作已经达到了与上述命题相同的效果，我写出了它的证明，并递送给您，首先借助力学进行研究，然后用几何学来证明。前提也是，圆锥曲线论中的基本命题在证明中起作用（*στοιχεῖα κωνικὰ χρεῖαν ἐς τὰν ἔπόδειξιν*）。"

头三个命题是简单的，只有陈述而无证明。下面给出的其余部分，显然没有被看作是圆锥曲线基本理论的一部分；这一事实，加上它们只作为确定抛物线弓

---

① 这里看来有一些混乱：文本中的表达方式是*τᾶς ὅλου τοῦ κώνου τομᾶς*，很难赋予它一个自然和清楚的含义。"整个圆锥"这一段可能意味着切割穿通它的截线，即一个椭圆，而"直线"可能是一根轴或一根直径。但海贝格鉴于其中加入了*καὶ εὐθείας*而反对读作*τᾶς ὀξυγωνίου κώνου τομᾶς*的建议，理由是前一个表达式总是表示一个椭圆的整体，而不是它的一部分（*Quaestiones Archimedeae*, p. 149）。

② 该引理仅用于力学证明（专著的命题 16）而不是用于几何证明，它依赖于欧几里得 x. 1（见 p. lxi, ixiii）。

形面积的辅助条件，无疑解释了一眼看去可能有点奇怪的现象：它们在阿波罗尼奥斯的《圆锥曲线论》中并未出现。

1. 若 Qq 是抛物线任意弓形的底边，P 是弓形的顶点，①且若通过曲线上任意其他点 R 的直径与 Qq 相交于 O，与 QP 相交 F，以及与在 Q 的切线相交于 E，则

$$QV : VO = OF : FR, \quad \cdots\cdots (1)$$

$$QO : Oq = ER : RO。 \quad \cdots\cdots (2)$$

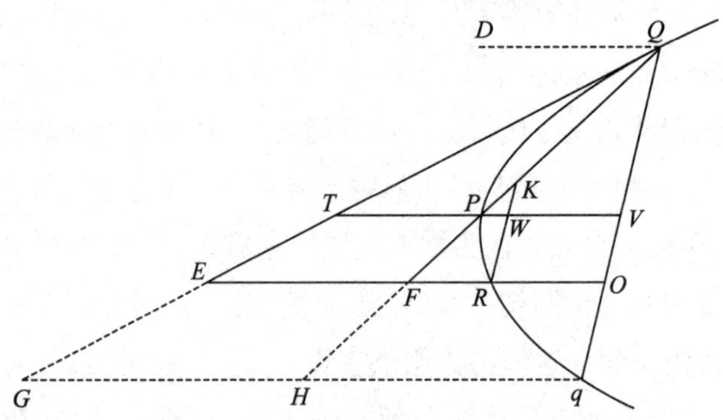

为了证明(1)式，我们作对 PV 的纵坐标 RW，与 QP 相交于 K。现在

$$PV : PW = QV^2 : RW^2,$$

因此，由平行性，有

$$PQ : PK = PQ^2 : PF^2。$$

换句话说，PQ，PF，PK 成连比例，

$$\begin{aligned} \therefore PQ : PF &= PF : PK \\ &= (PF+PQ) : (PK+PF) \\ &= QF : KF; \end{aligned}$$

因此，由平行性，有

$$QV : VO = OF : FR。$$

为了证明(2)式，我们由刚才证明的关系式可得

$$QV : qO = OF : OR,$$

并且，因为 $TP=PV$，$EF=OF$。把比例式的前项加倍可得

① 根据阿基米德的定义，弓形的高（ὕψος）是“由曲线至底边的最大垂直线”，顶点（κορυφά）是“由之作最大垂直线的点（在曲线上）”。因此，顶点是等分 Qq 的直径的端点 P。

$$Qq : qO = OE : OR,$$

或者

$$QO : Oq = ER : RO。$$

很清楚,上文的(1)式等价于坐标系一个变换,即由切线与直径构成的坐标系,变换为弦 Qq(例如作为 x 轴)与通过 Q 的直径(作为 y 轴)构成的坐标系。

因为,若

$$QV = a, \quad PV = \frac{a^2}{p},$$

且若

$$QO = x, \quad RO = y,$$

由(1)式我们立即有

$$\frac{a}{x-a} = \frac{OF}{OF-y};$$

$$\therefore \frac{a}{2a-x} = \frac{OF}{y} = \frac{x \cdot \frac{a}{p}}{y},$$

据此

$$py = x(2a-x)。$$

宙森指出,上文的结果(1)与(2)可以写成如下形式:

$$RO \cdot OV = FR \cdot qO \quad \cdots\cdots\cdots\cdots\cdots\cdots \quad (1')$$

$$RO \cdot QO = ER \cdot Oq, \quad \cdots\cdots\cdots\cdots\cdots\cdots \quad (2')$$

且这些方程中的每一个都代表抛物线的一种特殊情况,即"相对于四条线的轨迹"。这样,第一式表示,可移动点 R 自固定直线 Qq,PV,PQ 和 Gq(Gq 是通过 q 的直径)出发,在固定方向所取的成对距离所形成的矩形相等,第二式表示相同的性质,但相对于直线 Qq,QD(通过 Q 的直径),QT 和 Gq 而言。

2. 若 RM 是等分 QV 于 M 的一条直径,RW 是由 R 至 PV 的纵坐标,则

$$PV = \frac{4}{3}RM。$$

$$\because PV : PW = QV^2 : RW^2$$

$$= 4RW^2 : RW^2;$$

$$\therefore PV = 4PW, PV = \frac{4}{3}RM。$$

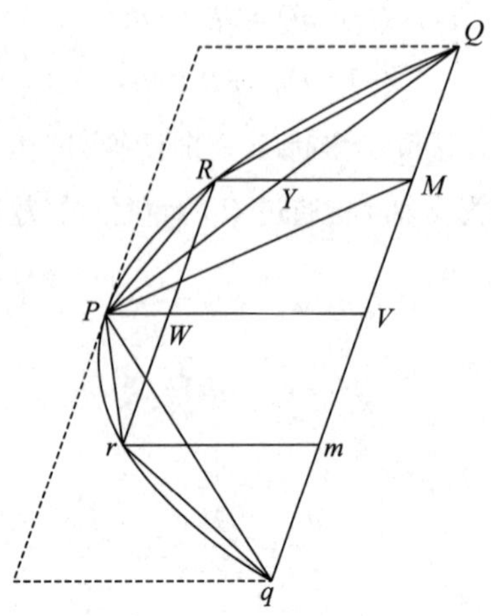

3. 三角形 PQq 的面积大于弓形 PQq 的一半。

因为三角形 PQq 的面积等于在 P 的切线及通过 Q,q 的直径构成的平行四边形 Qq 的一半。因此它大于弓形的一半。

推论 由此可知,可以把一个多边形内接于一个弓形,使得剩余诸弓形加在一起小于任何指定的面积。

因为,若我们持续去除大于其半的面积,我们显然可以通过持续减小剩余部分,使它们在某一时刻,加在一起小于任意给定面积[欧几里得 x. 1]。

4. 根据与上文 2. 中相同的假设,三角形 PQq 的面积等于三角形 RPQ 的 8 倍。

RM 等分 QV,故它等分 PQ(设在 Y)。

因此,在 R 的切线平行于 PQ。

$$\because PV=\frac{4}{3}RM,$$

$$PV=2YM;$$

$$\therefore YM=2RY,$$

$$\triangle PQM=2\triangle PRQ。$$

因此
$$\triangle PQV=4\triangle PRQ,$$

$$\triangle PQq=8\triangle PRQ。$$

并且,若延长 RW 再次与曲线相交于 r,则类似地,

$$\triangle PQq=8\triangle Prq。$$

5. 若有一系列面积 $A,B,C,D,\cdots$，其中每一个都是下一个的四倍，且若最大者 A 等于三角形 PQq 的面积，则所有这些面积 $A,B,C,D,\cdots$ 之和将小于抛物线弓形的面积 PQq。

因为由

$$\triangle PQq=8\triangle PRQ=8\triangle Prq,$$

$$\triangle PQq=4(\triangle PRQ+\triangle Prq);$$

又

$$\triangle PQq=A,$$

故

$$\triangle PRQ+\triangle Prq=B。$$

同理可得，类似地内接于剩余诸弓形的三角形加在一起的面积等于 C，如此等等。

因此，$A+B+C+D+\cdots$ 等于某个内接多边形的面积，且因此小于弓形的面积。

6. 给定刚才描述的序列 $A,B,C,D,\cdots$，若 Z 是序列最后一个，则

$$A+B+C+\cdots+Z+\frac{1}{3}Z=\frac{4}{3}A。$$

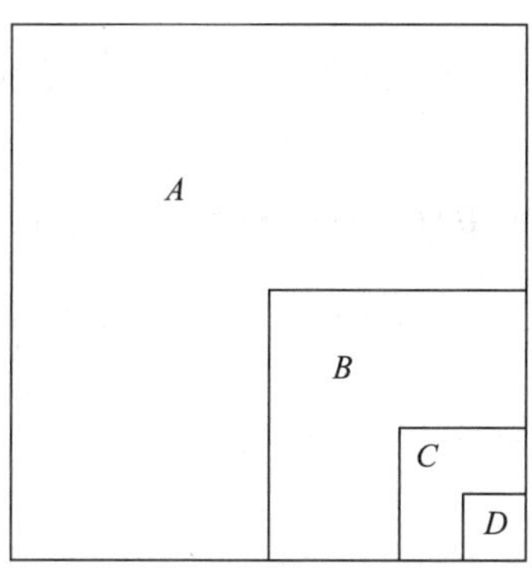

设

$$b=\frac{1}{3}B,$$

$$c=\frac{1}{3}C,$$

$$d=\frac{1}{3}D,$$

$$\cdots$$

于是由 $$b=\frac{1}{3}B,$$

及 $$B=\frac{1}{4}A,$$

得 $$B+b=\frac{1}{3}A。$$

类似地 $$C+c=\frac{1}{3}B,$$

$$\cdots$$

因此 $$B+C+D+\cdots+Z+b+c+d+\cdots+z$$

$$=\frac{1}{3}(A+B+C+D+\cdots+Y)。$$

又 $$b+c+d+\cdots+y=\frac{1}{3}(B+C+D+\cdots+Y);$$

$$\therefore B+C+D+\cdots+Z+z=\frac{1}{3}A,$$

或 $$A+B+C+D+\cdots+Z+\frac{1}{3}Z=\frac{4}{3}A。$$

7. 以抛物线及弦为界的弓形是同底等高三角形的三分之四。

设 $$K=\frac{4}{3}\cdot\triangle PQq,$$

于是我们需要证明弓形等于 K。

现在,若弓形不等于 K,它必定或者大于或者小于 K。

首先,假定它大于 K。然后,继续 4. 中所述的构建,我们最终将剩余许多弓形,其和小于弓形 PQq 但超过 K 的面积[上文 3. 的推论]。

因此,多边形必定超过 K:而这是不可能的,因为由上一个命题,

$$A+B+C+\cdots+Z<\frac{4}{3}A,$$

其中 $$A=\triangle PQq。$$

其次,假定弓形小于 K。

若 $$\triangle PQq=A,B=\frac{1}{4}A,C=\frac{1}{4}B,\cdots$$

直到我们到达一个面积 X,使得 X 小于 K 与弓形之差,

$$A+B+C+D+\cdots+X+\frac{1}{3}X=\frac{4}{3}A=K。$$

现在,由 K 超过 $A+B+C+D+\cdots+X$ 一个小于 X 的面积,但超过弓形一个大于 X 的面积,可知

$$A+B+C+\cdots+X$$

大于该弓形:而由上文的4.,这是不可能的。

因此,弓形既不可能大于 K,也不可能小于 K,故

$$弓形=K=\frac{4}{3}\cdot\triangle PQq。$$

8.《论平面图形的平衡》(ἐπιπέδων ἰσορροπιῶν)Ⅱ.2 中,根据上述2,4,5中所述的方式,给出了在抛物线弓形中构建多边形的一种特定情况,并在以下段落中说明了与它有关的一些定理:

"若在以直线及直角圆锥截线为界的弓形中,内接一个同底等高的三角形,且若在剩余的弓形中继续以相同方式内接三角形,则称如此产生的图形**以公认方式**(γνωρίμως ἐγγράφεσθαι)**内接**于弓形中。

很明显:

(1)连接如此内接的图形中最靠近弓形顶点的两个角顶,以及次靠近的一对角顶,等等,则诸连线均与弓形底边平行;

(2)所述诸连线被弓形的直径等分;

(3)诸连线以(相继奇数)的比例切割直径,对(邻近)弓形顶点(长度)的参考数字是1。

这些性质将需要在适当的场合(ἐν ταῖς τάξεσιν)予以证明。"

这些命题无疑是由阿基米德借助上述抛物线弓形的性质而建立的;最后一句话表达了系统地收集这些命题及其证明的意图。但是,这个意图看来并未实现,或者至少我们不知道它们被包含在阿基米德佚文中的可能性。尤托西乌斯借助阿波罗尼奥斯的《圆锥曲线论》证明了它们,看来他并不了解关于抛物线弓形面积的工作;但前两个命题很容易由上面的2.导出(p.43)。

第三个命题可以证明如下。

若 $Q_4Q_3Q_2Q_1Pq_1q_2q_3q_4$ 是一个γνωρίμως ἐγγραμμένον图形,则因为 Q_1q_1, Q_2q_2,…都相互平行且被 PV_1 等分,我们有

$$PV_1:PV_2:PV_3:PV_4:\cdots$$

$$=Q_1V_1^2 : Q_2V_2^2 : Q_3V_3^2 : Q_4V_4^2 : \cdots$$
$$=1 : 4 : 9 : 16 : \cdots ;$$

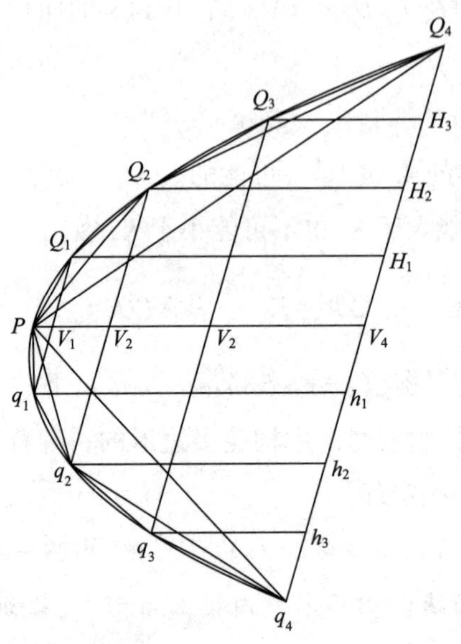

据此可知

$$PV_1 : V_1V_2 : V_2V_3 : V_3V_4 : \cdots$$
$$=1 : 3 : 5 : 7 : \cdots。$$

9. 若 QQ' 是被直径 PV 等分于 V 的抛物线的弦，且若 PV 的长度不变，则无论 QQ' 的方向如何，三角形 PQQ' 的面积及弓形 PQQ' 的面积都是不变的。

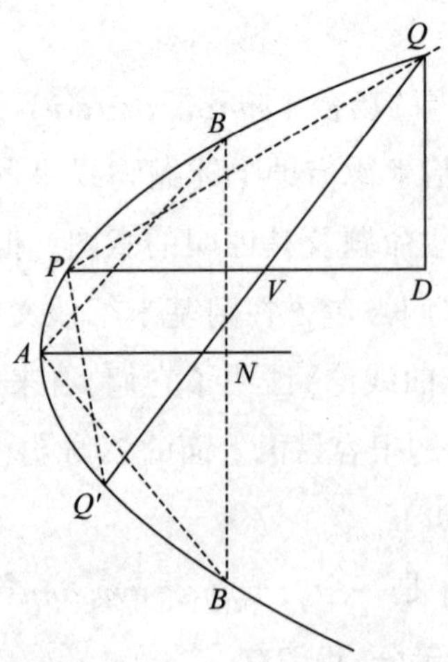

若 BAB' 是顶点为 A 的特定弓形,使得 BB' 被在 N 点的轴垂直等分,这里 $AN=PV$,且若作 QD 垂直于 PV,我们有(由 p.35 上的 3.)

$$QV^2 : QD^2 = p : p_a。$$

又由

$$AN=PV,$$

$$QV^2 : BN^2 = p : p_a,$$

$$\therefore BN=QD。$$

故

$$BN \cdot AN = QD \cdot PV,$$

且

$$\triangle ABB' = \triangle PQQ'。$$

因此,若 PV 的长度给定,则三角形 PQQ' 的面积恒定。

并且,弓形 PQQ' 的面积等于 $\frac{4}{3}\triangle PQQ'$。　[7. pp.46,47]

因此,弓形的面积在同样的条件下也是常数。

10. 任意椭圆的面积与直径等于椭圆长轴的圆的面积之比,等于短轴与长轴(或圆的直径)之比。

[这一点在《论拟圆锥与旋转椭球》命题 4 中得到了证明。]

11. 轴为 a,b 的椭圆的面积是直径为 d 的圆的面积,其中 d 满足 $d^2=ab$。

[《论拟圆锥与旋转椭球》命题 5。]

12. 椭圆的面积之比等于其轴所夹矩形之比;因此,相似椭圆的面积之比等于它们的轴的平方之比。

[《论拟圆锥与旋转椭球》命题 6 和推论。]

给出阿基米德和其他人对应用圆锥曲线的说明不属于本书范围之内,例如,解高于二阶的方程或在称为νεῦσις[①]的问题中。前一个应用在《论球与圆柱》Ⅱ.4 中涉及,其中的问题是(用一个平面)切割一个给定的球,使所致的二球缺之间有

---

① νεῦσις这个词在拉丁文中通常译为 *inclinatio*,但它很难令人满意地翻译。它的意义最好从帕普斯的解释中提取。他说(p.670):"如果一条线延长后到达某点,则它被称为逼近(νεύσις)该点。"作为该问题的一般形式的特例,他给出了以下两种:

两条线的位置给定,在它们之间放置给定长度并逼近一个给定点的一条直线。

给定一个半圆及与其底边成直角的一条直线,或给定其底边在同一直线上的两个半圆,并在这两条线之间放置一条长度给定的直线,并逼近半圆的一个角点。

因此,必须在两条给定直线或曲线之间作一条线,使其通过一个给定的点,且在这两条直线或曲线之间的截距等于给定的长度。

宙森把νεύσις翻译成 Einschiebung,或如同我们也许会说的 interpolation(插值);但这并不能表示待求的线必须通过一个给定点的条件,正如拉丁语 *inclinatio*(以及希腊词本身)并不明确表示另一项要求,即截距有给定的长度。

一个给定的比值。《论螺线》这本书包含了一些命题,其中假设了某些νεῦσις的解,例如命题 8 和 9,其中阿基米德提出了以下问题:若 AB 是圆的任意弦及 O 是圆周上的任意点,通过 O 作直线 ODP 交 AB 于 D,并再次与圆相交于 P,使得 DP 等于给定长度。虽然阿基米德没有给出这个解,但我们可以推断,他借助圆锥截线得到了解。[①]

关于希腊人对这些圆锥曲线的应用的详尽说明,可以在宙森的著作《古代圆锥曲线理论》(*Die Lehre von den Kegelschnitten im Altertum*)第 11 章和第 12 章中找到。

① 参见 Pappus, pp. 298—302。

第二部分　阿波罗尼奥斯《圆锥曲线论》导引

· *Part* Ⅱ. *Introduction to the Conics of Apollonius* ·

八卷中只有七卷留存，其中四卷为原始希腊语文本，三卷为阿拉伯语译文。哈雷于1710年对之进行了编辑，前四卷为希腊语连同拉丁语译文，其余三卷为来自阿拉伯语的拉丁语译文，哈雷还添加了卷Ⅷ的猜想性复原。

第一章　阿波罗尼奥斯及其对《圆锥曲线论》的说明

我们对阿波罗尼奥斯所知极少，只知道他出生于潘菲利亚[①]的帕加，时值尤尔盖特·托勒密在位（前 247—前 222），活跃于菲洛帕托尔·托勒密（Ptolemy Philopator）在位时，很年轻时去了亚历山大，在那里就学于欧几里得的后继者。我们也听说他曾访问过佩加蒙，结识了欧德摩斯（Eudemus），并把八卷《圆锥曲线论》的前三卷题献给他。根据尤托西乌斯引述格米努斯的话语，阿波罗尼奥斯的同时代人对他就圆锥曲线所作的绝妙处理评价极高，称他为“大几何学家”[②]。

八卷中只有七卷留存于世，其中四卷为原始希腊语文本，三卷为阿拉伯语译文。哈雷于 1710 年对之进行了编辑，前四卷为希腊语连同拉丁语译文，其余三卷为来自阿拉伯语的拉丁语译文，哈雷还添加了卷Ⅷ的猜想性复原。

前四卷最近出现在海贝格编辑的新版（Teubner, Leipzig, 1891—1893）中，其中除了希腊语文本和拉丁语译文，也包括了阿波罗尼奥斯其他传世希腊语著作片段、帕普斯的评论和引理，以及尤托西乌斯的评论。

自从哈雷的里程碑式版本以来，对卷Ⅴ至Ⅶ的阿拉伯语文本并无新增，除了前言和卷Ⅴ的前几个命题，路德维希·尼克斯（L. M. Ludwig Nix）于 1889 年出版了其德语译本。[③]

有关《圆锥曲线论》的抄本和版本，请参考海贝格版卷Ⅱ的绪论。

◀帕加古城遗址广场上的支柱。

① 今土耳其境内。——译者注

② 引语取自格米努斯*τῶν μαθημάτων θεωρία*卷Ⅵ。见《阿波罗尼奥斯》（海贝格编）卷Ⅱ，170 页。

③ 这出现在一篇博士论文（Leipzig，1889）中，论文的题目是：《〈来自帕加的阿波罗尼奥斯的圆锥曲线论〉，卷Ⅴ，塔比·伊本·库拉的阿拉伯语译文》（*Das fünfte Buck der Conica des Apollonius von Perga in der arabischen übersetzung des Thabit ibn Corrah*）

以下是阿波罗尼奥斯把他的各卷分别题献给欧德摩斯和阿塔勒斯(Attalus)的介绍文字,我将之逐字逐句翻译。

1. 卷Ⅰ总前言

“阿波罗尼奥斯向欧德摩斯致敬。

“若您身体健康并在其他方面如您所愿,那就极好;我也不错。当我与您同在佩加蒙时,我注意到您迫切希望了解我在圆锥曲线方面的工作;因此,我把修订完成的卷Ⅰ递送给您。其余各卷,也将在达到我自己满意的程度后递送给您。我料想您并未忘记我曾告知您,我对这个课题的研究出自几何学家劳克拉泰斯(Naucrates)的要求,他当时来到亚历山大并住在我处。当我写完所有八卷后,我立刻把它们递送给他,有点太匆忙而未充分修订(因为他快要出航了),但我已记下了想到的一切,打算以后再返回加工。为此,我利用时而发表每一部分的机会,逐步加以修订。但由于其他一些曾与我在一起的人,也得到了未经修订的本书卷Ⅰ和卷Ⅱ,故若您发现它们有所不同,请勿惊讶。

“这八卷书中的前四卷构成了一个基本的引言;卷Ⅰ包含了生成三种截线及[双曲线(τῶν ἀντικειμένων)]相对分支的模式 ,其基本性质较在其他作者的著作中的更为完整和更为一般;卷Ⅱ处理截线的直径和轴的性质,以及对确定可能性的极限(πρὸς τοὺς διορισμούς)①有一般重要性和必要性的渐近线及其他,以及本书中您将看到的我所谓的直径和轴意味着什么。卷Ⅲ包含对立体轨迹的综合

---

① 不可能在这里用一个词表达διορισμός的意义。对之的解释也许最好引用尤托西乌斯,他说“[διορισμός]”这个命题并非一般的,但指出何时、如何及以多少种可能的方式实现待求的构形,如在欧几里得的《几何原本》命题Ⅰ.22中,由等于三条给定线段的三条线段作三角形;因为在这种情况下,任何两条线段加在一起必定大于剩余的一条当然是必要条件”[*Comm. on Apoll.* p.178]。以类似的方式,帕普斯[p.30]在解释“定理”与“问题”之间的区别时说:“但是若他要解决一个问题,即使他所要求的由于某些原因是不可能实现的,他还是可以被原谅和不受谴责;因为他承担了寻求一个解并同时[καὶ τοῦτο διορίσαι]确定解是否有可能的任务,且若解是可能的,何时、如何及以多少种方式成为可能。”διορισμός的例子足够普通。参看欧几里得Ⅵ.27,它给出了随后的命题有实解的可能性的判据;那里διορισμός表达了以下事实,对于方程 $x(a-x)=b^2$ 的实解,一个必要条件是 $b^2 \leqslant \left(\frac{a}{2}\right)^2$。

再者,我们在阿基米德《论球与圆柱》[p.214]中找到以下评论,某一问题“因此声称绝对需要一个διορισμός,但若添加了这里存在的某些条件,则它不需要διορισμός。”

在阿波罗尼奥斯的著作中可以找到许多例子;但值得注意的是,当他使用这一术语时,常常不仅涉及一个必要条件,就像刚才提到的那样,与此密切相关的是确定解的数目。考虑到卷Ⅳ前言中对这个词的使用,这是很容易理解的。那一卷处理了两条圆锥曲线间可能的交点的数目;由此可知,例如当在卷Ⅴ中,双曲线被用于由其与给定圆锥曲线的交点来确定对后者的法线的底脚,解的数目作为容许一个解的必要条件同时出现。

和极限的确定有用的许多引人注目的定理;这些定理中的大多数和最精彩的都是新的,而当我发现它们的时候,我注意到欧几里得并未完成关于三线和四线轨迹的综合,仅是其中的一部分,且并不成功:因为若没有我的额外发现,综合不可能完成。卷Ⅳ说明圆锥截线彼此之间及它们与圆周之间有多少种方式可以相交;它包含了其他额外事项,其中关于圆锥截线或圆周与[双曲线的相对分支]的交点数目,完全未曾被以前的作者讨论过。①

[本书的]其余部分更可以看作是一种附加物②(*περιουσιαστικώτερα*):其中之一在某种程度上完全处理(*ἐπὶ πλέον*)极小与极大,另一关于相等的和相似的圆锥截线,再一关于确定极限的定理(*διοριστικῶν θεωρημάτων*),及最后一个关于确定的圆锥问题。

"当所有的书都出版时,当然它们会向那些愿意阅读的人开放,并让读者自己来评判。再见。"

2. 卷Ⅱ前言

"阿波罗尼奥斯向欧德摩斯致敬。

"若您身体健康,那就极好;我也不错。我打发我儿子阿波罗尼奥斯去您那里并带去我的《圆锥曲线论》卷Ⅱ。请细阅并递送给那些值得参与这项研究的人。若我在以弗所介绍给您的地理学家非洛尼季斯在任何时候访问佩加蒙近旁,请就这本书与他交流。多多保重。再见。"

---

① 这里的译文是海贝格的*κώνου τομὴ ἢ κύκλου περιφέρεια* (*ταῖς ντικειμέναις*) *κατὰ πόδα σημεῖα συμβάλλουσι*。哈雷解读为*κώνου τομὴ ἢ κύκλου περιφέρεια καὶ ἔτι ἀντικείμεναι ἀντικειμέναις κατὰ πόδα σημεῖα συμβάλλουσι*。海贝格认为哈雷的较长插补没有必要,但我不得不认为哈雷给出了正确的解读,理由如下。(1)卷Ⅳ的内容表明,如果不提及双分支双曲线与另一双分支双曲线,以及与任何单分支圆锥曲线交点的数目,意思是不完整的;而且很难想象,阿波罗尼奥斯在描述他作品中的新东西时,只提到了较不复杂的问题。(2)如果海贝格的解读是正确的,那么在"一条圆锥截线或一个圆的圆周"这个分离的表达式之后,很难想象有复数的*συμβάλλουσι*。(3)对*καὶ ἀντικείμεναι*,在帕普斯对这个前言[ed. Hultsch, p. 676]的摘引中有正面的证据。其中的词语是*κώνου τομὴ κύκλου περιφερεία καὶ ἀντικείμεαι ἀντικειμε ́ναις*,"一条圆锥截线与一个圆的周边,以及相对分支与相对分支。"因此,把我们对文字的解读与帕普斯的解读结合起来,将会得到令人满意的意义如下:"一条圆锥截线与一个圆的圆周及相对的分支,在多少点上可以[分别]与相对的分支相交。"此外,又见下面给出的卷Ⅳ前言中相应段落的注释。

② *περιουστικώτερα*曾被译为"更先进的",但在字面上,它仅仅意味着超越最基本主题的扩展。胡尔奇翻译为"丰富的科学有关的",而海贝格,较不精确地译为"隐秘的进步的"。

3. 卷Ⅳ前言

“阿波罗尼奥斯向阿塔勒斯致敬。

“不久前,我把结集为八卷中的前三卷解释和递送给佩加蒙的欧德摩斯,但由于他已去世,我决定把剩下的各卷递送给您,因为您热切地想要拥有我的著作。因此,我现在递送给您卷Ⅳ。其中包含了对以下问题的讨论:①圆锥截线相互之间,以及与圆周之间,最多可以相交于多少个点(假定它们并不完全重合);②进一步的问题是,圆锥截线及圆周,与[双曲线]的相对分支最多相交于多少个点;[①]③在这些之外,不只几个类似性质的问题。现在,上述第一个问题,科农(Conon)曾对色拉希多斯(Thrasydaeus)详细说明,然而并未显示出对证明的正确把握,因此导致昔兰尼的尼科泰勒斯(Nicoteles)基于一些理由的反对。上述第二个问题只当尼科泰勒斯对科农攻击时提到过,说这是一个可以证明的问题;但我未找到他自己或任何其他人做过证明。对上述第三个和其他类似的问题,我没有发现任何一个人给予注意。所有迄今为止我尚未发现已得到证明的问题,需要许多各不相同的新定理,其中大部分我已在前三卷中详细说明,其余的包含在本卷中。这些定理的研究对问题的综合和确定可能性的极限(*πρός τε τὰς τῶν προβλημάτων συνθέσεις καὶ τοὺς διορισμούς*)都极其有用。另一方面,尼科泰勒斯与科农的争论,对科农就极限的确定而言并无任何用处:他错误地理解了科农的意见,因为,即使可能在获得与这样的确定相关的结果时完

---

① 在这里,哈雷又添加了上述文字作为对词语*καὶ ἔτι ἀντικείμεναι ἀντικειμέναις*的翻译。海贝格认为没有必要添加,如同在上面第一个前言中的类似段落一样。我不能不认为哈雷是正确的,既因为在对先前段落的注中所述的理由,也因为,如果没有添加的词语,我似乎无法令人满意地解释下一句中提到的三个单独问题之间的区别。海贝格认为,这些是指以下三种交点:

(1) 圆锥截线相互之间或与一个圆之间;

(2) 圆锥截线与一个双叶双曲线之间;

(3) 多个圆与双叶双曲线之间。

但作为本质上不同的问题分别界定,海贝格的(2)与(3)与阿波罗尼奥斯的科学方法完全不一致。他提到的圆,总归只是对其他曲线的附属物(*ὑπερβολὴ ἢ ἔλλειψις ἢ κύκλου περιφέρεια*是他通常用的短语),并且我认为,不可能想象他在(2)和(3)之间划了一条严格的分界线,或者认为尼科泰勒斯未提到(3)值得重视。*τὸ τρίτον*应该肯定是从本质上与*τὸ τρίτον*有区别,而不是其特殊情况。因此,我认为这是肯定的,*τὸ τρίτον*是两个双叶双曲线彼此相交的情形;而采用哈雷的解读会使这段话容易理解。于是,我们应该有以下三种不同的情况:

(1) 单叶圆锥曲线彼此相交或与一个圆相交;

(2) 单叶圆锥曲线或一个圆与双叶双曲线相交;

(3) 两条双叶双曲线相交。

而*ἄλλα ο ὐκ ὀλίλα ὅμοια τούτοις*可以自然而然地被认为指曲线相切于一点或两点的情况。

全不应用它们,它们毕竟在任何情况下提供了观察某些事物的更容易的方法,例如,有几个解是可能的,或者解的数目是如此之多,于是同样不可能有解;这样的预备知识为研究提供了一个令人满意的基础,而有关的定理对于确定极限(πρός τὰς ἀναλύσεις δὲ τῶν διορισμῶν)的分析又有用。此外,除了这些有用性外,它们也因为证明本身而值得接受,就像我们接受数学中的许多其他事物一样,只出于这一个而不是其他理由。"

4. 卷Ⅴ前言[①]

"阿波罗尼奥斯向阿塔勒斯致敬。

"在这卷Ⅴ中,我提出了与极大直线和极小直线相关的命题。您必须知道,我们的前辈和同时代的人只是肤浅地触及了最短线的研究,只证明了什么样的直线与截线相切,以及相反地,为使它们是切线,它们必须具有哪些性质。在我这里,我已在卷Ⅰ里证明了这些性质(但在证明中并未使用最短线原则),因为我希望把它们紧密地与本主题的那一部分联系在一起,即我所处理的三种圆锥截线的生成,以便同时说明,在这三种截线中的每一个,当参照原始(横向)直径时,都出现了许多性质和必需的结果。我把讨论最短线的这些命题分成几类,并通过细致的演示来处理每一个案;我还把对之的研究与对上述最长线问题的研究联系起来,因为我认为,改善这门科学的人需要它们来获得分析和确定问题的知识以及对它们的综合,更不用说这个主题本身就是值得研究的。再见。"

5. 卷Ⅵ前言

"阿波罗尼奥斯向阿塔勒斯致敬。

"我递送给您的《圆锥曲线论》卷Ⅵ,包含了关于相等和不相等的、相似和不相似的圆锥截线和圆锥曲线弓形的命题,以及我的前辈留下的其他一些问题。特别是,在本卷中您会发现,在给定的正圆锥中,如何作一条截线等于另一条给定的截线,以及如何作一个正圆锥与一个给定的圆锥相似,且包含一条给定的圆锥截线。事实上,我对这些问题的处理,与那些在我们时代之前就这些主题写过文章的人相比,要更加完善和清晰一些。再见。"

---

① 在翻译这篇前言时,我基本上根据上面提到过的尼克斯(L. M. L. Nix)的德译本,见第69页的注。卷Ⅵ和卷Ⅶ的序言译自哈雷。

6. 卷Ⅶ前言

“阿波罗尼奥斯向阿塔勒斯致敬。

“随同这封信,我递送给您《圆锥曲线论》卷Ⅶ。其中包含了许多关于截线的直径的新命题和描述它们的图形;所有这些在许多种类的问题中都有用,特别是在确定它们的可能性条件方面。其中的几个例子,通过一个附录出现在卷Ⅷ由我解决和证明的确定的圆锥曲线问题中,并且我将尽快把这些递送给您。再见。”

在阿波罗尼奥斯对其著作的上述说明中值得指出的第一点是,他把他自己的著作明确地划分为两个主要部分。前四卷所包含的内容属于基本引言的范围(*πέπτωκεν εἰς ἀγωγὴν στοιχειώδη*),而后四卷的内容不仅只是基本要素(*περιουσιαστικώτερα*),或者(我们可以说)还有更“高级”的扩展,但我们要注意别把“基本”和“高级”这两个相对的术语,往谈论现代数学工作的意义上理解。因此,认为卷Ⅴ中的研究比前面关于基础的各卷更高级是错误的,卷Ⅴ的结果导致任何圆锥曲线渐屈线的确定,现在通常借助微积分计算得到;因为从给定点向给定圆锥曲线作一定数量法线的可能性,在性质上基本类似于可以在其他作者中找到的许多*διορισμοί*。仅有的区别在于,在抛物线的情形,研究并不很困难,关于双曲线和椭圆的相应命题,则对几何学家的精准性和把握能力提出了特别高的要求。前四卷与卷Ⅴ之间的真正区别更在于以下事实,前者包含对圆锥截线一般理论的一种相关的和科学的阐述,作为把主题在某些特定方向进一步拓展的前提和不可缺少的基础,而卷Ⅴ就是这种具体化的一个实例;卷Ⅵ和卷Ⅶ也是如此。于是,前四卷局限于被认为是基本原则的内容;其范围是传统规定的专著的范围,目的是对这样一种特定应用,奠定可以接受的基础,诸如对阿里斯塔俄斯发展的立体轨迹一类理论。因此,这一主题的实质在大多数情况下与以前的专著相同,然而这自然成为阿波罗尼奥斯用当时的最先进方法改进的对象,采取的观点是保证更大的一般性,并确立一个更彻底更科学的,因而更确定的系统。由历代作者对多半是已有材料的反复加工的一个效果是产生所谓的结晶;因此,与在新的支离破碎基础上的专著相比,我们应该期望在阿波罗尼奥斯的前四卷中找到更为简洁的内容。在前一种情况下,进展是更为阶段性的,必须采取预防措施,以确保每一个相继位置的绝对坚不可摧性,一个结果自然是某种分散性和对微小细节的过分关注。我们在阿波罗尼奥斯《圆锥曲线论》的两部分中发现了这种对比；事实上，若除开对一小部分新内容（例如把双分支双曲线的性质看作一条圆锥曲线的性质）所作的冗长处理外，与卷Ⅴ－Ⅶ相比，前四卷是紧密相连的。

因此，本著作前后两部分之间的区别，可以看作圆锥截线的教科书或纲要与该主题特定部分的一系列专著之间的区别。

由前四卷可见，除了卷Ⅲ中的一些定理和卷Ⅳ中关于相交的圆锥曲线的研究以外，阿波罗尼奥斯并不声称首创性；对于其余部分，他只是声称其处理方式比先前关于圆锥曲线的著作更为完善和一般。这一说法与帕普斯的说法相当一致，在他的前四卷中，阿波罗尼奥斯收录并完成了（ἀναπληρώσας）欧几里得关于同一主题的四卷书。

然而，尤托西乌斯在他的评论开始处，为阿波罗尼奥斯提出的诉求比他自己的更多。引用格米努斯关于用老方法由正圆锥生成三种平面截线之后（在每一种情况下垂直于一条母线），他说（仍然声称引用格米努斯），“但后来帕加的阿波罗尼奥斯研究了这样的一般命题，即在每一个圆锥中，无论是直的还是斜的，都能通过［截］平面以不同的方式与圆锥相截，而找到所有截线。”他又说，“阿波罗尼奥斯假定圆锥或者是正的，或者是斜的，通过给出与平面不同的倾斜度，作出不同的截线。”由以上只能得出结论，按照尤托西乌斯的说法，阿波罗尼奥斯第一个发现了这样一个事实：不垂直于母线的其他平面上的截线，及并非来自正圆锥的圆锥截线，具有与应用老方法产生的曲线相同的性质。但是，正如已经指出的，我们发现：（1）欧几里得已经在《现象》中声明，若一个圆锥（大概是正的）或一个圆柱，被一个不平行于底面的平面所截，那么得到的截线就是一条“锐角圆锥截线”，阿基米德明确指出，一个圆锥的所有与母线相交的截线，或者是圆，或者是“锐角圆锥截线”。不能假定阿基米德或发现这个命题的人，可能用另一种方式发现了这个命题，而不是用以下的方式，该方式说明双曲和抛物截线可以像椭圆截线一样用相同的一般方式生成，阿基米德特别提到了这一点，因为他专门使用了这种方法。（2）即使在更一般的曲线生成方法为人知道以后，继续使用这些曲线的旧名称，也不能从中得出任何不同的结论；这没有什么不正常的，因为首先，放弃与某些标准命题、常数的确定等相关联的传统定义，总会使人有所犹豫，其次，例如以下事实是不足为奇的：在现代解析几何教科书中，借助简单的性质和方程来定义圆锥截线，并当已证明被一般二次方程表示的曲线，就是以上定义的等同曲线以后,仍采用原来的定义。因此我们必须得出结论,尤托西乌斯的陈述(在任何情况下过于一般,因为它可能会导致每一条双曲线都可以作为任意圆锥的截线被生成的猜测)基于一种误会,虽然也许是一种自然的想法,考虑到生活在那么久以后,对他而言,圆锥曲线论可能只是意味着阿波罗尼奥斯的处理,所以他很容易忽视早期作者所拥有的知识。①

同时显得很清楚,从他一开始对本课题处理的一般性而言,阿波罗尼奥斯开启了全新的出发点。尽管阿基米德意识到借助斜圆锥的截线生成三种圆锥曲线的可能性,我们没有发现他使用不与对称平面垂直的截线;换句话说,他只是直接从圆锥导出相当于轴的基本性质,即关系式

$$PN^2:(AN\cdot A'N)=P'N'^2:(AN'\cdot A'N'),$$

以及我们必须认为,借助以轴为参考的方程,证明了更一般的性质

$$QV^2:(PV\cdot P'V)=\text{常数}。$$

另一方面,阿波罗尼奥斯从斜圆锥的最一般截线开始,并直接从圆锥证明,参考由他的构形所产生的特定直径(然而它一般并非主直径),圆锥曲线具有后一个一般性质。然后,以真正的科学的方式,他进而直接证明,以原始直径为参考证明为真的性质,对任意其他直径同样为真,并且轴根本就不出现,直到它作为新的(和任意的)直径的特殊情况。主要性质的这个更完善和更一般处理(*τὰ ἀρχικὰ συμπτώματα ἐπὶ πλέον καὶ καθόλου μᾶλλον ἐξειργασμένα*)的原创性的另一证据,我认为可以在新近从阿拉伯语翻译过来的卷V的前言中找到。阿波罗尼奥斯似乎在那里暗示,极小直线段(即法线),只被以前的作者在与切线性质相联系的情况下讨论过,而他自己的阐述顺序则要求必须更早引入切线性质,与关于法线的任何问题无关,目的是实施由原始参考直径到任何其他直径的过渡。记起法线的一般性质是参考轴来表达的,这一点很容易理解,而阿波罗尼奥斯无法使用这些轴,直到它们作为新的和任意的参考直径的特殊情况引入之后。因此,他不得不采取与早先工作不同的次序,推迟对法线的研究直到以后单独的处理中。

---

① 关于术语抛物线、椭圆和双曲线的确切来源,在尤托西乌斯心目中似乎也有些混淆不清,不过,正如我们将要看到的,阿波罗尼奥斯通过将它们与面积适配方法联系起来,使这一点变得足够清楚。因此,尤托西乌斯说双曲线之所以这样称呼,是因为有一对角(钝角正圆锥的竖直角和以老办法所作截线与母线所成的直角)一起,超过了(*ὑπερβάλλειν*)两个直角,或者是因为截线平面超过了(*ὑπερβάλλειν*)圆锥的顶点,并与对顶双圆锥的另一半相交于顶点之外;他对另外两个名称也作了类似的解释。但这种对命名的解释并无任何意义;因为在每一种情况下,我们都可以用同样的理由选择图形中的不同角度,并因此而改变名称。

所有权威人士都同意，把三种圆锥曲线命名为抛物线、椭圆和双曲线，归功于阿波罗尼奥斯；但仍然存在一个问题，虽然他提示了这些新名称，但他对它们的基本性质陈述的确切形式，是代表了一种新的发现，还是早先的作者（我们可以取阿基米德为代表）已经知晓的东西。

由阿波罗尼奥斯Ⅰ.11［命题1］可以看到，由圆锥对抛物线证明的基本性质，可以用笛卡儿方程 $y^2=px$ 表示，其中坐标轴是任意直径（作为 x 轴）及其端点处的切线（作为 y 轴）。对椭圆和双曲线作类似的假设：y 是由任意点对圆锥曲线原始直径所作的纵坐标，x 是自直径的一端开始度量的横坐标，而 x_1 是自另一端度量的横坐标。于是阿波罗尼奥斯的步骤是取一定长度（例如 p），它是以某种方式参考圆锥确定的，并证明，首先，

$$y^2:(x\cdot x_1)=p:d\,, \quad\cdots\cdots\cdots\cdots\cdots\cdots\cdots\cdots\cdots\cdots\quad (1)$$

其中 d 是原始直径长度，其次，若在该直径的一端（自此开始度量 x）立长度为 p 的垂线，那么 y^2 等于一个宽度为 x，“适配”于长度为 p 的垂线的矩形，但亏缺（或超出）一个 p 与 d 构成的相似的并相似地放置的矩形；换句话说，

$$y^2=px\mp\frac{x^2}{d^2}\cdot pd$$

或

$$y^2=px\mp\frac{p}{d}\cdot x^2。\quad\cdots\cdots\cdots\cdots\cdots\cdots\cdots\cdots\cdots\cdots\quad (2)$$

因此，对于椭圆或双曲线得到的方程与对于抛物线的方程的不同之处在于，它包含了另一项，且 y^2 小于或大于 px 而不是等于它。对于所有三条曲线，p 都被称为对应于原始直径的参数或正焦弦，方程所表达的特征提示了这三个名称。例如，抛物线是这样一条曲线，对之等于 y^2 的矩形适配于 p，不亏缺也不超出，椭圆和双曲线是这样的曲线，适配于 p 但分别有亏缺或超出。

另一方面，在阿基米德中，参数总是随抛物线出现，无论何处均未提及与椭圆或双曲线相联系的这样的线，但后两条曲线的基本性质用以下形式给出，

$$\frac{y^2}{x\cdot x_1}=\frac{y'^2}{x'\cdot x'_1},$$

进一步注意到，在椭圆的情形，若方程以二轴为参考，且 a，b 分别是长半轴和短半轴，这两个相等的比值都等于$\frac{a^2}{b^2}$。

于是，阿波罗尼奥斯的方程表示了两个面积之间的相等，而阿基米德的方程表示了两个比例之间的相等。问题是阿基米德和他的前辈是否知道阿波罗尼奥

斯给出的中心圆锥曲线形式;换句话说,特别是使用参数或正焦弦,达成构建一个一边为 x,面积等于 y^2 的矩形,是否为阿波罗尼奥斯的首创。

关于这个问题,宙森注意到以下几点。

(1) 形式为

$$\frac{y^2}{x \cdot x_1}=\text{常数}$$

的圆锥曲线方程的优点是,常数可以用在某一特定情况下可能有用的任何形式表示,例如,它可以表示为一个面积与另一个面积的比例,也可以表示为一条直线与另一条直线的比例,在后一种情况,假设比例的后项为直径 d,则比例前项为参数 p。

(2) 虽然阿基米德通常并不把他对圆锥曲线的描述,与在熟知的面积适配法中使用的专门表达式相联系,但该方法的实际应用,与阿基米德的公式密切相关,正像与阿波罗尼奥斯的公式密切相关一样。因此,若参考轴是圆锥曲线的二轴,a 表示长轴或实轴,则方程

$$\frac{y^2}{x \cdot x_1}=\text{常数}(\text{例如 }\lambda)$$

等价于方程

$$\frac{y^2}{ax \mp x^2}=\lambda \quad \cdots\cdots\cdots\cdots (3)$$

以及,在一处(《论拟圆锥与旋转椭球》,命题 25①),阿基米德利用了$\frac{y^2}{x \cdot x_1}$对双曲线上所有的点都具有相同值的性质,他实际上把比例式的分母表达为式(3)中所示的形式,称它为适配于等于 a 的一条线,但超出一个正方形的面积(ὑπερβάλλον εἴδει τετραγώνῳ),换句话说,如同记为 $ax+x^2$ 的面积。

(3) 方程$\frac{y^2}{x \cdot x_1}$=常数,表示 y 是 x 与某一常数因子 x_1 之间的比例中项,它最终可以很容易地被表示为与通过直径另一端(即 x_1 自此开始度量的端点)的某一直线上一点的横坐标 x 相对应的纵坐标 y。至于这条特定的线在阿波罗尼奥斯的前辈使用的图形中,是作为辅助线出现(对之没有迹象),还是作为熟知的构建,其实无关紧要。

---

① 阿基米德. 阿基米德经典著作集[M]. 凌复华,译. 北京:北京大学出版社,2022:224. ——编辑注

（4）这两种展示基本性质的方法之间的差异是如此微小，我们可以认为阿波罗尼奥斯实际上是希腊圆锥曲线理论的典型代表，并且如他的证明思路中给出的提示，这种思路使得他的前辈们和他一样，构思了各种命题。

于是，相比于阿基米德选择用比例进行研究，阿波罗尼奥斯更喜欢使用面积适配方法，这种方法更接近于我们的代数，宙森最倾向于认为，正是阿基米德更多地表现出他个人的特点，而不是阿波罗尼奥斯，后者更接近于他的亚历山大前辈：这一观点（他认为）得到了可在欧几里得卷Ⅰ中找到的面积适配方法的支持，肯定比欧几里得比例学说更古老。

我不能不认为，刚才所述的论点忽略了对一个重要事实的说明，正如我们将要看到的，方程的阿基米德形式，实际上似乎是阿波罗尼奥斯对他自己的基本方程给出的证明的中间步骤。因此，事实上，很难把阿基米德形式看作根据亚历山大方法特性的通常表达法的个人变体。此外，把阿基米德方程表示为

$$\frac{y^2}{x \cdot x_1}=\text{常数}$$

形式，并说它具有这样的优点：对不同的目的，常数可以用不同的方式表达，这意味着比我们在阿基米德中真正找到的更多，阿基米德对涉及的双曲线根本不使用常数，只在参考轴是椭圆的两根轴时才把它用在椭圆上，且然后只用单一的形式$\frac{b^2}{a^2}$。

现在，方程

$$\frac{y^2}{ax-x^2}=\frac{b^2}{a^2}$$

或

$$y^2=\frac{b^2}{a}\cdot x-\frac{b^2}{a^2}\cdot x^2$$

并未给出一种简单的方法，它显示面积y^2为适配于一条直线的一个简单矩形，但亏缺另一个等宽的矩形，除非我们取一条长度等于$\frac{b^2}{a}$的线，并把它竖立于横坐标为x的曲线上的端点。因此，为了求出借助面积适配原则得到的对应于y^2的表达式，关键是确定参数p和在特定形式$\frac{p}{d}$中常数的表达式，然而这在阿基米德中并未出现。

再者，值得指出的是，虽然阿波罗尼奥斯在命题Ⅰ. 12，13［命题2，3］中确立了他的双曲线和椭圆的定义的基础，且在此过程中他实际上提供了阿基米德形

式的基本性质的证明,而后他在Ⅰ.21[命题8]中追溯了他的步骤,并基于由这些定义出发的推导再次予以证明:这种步骤建议以某种程度的强制性遵守后者(定义),但要付出一些重复性作为代价。若假设阿波罗尼奥斯故意把基本性质的旧形式用新形式来代替,那么这种轻微的尴尬就很容易解释;但这些事实若基于任何其他假设将更难以解释。认为阿波罗尼奥斯给出的方程的形式是新的这种想法,并不与*面积适配*原则比欧几里得比例理论更古老这一事实相矛盾;事实上,若注意到正宗的几何学家如阿波罗尼奥斯执意回归本源,试图将他的圆锥曲线论新系统与最古老的传统方法联系起来,那就无须惊讶了。

奇怪的是,帕普斯在解释阿波罗尼奥斯的新定义时说:"因为适配于锐角圆锥截线中一条直线的矩形亏缺一个正方形(*ἐλλεῖπον τετραγώνῳ*),而在钝角圆锥截线中,超出一个正方形,以及在直角圆锥中,既不亏缺也不超出。"显然这是因为在阿波罗尼奥斯的定义中,没有亏缺或超出一个正方形的问题,而是等于 y^2 的矩形超出或亏缺一个*矩形*,它与由直径和正焦弦所包含的矩形相似并相似地放置。"亏缺或超出一个正方形"的描述使人想起阿基米德对矩形 $x \cdot x_1$ 的描述,出现在双曲线方程中为*ὑπερβάλλον εἴδει τετραγώνῳ*;所以看起来帕普斯似乎混淆了两位作者给出基本性质的两种不同形式。

我们将观察到,双曲线的两个相对分支,被特别提到与三种圆锥截线不同(阿波罗尼奥斯所用的词是*τῶν τριῶν τομῶν και τῶν ἀντικειμένων*)。它们首次在命题Ⅰ.14[命题4]中被引入,但在命题Ⅰ.16[命题6]中,首次被看作在一起形成一条曲线。确实,卷Ⅳ的前言表明,其他作者已经注意到双曲线的两个相对分支,但毫无疑问,对它们性质的完全研究是由阿波罗尼奥斯完成的。这一观点有以下佐证。(1)第一个前言的词语许诺,它将给出与双分支双曲线及三条单分支曲线相关的一些新的、更完善的东西;而对阿波罗尼奥斯和阿基米德(他没有提到双曲线的两个分支)工作的比较,使我们期待阿波罗尼奥斯所声称的对这一主题处理的更一般性,若有的话,将在讨论完整双曲线的过程中显现出来。卷Ⅲ中关于"新的和值得注意的定理"的词语,也无可置疑地把诸如相交弦段所夹矩形这样的性质,推广到完整双曲线情形。(2)阿波罗尼奥斯把两个分支作为一条曲线处理,在某种程度上是新的,这一点可以由以下事实佐证:尽管他确立了它们的性质与单一分支的性质之间的对应关系,他始终把它们说成是两条独立的曲线,并对它们单独证明了每一个命题,并随后对单一曲线展示,其结果有某种扩散性,但若把第一批命题组合起来,同时对双分支和单分支圆锥曲线证明每个性质,且若而后的进一步推导以这些一般性质为基础,那么这种扩散性是可以避免的。像现在这样,阿波罗尼奥斯把所有三种圆锥曲线共有性质的证明压缩成一个命题,表现出非凡的独创性,这与对双分支双曲线单独处理引起的扩散性,形成了鲜明的对比。把这三条曲线一起处理的便利之处在于,随着圆锥曲线中的相继发现被用传统方法传承下来,圆锥曲线的一般概念已经逐渐发展;据此,若阿波罗尼奥斯必须就双分支双曲线添加新的内容,他自然会采取对影响三条单分支曲线的命题进行补充的形式。

与此相关值得注意的是,命题Ⅰ.38[命题15]首次利用双曲线的第二直径 d'作为由关系式

$$\frac{d'^2}{d^2}=\frac{p}{d}$$

确定的一条定长直线,其中 d 是横径和 p 是对它的纵坐标的参数。第二直径在这个意义上的真正定义,在该卷的前面,即命题Ⅰ.16与命题Ⅰ.17之间出现过。这种想法以及确定有两个分支的共轭双曲线为完全双曲线,可以被认为是新的,共轭双曲线与原始双曲线有一对公共的共轭直径,原始双曲线的第二直径是共轭双曲线的横径,反之亦然。

关于卷Ⅱ,前言中并无任何特别的评论,除了阿波罗尼奥斯给出了术语直径和轴的意义。前言的词语提示,这些术语是在一种新的意义上使用的,这一假定与上面所作的观察(pp. 32,33)相一致,而对阿基米德而言,只有轴才是直径。

该前言提到了卷Ⅲ中的“许多值得注意的定理”,对“立体轨迹的综合”有用,并继续更具体地提到“相对于三线和四线轨迹。”奇怪的是,在该卷本身,我们并未找到陈述某一个特定几何轨迹是圆锥截线的任何定理,尽管我们当然发现了一些定理,反过来陈述圆锥曲线上所有的点都具有一定的性质。对此的解释也许可以在以下事实中找到:一条轨迹的确定,即使它是一条圆锥截线,也不被认为属于对圆锥曲线的综合处理,其理由可能是,这样的轨迹的主题足够广泛,需要单独的一卷。欧几里得和阿里斯塔俄斯对圆锥曲线和立体轨迹处理的类同性,支持了这一猜想,其中就我们能判断的情况而言,看来在确定轨迹本身与圆锥曲线论中对之有用的定理之间,划出了一条非常明确的分界线。

毫无疑问,卷Ⅴ中关于把法线看作从某些点到曲线的极大和极小直线段的精辟研究,若不是全部,至少绝大部分是新的。我们将会看到,它们直接导致了支配任何圆锥曲线演化的笛卡儿方程的确定。

卷Ⅵ的大部分是关于相似的圆锥曲线的，而卷Ⅶ包含了一系列详细的命题，涉及共轭直径长度的各种函数的大小，包括其极大值和极小值的确定。卷Ⅶ的前言中对卷Ⅶ的内容的比较，连同对卷Ⅶ和卷Ⅷ的评论，提示了佚失的卷Ⅷ包含了一系列问题，其目标是在给定圆锥曲线中求出共轭直径，使得其长度的一些函数有给定的值。这些问题会借助卷Ⅶ的结果获解，因此极有可能，哈雷对卷Ⅷ的重建，代表了以我们的现有知识对其内容可能达到的最接近猜想。

第二章　一般特征

1. 忠实于欧几里得的形式、概念与语言

与其他任何一本书相比,欧几里得《几何原本》中几何命题的公认形式都更为数学家熟悉,每个命题被划分为其组成部分或阶段的规则,以普罗克勒斯的描述最佳。他说[①]:"完整的和所有部分都完美地包含在其自身的每个问题和每个定理,均包括所有以下元素:表述(*enunciation*, *πρότασις*)、设置(*setting-out*, *ἔκθεσις*)、定义[②](*definition*, *διορισμός*)、构形(*construction*, *κατασκευή*)、证明(*proof*, *ἀπόδειξις*)、结论(*conclusion*, *συμπέρασμα*)。在这些之中,表述给出了什么是给定的和什么是待求的,完美的表述一定由这两部分组成。设置标识了什么由其自身已给出,并在应用于研究之前予以调整。定义单独陈述和说清楚待求的是什么特定的东西。构形中把想得到者添加到论据中,其目的是找到待求者。证明通过由公认事实科学地推理得出所需的推断。结论又返回到表述,确认已经说明的内容。这些都是问题和定理的组成部分,但最本质的和在所有问题中都能找到的那些是表述、证明、结论。因为同等必要的是事先知道:待求的是什么,这应当通过中间步骤来说明,且被说明的事实应该被推断出来;不可能免除这三项中的任何一项。其余部分即使被引入,但也往往因为无用而被排除在外。例如,在构建其每个底角都是顶角两倍的一个等腰三角形的问题上既无设置也无定义,而且在大多数定理中也没有构形,因为设置已经足够,无须用论据以任何额外方式来演示需要的性质。那么何时我们才说设置是需要的呢?答案是,当表述中什么也没有给出之时;因为,虽然表述一般分为什么是给出的和什么是待求的,但并非总是如此,有时它只陈述待求的东西,即必须知道或发现的东西,就像

① Proclus (ed. Friedlein), p. 203。

② 定义这个词用于对更好东西的需要。如在以下将展示的,*διορισμός*真正意味着,借助一个具体的图形,详细地描写表述笼统所说的待证明的性质或待解决的问题。

刚才提到的问题中那样。事实上，这个问题并未预先陈述用什么数据来构建那个等腰三角形，其相等的二角每个都是第三个角的两倍，而是(简单地)要找到这样一个三角形……。那么，在表述包含二者(什么已给出和什么待求)的情况下，我们既找到了定义又找到了设置，但是，每当想得到数据时，二者也是想得到的。因为不仅设置涉及数据，定义也是如此，在缺乏数据的情况下，定义与表述是等同的。事实上，在定义上述问题的对象时，除了需要找到所述类型的等腰三角形外，您还能说些什么呢？但这就是表述所说的。若表述既不包括什么是给出的，也不包括什么是待求的，则因为没有论据而不存在设置，而且省略了定义，以避免只是表述的重复。"

欧几里得命题的组成部分可以通过以上描述轻易识别，无须进一步的细节。我们将注意到，διορισμός(定义)一词在这里的含义与上面 p. 54 的注中所描述的含义是不同的。这里，它只是指目标对象的一个详细定义或描述，借助ἔκθεσις(设置)中具体的文字和图形得到，而不是在表述中用到的一般术语；其目的是更好地吸引注意力，正如普罗克勒斯在后一段文字τρόπον τινὰ προσεχείας ἐστὶν αἴτιος ὁ διορισμός(你对原因关注的是什么)中所表明的。

普罗克勒斯还描述了这个词的另一种专门用途，即表示一个问题的可能的解所受的限制，他说διορισμός(定义)确定了"待求的东西是可能的还是不可能的，在何种程度上是实际可行的，以及以多少种方式[①]"；在这个意义上，διορισμός(定义)在欧几里得、阿基米德和阿波罗尼奥斯中出现的形式是相同的。在阿波罗尼奥斯中，有时会把它插入问题的正文中，就像在下面给出的Ⅱ. 50[命题 50]中；在另一种情况下，它构成了一个单独的预备定理(Ⅱ. 52[命题 51])的主题，其结果在随后的Ⅱ. 53[命题 52]中引用，其方式与欧几里得Ⅵ. 27 中的διορισμός(定义)在Ⅵ. 28 中被引用一样。

最后，把问题区分为分析和综合的公认方法，在阿波罗尼奥斯中，也像在阿基米德中那样，经常出现。普罗克勒斯谈到初步分析是研究更高深问题(τὰ ἀσαφέστερα τῶν προβλημάτων)的一种方法；看起来在这方面，阿波罗尼奥斯往往比欧几里得更为正统，欧几里得在《几何原本》中，常常因为所解决问题的相对简单性而省略所有初步分析，然而《数据》尽可能清楚地展示了解题方法。

为了说明以上的评论，只需要复制阿波罗尼奥斯中的一个命题和一个作图题

① Proclus, p. 202。

的精确形式,为此,完整地给出以下命题作为典型的样本,右栏的翻译精确地遵循希腊语,除了改变字母标记,以方便与本书中重现的同一命题及对应图形相比较。①

Ⅲ.54[命题75及第一幅图]

Ἐὰν κώνου τομῆς ἢ κύκλου περιφερείας δύο εὐθεῖαι ἐφαπτόμεναι συμπίπτωσι, διὰ δὲ τῶν ἁφῶν παράλληλοι ἀχθῶσι ταῖς ἐφαπτομέναις, καὶ ἀπὸ τῶν ἁφῶν πρὸς τὸ αὐτὸ σημεῖον τῆς γραμμῆς διαχθῶσιν εὐθεῖαι τέμνουσαι τὰς παραλλήλους, τὸ περιεχόμενον ὀρθογώνιον ὑπὸ τῶν ἀποτεμνομένων πρὸς τὸ ἀπὸ τῆς ἐπιζευγνυούσης τὰς ἁφὰς τετράγωνον λόγον ἔχει τὸν συγκείμενον ἔκ τε τοῦ, ὃν ἔχει τῆς ἐπιζευγνυούσης τὴν σύμπτωσιν τῶν ἐφαπτομένων καὶ τὴν διχοτομίαν τῆς τὰς ἁφὰς ἐπιζευγνυούσης τὸ ἐντὸς τμῆμα πρὸς τὸ λοιπὸν δυνάμει, καὶ τοῦ, ὃν ἔχει τὸ ὑπὸ τῶν ἐφαπτομένων περιεχόμενον ὀρθογώνιον πρὸς τὸ τέταρτον μέρος τοῦ ἀπὸ τῆς τὰς ἁφὰς ἐπιζευγνυούσης τετραγώνου.

若与一条圆锥截线或一个圆的圆周相切的两条直线相交,通过切点作二切线的平行线,并通过曲线上同一点由二切点作直线截平行线,则截距所夹矩形与切点连线上的正方形之比是以下二者的复比:(1)切线交点与切点连线等分点连线的内截距的平方与剩余截距的平方之比,与(2)切线所夹矩形与接触点连线平方的四分之一之比。

ἔστω κώνου τομὴ ἢ κύκλου περιφέρεια ἡ ΑΒΓ καὶ ἐφαπτόμεναι αἱ ΑΔ, ΓΔ, καὶ ἐπεζεύχθω ἡ ΑΓ καὶ δίχα τετμήσθω κατὰ τὸ Ε, καὶ ἐπεζεύχθω ἡ ΔΒΕ, καὶ ἤχθω ἀπὸ μὲν τοῦ Α παρὰ τὴν ΓΔ ἡ ΑΖ, ἀπὸ δὲ τοῦ Γ παρὰ τὴν ΑΔ ἡ ΓΗ, καὶ εἰλήφθω τι σημεῖον ἐπὶ τῆς γραμμῆς τὸ Θ, καὶ ἐπιζευχθεῖσαι αἱ ΑΘ, ΓΘ ἐκβεβλήσθωσαν ἐπὶ τὰ Η, Ζ. λέγω, ὅτι τὸ ὑπὸ ΑΖ, ΓΗ πρὸς τὸ ἀπὸ ΑΓ τὸν συγκείμενον ἔχει λόγον ἐκ τοῦ, ὃν ἔχει τὸ ἀπὸ ΕΒ πρὸς τὸ ἀπὸ ΒΔ καὶ τὸ ὑπὸ ΑΔΓ πρὸς τὸ τέταρτον τοῦ ἀπὸ ΑΓ, τουτέστι τὸ ὑπὸ ΑΕΓ.

设 QPQ' 是一条圆锥截线或一个圆周,QT,$Q'T$ 是切线,连接 QQ' 并等分于 V,连接 TPV,并由 Q 作 Qr 平行于 $Q'T$,由 Q' 作 $Q'r'$ 平行于 QT,并在曲线上取任意点 R,且连接 QR,$Q'R$ 并延长至 r',r。则需证明由 Qr,$Q'r'$ 所夹矩形与 QQ' 上的正方形之比值,等于以下二比值的复比:在 VP 上的正方形与 PT 上的正方形之比,以及在 QTQ' 下的矩形②与 QQ' 上的正方形(即 QVQ' 下的矩形)的四分之一之比。

① 命题75系根据命题Ⅲ.54及Ⅲ.56改写,因此在表达上与这里对Ⅲ.54的直译有所不同。对下一个例子Ⅱ.50也有类似情况。——译者注

② τὸ ὑπὸ ΑΔΓ,“QTQ'下的矩形”,意味着矩形 $QT \cdot TQ'$,在其他情况下类似。

ἤχθω γὰρ ἀπὸ μὲν τοῦ Θ παρὰ τὴν ΑΓ ἡ ΚΘΟΞΛ, ἀπὸ δὲ τοῦ Β ἡ ΜΒΝ· φανερὸν δή, ὅτι ἐφάπτεται ἡ ΜΝ. ἐπεὶ οὖν ἴση ἐστὶν ἡ ΑΕ τῇ ΕΓ, ἴση ἐστὶ καὶ ἡ ΜΒ τῇ ΒΝ καὶ ἡ ΚΟ τῇ ΟΛ καὶ ἡ ΘΟ τῇ ΟΞ καὶ ἡ ΚΘ τῇ ΞΛ. ἐπεὶ οὖν ἐφάπτονται αἱ ΜΒ, ΜΑ, καὶ παρὰ τὴν ΜΒ ἦκται ἡ ΚΘΛ, ἔστιν, ὡς τὸ ἀπὸ ΑΜ πρὸς τὸ ἀπὸ ΜΒ, τουτέστι τὸ ὑπὸ ΜΒΝ, τὸ ἀπὸ ΑΚ πρὸς τὸ ὑπὸ ΞΚΘ, τουτέστι τὸ ὑπὸ ΛΘΚ. ὡς δὲ τὸ ὑπὸ ΝΓ, ΜΑ πρὸς τὸ ἀπὸ ΜΑ, τὸ ΛΘΚ. τὸ δὲ ὑπὸ ΛΓ, ΚΑ πρὸς τὸ ὑπὸ ΛΘΚ τὸν συγκείμενον ἔχει λόγον ἐκ τοῦ τῆς ΓΛ πρὸς ΛΘ, τουτέστι τῆς ΖΑ πρὸς ΑΓ, καὶ τοῦ τῆς ΑΚ πρὸς ΚΘ, τουτέστι τῆς ΗΓ πρὸς ΓΑ, ὅς ἐστιν ὁ αὐτὸς τῷ, ὃν ἔχει τὸ ὑπὸ ΗΓ, ΖΑ πρὸς τὸ ἀπὸ ΓΑ· ὡς ἄρα τὸ ὑπὸ ΝΓ, ΜΑ πρὸς τὸ ὑπὸ ΝΒΜ, τὸ ὑπὸ ΗΓ, ΖΑ πρὸς τὸ ἀπὸ ΓΑ. τὸ δὲ ὑπὸ ΓΝ, ΜΑ πρὸς τὸ ὑπὸ ΝΒΜ τοῦ ὑπὸ ΝΔΜ μέσου λαμβανομένου τὸν συγκείμενον ἔχει λόγον ἐκ τοῦ, ὃν ἔχει τὸ ὑπὸ ΓΝ, ΑΜ προς τὸ ὑπὸ ΝΔΜ καὶ τὸ ὑπὸ ΝΔΜ πρὸς τὸ ὑπὸ ΝΒΜ· τὸ ἄρα ὑπὸ ΗΓ, ΖΑ πρὸς τὸ ἀπὸ ΓΑ τὸν συγκείμενον ἔχει λόγον ἐκ τοῦ τοῦ ὑπὸ ΓΝ, ΑΜ πρὸς τὸ ὑπὸ ΝΔΜ καὶ τοῦ ὑπὸ ΝΔΜ πρὸς τὸ ὑπὸ ΝΒΜ. ἀλλ' ὡς μὲν τὸ ὑπὸ ΝΓ, ΑΜ πρὸς τὸ ὑπὸ ΝΔΜ, τὸ ἀπὸ ΕΒ πρὸς τὸ ἀπὸ ΒΔ, ὡς δὲ τὸ ὑπὸ ΝΔΜ πρὸς τὸ ὑπὸ ΝΒΜ, τὸ ὑπὸ ΓΔΑ πρὸς τὸ ὑπὸ ΓΕΑ· τὸ ἄρα ὑπὸ ΗΓ, ΑΖ πρὸς τὸ ἀπὸ ΑΓ τὸν συγκείμενον ἔχει λόγον ἐκ τοῦ τοῦ ἀπὸ ΒΕ πρὸς τὸ ἀπὸ ΒΔ καὶ τοῦ ὑπὸ ΓΔΑ πρὸς τὸ ὑπὸ ΓΕΑ.

若由 R 作 $KRWR'K'$，由 P 作 LPL' 均平行于 QQ'；则很清楚，LL' 是切线。现在，因为 QV 等于 VQ'，LP 也等于 PL'，以及 KW 等于 WK'，RW 等于 WR'，KR 等于 $R'K'$。因此 LP，LQ 是切线，并作 KRK' 平行于 LP，则 QL 上的正方形与 LP 上的正方形(即 LPL' 下的矩形)之比，如同 QK 上的正方形与 $R'KR$ 下的矩形(即 $K'RK$ 下的矩形)之比。并且，$L'Q'$，LQ 所夹矩形与 LQ 上的正方形之比，等于 $K'Q'$，KQ 所夹矩形与 KQ 上的正方形之比；因此，由于首末比例，$L'Q'$，LQ 所夹矩形与 $L'PL$ 所夹矩形之比，等于 $K'Q'$，KQ 所夹矩形与 $K'RK$ 下的矩形之比。但是，$K'Q'$，KQ 所夹矩形与 $K'RK$ 下的矩形之比是 $Q'K'$ 与 $K'R$(即 rQ 与 QQ')之比及 QK 与 KR(即 $r'Q'$ 与 $Q'Q$)之比的复比，它与 $r'Q'$，rQ 所夹矩形与 $Q'Q$ 上的正方形之比相同；因此，$L'Q'$，LQ 下的矩形与 $L'PL$ 下的矩形之比，等于 $r'Q'$，rQ 下的矩形与 $Q'Q$ 上的正方形之比。但 $Q'L'$，LQ 所夹矩形与 $L'PL$ 下的矩形之比(若 $L'TL$ 下的矩形被取作中值)，是 $Q'L'$，QL 所夹矩形与 $L'TL$ 下的矩形之比，以及 $L'TL$ 下的矩形与 $L'PL$ 所夹矩形之比的复比；因此，$r'Q'$，rQ 所夹矩形与 $Q'Q$ 上的正方形之比，等于 $Q'L'$，QL 所夹矩形与 $L'TL$ 下的矩形之比及 $L'TL$ 下的矩形与 $L'PL$ 下的矩形之比的复比。但是，$L'Q'$，QL 所夹矩形与 $L'TL$ 所夹矩形之比等于 VP 上的正方形与 PT 上的正方形之比，并且，$L'TL$ 下的矩形与 $L'PL$ 下的矩形之比等于 $Q'TQ$ 下的矩形与 $Q'VQ$ 下的矩形之比；因此，$r'Q'$，rQ 所夹矩形与 $Q'Q$ 上的正方形之比，等于 PV 上的正方形与 PT 上的正方形之比，以及 $Q'TQ$ 下的矩形与 $Q'VQ$ 下的的矩形之比的复比。

Ⅱ.50[命题50(作图题)]

Τῆς δοθείσης κώνου τομῆς ἐφαπτομένην ἀγαγεῖν, ἥτις πρὸς τῷ ἄξονι γωνίαν ποιήσει ἐπὶ ταὐτὰ τῇ τομῇ ἴσην τῇ δοθείσῃ ὀξείᾳ γωνίᾳ.

* * * *

Ἔστω ἡ τομὴ ὑπερβολή, καὶ γεγονέτω, καὶ ἔστω ἐφαπτομένη ἡ ΓΔ, καὶ εἰλήφθω τὸ κέντρον τῆς τομῆς τὸ Χ, καὶ ἐπεζεύχθω ἡ ΓΧ καὶ κάθετος ἡ ΓΕ· λόγος ἄρα τοῦ ὑπὸ τῶν ΧΕΔ πρὸς τὸ ἀπὸ τῆς ΕΓ δοθείς· ὁ αὐτὸς γάρ ἐστι τῷ τῆς πλαγίας πρὸς τὴν ὀρθίαν. τοῦ δὲ ἀπὸ τῆς ΓΕ πρὸς τὸ ἀπὸ τῆς ΕΔ λόγος ἐστὶ δοθείς· δοθεῖσα γὰρ ἑκατέρα τῶν ὑπὸ ΓΔΕ, ΔΕΓ. λόγος ἄρα καὶ τοῦ ὑπὸ ΧΕΔ πρὸς τὸ ἀπὸ τῆς ΕΔ δοθείς· ὥστε καὶ τῆς ΧΕ πρὸς ΕΔ λόγος ἐστὶ δοθείς. καὶ δοθεῖσα ἡ πρὸς τῷ Ε· δοθεῖσα ἄρα καὶ ἡ πρὸς τῷ Χ. πρὸς δὴ θέσει εὐθείᾳ τῇ ΧΕ καὶ δοθέντι τῷ Χ διῆκταί τις ἡ ΓΧ ἐν δεδομένῃ γωνίᾳ· θέσει ἄρα ἡ ΓΧ. θέσει δὲ καὶ ἡ τομή· δοθὲν ἄρα τὸ Γ. καὶ διῆκται ἐφαπτομένη ἡ ΓΔ· θέσει ἄρα ἡ ΓΔ.

ἤχθω ἀσύμπτωτος τῆς τομῆς ἡ ΖΧ· ἡ ΓΔ ἄρα ἐκβληθεῖσα συμπεσεῖται τῇ ἀσυμπτώτῳ. συμπιπτέτω κατὰ τὸ Ζ. μείζων ἄρα ἔσται ἡ ὑπὸ ΖΔΕ γωνία τῆς ὑπὸ ΖΧΔ. δεήσει ἄρα εἰς τὴν σύνθεσιν τὴν δεδομένην ὀξεῖαν γωνίαν μείζονα εἶναι τῆς ἡμισείας τῆς περιεχομένης ὑπὸ τῶν ἀσυμπτώτων.

(这里讨论双曲线)

对给定圆锥截线作一条切线,它与朝向截线同一侧的轴成给定的锐角。

* * * *

设截线是一条双曲线,并假定切线已作出,又设 PT 是切线,取截线的中心 C,连接 PC,与 PN 垂直;因此,CNT 包含的矩形与 NP 上正方形之比给定,因为它等于横径与竖径之比。PN 上的正方形与 NT 上的正方形之比是给定的,因为角 PTN,TNP 均为给定的。因此,CNT 所夹矩形与 NT 上的正方形之比是给定的;故 CN 与 NT 的比值也是给定的。而在 N 的角是给定的;因此在 C 的角也是给定的。于是,有了给定直线 CN,在给定点 C 以给定角度作一条直线 PC;于是 PC 给定。截线也给定;因此 P 是给定的。且切线 PT 已作出;因此 PT 给定。

设作截线的渐近线 LC;则 PT 延长后将与渐近线相交。设二者相交于 L;则角 LTN 将大于角 LCT。因此,对综合而言,给定的锐角应当大于渐近线所包含角的一半。

συντεθήσεται δὴ τὸ πρόβλημα οὕτως· ἔστω ἡ μὲν δοθεῖσα ὑπερβολή, ἧς ἄξων ὁ ΑΒ, ἀσύμπτωτος δὲ ἡ ΧΖ, ἡ δὲ δοθεῖσα γωνία ὀξεῖα μείζων οὖσα τῆς ὑπὸ τῶν ΑΧΖ ἡ ὑπὸ ΚΘΗ, καὶ ἔστω τῇ ὑπὸ τῶν ΑΧΖ ἴση ἡ ὑπὸ ΚΘΛ, καὶ ἤχθω ἀπὸ τοῦ Α τῇ ΑΒ πρὸς ὀρθὰς ἡ ΑΖ, εἰλήφθω δέ τι σημεῖον ἐπὶ τῆς ΗΘ τὸ Η, καὶ ἤχθω ἀπ' αὐτοῦ ἐπὶ τὴν ΘΚ κάθετος ἡ ΗΚ. ἐπεὶ οὖν ἴση ἐστὶν ἡ ὑπὸ ΖΧΑ τῇ ὑπὸ ΛΘΚ, εἰσὶ δὲ καὶ αἱ πρὸς τοῖς Α, Κ γωνίαι ὀρθαί, ἔστιν ἄρα, ὡς ἡ ΧΑ πρὸς ΑΖ, ἡ ΘΚ πρὸς ΚΛ. ἡ δὲ ΘΚ πρὸς ΚΛ μείζονα λόγον ἔχει ἤπερ πρὸς τὴν ΗΚ· καὶ ἡ ΧΑ πρὸς ΑΖ ἄρα μείζονα λόγον ἔχει ἤπερ ἡ ΘΚ πρὸς ΚΗ. ὥστε καὶ τὸ ἀπὸ ΧΑ πρὸς τὸ ἀπὸ ΑΖ μείζονα λόγον ἔχει ἤπερ τὸ ἀπὸ ΘΚ πρὸς τὸ ἀπὸ ΚΗ. ὡς δὲ τὸ ἀπὸ ΧΑ πρὸς τὸ ἀπὸ ΑΖ, ἡ πλαγία πρὸς τὴν ὀρθίαν· καὶ ἡ πλαγία ἄρα πρὸς τὴν ὀρθίαν μείζονα λόγον ἔχει ἤπερ τὸ ἀπὸ ΘΚ πρὸς τὸ ἀπὸ ΚΗ. ἐὰν δὴ ποιήσωμεν, ὡς τὸ ἀπὸ ΧΑ πρὸς τὸ ἀπὸ ΑΖ, οὕτως ἄλλο τι πρὸς τὸ ἀπὸ ΚΗ, μεῖζον ἔσται τοῦ ἀπὸ ΘΚ. ἔστω τὸ ὑπὸ ΜΚΘ· καὶ ἐπεζεύχθω ἡ ΗΜ. ἐπεὶ οὖν μεῖζόν ἐστι τὸ ἀπὸ ΜΚ τοῦ ὑπὸ ΜΚΘ, τὸ ἄρα ἀπὸ ΜΚ πρὸς τὸ ἀπὸ ΚΗ μείζονα λόγον ἔχει ἤπερ τὸ ὑπὸ ΜΚΘ πρὸς τὸ ἀπὸ ΚΗ, τουτέστι τὸ ἀπὸ ΧΑ πρὸς τὸ ἀπὸ ΑΖ. καὶ ἐὰν ποιήσωμεν, ὡς τὸ ἀπὸ ΜΚ πρὸς τὸ ἀπὸ ΚΗ, οὕτως τὸ ἀπὸ ΧΑ πρὸς ἄλλο τι, ἔσται πρὸς ἔλαττον τοῦ ἀπὸ ΑΖ· καὶ ἡ ἀπὸ τοῦ Χ ἐπὶ τὸ ληφθὲν σημεῖον ἐπιζευγνυμένη εὐθεῖα ὅμοια ποιήσει τὰ τρίγωνα, καὶ διὰ τοῦτο μείζων ἐστὶν ἡ ὑπὸ ΖΧΑ τῆς ὑπὸ ΗΜΚ. κείσθω δὴ τῇ ὑπὸ ΗΜΚ ἴση ἡ ὑπὸ ΑΧΓ· ἡ ἄρα ΧΓ τεμεῖ τὴν τομήν. τεμνέτω κατὰ τὸ Γ, καὶ ἀπὸ τοῦ Γ ἐφαπτομένη τῆς τομῆς ἤχθω ἡ ΓΔ, καὶ κάθετος ἡ ΓΕ· ὅμοιον

于是,问题的综合将如下进行:设给定双曲线以 AA' 为轴和以 CZ 为一条渐近线,且给定的锐角(大于角 ACZ)是角 FED,使角 FEH 等于角 ACZ,由 A 作 AZ 与 AA' 成直角,在 DE 上取任意点 D,由之对 EF 作垂线 DF。于是,因为角 ZCA 等于角 HEF,且在 A,F 的角也是直角,CA 与 AZ 之比等于 EF 与 FH 之比。但 EF 与 FH 之比大于它与 FD 之比;因此,CA 与 AZ 之比也大于 EF 与 FD 之比。从而,在 CA 上的正方形与在 AZ 上的正方形之比,大于在 EF 上的正方形与在 FD 上的正方形之比。且在 CA 上的正方形与在 AZ 上的正方形之比,等于横径与竖径之比;因此,横径与竖径之比大于在 EF 上的正方形与在 FD 上的正方形之比。若我们随后作某个其他面积,它与 FD 上的正方形之比如同在 CA 上的正方形与在 AZ 上的正方形之比,则该面积将大于在 EF 上正方形的面积。设它是在 KFE 上的矩形;并连接 DK。于是,因为在 KF 上的正方形大于在 KFE 上的矩形,在 KF 上的正方形与在 FD 上的正方形之比,大于在 KFE 上的矩形与在 FD 上的正方形之比,也就是大于在 CA 上的正方形与在 AZ 上的正方形之比。且若我们使 CA 上的正方形与另一个面积之比,如同在 KF 上的正方形与在 FD 上的正方形之比,[该比值]涉及的面积将比 AZ 上的正方形小;而连接 C 到所取点的直线将使三角形相似,因此角 ZCA 大于角 DKF。

ἄρα ἐστὶ τὸ ΓΧΕ τρίγωνον τῷ ΗΜΚ. ἔστιν ἄρα, ὡς τὸ ἀπὸ ΧΕ πρὸς τὸ ἀπὸ ΕΓ, τὸ ἀπὸ ΜΚ πρὸς τὸ ἀπὸ ΚΗ. ἔστι δὲ καὶ, ὡς ἡ πλαγία πρὸς τὴν ὀρθίαν, τό τε ὑπὸ ΧΕΔ πρὸς τὸ ἀπὸ ΕΓ καὶ τὸ ὑπὸ ΜΚΘ πρὸς τὸ ἀπὸ ΚΗ. καὶ ἀνάπαλιν, ὡς τὸ ἀπὸ ΓΕ πρὸς τὸ ὑπὸ ΧΕΔ, τὸ ἀπὸ ΗΚ πρὸς τὸ ὑπὸ ΜΚΘ· δι᾽ ἴσου ἄρα, ὡς τὸ ἀπὸ ΧΕ πρὸς τὸ ὑπὸ ΧΕΔ, τὸ ἀπὸ ΜΚ πρὸς τὸ ὑπὸ ΜΚΘ. καὶ ὡς ἄρα ἡ ΧΕ πρὸς ΕΔ, ἡ ΜΚ πρὸς ΚΘ. ἦν δὲ καὶ, ὡς ἡ ΓΕ πρὸς ΕΧ, ἡ ΗΚ πρὸς ΚΜ· δι᾽ ἴσου ἄρα, ὡς ἡ ΓΕ πρὸς ΕΔ, ἡ ΗΚ πρὸς ΚΘ. καὶ εἰσὶν ὀρθαὶ αἱ πρὸς τοῖς Ε, Κ γωνίαι· ἴση ἄρα ἡ πρὸς τῷ Δ γωνία τῇ ὑπὸ ΗΘΚ.

设作角 *ACP* 等于角 *DKF*；因此，*CP* 将切割截线。设切割于 *P*，由 *P* 作 *PT* 与截线相切，并与 *PN* 垂直；从而三角形 *PCN* 与 *DKF* 相似。因此，在 *CN* 上的正方形与在 *NP* 上的正方形之比，等于在 *KF* 上的正方形与在 *FD* 上的正方形之比。并且，横径与竖径之比，既等于在 *CNT* 所夹矩形与在 *NP* 上的正方形之比，也等于在 *KFE* 上的矩形与在 *FD* 上的正方形之比。而且相反地，在 *PN* 上的正方形与在 *CNT* 上的矩形之比，等于在 *DF* 上的正方形与在 *KFE* 上的矩形之比；因此，首末比例，在 *CN* 上的正方形与在 *CNT* 上的矩形之比，等于在 *KF* 上的正方形与在 *KFE* 上的矩形之比，即，*CN* 与 *NT* 之比等于 *KF* 与 *FE* 之比。又 *PN* 与 *NC* 之比等于 *DF* 与 *FK* 之比；因此，首末比例，*PN* 与 *NT* 之比等于 *DF* 与 *FE* 之比。而在 *N*，*F* 的角是直角，所以在 *T* 的角等于角 *DEF*。

与刚才引用的命题相联系，在此对希腊语作为几何研究工具的一些独特优势予以评论并无不妥。从这个角度看，它在语法形式上的丰富性是极其重要的。例如在构建中，没有什么能比语法中被动态完成时命令式的例行应用更加简练了；因此，若我们想说“设作一条垂线”，或者更直截了当地说，“作一条垂线”，希腊语表达式是*ἤχθω καθετος*，前一个词本身表示“令它被作出”或“假定它被作出”的意思，以及类似地在所有其他情况下，例如*γεγράφθω, ε'πεξεύχθω, ε'κβεβλήσθω, τετμήσθω, εἰλήφηρήσθω*等。最恰到好处的是*γεγονετω*这个词，由之开始对一个问题的分析，“假定它已经完成”。同样的形式连同对比例的通常表达方式，被非常有效地应用，例如：*πεποιήσθω, ὡς ἡ* HK *πρὸς* KE, *ἡ* NΞ *πρὸς* ΞM，翻译成英语可以是“Let be *NΞ* so taken that *NΞ* is to *ΞM* as *HK* to *KE*。（设取 *NΞ* 使 *NΞ* 与

ΞM 之比等于 *HK* 与 *KE* 之比。)”很难找到更简短的形式。

再者,阳性、阴性和中性形式定冠词的分别存在,使得可以通过保留特定的实质内容,简化直线、角度、矩形和正方形的表达方式。例如 *ἡ* HK 是 *ἡ* HK (*γραμμή*),线 *HK*; *ἡ ὑπὸ* ΑΒΓ 或 *ἡ ὑπὸ τῶν* ΑΒΓ,可以理解为 *γωνία*,其意义是角 *ΑΒΓ*(即 *AB* 与 *ΒΓ* 包含的角); *τὸ ὑπὸ* ΑΒΓ 或 *τὸ ἡ ὑπὸ τῶν* ΑΒΓ 是 *τὸ ὑπὸ* ΑΒΓ (*χωρίον* 或者 *ὀ ρθογώνιον*), *AB*, *ΒΓ* 所夹的矩形; *τὸ ἀπὸ* AB 是 *τὸ ἀπὸ* AB (*τετράγωνον*),在 *AB* 上的正方形。其结果是,多数希腊几何学语言的简洁性堪比现代符号。

阿波罗尼奥斯追随欧几里得传统的密切程度,由阿波罗尼奥斯关于圆锥曲线命题与欧几里得卷Ⅲ中关于圆的相应命题在语言上的精确相似之处,进一步得到了展示。以下是一些明显的例子。

欧几里得Ⅲ.1	阿波罗尼奥斯Ⅱ.45
Τοῦ δοθέντος κύκλου τὸ κέντρον εὑρεῖν.	**Τῆς δοθείσης ἐλλείψεως ἢ ὑπερβολῆς τὸ κέντρον εὑρεῖν.**
欧几里得Ⅲ.2	阿波罗尼奥斯Ⅰ.10
Ἐὰν κύκλου ἐπὶ τῆς περιφερείας ληφθῇ δύο τυχόντα σημεῖα, ἡ ἐπὶ τὰ σημεῖα ἐπιζευγνυμένη εὐθεῖα ἐντὸς πεσεῖται τοῦ κύκλου.	**Ἐὰν ἐπὶ κώνου τομῆς ληφθῇ δύο σημεῖα, ἡ μὲν ἐπὶ τὰ σημεῖα ἐπιζευγνυμένη εὐθεῖα ἐντὸς πεσεῖται τῆς τομῆς, ἡ δὲ ἐπ' εὐθείας αὐτῇ ἐκτός.**
欧几里得Ⅲ.4	阿波罗尼奥斯Ⅱ.26
Ἐὰν ἐν κύκλῳ δύο εὐθεῖαι τέμνωσιν ἀλλήλας μὴ διὰ τοῦ κέντρου οὖσαι, οὐ τέμνουσιν ἀλλήλας δίχα.	**Ἐὰν ἐν ἐλλείψει ἢ κύκλου περιφερείᾳ δύο εὐθεῖαι τέμνωσιν ἀλλήλας μὴ διὰ τοῦ κέντρου οὖσαι, οὐ τέμνουσιν ἀλλήλας δίχα.**

欧几里得Ⅲ.7

'Εὰν κύκλου ἐπὶ τῆς διαμέτρου ληφθῇ τι σημεῖον, ὃ μή ἐστι κέντρον τοῦ κύκλου, ἀπὸ δὲ τοῦ σημείου πρὸς τὸν κύκλον προσπίπτωσιν εὐθεῖαί τινες, μεγίστη μὲν ἔσται, ἐφ' ἧς τὸ κέντρον, ἐλαχίστη δὲ ἡ λοιπή, τῶν δὲ ἄλλων ἀεὶ ἡ ἔγγιον τῆς διὰ τοῦ κέντρου τῆς ἀπώτερον μείζων ἐστίν, δύο δὲ μόνον ἶσαι ἀπὸ τοῦ σημείου προσπεσοῦνται πρὸς τὸν κύκλον ἐφ' ἑκάτερα τῆς ἐλαχίστης.

阿波罗尼奥斯 V.4 和 6

(哈雷　译)

若在椭圆的轴上取一点，它与截线顶点的距离等于正焦弦的一半，而若由该点作任意直线至截线，由给定点所作所有直线中的最短者，等于正焦弦的一半，且等于该轴剩余部分中的最大者，剩下较靠近最短者的那些，将短于较远者的那些……

作为阿波罗尼奥斯依附欧几里得《几何原本》概念的一个例子，这里提出《圆锥曲线论》卷Ⅰ的那些命题，它们首先引入了切线的概念。例如，在Ⅰ.17 中，我们有一个命题，若在一条圆锥曲线中作一条直线通过与该直径平行的纵坐标直径的端点，所述直线将在圆锥曲线之外；得出的结论是，它是一条切线。这个论据回顾了欧几里得关于圆的切线的定义："与圆相遇且再延长后不会切割圆的任何一条直线。"阿波罗尼奥斯和欧几里得都证明了没有直线可以落在切线与曲线之间。比较以下说明：

欧几里得Ⅲ.16

'Η τῇ διαμέτρῳ τοῦ κύκλου πρὸς ὀρθὰς ἀπ' ἄκρας ἀγομένη ἐκτὸς πεσεῖται τοῦ κύκλου, καὶ εἰς τὸν μεταξὺ τόπον τῆς τε εὐθείας καὶ τῆς περιφερείας ἑτέρα εὐθεῖα οὐ παρεμπεσεῖται.

阿波罗尼奥斯Ⅰ.32

'Εὰν κώνου τομῆς διὰ τῆς κορυφῆς εὐθεῖα παρὰ τεταγμένως κατηγμένην ἀχθῇ, ἐφάπτεται τῆς τομῆς, καὶ εἰς τὸν μεταξὺ τόπον τῆς τε κώνου τομῆς καὶ τῆς εὐθείας ἑτέρα εὐθεῖα οὐ παρεμπεσεῖται.

阿波罗尼奥斯正统性的另一个例子可在以下事实中找到，当说明一个命题对一个圆或一条圆锥曲线成立时，他说的是"一条双曲线或一个椭圆或一个圆的圆周"，而并非简单地说一个圆。这里他追随欧几里得基于他对圆的定义为"以一条线为界的一个平面图形"的实践。只在很特殊的情况下单独用圆这个词来记圆的圆周,例如在欧几里得Ⅳ.16和阿波罗尼奥斯Ⅰ.37。

2. 著作的平面性特征

正如我们看到的所有希腊几何学家的著作那样,阿波罗尼奥斯只有当必须时才应用这三条圆锥曲线的立体起源即圆锥截线,如为了对每一条曲线推导出的单一的基本平面性质。这一平面性质于是成为理论进一步发展的基础,这个理论的发展无需再参考圆锥,除非为了完成这个论题,认为有必要证明可以找到这样一个圆锥,它将包含任何给定的圆锥曲线。如上面指出的(p.8),圆锥曲线的发现有可能是梅奈奇姆斯试图构建用方程

$$x^2=ay,\ y^2=ax,\ xy=ab$$

表示的平面轨迹来求解两个比例中项的结果。而且,以类似的方式,看起来希腊几何学家把圆锥曲线与圆锥联系了起来,一般只当他们认为有必要给出曲线与其他已知几何图形之间关系的明确几何定义,而不是抽象的定义,即满足某些条件的点的轨迹时才会进行。因此,找到一条特定的圆锥曲线被理解为将它在一个圆锥中定位的同义词,我们实际上只是满足了阿波罗尼奥斯Ⅰ.52—58[命题24,25,27]的想法,在那里,"找到"满足一定条件的抛物线、椭圆和双曲线这个问题,采取找到一个圆锥的方式,待求的曲线是该圆锥的截线。缺乏这样的几何定义,梅奈奇姆斯和他的同时代人很难把这三个方程代表的轨迹,看成真实的曲线。但当发现它们可以通过以特定方式切割一个圆锥生成时,对它们在平面中性质的进一步探索就可以毫不犹豫地进行,无须参考它们在圆锥中的本源。

没有理由假定阿里斯塔俄斯在其《立体轨迹》中采取的方法有所不同。我们从帕普斯那里知道,阿里斯塔俄斯用它们的原始名称称呼诸圆锥曲线;据此,若(因为标题可能被认为是暗示)他在他的书中应用了立体几何方法,他几乎不可能不发现一种更一般的方法来生成曲线,而不是只用其老名称所暗示的方法。我们也可以假设阿波罗尼奥斯的其他前辈和他一样使用了平面法;因为(1)在他的时代以前,众所周知的圆锥的性质中有许多,例如双曲线的渐近性质,很难以任何自然的方式从圆锥的角度演化出来,(2)实际上没有从其他立体研究中推导出圆锥曲线的平面性质的痕迹,即使在少数情况下,这是很容易做到的。例如,很容易将椭圆看作正圆柱的一条截线,然后证明共轭直径的性质,或通过圆截面投影来求出椭圆的面积;但这种方法似乎并未使用过。

3. 确定的次序和目标

一些作者认为《圆锥曲线论》缺乏系统性,只包含了一堆杂乱无章的命题,原作者在脑海中并未形成任何明确的计划。这种想法的部分原因可能源于序言开头使用的词语,阿波罗尼奥斯说,他已经把他想到的一切都写下了;但很明显,提到的只是各卷的不完美版本,在他们取得最终形式之前,已经递送给了不同的个人。再者,对一名肤浅的观察者来说,卷Ⅰ中采用的顺序看起来可能很奇怪,因此趋于产生同样的印象;因为研究从由圆锥本身导出的圆锥曲线的性质开始,然后传递到研究共轭直径、切线等性质,在该卷的结尾返回到特定的圆锥曲线与圆锥的联系,但立刻又放下了。但是,若更仔细地研究本书,很明显,从一开始到最后,针对的是一个确定的目标,并且只给出了达到该目标所必需的那些命题。诚然,它们包含平面性质,这些性质在后来不断地被利用;但就目前而言,它们只是导致结论的证明链中的一个环节：阿波罗尼奥斯由任何种类的圆锥的任意截线得到的抛物线、椭圆和双曲线,等同于旋转锥体中生成的截线。

该步骤的顺序(略去不必要的细节)如下。首先,我们具有与一个笛卡儿方程等价的圆锥曲线的性质,该方程以在切割圆锥的过程中出现的特定直径及在其端点的切线为坐标轴。其次,引入了共轭直径及其与原始直径之间的相互关系。然后,追随(1)在原始直径的端点和(2)在曲线上任何其他点(并非直径端点)的切线特性。在这些之后有一系列命题导致以下结论：任何新的直径、在其端点的切线及平行于切线的弦(换句话说,对新直径的纵坐标)彼此之间的关系,与维系原始直径、其端点的切线及相应的纵坐标之间的关系有相同的形式。① 阿波罗尼奥斯现在得以把他对命题的证明,从用原始定义表示的曲线,扩展到直角坐标系中相同形式表示的方程,并且可以借助正圆锥的截线生成。当一条直径、其纵坐标的倾斜角和相应的参数给定,或者换句话说,当曲线由它在给定参考轴的方程中给出时,他进而提出了"找到"一条抛物线、椭圆或双曲线的问题。如上所述,"寻找"曲线被看作将其确定为正圆锥截线的同义词。阿波罗尼奥斯分两步进行：他首先假定纵坐标与直径成直角,并解决了该特定情况的问题,然后回到他由圆锥得到曲线的原始推导中遵循的方法,而不应用在介入平面研究中获得的任何结果;其次,他把纵坐标不垂直于直径的情况简化为前一情况,应用他

---

① 到这里为止的设计的确定性,被阿波罗尼奥斯本人在Ⅰ.51末引入的一个正式概要重述证实,其结论中陈述,"所有就参考原始直径截线被证明成立的性质,若取其他直径时也成立"。

的步骤证明了，总是可以作出一条与弦成直角并被弦等分的直径。因此，这里所证明的，并非本书的第一批命题的逆命题。若这些是所有想要做的，这些问题会更自然地出现在那些命题之后。然而很清楚，没有中间命题的帮助，不可能得到给定问题的解，而且阿波罗尼奥斯在解决问题的同时实际上也成功地证明了，不能从斜圆锥得到任何可以从正圆锥得到的其他曲线，而且所有圆锥曲线都具有轴。

因此，卷Ⅰ的内容远非诸命题的一个偶然集锦，而是通篇围绕确定的意图精心设计和安排的整本专著的完整部分。

类似地，我们将看到，随后的其他各卷一般都遵循一个睿智的计划；然而，本导言的目的并非给出本书的摘要，本书的其余部分将自行对之说明。

第三章　阿波罗尼奥斯的方法

作为对《圆锥曲线论》中应用方法的详细考虑的前奏，可以一般地这样说，这些方法牢牢地遵循公认的几何研究原则，这些原则在欧几里得的《几何原本》中有明确的表达。任何掌握了《几何原本》的人，若他记得在阅读《圆锥曲线论》的过程中逐步学到的东西，他会理解阿波罗尼奥斯应用的每一个论点。然而，为了彻底了解他的整个思路，有必要记住，希腊几何学家使用的一些方法，与它们在现代几何学中的应用相比远为广泛全面。因此，相对于未做专门研究的现代数学家，阿波罗尼奥斯和他的同时代读者的处理，更为熟练灵巧得多。因此，经常发生的是，阿波罗尼奥斯省略了一个中间步骤，就像一位数学家会在一篇并非为了初学者的代数论文中所做的那样。在几个这样的例子中，帕普斯和尤托西乌斯认为有必要通过引理来补充省略的内容。

1. 几何代数

阿波罗尼奥斯以及早期的几何学家所使用的主要工具，都被归属于**几何代数**名下，这个名称是恰当的；为了展示它在本书中所起的作用，分为以下几个重要部分来叙述较为方便。

(1) 比例理论

欧几里得在卷Ⅴ和卷Ⅵ中所阐述的这一理论的最完善形式，是阿波罗尼奥斯的根本基础；一个十分简短的考虑就足以说明它在多大程度上可以代替代数运算。例如很显然，它为乘法和除法运算提供了一种现成的方法。再者，例如假定我们有一个由一系列项 $a_0, a_1, a_2, \cdots, a_n$ 组成的几何级数，使得

$$\frac{a_0}{a_1}=\frac{a_1}{a_2}=\frac{a_2}{a_3}=\cdots=\frac{a_{n-1}}{a_n}。$$

于是我们有

$$\frac{a_n}{a_0}=\left(\frac{a_1}{a_0}\right)^n 或 \frac{a_1}{a_0}=\sqrt[n]{\frac{a_n}{a_0}}。$$

因此,持续使用比例法可以给出几何级数之和的表达式(参见欧几里得Ⅸ.35)。

(2) 面积适配

无论欧几里得展示的比例理论形式是否出自尼多斯的欧多克斯,毫无疑问,已经间接提到过的面积适配法的应用要早得多。欧德摩斯的学生对此有权威陈述(普罗克勒斯在论及欧几里得Ⅰ.44中引用)如下:“这些命题是毕达哥拉斯深思熟虑之后的发现,它们与应用面积适配,它们超出的范围及亏缺之处”(*ἥτε παραβολὴ τῶν χωρίων και ἡ ὑπερβολη καὶ ἡ ἔλλει ψις*)。其中我们也找到了阿波罗尼奥斯后来用于三种圆锥截线的术语,如他所述,其根据是它们各自的基本性质之间的对应区别。欧几里得Ⅰ.44中的问题是:“把等于给定三角形的一个平行四边形以给定直线角适配于给定线段。”这一问题的解清楚地给出了将任意三角形、平行四边形或其他可分解成三角形的图形相加或相减的方法。

其次,欧几里得卷Ⅱ(以及Ⅵ.27—29中的拓展)提供了解现代代数问题的方法,只要其中不涉及二阶以上的表达式,并且就二次方程的解而言,不包括负数和虚数解;唯一需要记住的进一步条件是,由于希腊几何中不使用负值,常常需要分两部分来解一个问题,要分别使用不同的图形,而在代数中,一个解就可以包含这两种情况。

很容易就能看到,《几何原本》卷Ⅱ使得有任意数目线性项的两个因子的相乘成为可能;并借助适配定理将结果压缩为单一乘积。这个定理本身提供了将任意两个线性因子的乘积除以第三个的方法。此外,卷Ⅱ所提供的其余运算中最重要的是:

(a) 找到面积等于给定矩形的正方形[Ⅱ.14],这个问题等价于求平方根,或求一个纯二次方程的解;

(b) 混合二次方程的几何解,可由Ⅱ.5,6导出。

在情况(a)下,我们延长矩形的边AB至E,使BE等于BC,然后等分AE于F,再以F为中心,以FE为半径,作一个圆与CB的延长线相交于G。

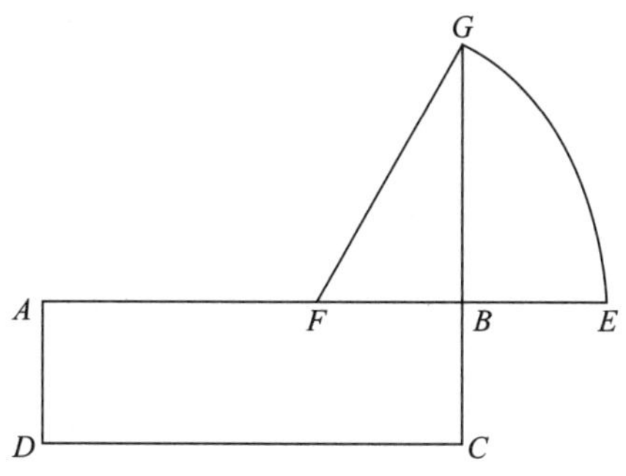

于是　$FG^2=FB^2+BG^2$。

并且　$FG^2=FE^2=AB\cdot BE+FB^2$,

据此,删除公共的 FB^2,得到

$$BG^2=AB\cdot BE。$$

这对应于方程

$$x^2=ab, \quad \cdots\cdots (1)$$

且可以找到 BG 或 x。

在情况(b)下,我们有,若 AB 被等分于 C,并被不等分于 D,

$$AD\cdot DB+CD^2=CB^2。$$ [欧几里得Ⅱ.5]

现在假定　$AB=a, DB=x$。

于是　$ax-x^2$ =矩形 AH

=L 形 CMF。

因此,若 L 形的面积给定(例如 $=b^2$),且若 a 给定($=AB$),则用几何语言,解方程

$$ax-x^2=b^2$$

的问题是,"对给定直线(a)适配一个矩形,它等于一个给定的正方形(b^2)但亏缺一个正方形,"即构建矩形 AH。

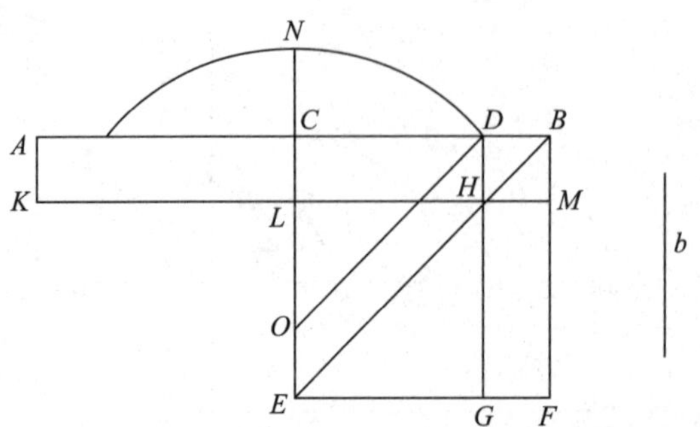

这就是要求构建一个L形，其面积等于b^2，其外边给定为$\left(CB\text{ 或 }\frac{a}{2}\right)$。现在，我们知道面积$\frac{a^2}{4}$（即正方形$CF$），且我们还知道它的一部分的面积，即待求的L形$CMF(=b^2)$；因此，我们只需要找到二者之差，即正方形$LG$的面积，就可以找到等于它的边的$CD$。这可以通过应用毕达哥拉斯命题Ⅰ.47而实现。

西姆森（Simson）在他对Ⅳ.28—29的注中给出了以下方便的解。度量CO垂直于AB并等于b，延长OC至N使得$ON=CB\left(\text{或}\frac{a}{2}\right)$，并以$O$为中心且$ON$为半径作圆切割$CB$于$D$。

于是可找到DB（或x），且因此得矩形AH。

因为
$$AD\cdot DB+CD^2=CB^2$$
$$=OD^2$$
$$=OC^2+CD^2,$$
因此
$$AD\cdot DB=OC^2,$$
或者
$$ax-x^2=b^2。\quad\cdots\cdots(2)$$

很清楚，实数解有可能的必要条件是b^2必须不大于$\left(\frac{a}{2}\right)^2$，而欧几里得导出的几何解，与我们通过在包含$x^2$和$x$项的一边配方解二次方程的实践并无不同。①

为了说明阿波罗尼奥斯如何严格地保持于这种方法和与之相关的术语，我们只需比较他描述双曲线或椭圆的焦点的方法。他说：“设一个等于‘图形’［即等于 CB^2］的四分之一的矩形在任一个端点适配于该轴，对双曲线或相对的分支超出一个正方形，而对椭圆亏缺一个正方形”；且在椭圆的情形恰好对应于刚才给出的方程的解。

再者，由欧几里得Ⅱ.6 的命题我们有，若 AB 在 C 等分并延长至 D，则

$$AD \cdot DB+CB^2=CD^2。$$

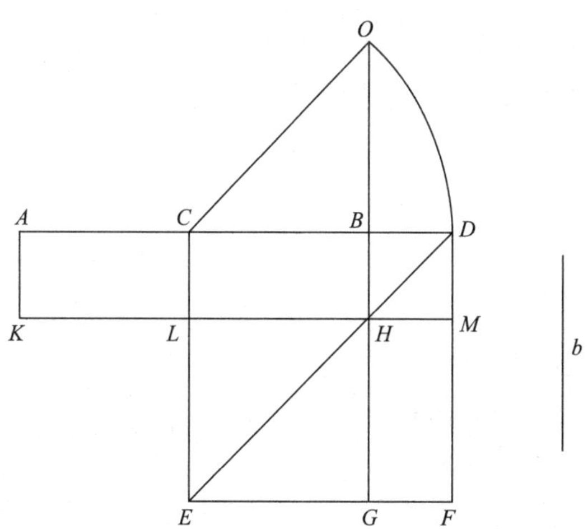

① 我们将观察到，在这种情况下有两个实几何解，但欧几里得只给出了一个。然而不能因此理解为他不知道有两个解。由Ⅵ.27 可以作出相反的判断，其中他给出 διορισμός（解存在的条件），陈述必要条件对应于 $b^2 \ngtr \left(\frac{a}{2}\right)^2$；因为在西姆森的翻译中，虽然对适配平行四边形的底边大于或小于给定直线一半这两种情况分别处理，给定的线段看来是插值的结果（见海贝格版，卷Ⅱ，p. 161），区别非常明显，因此我们必须假设在上文给出的情况，欧几里得知道 $x=AD$ 和 $x=BD$ 都满足方程，他未指出前一个解的原因，无疑是因为这样找到的矩形会简单地就是一个相等的矩形，只是以 BD 而不是以 AD 为底边，区别两个解并无实际意义。这一点很容易理解，如果我们把该方程看作求其和（a）及其乘积（b^2）给定的两个量的问题的陈述，即等价于联立方程

$$\begin{cases} x+y=a, \\ xy=b^2。\end{cases}$$

这些对称方程其实只有一个解，因为表面上看起来的两个解，只是 x 和 y 值互换的结果。这种形式的问题是欧几里得知道的，正如《数据》（西姆森翻译）所说明的：“如果两条直线构成一个大小给定、角度给定的平行四边形；如果二者一起给定，则其中每一个便被给定。”

从欧几里得的观点来看，本文接下来要提到的方程式

$$x^2 \pm ax=b^2$$

当然只有一个解。

假定在欧几里得的图中，　$AB=a$, $BD=x$。

于是　$AD\cdot DB=ax+x^2$,

且若这等于 b^2(一个给定面积)，方程

$$ax+x^2=b^2$$

的求解等价于找到一个面积等于 b^2 的 L 形，包含内直角的一边是等于给定长度 CB 或 $\frac{a}{2}$ 的一条线段。因此我们知道 $\left(\frac{a}{2}\right)^2$ 和 b^2，且我们必须用毕达哥拉斯命题找到一个等于两个给定正方形之和的正方形。

为此，西姆森作 BO 与 AB 成直角且等于 b，连接 CO，并以中心 C 和半径 CO 作圆与 AB 的延长线相交于 D。于是找到了 BD 或 x。

现在

$$\begin{aligned} AD\cdot DB+CB^2 &= CD^2 \\ &= CO^2 \\ &= CB^2+BO^2, \end{aligned}$$

据此　$AD\cdot DB=BO^2$,

或者　$ax+x^2=b^2$。

这个解正好相应于阿波罗尼奥斯对双曲线焦点的确定。

方程　$x^2-ax=b^2$

可以用类似的方法处理。

若 $AB=a$，且我们假定问题已解出，故 $AD=x$，于是

$$x^2-ax=AM=\text{L 形 } CMF,$$

并且，为了找到 L 形，我们有其面积(b^2)，以及与 CD^2 相差的面积 CB^2 或 $\left(\frac{a}{2}\right)^2$。于是，我们可以用与刚才的情形相同的构形求出 D(进而 AD 或 x)。

因此，欧几里得无须单独处理这种情况，因为它与上面的相同，除了这里 x 等于 AD 而不是 BD，且一个解可以从另一个导出。

到此为止，欧几里得并未把他的命题写成所提及二次方程的真实解的形式，虽然他在Ⅱ.5,6 提供了它们的求解方法。但在Ⅵ.28,29 中，他不仅通过把待求的矩形所超出的或亏缺的正方形用平行四边形替代而使问题更加一般，还把命题写成一般二次方程的实数解的形式，并对第一种情况(亏缺一个平行四边形)前置了对应于上面提及的，与方程

$$ax-x^2=b^2$$

明显对应的διορισμός可能性的必要条件[Ⅵ.27]。

对Ⅵ.28,29中的问题,西姆森正确地指出,“这两个问题(命题27对其中第一个是必须的)是在《几何原本》中最一般的和最有用的,并且是最频繁地为古代几何学家在解其他问题中使用的;但由于无知而非常愚蠢地被泰克特(Taequet)和德夏尔斯(Dechales)在他们的《几何原本》版本中忽略,导致他们认为这些几乎没有任何用处。”①

对这些命题的详细说明如下②:

Ⅵ.27“**在所有被适配于同一线段但亏缺一个平行四边形(它与作在线段之半上的一个平行四边形相似且位置也相似)的平行四边形中,最大者是作在线段之半上的平行四边形,且它与亏缺的平行四边形相似。**”

Ⅵ.28“**对给定线段适配一个等于给定直线图形的平行四边形,但亏缺一个与给定平行四边形相似的平行四边形。这个给定直线图形必须不大于在给定线段之半上所作与亏缺的图形相似的平行四边形。**”

Ⅵ.29“**对给定线段适配一个等于给定直线图形的平行四边形,但超出一个与给定平行四边形相似的平行四边形。**”

对应的命题可在欧几里得的《数据》中找到。例如命题83陈述,“若等于给定空间的平行四边形适配于给定直线,亏缺边给定的则是该类型的一个平行四边形,”而命题84在有超出的情况下陈述了同样的事实。

值得简要地给出欧几里得对这些命题之一的证明,例如选择Ⅵ.28。

设AB是给定直线,C是给定面积,D是一个平行四边形,它与待求平行四边形所亏缺的相似。

等分AB于E,在EB上作一个平行四边形$GEBF$,与D相似并相似地放置[由Ⅵ.18]。于是,由διορισμός(定义)[Ⅵ.27],平行四边形AG必定或者等于C,或者大于C。若是前者,则问题解出;若是后者,便有平行四边形EF大于C。

现在构建一个平行四边形$LKNM$等于EF对C的超出,且与D相似并相似地放置[Ⅵ.25]。

---

① 奇怪的是,尽管有西姆森的观察,Ⅵ.27,28,29这三个命题仍被托德亨特(Todhunter)忽略,其中包含了对这种做法的附注:“我们忽略了卷Ⅵ中的命题27,28,29,以及阿基米德对命题30的第一个解,因为它们现在看来从未需要,并被不同现代评论家宣布为无用;见奥斯汀(Austin),沃克(Walker)和拉尔丢尔(Larduer)。”

我建议,所有三个命题应当在欧几里得的教科书立即恢复,并辅以注释说明其在数学上的重要性。

② 根据欧几里得的海贝格版本(Teubner, 1883—1888)翻译。

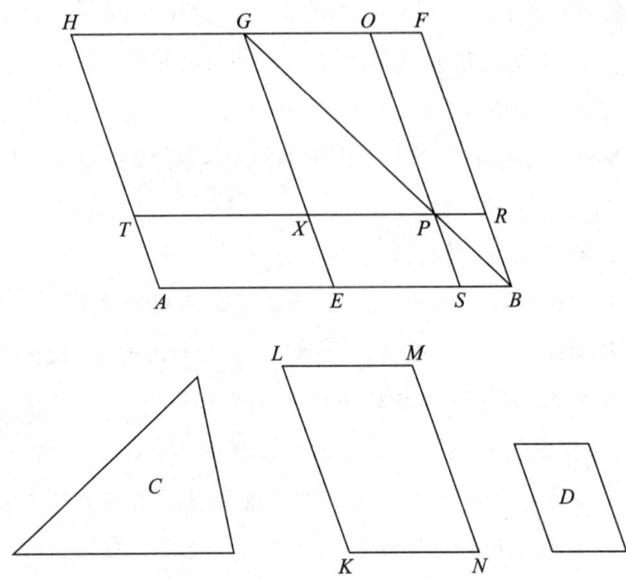

因此，$LKNM$ 与 EF 相似并相似地放置，而若 GE，LK 和 GF，LM 分别是同调边，

$$GE > LK，且\ GF > LM。$$

作 GX（沿着 GE）和 GO（沿着 GF）分别等于 LK，LM，并完成平行四边形 $XGOP$。

于是，GPB 必定是平行四边形的对角线 GB[Ⅵ.26]。完成该图形，我们有

$$EF=C+KM（由构形），$$

以及

$$XO=KM。$$

因此，其差，L 形 ERO，等于 C。

从而，等于 L 形的平行四边形 TS 等于 C。

现在假定 $AB=a$，$SP=x$，且 $b:c$ 是平行四边形 $LKNM$ 的边 KN，LK 相互之比；于是我们有，若 m 是某个常数，且

$$TB=m\cdot ax,$$

$$SR=m\cdot\frac{x^2}{c^2}\cdot bc$$

$$=m\cdot\frac{b}{c}x^2,$$

故

$$ax-\frac{b}{c}x^2=\frac{C}{m}。$$

命题 28 以相似的方式解出方程

$$ax+\frac{b}{c}x^2=\frac{C}{m}。$$

若我们将这些方程,与阿波罗尼奥斯表达中心圆锥曲线基本性质的方程

$$px\mp\frac{p}{d}x^2=y^2$$

作比较,则可以看出,唯一的区别在于 p 取代了 a,以及替代边长为一定比例的任何平行四边形,取边为 p,d 的特定的相似平行四边形。此外,阿波罗尼奥斯作 p 与 d 成直角。鉴于这些差异,圆锥曲线这个用语与欧几里得的相似:纵坐标的平方称为等于矩形"适配于"某条直线(即 p),"以它的宽度为"(πλάτος ἔχον)横坐标,"且亏缺(或超出)与直径和参数所包含的图形相似并相似地放置的图形。"

由所述内容和书本身可以看出,阿波罗尼奥斯坚持适配面积的传统应用,并且对面积之间方程的操作十分正统,如同在欧几里得卷Ⅱ中所体现的。从这些原则的广泛使用我们可以得出以下结论,阿波罗尼奥斯在有些地方未加证明地陈述了面积之间的方程,尽管它们并非直观上很明显,其原因在于,他的读者以及他自己都非常喜欢几何代数方法,他自然期望他们能够自己完成任何必要的中间步骤。并且,就确立阿波罗尼奥斯假设的结果而言,我们可以稳妥地像宙森一样推断,它是通过直接应用《几何原本》卷Ⅱ的步骤来证明的,而不是通过该书中得到结果的组合和变换,如同我们在帕普斯对阿波罗尼奥斯命题的引理中看到的那样。阿波罗尼奥斯最常假设的结果的类型,是直线被其上一些点分割而成的若干对直线段乘积之间的一些关系,而帕普斯证明这种关系的方法,实际上是现代代数的步骤,因此更有可能的是阿波罗尼奥斯和他的同时代人会按照几何代数的方式行事,作图说明不同的矩形和正方形,且因此,在许多情况下,通过简单检视得出结论,例如一个矩形等于另外两个矩形之和,等等。

用一个例子可以说清楚这些。在阿波罗尼奥斯Ⅲ. 26[命题 60]中假设,若 E,A,B,C,D 是在一条直线上依次排列的点,且若 $AB=CD$,则

$$EC\cdot EB=AB\cdot BD+ED\cdot EA。$$

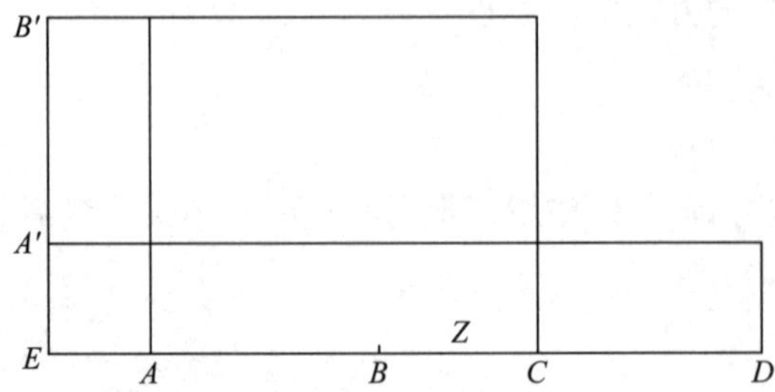

若我们置 EB' 垂直并等于 EB，沿着 EB' 取 EA' 等于 EA，以及完成平行四边形如图所示，这一点立即可以看出。①

类似地，与帕普斯对于卷Ⅲ的引理 6(ed. Hultsch, p. 949)相比，Ⅲ. 29[命题 61]的尤托西乌斯引理，可能更好地代表了阿波罗尼奥斯的证明方法。

(3) 借助辅助线的面积的图形表示

在设计压缩任意直线图形的和或差为单一区域方面，希腊几何学家成果丰硕；事实上，欧几里得的《几何原本》提供了实现这种压缩的手段。阿波罗尼奥斯的《圆锥曲线论》包含类似步骤的一些例子，因其简洁性而值得一提。那就是，首先，在纵坐标 y 上的正方形区域表示为底为横坐标的矩形 x。虽然为此目的之步骤，其形式与传统的面积适配密切相关，其特殊的简洁性是由于使用了某条辅助线。有心圆锥曲线关于长度为 d 的任意直径及其端点的切线的笛卡儿方程是(若 d' 是共轭直径长度)

$$y^2=\frac{d'^2}{d}x\mp\frac{d'^2}{d^2}\cdot x^2,$$

而问题是把方程的右边项表达为单一矩形 xY 的形式，换句话说，求对 Y 的一个简单构形，其中

$$Y=\frac{d'^2}{d}x\mp\frac{d'^2}{d^2}\cdot x^2。$$

---

① 另一方面，帕普斯的方法简单地说就是作其上有各点的一条线，并用半代数方法继续处理。于是在这种情况下[卷 3 引理 4, p. 947]，他如下进行，首先，等分 BC 于 Z，则

$$CE\cdot EB+BZ^2=EZ^2,$$

以及

$$DE\cdot EA+AZ^2=EZ^2,$$

然而

$$AZ^2=CA\cdot AB+BZ^2。$$

由此可知

$$CE\cdot EB+BZ^2=DE\cdot EA+CA\cdot AB+BZ^2,$$

据此可得

$$CE\cdot EB=DE\cdot EA+CA\cdot AB,$$

其中

$$CA=BD。$$

阿波罗尼奥斯的设计是取一个长度 p 满足

$$\frac{p}{d}=\frac{d'^2}{d^2},$$

(故 p 是对长度为 d 的直径的纵坐标的参数)。若 PP' 是在 x 轴上所作的直径,P 是坐标原点,作长度为 p 的 PL 垂直于 PP',并连接 $P'L$。于是,若 $PV=x$,且若作 VR 平行于 PL,与 $P'L$ 相交于 R,则由相似三角形我们有(应用命题 2,3 的图)

$$\frac{p}{d}=\frac{VR}{P'V}=\frac{VR}{d\mp x},$$

故

$$\begin{aligned} VR &= p\mp\frac{p}{d}x \\ &= \frac{d'^2}{d}\mp\frac{d'^2}{d^2}\cdot x \\ &= Y。\end{aligned}$$

因此实现了 Y 的构建。

再者,在Ⅴ. 1—3[命题 81]中,另一条辅助线被用于表达 y^2,它是以 x 为底边,在 y 是对轴的一个纵坐标的特定情况下的面积。作 AM 垂直于 AA' 并有长度 $\frac{p_a}{2}$(其中 p_a 是对于轴 AA' 的参数),连接 CM。若纵坐标 PN 交 CM 于 H,则证明了

$$y^2=2(\text{四边形 } MANH)。$$

阿波罗尼奥斯然后借助第二条辅助线,在Ⅴ. 9,10[命题 86]中给出了法线 PG 上的正方形与 $P'G$ 上的正方形(其中 P' 是曲线上 P 以外的任意点)之差的一个特别优雅的构形。该方法如下。

若 PN 是 P 的纵坐标,沿着轴离开较近顶点度量 NG,使得

$$NG : CN=p_a : AA'\,[=CB^2 : CA^2]。①$$

在命题 86 的图中,设延长 PN 交 CM 于 H 如前。现在连接 GH 并在需要时延长,形成第二条辅助线。然后立即可证明 $NG=NH$,且因此

$$NG^2=2\triangle NGH,$$

并且类似地,

$$N'G^2=2\triangle N'GH'。$$

从而,借助以上对 y^2 的表达式,面积 PG^2 与 $P'G^2$ 示于图中,并且证明了

① 命题 81 的图中无 B 点,命题 86 的图中无 A' 点和 B 点。本式的意义不详。——译者注

$$P'G^2-PG^2=2\triangle HKH',$$

故我们在图中有借助两条固定辅助线 CM,GH 实现的两个正方形的面积之差的图形表示。

(4)卷Ⅶ中辅助点的特别应用

卷Ⅶ研究了在不同偏心率的有心曲线中,任意两条共轭直径 PP',DD' 长度的某些二次函数的值,特别涉及这些函数的极大值和极小值。阿波罗尼奥斯的整个过程取决于把比值 $CP^2:CD^2$ 简化为两条直线 MH' 与 MH 之间的比值,其中 H,H' 是双曲线的实轴或椭圆任一轴上的固定点,M 是同一轴上以某种方式参考 P 点的位置确定的一个可变点。命题

$$PP'^2:DD'^2=MH':MH$$

出现在Ⅶ.6,7[命题127]中。该卷的其余部分是该公式作为对代数运算的几何替代的有效性的充分证明。

借助解析几何的符号,该命题的意义可以表示如下。若坐标轴是圆锥曲线的轴,且若 a,b 是轴的长度,则如在双曲线情形我们有

$$\frac{CP^2+CD^2}{CP^2-CD^2}=\frac{2(x^2+y^2)-\left[\left(\frac{a}{2}\right)^2-\left(\frac{b}{2}\right)^2\right]}{\left(\frac{a}{2}\right)^2-\left(\frac{b}{2}\right)^2},$$

其中 x,y 是 P 的坐标。

借助曲线的方程消去 y,我们得到

$$\frac{CP^2+CD^2}{CP^2-CD^2}=\frac{2x^2\cdot\frac{a^2+b^2}{a^2}-\left(\frac{a}{2}\right)^2-\left(\frac{b}{2}\right)^2}{\left(\frac{a}{2}\right)^2-\left(\frac{b}{2}\right)^2}$$

$$=\frac{4\left(2x^2-\frac{a^2}{4}\right)}{a^2\cdot\frac{a^2-b^2}{a^2+b^2}}。$$

阿波罗尼奥斯的步骤是在轴上取某个固定点 H,其坐标为$(h,0)$,以及一个可变点 M,其坐标为$(x',0)$,使得最后一个表达式的分子和分母分别等于 $2ax'$,$2ah$;因此分式本身等于$\frac{x'}{h}$,于是我们有

$$\frac{h}{\frac{a}{2}}=\frac{a^2-b^2}{a^2+b^2}, \quad \cdots\cdots (1)$$

以及

$$ax'=2\left(2x^2-\frac{a^2}{4}\right)$$

或

$$a\left(x'+\frac{a}{2}\right)=4x^2。 \quad \cdots\cdots (2)$$

由(1)式我们立即导出

$$\frac{\frac{a}{2}-h}{\frac{a}{2}+h}=\frac{b^2}{a^2},$$

据此

$$AH:AH'=b^2:a^2$$
$$=p_a:AA'。$$

于是,只需要按比值 $p_a:AA'$ 把 AA' 分为两部分,H 就是分点。这正是在Ⅶ.2,3[命题124]中所做的。

按同样的比值 $p_a:AA'$ 把 $A'A$ 分成两部分,可以类似地找到 H' 就是分点,且显然 $AH=A'H'$,$A'H=AH'$。

再者,由(2)式我们有

$$a:\left(x'+\frac{a}{2}\right)=\frac{a^2}{4x}:x。$$

换句话说,

$$AA':A'M=CT:CN$$

或

$$A'M:AM=CN:TN。 \quad \cdots\cdots (3)$$

若现在,如在命题127的图中,我们作 AQ 平行于在 P 的切线,它又交曲线于 Q,AQ 被 CP 等分;并且,因为 AA' 在 C 被等分,可知 $A'Q$ 平行于 CP。

因此,若 QM' 是 Q 的纵坐标,三角形 $A'QM'$,CPN 相似,三角形 AQM',TPN 也相似;

$$\therefore A'M':AM'=CN:TN。$$

于是,与(3)式相比较,看来 M 与 M' 重合;①或换句话说,由所述的构形确定的 Q,给出了 M 的位置。

现在,因为 H,H',M 都已找到,且 x',h 如此确定,使得

① M' 未在图中出线,它是一个假想点,但文中说明了 M 与 M' 重合,所以 M' 的位置就可以确定了。——译者注

$$\frac{CP^2+CD^2}{CP^2-CD^2}=\frac{x'}{h},$$

由此得到 $$CP^2:CD^2=(x'+h):(x'-h),$$

或 $$PP'^2:DD'^2=MH':MH。$$

对椭圆的构形是类似的,除这种情况外,AA'在 H,H'以所述比值分割于外部。

2. 坐标的应用

这里,我们有圆锥截线希腊处理方法的一个最鲜明的特征。坐标的应用对阿波罗尼奥斯不足为奇,但我们将会看到,同样的观点也出现在本主题的早期工作中。例如,梅奈奇姆斯应用了抛物线的特定性质,对之我们现在用直角坐标系中的方程 $y^2=px$ 表达。他还应用了等轴双曲线的性质,用我们的记号,等轴双曲线用方程 $xy=c^2$ 表达,其中的坐标轴是两条渐近线。

阿基米德也对抛物线使用相同形式的方程,他用来表示有心圆锥曲线基本性质的方式

$$\frac{y^2}{x\cdot x_1}=常数$$

可以很容易地写成笛卡儿方程的形式。

所以阿波罗尼奥斯从任意圆锥以最一般方式切割得到的三条圆锥曲线中,以原始直径及其端点的切线为轴(通常是倾斜的),寻找曲线上任意点坐标之间的关系,并在找到这种关系后,进而由这种关系推断曲线的其他性质。他的方法在实质上与现代解析几何方法并无区别,只是在阿波罗尼奥斯的做法中,几何操作代替了代数运算。

我们已经看到了面积 y^2 的图形表示,其形式是以 x 为底的矩形,这里(x,y)是有心圆锥曲线上的任意点,借助辅助固定线 $P'L$ 实现,在以 PP',PL 为轴的直角坐标系中,其方程是

$$Y=p\mp\frac{p}{d}x。$$

我们必须假设阿波罗尼奥斯已经知道,坐标 x,Y 之间的这种形式的方程表示一条直线,因为在帕普斯对他的另一本著作《论平面轨迹》卷 I 内容的说明中,我们找到以下命题:

“由一点作两条线段与两条给定直线交成给定角,且若前两条线段之比给定,或者若这两条线段之一及与第二条线段有给定比值的一条线段之和给定,那

么该点将位于一条给定直线上”。

换句话说,方程

$$x+ay=b$$

表示一条直线,其中 a,b 为正数。

确定底边为 x 和面积为 y^2 的矩形的高度的步骤,类似于解析几何中的步骤,只不过这里是借助几何构形,而不是由辅助线方程

$$Y=p\mp\frac{p}{d}x$$

通过代数计算得到。辅助线参考的是一对独立的直角坐标轴,与圆锥曲线本身参考的斜轴不同,如果这看起来有点奇怪,那么只需要记住,为了说明面积为一个矩形,x 与 Y 之间的角度必须是直角。但是,一旦 $P'L$ 线作出,目的就已达到,坐标系的辅助轴不再使用,不会在理论的进一步发展中引起混淆。

另一个从坐标几何学角度应用辅助线的好例子见于Ⅰ.32[命题 11],那里证明了,若由直径的一端作一条与其纵坐标平行的直线(换句话说,一条切线),则不可能有直线落入平行线与曲线之间。阿波罗尼奥斯首先假定可以由 P 经过曲线外的点 K 作这样一条线,并作纵坐标 KQV。然后,若 y',y 分别是 K,Q 的纵坐标,x 是它们相当于直径和切线为轴的坐标系的公共横坐标,则我们对有心圆锥曲线有(图见 pp. 150,151)

$$y'^2>y^2 \quad 或 \quad xY,$$

其中,Y 代表辅助线 $P'L$ 上的点的纵坐标,x 是之前提到过的 $P'L$ 对应的横坐标(以 PP',PL 作为独立的直角轴)。

设 y'^2 等于 xY',故 $Y'>Y$,并设沿着 Y 度量 Y'(故在所提到的图中,$VR=Y$ 和 $VS=Y'$)。

于是,对于不同的 x 值,端点 Y 的轨迹是直线 $P'L$,以及对于 PK 上不同的点 K,端点 Y'的轨迹是直线 PS。由此可知,因为线 $P'L$,PS 相交,在它们的交点 R' 上,$Y=Y'$,从而,对分别在圆锥曲线和假定的线 PK 上的相应点 Q',M,有 $y=y'$,故 Q',M 重合,且因此,PK 必定在 P 与 K 之间与曲线相交,从而不可能以上面假定的方式位于切线与曲线之间。

这里,我们使用了两条辅助线,即

$$Y=p\mp\frac{p}{d}$$

和

$$Y=mx,$$

其中 m 是某个常数;PK 与圆锥曲线的交点由两条辅助线的交点确定;只有在这里,后一个点又是由几何构形而不是由代数计算找到的。

对阿波罗尼奥斯诸命题中圆锥曲线(参考与原先轴线不同的轴线),寻找等价的笛卡儿方程时,必须记住构成各自定义基础的原始方程已经说明了什么,即笛卡儿方程的等价物出现之处,它们化身为面积之间的简单方程式。该卷包含几个这样的面积之间的方程,它们可以或者直接表达为 x^2,xy,y^2,x 与 y 的常因子,其中 x,y 是在不同坐标轴中曲线上任意点的坐标(或者分解成几部分);且因此我们有如此之多不同的笛卡儿方程的等价物。

此外,希腊方法与现代方法之间的本质区别在于,希腊人并未尽量减少图形中固定线的数目,而是把它们面积之间的方程式,以尽可能短小和简单的形式表示。因此,他们毫不犹豫地使用许多辅助固定线,只要可以把对应于笛卡儿方程 x^2,xy,…各项的面积形式,归并组合成数目更少的项。这样的实例已经给出,其中通过一条或两条辅助线来实现压缩。于是在这种情况,在原始坐标轴之外另外使用了两条辅助固定线,看起来圆锥曲线(以面积之间方程式的形式)的性质可以良好地表达相对于两条辅助线或两条原始参考轴,我们显然有了某种形式的坐标变换。

3. 坐标变换

一个简单的案例早在Ⅰ.15[命题5]中就可以找到,其中对椭圆,把参考轴由原始轴及在其端点的切线改变为与原始轴共轭的直径及其对应的切线。这个变换可以用充分的精度实现,首先把坐标原点从原始轴的端点移到椭圆的中心,其次,再把原点由中心移到共轭直径的端点 D。事实上,作为证明的中间步骤,我们找到对该性质的陈述(d 是原始直径,d'是命题 5 的图中它的共轭)

$$\left(\frac{d'}{2}\right)^2-y^2=\text{矩形 } RT\cdot TE$$

$$=\frac{d'^2}{d^2}\cdot x^2,$$

其中 x,y 是 Q 点在以直径及其共轭为轴线和以中心为原点的坐标系中的坐标;方程最终以旧形式表示,只是以 d'为直径和以 p'为对应的参数,其中

$$\frac{p'}{d'}=\frac{d}{p}。$$

立即可以看出,在以中心为原点和以原始直径及其共轭为轴的坐标系中的

双曲线方程,是包含在Ⅰ.41［命题16］中的一个特例,该命题一般地证明了,若分别在 CP,CV 上作两个相似的平行四边形,并在 QV 上作一个等角的平行四边形,使得 QV 与该平行四边形另一边的比值,是 CP 与在 CP 上的平行四边形另一边的比值及比值 $p:d$ 的复比,则在 QV 上的平行四边形等于在 CP,CV 上平行四边形之间的差。现假定在 CP,CV 上的平行四边形是正方形,且因此,在 QV 上的平行四边形是矩形;则由此可知

$$x^2 \sim \left(\frac{d}{2}\right)^2 = \frac{d}{p} \cdot y^2$$

$$= \frac{d^2}{d'^2} \cdot y^2。 \quad \cdots\cdots\cdots\cdots (1)$$

阿波罗尼奥斯现在得以变换到由任意直径和在其端点的切线组成的各不相同的一对轴。他采用的方法是应用新直径为以前所谓的辅助固定线。

最好自始至终保持在椭圆这个案例,以避免符号的混淆。假定新直径 CQ 与在 P 的切线相交于 E,如在Ⅰ.47［命题21］的图中;那么若由曲线上任意点 R 对 PP' 作纵坐标 RW,它将平行于切线 PE,并且若它与 CQ 相交于 F,则三角形 CPE,CWF 相似,每一个都有一个角在旧的直径和新的直径之间。

并且,因为三角形 CPE,CWF 是 CP,CW 上的两个相似平行四边形的一半,我们可以应用在Ⅰ.41［命题16］中对平行四边形证明了的关系,如果我们作以 RW 为底边的一个三角形,使得 RWP 是它的一个角,且沿着 WP 的边 WU,由以下关系确定,

$$\frac{RW}{WU} = \frac{CP}{PE} \cdot \frac{p}{d}。$$

阿波罗尼奥斯通过作 RU 平行于在 Q 的切线 QT 满足了这个条件。其证明如下。

由切线的性质,Ⅰ.37［命题14］,

$$\frac{QV^2}{CV \cdot VT} = \frac{p}{d}。$$

并且,由相似三角形,

$$\frac{QV}{VT} = \frac{RW}{WU},\text{以及}\frac{QV}{CV} = \frac{PE}{CP}。$$

因此,

$$\frac{RW}{WU} \cdot \frac{PE}{CP} = \frac{p}{d},$$

或者 $$\frac{RW}{WU}=\frac{CP}{PE}\cdot\frac{p}{d}\text{（所要求的关系）。}$$

于是很清楚，命题 I. 41［命题 16］对三个三角形 CPE，CFW，RUW 成立；也就是，

$$\triangle CPE\sim\triangle CFW=\triangle RUW。\quad\cdots\cdots\cdots\cdots\cdots\cdots(2)$$

如在Ⅰ.47［命题 21］中所做的，现在必须证明，平行于在 Q 的切线的弦 RR' 被 CQ 等分于 M，[①]为了证明 RM 是对 CQ 的纵坐标，如像 RW 对 CP 那样。随后可知，两个三角形 RUW，CFW 对原始轴和对直径 QQ' 的关系，分别与三角形 RFM，CUM 对由 QQ' 和在 Q 的切线组成的新坐标系和对直径 PP' 的关系相同。

并且，三角形 CPE 与旧坐标系的关系及三角形 CQT 与新坐标系的关系相同。

因此，为了证明以 CQ，在 Q 的切线和直径 PP' 为参考，相似地确定的三个三角形之间，有一个类似于上面(2)的关系成立，必须证明

$$\triangle CQT\sim\triangle CUM=\triangle RMF。$$

第一步是证明三角形 CPE，CQT 相等，对之见对Ⅰ.50［命题 23］和Ⅲ.1［命题 53］的注。

于是由以上(2)式，我们有

$$\triangle CQT\sim\triangle CFW=\triangle RUW,$$

或者四边形 $QTWF=\triangle RUW$，因此，在两边各减去四边形 $MUWF$ 得到，

$$\triangle CQT\sim\triangle CUM=\triangle RMF,$$

这就是刚才要求证明的性质。

于是，我们找到了面积之间的一个关系，与(2)式中的形式完全相同，但以 QQ' 而不是 PP' 为参考直径。因此，通过逆转该过程，我们可以确定对应于直径 QQ' 的参数 p，并得到在新的坐标系中的圆锥曲线方程，其形式与以上参照 PP' 及其共轭的方程(1)(p. 95)相同；并且，当这完成以后，我们只需把原点由 C 移至 Q，以便实施到由 QQ' 和在 Q 的切线组成的新坐标系的完全变换，并得到方程

① 这在Ⅰ.47［命题 21］中证明如下：

$$\triangle CPE-\triangle CFW=\triangle RUW。$$

类似地 $$\triangle CPE-\triangle CF'W'=\triangle R'UW'。$$

通过相减， $$F'W'WF=R'W'WR,$$

据此，从每一边去掉图形 $R'W'WFM$，

$$\triangle R'F'M=\triangle RFM$$

且由此可知 $$RM=R'M。$$

$$y^2=qx-\frac{q}{QQ'}\cdot x^2。$$

现在,参考 PP'的长度(d),原始参数 p 由以下关系确定

$$\frac{p}{d}=\frac{QV^2}{CV\cdot VT}=\frac{PE}{CP}\cdot\frac{OP}{PT}=\frac{OP}{PT}\cdot\frac{2PE}{d},$$

故
$$p=\frac{OP}{PT}\cdot 2PE;$$

且 q 的对应值将相应地由以下方程给出

$$q=\frac{OQ}{QE}\cdot 2QT,$$

阿波罗尼奥斯在Ⅰ.50[命题23]中证明了这确实如此。

以上并未提及抛物线,因为对应变换的证明本质上是相同的;但值得注意的是,阿波罗尼奥斯熟悉对抛物线实施同样变换的方法。前已提及(p.36)这容易从阿波罗尼奥斯的命题导出。

另外还有一个也许是人们最感兴趣的结果,可以从面积之间的上述方程导出。我们已经看到

$$\triangle RUW=\triangle CPE-\triangle CFW,$$

故
$$\triangle RUW+\triangle CFW=\triangle CPE,$$

即,四边形 $CFRU=\triangle CPE$。

现在,若 PP',QQ'是固定直径,R 是曲线上的变动点,我们注意到 RU,RF 总是作在固定方向上(分别在平行于 Q,P 的切线上),而三角形 CPE 的面积是常数。

因此随之得到,若 PP',QQ'是两条固定直径,以及若从曲线上任意点 R 作到 PP',QQ'的纵坐标,分别交 QQ',PP'于 F,U,那么四边形 $CFRU$ 的面积是恒定的。

反之,若在四边形 $CFRU$ 中,两边 CU,CF 分布在固定直线上,另外两边由动点 R 在给定方向上作出,并与固定线相交,且若四边形有恒定面积,则 R 点的轨迹是椭圆或双曲线。

阿波罗尼奥斯并未特别给出这个逆命题,事实上也未给出陈述这个或那个轨迹是圆锥曲线的任何命题。但是,正如他在序言中所说的那样,他的著作包含“非常引人注目的定理,它们对于立体轨迹的综合是有用的”,我们一定会得出结论,其中会有实际上陈述四边形 $CFRU$ 的面积恒定的命题,且他完全知道相反的陈述方式。

从命题 18 的注释中可以看出,*CFRU* 的面积恒定这个命题,等价于说以任意两条直径为轴的有心圆锥曲线的方程是

$$\alpha x^2+\beta xy+\gamma y^2=A,$$

其中 α,β,γ,A 是常数。

也值得注意的是,观察到这个方程等价于从一个直径和切线构成的轴系,到另一个直径和切线构成的轴系的变换的中间步骤;换句话说,阿波罗尼奥斯从以一对共轭直径为参考的方程式,转到以另一对共轭直径为参考的方程式,借助的是在以每对共轭直径中的一条组成的坐标系中表示的曲线的更一般方程式。

也可以得到圆锥曲线方程的其他形式,例如可以通过把 *RF*,*RU* 看作固定坐标轴,并把四边形 $CF'R'U'$ 面积对于任意点 R' 的不变性,以 *RF*,*RU* 为参考轴表达。于是,参考轴可以是与曲线上一点相交的任意两根轴。

为了得到相应的方程,我们可以使用公式

$$CFRU=CF'R'U',$$

或由之立即可以导出的其他关系,即

$$FIRF=IUU'R',$$

或

$$FJR'F'=JU'UR,$$

这在Ⅲ. 3 [命题 55]中被证明。

在这种情况下,R' 的坐标是 $R'I$,$R'J$。

类似地,可以找到对应于Ⅲ. 2[命题 54]中性质的方程为

$$\triangle HFQ=\text{四边形 } HTUR。$$

再者,Ⅲ. 54,56 [命题 75]立即导致"关于三条线的轨迹",且由此我们得到熟知的圆锥曲线以两条切线为参考轴的方程,即

$$\left(\frac{x}{h}+\frac{y}{k}-1\right)=2\lambda\left(\frac{xy}{hk}\right)^{\frac{1}{2}},$$

其中切线的长度是 h,k,以及,在抛物线的特殊情况,

$$\left(\frac{x}{h}\right)^{\frac{1}{2}}+\left(\frac{y}{k}\right)^{\frac{1}{2}}=1。$$

后一个方程也可以直接由Ⅲ. 41 [命题 65]导出,它表明了形成一个三角形的抛物线的三条切线以同样的比例被分割。

于是,若 x,y 是点 Q 以 qR,qP 为参考轴的坐标,且若 $qp=x_1$,$qr=y_1$(参看命题 65 的图),则我们由该命题有

$$\frac{x}{x_1-x}=\frac{rQ}{Qp}=\frac{y_1-y}{y}=\frac{k-y_1}{y_1}=\frac{x_1}{h-x_1}。$$

由这些方程我们找到

$$\left.\begin{array}{l}\dfrac{x_1}{x}-1=\dfrac{h}{x_1}-1,\text{或者}x_1^2=hx;\\[2ex]\dfrac{y_1}{y}-1=\dfrac{k}{y_1}-1,\text{或者}y_1^2=ky。\end{array}\right\}\quad\cdots\cdots\cdots\cdots\cdots\cdots\cdots\cdots\quad(1)$$

并且,因为

$$\frac{x_1}{x}=\frac{y_1}{y_1-y},$$

$$\frac{x}{x_1}+\frac{y}{y_1}=1,\quad\cdots\cdots\cdots\cdots\cdots\cdots\cdots\cdots\cdots\cdots\quad(2)$$

因此,通过联立(1)和(2)式,我们得到

$$\left(\frac{x}{h}\right)^{\frac{1}{2}}+\left(\frac{y}{k}\right)^{\frac{1}{2}}=1。$$

由阿基米德证明的性质(pp. 41—43)也可以导出同样的方程。

最后,我们当然找到涉及其渐近线的双曲线方程

$$xy=c^2,$$

并且,若阿波罗尼奥斯有一个表示点(x,y)的坐标之间关系的几何形式等价于以下方程

$$xy+ax+by+C=0,$$

他肯定不会看不到该轨迹是一条双曲线;因为方程的本性会立即提示它可以压缩为一种形式,该形式表明,两条固定直线上点的距离(在固定方向计算)的乘积是常数。

4. 找到两个比例中项的方法

回忆起梅奈奇姆斯通过找到任意两条曲线

$$x^2=ay,y^2=bx,\text{ 其中 }xy=ab$$

之间的交点,得到了两个比例中项的问题的解。

很明显,头两条曲线的交点在以下圆周上,

$$x^2+y^2-bx-ay=0,$$

且因此,两个比例中项可以借助这个圆与三条曲线中任何一条的交点确定。

现在我们发现，在对两个比例中项的这个构形（被归功于阿波罗尼奥斯）中，正是应用了这个圆，因此，我们必须假设，他找到了这两条抛物线与圆的交点。

我们这样说是根据约安尼斯·菲洛波努（Ioannes Philoponus）[①]［他引用了一位巴梅尼奥（Parmenio）的话］的话，他说阿波罗尼奥斯这样解出了问题。

设两条不等线段构成直角，如 OA，OB。

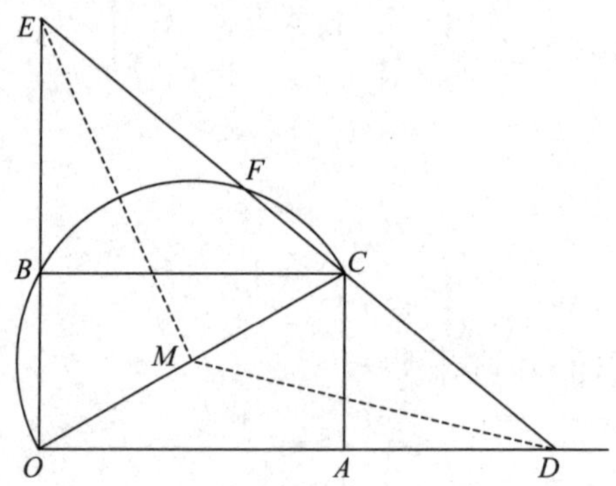

完成该平行四边形并作对角线 OC。以 OC 为直径作半圆 OBC，延长 OA，OB，并通过 C 作 $DCFE$（交 OA 于 D，再次交圆于 F，以及交 OB 于 E），使得 $DC=FE$。"并且认为这是一个未经证明的假设。"

现在 $DC=FE$，且因此 $DF=CE$。又因为以 OC 为直径的圆通过 A，

$$
\begin{aligned}
OD \cdot DA &= FD \cdot DC \\
&= CE \cdot EF \\
&= OE \cdot BE;
\end{aligned}
$$

所以

$$OD : OE = BE : DA。\qquad (1)$$

但由相似三角形，

$$
\begin{aligned}
OD : OE &= CB : BE \\
&= OA : BE。\qquad (2)
\end{aligned}
$$

并且由相似三角形，

$$
\begin{aligned}
OD : OE &= DA : AC \\
&= DA : OB。\qquad (3)
\end{aligned}
$$

① 在 *Anal. Post.* I. 上这一段落引自海贝格的 *Apollonius*, Vol. II. p. 105。

由(1)(2)和(3)式可知

$$OA : BE = BE : DA = DA : OB;$$

因此 BE,AD 是两个待求的比例中项。

以上各步骤中重要的是通过 C 作 DE 使得 $DC=FE$ 的假设步骤。

帕普斯曾说,阿波罗尼奥斯"也借助圆锥截线设计了它的解"①,把它与以上式子相比较,我们可能得出结论,上图中的 F 点是通过作以 OA,OB 为渐近线并通过 C 的等轴双曲线确定的。而这就是阿拉伯学者解释这一个解时所做的。因此显而易见,阿波罗尼奥斯的解借助了以 OC 为直径的圆与所述等轴双曲线的交点,即以下诸曲线的交点,

$$\begin{cases} x^2+y^2-bx-ay=0, \\ xy=ab。\end{cases}$$

尤托西乌斯给出了一个他归功于阿波罗尼奥斯的机械解。② 在这个解中,取 OC 的中点 M 为中心,作圆切割 OA,AB 的延长线于 D,E,使得 DE 线通过 C;作者说,这可以这样来实现:转动一把以 C 为固定点的标尺,直到由 M 算起到 D,E(尺与 OA,OB 延长线的交点)的距离相等。

很明显,这个解与其他解基本相同,因为,若使 DC 与前一样等于 FE,那么由 M 所作 DE 的垂线必定将其平分,且因此 $MD=ME$。尤托西乌斯在描述菲洛·拜赞底努(Philo Byzantinus)对该问题的解中注意到了这种契合。后一个解与约安尼斯·菲洛波努归功于阿波罗尼奥斯的解是相同的,除开菲洛通过环绕 C 转动标尺直到 DC,使 FE 变得相等而得到待求的 DE 的位置。尤托西乌斯补充说,这个解与埃隆的解几乎相同(恰在阿波罗尼奥斯的机械解之前给出并与之等同)但菲洛的方法在实践中更有效(*πρὸς χρῆσιν εὐθετώτερον*),因为他的方法是将标尺分成相等且连续的几个部分,这样观察线 DC,FE 是否相等,显然比用分规(*καρκίνῳ διαπειράζειν*)测试 MD,ME 是否相等要容易得多。

这里可以提到,当阿波罗尼奥斯在《圆锥曲线论》使用两个比例中项的问题时,其目的是把有心圆锥上一点的坐标与对应曲率中心(即渐屈线的对应点)的坐标相联系。关于这个主题的命题是Ⅴ.51,52[命题99]。

---

① Pappus Ⅲ. p. 56. *Οὗτοι γὰρ ὁμολογοῦντες στερεὸν εἶναι τὸ πρόβλημα τὴν κατασκευὴν αὐτοῦ μόνον ὀργανικῶς πεποίηνται συμφώνως Ἀπολλωνίῳ τῷ Περγαίῳ, ὃς καὶ τὴν ἀνάλυσιν αὐτοῦ πεποίηται διὰ τῶν τοῦ κώνου τομῶν.*

② Archimedes, Vol. Ⅲ. pp. 76—78.

5. 通过给定点构建法线的方法

不涉及细节(对此可见V. 58—63［命题 102,103］),一般地可以说,阿波罗尼奥斯找到的通过一个给定点的诸法线的底脚的方法,系借助构建一条等轴双曲线,通过它与圆锥曲线的交点确定了待求点。

与阿波罗尼奥斯的步骤等价的分析如下。假定 O 是法线要通过的固定点,PGO 是那样的法线之一,它与一条有心圆锥曲线的长轴或实轴,或一条抛物线的轴相交于 G。设 PN 为 P 的纵坐标,OM 为由 O 至轴的垂线。

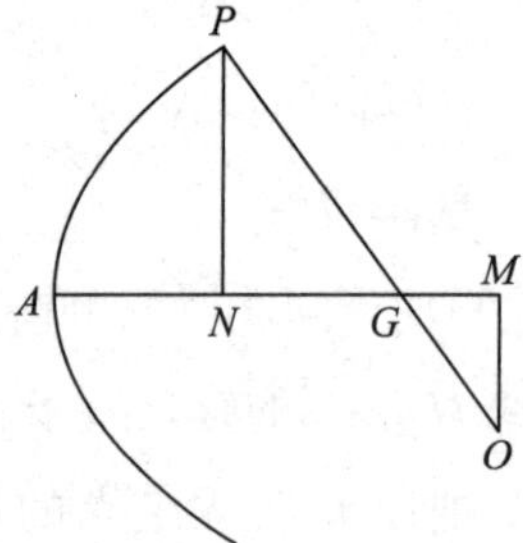

于是,若有心圆锥曲线则取其二轴,若抛物线则取其轴和在顶点的切线作为两根坐标轴,且设(x,y),(x_1,y_1)分别是 P,O 的坐标,我们有

$$\frac{y}{-y_1}=\frac{NG}{x_1-x-NG}。$$

因此,(a)对抛物线而言,有

$$\frac{y}{-y_1}=\frac{\frac{p_a}{2}}{x_1-x-\frac{p_a}{2}},$$

或者
$$xy-\left(x_1-\frac{p_a}{2}\right)y-y_1\cdot\frac{p_a}{2}=0; \quad\cdots\cdots\cdots\cdots (1)$$

(b)对椭圆或双曲线而言,有

$$xy\left(1\mp\frac{b^2}{a^2}\right)-x_1y\pm\frac{b^2}{a^2}\cdot y_1x=0。$$

这些等轴双曲线与相应圆锥曲线的交点分别给出通过 O 的诸法线的底脚。

现在,帕普斯批评这个过程就应用于抛物线而言是非正统的。他提到(p. 270)“平面”(ἐπίπεδα)、“立体”(στερεά)和更复杂的“线性”这三类问题

（γραμμικὰ προβλήματα）之间的区别，并说，“这样的步骤看起来是几何学家的一个严重错误，当借助圆锥曲线或更高阶曲线求解时，以及一般地借助不同种类（ἐξ νοικείου γένους）的曲线求解时，例如，在阿波罗尼奥斯《圆锥曲线论》卷Ⅴ中的抛物线问题，以及在该卷中假设的关于阿基米德螺线的与圆有关的立体νεῦσις（逼近线）；因为有可能不使用任何立体来发现后者所提出的定理……。”第一点显然指使用等轴双曲线与抛物线的交点，因为相同的点可以借助后者与某个圆的交点得到。帕普斯大概认为抛物线本身是完全绘制的和给定的，因此，它作为“立体轨迹”的特征不被认为一定会影响本问题。在这种假设下，批评意见无疑有一些看点，因为只借助线和圆来实现构建有明显的优势。

在这种情况下，当然可以通过结合上述等轴双曲线的方程(1)与抛物线的方程 $y^2=p_a x$ 得到圆。

把(1)式乘以$\frac{y}{p_a}$，则我们得到

$$\frac{x}{p_a}y^2-\left(x_1-\frac{p_a}{2}\right)\frac{y^2}{p_a}-\frac{yy_1}{2}=0,$$

并且，用 $p_a x$ 替代 y^2，

$$x^2-\left(x_1-\frac{p_a}{2}\right)x-\frac{yy_1}{2}=0,$$

据此，通过代入抛物线的方程，我们有

$$x^2+y^2-\left(x_1+\frac{p_a}{2}\right)x-\frac{y_1}{2}\cdot y=0。$$

但是，导致这一结果的运算中没有什么是不可能用希腊人使用的几何语言来表达的。此外，我们在阿波罗尼奥斯对比例中项的两个问题的解中看到，在两条圆锥曲线之间的交点及一条圆锥曲线与一个圆之间的交点之间，找到了相同的归约。因此，我们必须假设阿波罗尼奥斯可以把对抛物线法线的问题以同样的方式简化，但他故意避免这样做。对此有两种可能的解释：(1)他可能不愿意牺牲学究式的正统观念来换取对所有三种锥体使用同一种统一方法的方便；(2)他可能认为在他的图形中存在的“立体轨迹”（给定的抛物线）对问题的类是决定性的，且可以考虑只借助圆求解，在这种情况下，可以使之成为一个“平面”问题。

第四章　借助切线构建圆锥曲线

在Ⅲ.41-43［命题65,66,67］中,阿波罗尼奥斯给出了三个定理如下:

41. **若与一条抛物线相切的三条直线彼此相交,则它们以相同的比例被切割**。

42. **若在有心圆锥曲线中一条固定直径的两端作平行切线,且若二切线与一条任意变动切线相交,则二平行切线截距所夹矩形之面积恒定,它等于平行直径(即与切点连线共轭的直径)的一半上的正方形**。

43. **双曲线的任意切线在渐近线上截下长度的乘积是一个常数**。

这三个相继的命题之间有明显的家族相似性,这种方式的安排不大可能只是巧合。确实,Ⅲ.42［命题66］随后几乎直接被用来确定一条有心圆锥曲线的焦点,而且可以假定,它出现在书中只是因为这个理由;但若情况确实如此,我们应该期望关于焦点的命题直接在其后,而不是被Ⅲ.43,44［命题67,68］所隔开。我们也有很强的理由认为这一安排是出自既定的目的而不是碰巧,即事实上,所有三个命题都可以用来借助切线描述一条圆锥曲线。例如,若给定抛物线的两条切线,三个命题中的第一个给出了作任意多条其他切线的一般方法;而第二个和第三个给出了用相同方法构建一个椭圆和一条抛物线的最简单案例,其中应用的固定切线是以特定方式选择的。

因此,这三个命题在一起包含了用这种方法构建所有三条圆锥曲线的要点。这对考察阿波罗尼奥斯是否掌握作任意数量切线的方法,使得在每种情况下都满足给定条件,变得十分重要。他的两篇小论文的内容证明,阿波罗尼奥斯能够解决这个问题。其中一本是,*λόγου ἀποτομῆς β´*(两卷《论合理的截线(*De sectione rationis*)》),我们有哈雷译自阿拉伯语的版本;另一本是*χωρίου ἀποτοῆς β´*(两卷《论截下一个空间》,它的意思是:在两条固定线上分别截下从线上的固定点度量的一段长度,使得以它们为边的矩形之面积恒定),但现已佚失。刚才提到的对抛物线作任意数量切线的问题,正好简化为上面两篇小论文中已经充分讨论的内容,而按照Ⅲ.42,43[命题66,67],对椭圆和双曲线任意数量切线的构建,简化为卷Ⅱ中讨论的一般问题的两个重要案例。

Ⅰ.在抛物线的情形,若两条切线 qP,qR 和接触点 P,R 给定,则我们必须通过任意点作一条直线,它与给定切线分别在 r,p 相交,使得

$$Pr : rq = qp : pR,$$

或者

$$Pr : Pq = qp : qR;$$

也就是说,我们必定有

$$Pr : qp = Pq : qR(\text{一个恒定比值})。$$

事实上,我们必须作一条线,使得在一条切线上由接触点测量的截距,与另一条切线上由切线的交点测量的截距之比等于一个给定的比值。关于如何做到这一点,在卷Ⅰ *λόγου ἀποτομῆς*中有极其详细的说明。

若再者,替代接触点,给定其他两条切线,与固定切线 qP 相交于 r_1,r_2,与固定切线 qR 相交于 p_1,p_2,则我们必须作直线 rp,以给定的比例沿着切线 qP,qR 分别由 r_1,p_1 开始度量作截距,使得

$$r_1r : p_1p = r_1r_2 : p_1p_2(\text{固定比值});$$

而这个问题是在卷Ⅱ *λόγου ἀποτομῆς*中解出的。

在该卷中讨论的一般问题是,自 O 点作一条直线,它将分别由两条给定直线从两个固定点 A,B 度量作截距,二者成给定的比例,例如,在所附的图中,作 ONM 使得 $AM : BN$ 等于给定比值。在卷Ⅱ中,这种一般情形简化为更特殊的一种,其中固定点 B 在第一条线 AM 上占据位置 B',使得截距之一由两条线的交点开始度量。通过连接 OB,并由 OB,MA 的交点作 BN 的平行线 $B'N'$而得到简化。

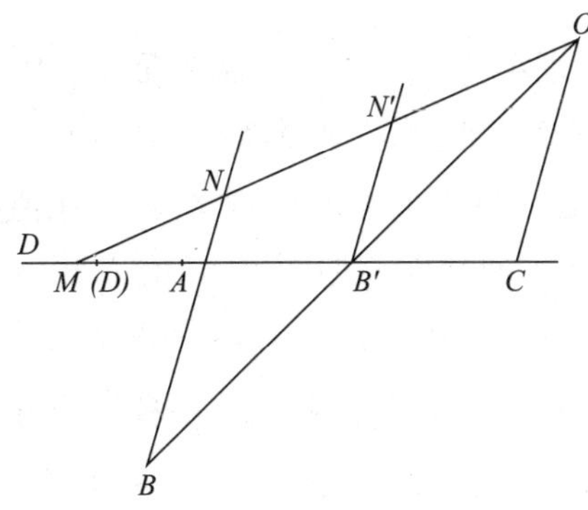

于是显然，$B'N':BN$ 是一个给定的比值，且因此，比值 $B'N':AM$ 也是给定的。

我们现在必须作直线 $ON'M$ 分别截 MAB'，$B'N'$ 于 M，N' 点，使得

$$\frac{B'N'}{AM}=\text{一个给定比值，假定是 }\lambda\text{。}$$

这个问题在卷 I 中解出，这个解实质上如下。

作 OC 平行于 $N'B'$ 与 MA 的延长线相交于 C。现在假定在 AM 上找到点 D，使得

$$\lambda=\frac{OC}{AD}\text{。}$$

于是，假定使比值 $\frac{B'N'}{AM}$ 等于 λ，则我们有

$$\frac{AM}{AD}=\frac{B'N'}{OC}=\frac{B'M}{CM},$$

据此

$$\frac{MD}{AD}=\frac{CB'}{CM},$$

且因此

$$CM\cdot MD=AD\cdot CB'\text{（一个给定的矩形）。}$$

于是，必须把给定的线 CD 分于 M，使得 $CM\cdot MD$ 取给定值；而这是欧几里得的适配于直线一个矩形等于给定面积但亏缺或超出一个正方形的问题。

因为缺乏代数符号，当然阿波罗尼奥斯不得不研究大量不同的情况，也必须找到可能性和每一组极限值之间可能的解的数目的限制条件。在上图代表的案例中，解对给定比值的任意数值皆有可能，因为 $CM\cdot MD$ 需等于的值 $AD\cdot CB'$ 恒小于 $CA\cdot AD$，且因此，恒小于 $\left(\frac{CD}{2}\right)^2$，这是边长之和等于 CD 的矩形的极大面积。因为该矩形的适配会给出两个 M 的位置，还需要证明其中仅一个在 AD 上，并且这样给出了一个解，如图形所要求的；其原因是 $CM\cdot MD$ 必须小于 $CA\cdot AD$。

对抛物线的适配在以下情况有更大的意义：给定比值必须受某个极限值制约，以使问题的解有可能。例如在附图中这将如此，其中诸字母的意义与前相同，且取一种特殊情况，其中一个截距 $B'N'$ 由两条固定线的交点 B' 开始度量。阿波罗尼奥斯开始于陈述极限案例，说我们以一种特殊方式在 M 是 CD 中点的情况下获解，故给定矩形 $CM\cdot MD$ 或 $CB'\cdot AD$ 有极大值。

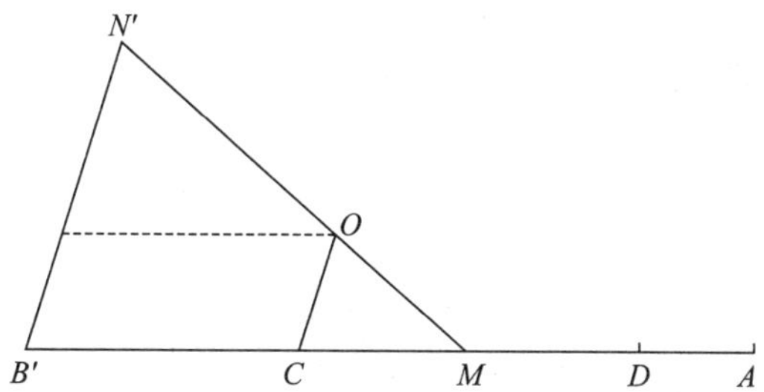

为了找到 λ 的相应极限值,阿波罗尼奥斯寻找 D 的相应位置。

我们有
$$\frac{B'C}{MD}=\frac{CM}{AD}=\frac{B'M}{MA},$$
据此,因为 $MD=CM$,
$$\frac{B'C}{B'M}=\frac{CM}{MA}=\frac{B'M}{B'A},$$
且因此
$$B'M^2=B'C\cdot B'A。$$
于是 M 是确定的,故 D 也是确定的。

因此,由于 λ 小于或大于这样确定的 $\frac{OC}{AD}$ 的特殊值,阿波罗尼奥斯找到的或是无解或是两个解。

最后,我们也得以进一步确定以下对 λ 的极限值。我们有
$$\begin{aligned}AD&=B'A+B'C-(B'D+B'C)\\&=B'A+B'C-2B'M\\&=B'A+B'C-2\sqrt{B'A\cdot B'C}。\end{aligned}$$
于是,若我们把各点关联到以 $B'A$,$B'N'$ 为轴的坐标系,且记 O 的坐标为 (x,y),以及 $B'A$ 的长度为 h,则我们有
$$\lambda=\frac{OC}{AD}=\frac{y}{h+x-2\sqrt{hx}}。$$

若我们假定阿波罗尼奥斯应用过对抛物线的这些结果,他不可能不观察到在所描述的极限案例中,O 在抛物线上,而 $N'OM$ 位于在 O 的切线上;因为如上述,
$$\begin{aligned}\frac{B'M}{B'A}&=\frac{B'C}{B'M}\\&=\frac{N'O}{N'M},\text{由于平行性,}\end{aligned}$$

故 $B'A$, $N'M$ 分别在 M, O 以同样的比例被分割。

此外,若我们把 λ 作为两条固定切线的长度之间的比例中项,则若 h, k 是那些长度,我们得到

$$\frac{k}{h}=\frac{y}{h+x-2\sqrt{hx}},$$

这是抛物线当两条固定切线为坐标轴时的方程,并且它可以很容易地简化为对称形式

$$\left(\frac{x}{h}\right)^{\frac{1}{2}}+\left(\frac{y}{k}\right)^{\frac{1}{2}}=1。$$

Ⅱ. 在椭圆和双曲线的情形,问题是通过给定点 O 作一条直线以这样的方式切割两条直线,使得从固定点度量的二截距构成一个面积恒定的矩形,对椭圆,这两条直线是平行的,而对双曲线,它们相交于一点且从该交点开始度量截距。

这些是一般问题的特殊情况,根据帕普斯,曾在题为χωρίου ἀποτομή的专著中讨论过;并且我们被告知,这本专著中的诸命题,各自对应于在λόγου ἀποτομή中的那些,我们知道,现在提及的这些特殊情况均包括在内。对一般问题是如何解出的,我们也可以有一个概念。在一种特殊情况下,由之开始度量截距的点之一,是两条固定线的交点,这种情况的简化,与上述成比例截线的案例以同样方式实现。然后,使用相同的图(p. 107),我们应当取点 D(图中用 D 表示的位置)使得

$$OC\cdot AD=\text{给定矩形}。$$

然后必须作线 $N'OM$,使得

$$B'N'\cdot AM=OC\cdot AD,$$

或者

$$\frac{B'N'}{OC}=\frac{AD}{AM}。$$

但因为 $B'N'$, OC 平行,

$$\frac{B'N'}{OC}=\frac{B'M}{CM}。$$

因此

$$\frac{AM}{CM}=\frac{AD}{B'M}=\frac{DM}{B'C},$$

且矩形 $B'M\cdot MD=AD\cdot B'C$ 是给定的。因此与前一样,问题简化为以熟知的方式适配一个矩形。

该问题的各种特殊情况及其διορισμοί的完全处理,对阿波罗尼奥斯不可能有任何困难。

Ⅲ.我们在阿波罗尼奥斯的论著中找到的,并非推导以下一般定理的非常重要的一步,该定理是:若一条直线从两条固定直线上分别截下从给定点度量的线段,该二线段构成一个面积给定的矩形,则第一条直线的包络是与两条固定直线相切的一条圆锥截线。

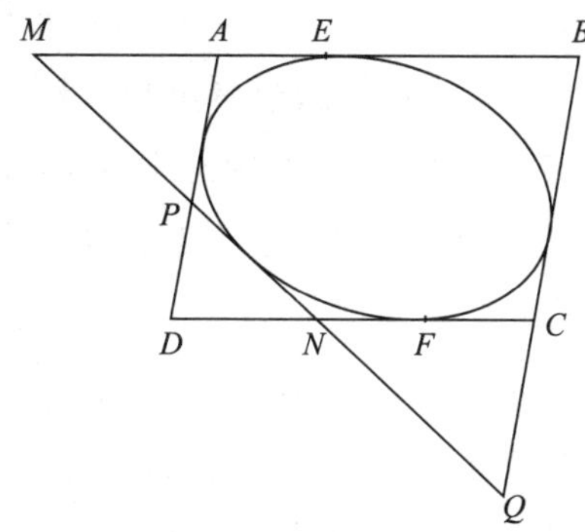

因此,假定 $ABCD$ 是一条圆锥曲线的外切平行四边形,E,F 分别是 AB,CD 的切点。若第五条切线 MN 分别截 AB,CD 于 M,N,以及截 AD,CB 于 P,Q,则由阿波罗尼奥斯的命题,我们有

$$EA \cdot FD = EM \cdot FN。$$

因此
$$\frac{EA}{FN} = \frac{EM}{FD} = \frac{AM}{ND} = \frac{AP}{PD}。$$

从而,因为 $EA = CF$,

$$\frac{CF}{AP} = \frac{FN}{PD} = \frac{CN}{AD},$$

且因此
$$AP \cdot CN = CF \cdot AD,$$

或者说,矩形 $AP \cdot CN$ 的面积不依赖于特定的第五条切线 MN 的位置。

相反,若线 AD,DC 给定,且点 A,C 和矩形 $AP \cdot CN$ 的面积也给定,则我们可以确定点 F,且因此也可以确定 AB 与圆锥曲线的切触点 E。我们然后有直径 EF 和被它等分的弦的方向,以及切线 AD;因此,我们可以找到通过 AD 的接触点所作对 EF 的纵坐标,且因此,可以得到圆锥曲线在直径 EF 及其共轭作为轴线的坐标系中的方程。参看牛顿的《自然哲学之数学原理》卷Ⅰ引理 xxv 及后续的研究。

第五章　三线和四线轨迹

所谓τόπος ἐπὶ τρεῖς καὶ τέσσαρας γραμμάς,,如我们所见,在阿波罗尼奥斯的第一个前言中特别提到,说这是到他那时还没有得到充分研究的主题。他说,他发现欧几里得并未完成轨迹的综合,而只是其中的一部分,并且并非十分成功,他又指出,事实上,如果没有他本人发现的、包含在他的《圆锥曲线论》卷Ⅲ中的"新的和引人注目的定理",就不可能建立一个完整的理论。他所用的词语清楚表明,阿波罗尼奥斯本人拥有四线轨迹问题的一个完整解,而帕普斯对这一主题的评论(上引,pp. 16,17,p. 18 及以后),虽然对阿波罗尼奥斯不甚友好,也还是确认了同样的结论。我们必须进一步假设,阿波罗尼奥斯解的关键可以在卷Ⅲ中找到,因此有必要检视该卷中的命题,寻找他解题的方式。

无须耗费太多时间于三线轨迹,因为它真的只是四线轨迹的特殊情况。但事实上,我们有Ⅲ.53—56[命题 74—76],它们是三线轨迹的理论设计,即以下命题的一个完整的演示,该命题是:若由一条圆锥曲线的任意点在固定方向作三条直线段,分别与圆锥曲线的两条固定切线及它们的接触弦相交,则头两条线段所夹矩形与第三条线上的正方形之比是恒定的。对这种情形的证明,在两条切线平行的情况下可由Ⅲ.53[命题 74]得到,而在两条切线不平行的情况下由其余三个命题Ⅲ.54—56[命题 75,76]给出。

以类似的方式,我们同样应该期望找到四线轨迹定理(若有的话),以逆命题的形式陈述:以内接四边形为参考,每一条圆锥曲线具有四线轨迹的性质。由命题 75—76 之后的附注将可以看出,这个定理很容易由阿波罗尼奥斯在那些命题中展示的三线轨迹定理得到;但在该卷中并无任何命题更直接地导致了前者。可能的说明是,轨迹的构建,即适合于立体轨迹而不是圆锥曲线的问题的那一方面,被认为具有压倒式的重要性,而理论的逆只被看作一种附属品。但是,从本案例的特性,必须把那个逆看作轨迹研究中已经出现的一个中间步骤,甚至曾深入研究过该主题的更早的几何学家,例如欧几里得和阿里斯塔俄斯,也不会对此一无所知。

在这种情况下，我们必须寻找希腊几何学家研究四线轨迹可能途径的迹象；并且在此过程中，我们要记住，在阿波罗尼奥斯之前，这个问题必定已经有一个部分的解，而且该问题可以借助他的卷Ⅲ中的诸命题彻底解决。

我们观察到，首先，在他的卷Ⅲ中，导致三线轨迹性质的Ⅲ. 54—56［命题75,76］是借助以下命题证明的：在固定方向所作任意相交弦截距所夹矩形之比为定常。再者，三线轨迹的性质，是圆锥曲线关于有两条平行边的内接四边形性质的特殊情形，即平行的两条边重合的*那种情形*；而且可以看出，有关相交弦截距所夹矩形的命题，同样可以用于一般地证明，以一个有两条平行边的内接四边形为参考的圆锥曲线是一条四线轨迹。

因为，若 AB 是圆锥曲线的一条固定弦，Rr 是在给定方向上切割 AB 于 I 的弦，则我们有

$$\frac{RI \cdot Ir}{AI \cdot IB} = \text{常数。}$$

若我们沿着 Rr 度量 RK 等于 Ir，则 K 的轨迹是与一条直径相交的弦 DC，该直径（Pp）等分平行于 Rr 的弦于它与 AD 的交点，而 D，C 点分别位于通过 A，B 且平行于 Rr 的线上。①

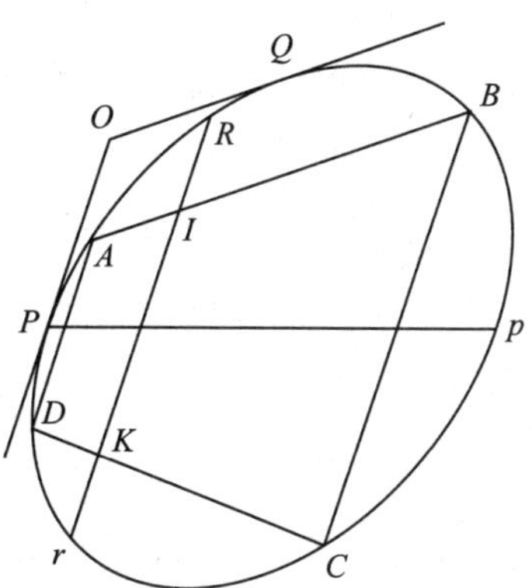

然后，若 x,y,z,u 是 R 从四边形 $ABCD$ 各边算起的距离，我们将有

$$\frac{xz}{yu} = \text{常数。}$$

且因为 $ABCD$ 可以是有两边平行的任何内接四边形，或即一个*梯形*，该命题一般地对四边形的这种特定类型得到证明。

① 原文如此，但其中“该直径等分平行于 Rr 的弦于它与 AB 的交点”这句话不易理解，好在其与上下文的关系不大。——译者注

另一方面,若我们必须找到点 R 的一个几何轨迹,该点由这样一个梯形各边的距离 x,y,z,u 由以上关系相联系,我们首先可以操纵这些常数,以使距离在图中所示方向测量,我们将有

$$\lambda=\frac{RI\cdot RK}{AI\cdot IB}=\frac{RI\cdot Ir}{AI\cdot IB},$$

其中 λ 是一个常数。然后,我们必须试图找到一条圆锥曲线,其上的点 R 满足给定的关系,但我们必须注意以这样的方式确定它,使得可以同时综合地说明,这样找到的圆锥曲线上的点确实满足给定的条件;因为,当然我们还不能假定已经知道这条轨迹是一条圆锥曲线。

如宙森所说明的,看来很清楚,妨碍阿波罗尼奥斯的前辈完成确定四线轨迹的知识不足,首先是在梯形这种特殊情况下找到轨迹这第一步,而不是从梯形过渡到任何形式的四边形。事实上,首先,这种过渡本身,如现在将要看到的,可以在欧几里得的能力范围之内做到;但在早先步骤中的困难,显然是因为以下事实:阿波罗尼奥斯之前的任何人,都未想到过双曲线的两个分支其实是单一曲线。因此,尽管四线轨迹在现代意义上是一条完整的双曲线,他的前辈大概只考虑了其中的一个分支;而它该属于哪一个分支这个问题将取决于一些进一步的条件,例如,该常数可以借助一个给定点来确定,而为了证明这是一条四线轨迹,圆锥曲线或单叶双曲线必须通过该点。

为了证明并不通过四边形所有四角的双曲线的这样一个单一分支,可能是四线轨迹,并且也为了确定对应于导致这样的双曲线的 λ 值的轨迹,必须知道一个分支与另一个之间的关系,应用于证明内接四边形性质的所有命题的扩展,以及在确定轨迹的逆过程中的各个步骤。如同已经提到的(p. 64 及以后),这些到完整双曲线情形的扩展,被认为应归功于阿波罗尼奥斯。他的前辈可能十分完美地证明了对于任意单分支圆锥曲线的内接梯形的命题;并且我们将看到它的逆,即轨迹的构建,在特定情况下对他们来说不成问题。但当圆锥曲线是两个分支的双曲线时就会出现困难。

然后假设,轨迹的性质是借助以下命题相对于一个内接梯形确立的,该命题指出,在相交弦截距所夹矩形之间的比例,等于在平行切线上正方形之间的比例,[1]为了完成这个理论需要的是(1)扩展到对双曲线相对分支切线的案例,

---

[1] 指面积之间的比例,但希腊数学中一般都省略"面积"二字。——译者注

(2)对不可能作切线平行于任一条弦或只能作切线平行于其中之一的情形,矩形之间的恒定比值的表达式。现在我们找到了,(1)阿波罗尼奥斯证明了切线触及相对分支的案例于Ⅲ.19［命题 59 案例 Ⅰ］,并且(2)命题Ⅲ.23［命题 59 案例Ⅳ］证明了,在双曲线的切线不平行于任一根弦的情况下,矩形之间的定常比值等于共轭双曲线平行切线上正方形之间的比值;以及Ⅲ.21［命题 59 案例 Ⅱ］处理了以下案例:可以作切线平行于一根弦,但不能作切线平行于另一根,并且证明了,若切线 tQ 与一条直径相交,该直径等分不平行于过 t 的切线的弦,又若 tq 是通过 t 平行于同一根弦的一半,那么该定常比值是 $tQ^2 : tq^2$。

宙森提出(p. 140),上述确定相对于给定梯形 $ABCD$ 描述的完整圆锥曲线(它是关于梯形四边的轨迹,该梯形对应于定常比值 λ 的一个给定值)所采用的方法,可能曾应用于一个辅助图形,以期构建一条圆锥曲线与待求的那一条相似,或更确切地说,找到与这样一条相似圆锥曲线相联系的直线图形。阿波罗尼奥斯Ⅱ.50—53［命题 50—52］是这一步骤的典型,其中某个图形借助同样形式的另一个图形的以前的构形而确定;在这种情况下应用相同步骤的优点是,它可以成功地应用于每种个别情况,而阿波罗尼奥斯对在固定方向的相交弦截距所夹矩形间的定常比值给出了不同的表达式。

我们可以用以下数据来确定与外接 $ABCD$ 的待求圆锥曲线相似的圆锥曲线的形式:在两个不同方向的线上的截段的乘积之比 $\lambda = \dfrac{RI \cdot Ir}{AI \cdot IB}$ 的值,以及在给定方向之一等分诸弦的直径 Pp 的方向。

Ⅰ. 假定该圆锥曲线在所有两个给定方向都有切线(若该圆锥曲线是在该术语的老意义下的,即若不包括双叶双曲线,这总是成立的)。

设辅助图形中的点用 p. 111 的图中的那些对应点的字母加上撇号标记。

我们知道比值

$$\frac{OP}{OQ} = \sqrt{\lambda},$$

以及若我们选择 $O'P'$ 为任意直线,我们知道(1)一条直径的位置,(2)其端点 P',(3)被直径等分的弦的方向,(4)切线在其上的一点 Q'。

于是,在 Q' 的切线与直径的交点及 Q' 的纵坐标的底脚,确定了与 P' 一起呈调和关系的四个点中的三个,故剩下的一点被找到,它是直径的另一个端点(p')。因此确定了辅助图中的圆锥曲线。

Ⅱ. 假定该圆锥曲线在两个方向都没有切线。

在这种情况下,我们知道与待求的辅助双曲线共轭的双曲线的诸切线之间的比值,因此我们可以用刚才描述的方式确定共轭双曲线;然后,待求的辅助双曲线得以借助共轭而确定。

Ⅲ. 假定该圆锥曲线在 AD 方向有切线,但在 AB 方向没有切线。

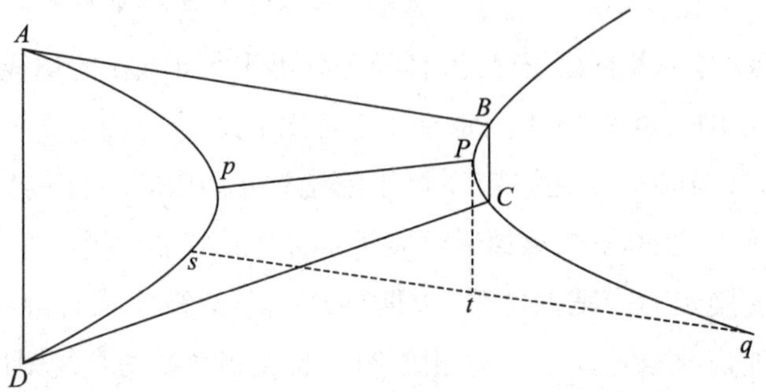

在这种情况下,若平行于 AD 的切线 Pt 与等分 AB 的直径相交于 t,[①]阿波罗尼奥斯把 λ 表达为切线 tP 的平方与通过 t 平行于 AB 的弦之半 tq 的平方之比。于是我们有

$$\frac{tP}{tq}=\frac{tP}{ts}=\sqrt{\lambda}。$$

若现在任意选择 $t'P'$,我们具有可以用来确定辅助相似圆锥曲线的以下条件:

(1) 一条直径与被它等分的弦的方向,

(2) 直径的一个端点 P',

(3) 该曲线上的两个点 q',s'。

若 y_1,y_2 是 q',s'相对于直径的纵坐标,x_1,x_2 是纵坐标的底脚由 P'算起的距离,x'_1,x'_2是由直径的另一个(未知)端点算起的距离,则我们有

$$\frac{y_1^2}{x_1 \cdot x'_1}=\frac{y_2^2}{x_2 \cdot x'_2},$$

据此$\frac{x'_1}{x'_2}$得以确定。

于是 p'点必定在某一条直线上,可以通过它在该直线上由两个已知点距离

① 原文如此,但不好理解。从图中看,sq 是与 AB 平行且正好被 Pt 等分的双曲线上两点的连线。——译者注

之间的比找到。

Ⅳ. 假定该圆锥曲线在 AB 方向有切线,但在 AD 方向没有切线。①

设在 P 的平行于 AB 的切线,与等分 BC,AD 的直径相交于 t,并且平行于 AD 的 tq 交圆锥曲线于 q;于是我们有

$$\frac{tq}{tP}=\sqrt{\lambda}=\frac{t'q'}{t'P'}。$$

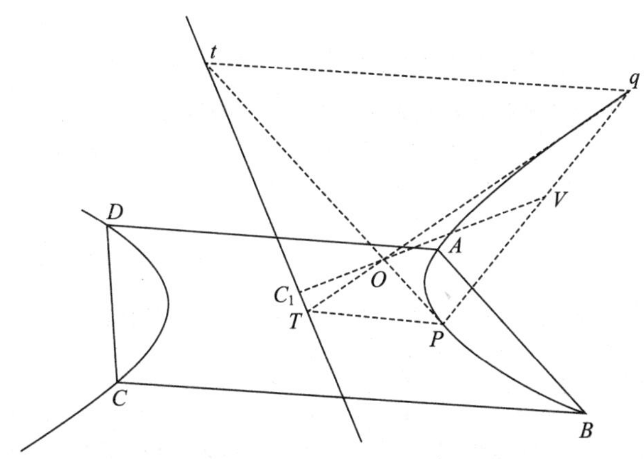

若我们任意选择或者 $t'q'$ 或者 $t'P'$,则我们有

(1) 直径 $t'T'$,

(2) 曲线上的点 P',q',由它至直径的纵坐标分别交直径于 t',T',

(3) 在 P'的切线。

因为 $t'P'$是在 P'的切线,故

$$C't'\cdot C'T'=\frac{1}{4}a'^2,$$

其中 C'是中心,a'是直径的长度。

因此,由对称性,$T'q'$是在 q'的切线。[命题 42]

从而,我们可以通过连接 $P'q'$的中点 V'与二切线的交点 O'找到中心 C',因为 $V'O'$必定是一条直径,且因此交 $t'T'$于 C'。

于是容易确定辅助圆锥曲线。直径 a'与其共轭直径 b'之间的关系由下式

① 这里使用的符号在图中未完全显示出来,译者的理解如下:(a)图中出现的 C_1 其实是中心 C',这由下文对如何找到 C'的描述明显可见。(b)所有带撇的符号如 t',q',T',P',都可以看作把不带撇的符号按一定原则移位而得到。——译者注

给出

$$\frac{t'q'^2}{C't' \cdot t'T'}=\frac{b'^2}{a'^2}=\frac{b^2}{a^2}。$$

于是可以看出，在所有四种情况下，阿波罗尼奥斯的命题提供了与待求图形相似的辅助图形。到前者的过渡然后可以用不同的方式作出；例如辅助图形立即给出了等分 AB 的直径的方向；且我们可以借助 CA 与 $C'A'$之间的比值来实现过渡。

然而有迹象表明，辅助图形在实践中的应用不会超过等分梯形平行边的直径(a)与其共轭(b)之比所确定的点，因为我们在阿波罗尼奥斯的著作中找到了一些命题，它们直接导致当比值$\frac{b}{a}\left(=\frac{b'}{a'}\right)$给出时 a 和 b 的绝对值的确定。事实上，待解的问题是，通过两个给定点 A 和 B 作一条圆锥曲线使得它的一条直径沿着一条给定的直线，且给定被直径等分的弦的方向，以及直径与其共轭的长度之间的比值$\left(\frac{b}{a}\right)$。

假定在附图中，通过 B 作一条直线平行于直径的已知方向，并交 DA 的延长线于 O。并且，设 OB 又交曲线(对之我们将假定是一个椭圆)于 E。

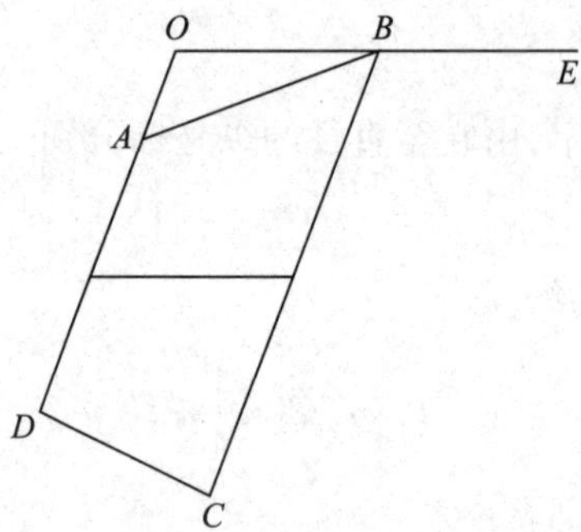

于是，我们必定有

$$\frac{OB \cdot OE}{OA \cdot OD}=\frac{a^2}{b^2},$$

据此可以找到 OE，且因此确定 E 的位置；且平行于等分 AD 或 BC 的线 BE 将确定中心。

对椭圆的案例，我们现在有阿波罗尼奥斯给出的，可直接确定 a^2 值的一个命题。由Ⅲ. 27[命题 61(1)]，我们知道

$$OB^2+OE^2=\frac{a^2}{b^2}(OA^2+OD^2)=a^2,$$

据此立即可求出 a^2。

对双曲线给出了类似的命题(见Ⅲ.24—26,28,29[命题 60 和 61(2)])。在双曲线情形的构形也因为渐近性质而变得方便。在这种情况下,若字母具有与椭圆的图中相同的含义,我们借助弦 BE 或者应用辅助相似图形求出中心。然后由比值 $\frac{b}{a}$ 确定两条渐近线。若渐近线截弦 AD 于 K,L,则

$$AK\cdot AL=\frac{1}{4}b^2,$$

或

$$AK\cdot KD=\frac{1}{4}b^2。$$

若待求的曲线是抛物线,按上面详述的四个案例中第一个的方式确定的辅助相似图形将表明,直径的端点 P' 位于一段截距的中点,该截距位于直径与在 Q' 切线的交点,以及直径与由 Q' 的纵坐标的交点之间。然后该曲线可以通过简单地应用抛物线的通常方程得到。

到目前为止,四线轨迹的确定只在内接四边形有两条对边是平行的特定情况下考虑过。仍然需要考虑可能的手段,使得关于无论何种形式的四边形的轨迹的确定,都可以被简化为找到关于梯形的轨迹的问题。因为阿波罗尼奥斯卷Ⅲ不包含可以用于方便地实现过渡的命题,我们必定有以下结论:过渡本身并没有因阿波罗尼奥斯轨迹理论的完成而受到影响,而需要在他处寻找线索。宙森(第 8 章)在欧几里得的《确定》(*Porismus*)中发现了线索。[①] 他首先注意到阿基米德关于抛物线的命题(在上文 pp. 41—43 中给出)展示了该曲线如同关于两个四边形的一条四线轨迹,其中一个四边形系从另一个由以下方式得到:相对于抛物线上的两点旋转二邻边,这两点是它们与其他两边的交点。(于是,PQ 关于 Q 转动,取得位置 QT,而 PV 关于它与抛物线在无限远处的交点转动,取得通过 Q 的直径的位置。)这提示了,这种在非常特殊情况下用于过渡的方法,也许可以用于更一般的情形,对此正在进行研究。

由于欧几里得的《确定》本身已经佚失,有必要诉诸帕普斯对其内容给出的

① 欧几里得的《确定》是对几何学的一个十分重要的贡献这一点,在帕普斯(p. 648)对之的描述中可以看出,他说这是对更重要问题的解最巧妙地适用的一组方法(*ἄθροισμα φιλοτεχνότατον εἰς τὴν ἀνάλυσιν τῶν ἐμβριθεστέρων προβλημάτων*)。

说明;《确定》中以其原始形式保存下来的只有下面一段话:[①]

若由两个给定点作与一条位置给定的直线彼此相交的两条直线,且若这样所作的直线之一,从那条位置给定的直线截下从其上一个给定点度量的一定长度,则另一条直线也将从该直线截下[与上述截距]有给定比值的一段。

若用四线轨迹替代首先提到的给定直线,并把两个固定点 A 和 C 用轨迹上的任意两个固定点替代,则相同的命题也成立。假定我们取两个固定点 A 和 C 分别为与轨迹相关的四边形 $ABCD$ 的两个相对角顶,并假定由之割下截距的线是 CE,AE,分别平行于四边形的边 BA,BC。

设 M 是待求轨迹上的一点,并设 AD,AM 分别交 CE 于 D',M',而 CD,CM 分别交 AE 于 D'',M''。

为了确定几何轨迹,设平行于 BC 分别度量 M 到 AB,CD 的距离,而它到 BC,AD 的距离分别平行于 BA 度量。

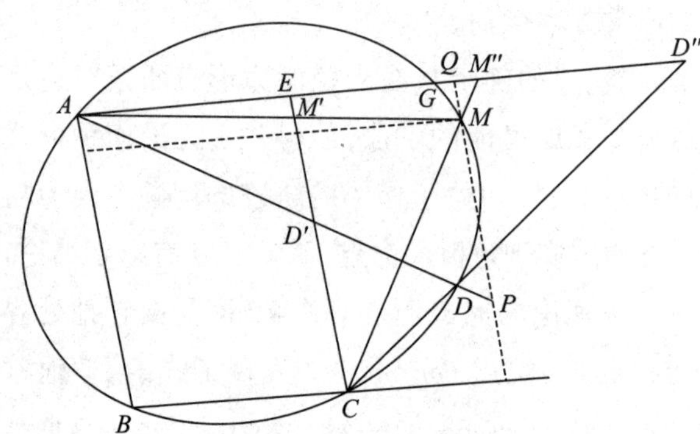

于是,由 CD,BC 分别至 M 的距离之比等于$\frac{D''M''}{CE}$,而由 AB,DA 分别至 M 的距离之比等于$\frac{AE}{D'M'}$。

因此,由四边形 $ABCD$ 每组对边至 M 的距离所夹矩形之比是常数这个事实,可以例如用方程

$$\frac{D''M''}{D'M'}=\lambda\cdot\frac{CE}{AE}=\mu \quad\cdots\cdots (1)$$

① Pappus, p. 656。

表达,其中μ是一个与位置M无关的常数。

若现在通过轨迹上一点F的位置来确定λ,则我们有

$$\frac{D''M''}{D'M'}=\frac{D''F''}{D'F'}=\frac{F''M''}{F'M'}, \cdots\cdots (2)$$

其中F',F''分别是AF,CE的交点和CF,AE的交点。

并且,因为(2)式中由其他两个导出的最后一个比值,当M沿着待求的轨迹移动时保持不变,可知这个轨迹也是相对于四边形$ABCD$的四条边的一条四线轨迹。

于是,为了把相对于内接梯形的一个命题推广到相对于任何形式的四边形,或者相反地,把一个相对于任意四边形的三线-四线轨迹简化为相对于一个梯形的,只需要考虑线AD或AF之一与AE重合的情况。由此可见,相对于任意四边形的四线轨迹,就像相对于梯形的四线轨迹一样,是一条圆锥截线。

轨迹在一般形式的实际确定,可能因为它在更特殊形式下表达而受到影响。

假定由AB,CD至M的距离(平行于BC度量)分别用x,z标记,由BC,AD至M的距离(平行于BA度量)分别用y,u标记。则轨迹由以下形式的方程确定

$$xz=\lambda yu, \cdots\cdots (1)$$

其中λ是一个常数,x,y是点M在BC,BA轴系中的坐标。

若P,Q分别是M的纵坐标(y)与AD,AE的交点,则

$$\begin{aligned} u &= PM \\ &= PQ-MQ。 \cdots\cdots (2) \end{aligned}$$

$-MQ$是M从AE平行于BA度量的距离,把它记为u_1。

于是,由图形有,

$$PQ=\frac{D'E}{AE}\cdot x。$$

因此,由(1)式,

$$x\left(z-\lambda\frac{D'E}{AE}y\right)=\lambda yu_1。$$

为了用单一项替代$z-\lambda\dfrac{D'E}{AE}y$,我们由图形推导出

$$z=\frac{D''M''}{CE}\cdot y,$$

且我们然后必须在AE上取一点G,使得

$$\lambda\frac{D'E}{AE}=\frac{D''G}{CE}。$$

(于是可见,点 G 是轨迹上的点。)

因此
$$z-\lambda\frac{D'E}{AE}y=\frac{D''M''}{CE}\cdot y-\frac{D''G}{CE}\cdot y$$
$$=\frac{GM''}{CE}\cdot y$$
$$=z_1,$$

其中 z_1 是点 M 到线 CG 的距离(平行于 BC 度量)。

代表轨迹的方程据此变换为方程

$$xz_1=\lambda yu_1,$$

且轨迹被表示为关于梯形 $ABCG$ 的一条四线轨迹。

这里给出的方法中没有任何东西超越希腊几何学家手头所有的方法,除了单纯的符号和($-MQ$)中负号的单次使用,但这不是一个实质性的区别,而只是意味着,通过使用负号,我们可以组合几个案例成为一个,而希腊人则被迫分别处理每一个。

最后应当注意到,以一个梯形为参考的四线轨迹等于方程

$$\alpha x^2+\beta xy+\gamma y^2+dx+ey=0,$$

它可以写成如下形式:

$$x(\alpha x+\beta y+d)=-y(\gamma y+e)。$$

因此,以一个梯形为参考的四线轨迹的精确确定,对应于从一般二次方程跟踪一条圆锥曲线且只要求常数项。

第六章　通过五点作一条圆锥曲线

由于阿波罗尼奥斯掌握了借助任何形式四边形的各边构建四线轨迹问题的完整解决方案,很清楚,他实际上已经解决了通过五点构造一个圆锥的问题。因为,给出四线轨迹参照的四边形,再给出第五点,那么由轨迹上任意点到四边形每组对边在任意固定方向度量的距离所夹矩形之间的比值(λ)也是给定的。因此,通过五点的圆锥构建,简化为常数比值 λ 给定的四线轨迹的构建。

然而,通过五点构建一个圆锥的问题,在阿波罗尼奥斯的著作中止步于四线轨迹的实际确定。对这个问题的忽略很容易用以下事实说明,根据作者自己的话语,他只是声称给出了对解为必需的定理,无疑认为真正的构建超出了他的论文的范围。但在欧几里得中,我们找到了作一个圆环绕三角形的问题,而在一本论圆锥曲线的专著中给出通过五点构建一个圆锥,也会显得十分自然。对这一忽略可以说明如下:作者未能找到一种足够简洁的形式来表述一般问题,以便把它纳入一本包含了圆锥曲线全部主题的专著中。这一点容易理解,若我们回忆起,首先,希腊几何学家会认为这个问题在现实中是三个问题,涉及分别构建三种圆锥曲线:抛物线、椭圆和双曲线。他然后会发现,构建对抛物线并不总是可能的,因为四点已足以确定一条抛物线;而通过四点构建抛物线会是一个完全不同的问题,与构建四线轨迹一样未曾解决。此外,若曲线是一个椭圆或一条双曲线,那就必须找到一个 διορισμός(解可能存在的条件),表达必须由特定点满足的条件,以使圆锥曲线可能是这一种或那一种。若它是一个椭圆,可能已经考虑到必须防止它退化为一个圆。再者,无论如何,直到阿波罗尼奥斯的时期,会认为有必要找到一个 διορισμός,表达保证五个点不会分布在双曲线两叶的条件。于是可知,采取当时使用的方法进行该问题的完善处理,必然涉及相当冗长的讨论,对如像阿波罗尼奥斯这样的一本书,这是不成比例的。

值得注意的是,我们在阿波罗尼奥斯中真正找到了哪些东西,可以不依赖于四线轨迹理论,用于通过五点直接构建一条圆锥曲线。卷Ⅳ中关于两条圆锥曲线可能相交的点的数目的方法,在这方面是有教益的。这些方法取决于(1)调和极性性质和(2)在固定方向所作相交弦段所夹矩形之间的关系。前一个性质给出一种方法,可由给定的五点确定第六点;并通过一次又一次地重复这个过程,我们可以得到曲线上要多少有多少个点。后一个命题具有额外的优势,它使我们得以更自由地选择待确定的特定点;并且用这种方法,我们可以找到共轭直径,进而找到轴。这是帕普斯用来确定通过五个点的椭圆的方法,对之以前已知道可以作椭圆通过它们。[①] 应当指出,帕普斯的解并非作为圆锥曲线中的一个独立问题而给出的,但它是另一个问题的中间步骤,那个问题是求出一个圆柱的直径,对之只有两个破碎断片,哪一个都没有完整的底面周边。此外,这个解被做成取决于在阿波罗尼奥斯论著中可以找到的东西,且并未声明,它的内容比任何有能力的几何学家可以很容易地根据《圆锥曲线论》自行导出更多。

帕普斯的构建基本如下。若给定的点为 A,B,C,D,E,且连接不同点对的线中没有两条是平行的,我们可以把问题简化为通过 A,B,D,E,F 构建一条圆锥曲线,其中 EF 平行于 AB。

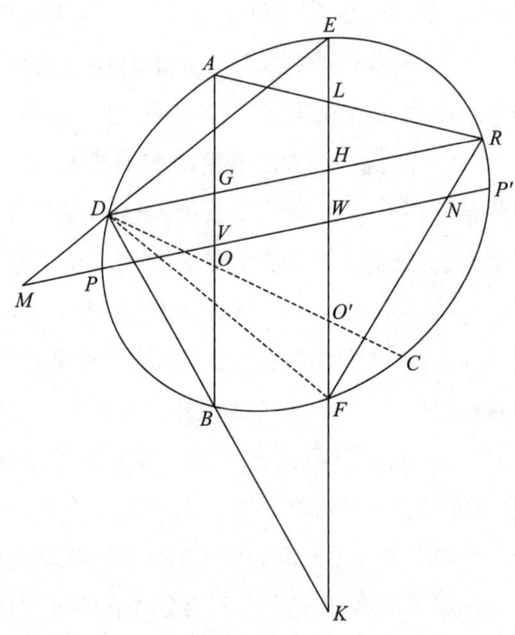

因为,若通过 E 作 EF 平行于 AB,并且若 CD 交 AB 于 O,以及交 EF 于 O',则由把相交的弦互相联系的命题有

① Pappus(ed. Hultsch), p. 1076 seqq。

$$(CO \cdot OD):(AO \cdot OB)=(CO' \cdot O'D):(EO' \cdot O'F),$$

因而 $O'F$ 是已知的，且因此，F 是确定的。

我们因此必须构建一个通过 A,B,D,E,F 的椭圆，其中 EF 平行于 AB。

而且，若 V,W 分别是 AB,EF 的中点，则连接 V 和 W 的线是一条直径。

假定 DR 是通过 D 且平行于该直径的弦，并设它分别交 AB,EF 于 G,H，则 R 可借助以下关系式确定，

$$(RG \cdot GD):(BG \cdot GA)=(RH \cdot HD):(FH \cdot HE)。\quad \cdots\cdots\cdots \quad (1)$$

为了确定 R，设连接 DB,RA 并分别交 EF 于 K,L。

于是

$$(RG \cdot GD):(BG \cdot GA)=(RH:HL)\cdot(DH:HK),\text{由相似三角形},$$

$$=(RH \cdot HD):(KH \cdot HL)。$$

因此，由(1)式，我们有

$$FH \cdot HE=KH \cdot HL,$$

其中 HL 已找到，故 L 是确定的，又 AL,DH 的交点确定了 R。

为了找到直径(PP')的端点，我们作 ED,RF 分别交直径于 M,N。且由与前相同的步骤，我们由椭圆的性质得到

$$(FH \cdot HE):(RH \cdot HD)=(FW \cdot WE):(P'W \cdot WP)。$$

又由相似三角形有

$$(FH \cdot HE):(RH \cdot HD)=(FW \cdot WE):(NW \cdot WM)。$$

因此　$$P'W \cdot WP=NW \cdot WM;$$

且相似地，我们可以找到 $P'V \cdot VP$ 的值。

帕普斯借助由 $P'V \cdot VP$ 和 $P'W \cdot WP$ 的给定值确定 P,P' 的方法，其实是消去一个未知点，并由一个二次方程确定另一个未知点。

在直径上取两点 Q,Q'，使得

$$P'V \cdot VP=WV \cdot VQ, \quad \cdots\cdots\cdots\cdots\cdots\cdots \quad (\alpha)$$

$$P'W \cdot WP=VW \cdot WQ', \quad \cdots\cdots\cdots\cdots\cdots\cdots \quad (\beta)$$

于是 V,W,Q,Q' 已知，P,P' 待求。

由(α)式可知

$$P'V:VW=VQ:VP,$$

据此，　$$P'W:VW=PQ:VP。$$

由此，借助(β)式我们得到

$$PQ : PV = Q'W : WP,$$

故
$$PQ : QV = Q'W : PQ',$$

或者
$$PQ \cdot PQ' = QV \cdot Q'W。$$

于是可以找到 P,也可类似地找到 P'。

值得注意的是,帕普斯所确定直径 PP' 端点的方法(这是他的构建的主要目标),可以应用于由五点确定的圆锥曲线与任意直线交点的直接构形,并且没有理由怀疑,这种构形可能受到阿波罗尼奥斯的影响。但是,还有一个更简单的技巧,我们从其他渠道得知阿波罗尼奥斯对之是熟悉的,并且它可以用于同样的目的,只要四线轨迹已知是一条圆锥曲线。

所提及的辅助构形成为阿波罗尼奥斯的另一整部专著《论确定的截线》(περὶ διωρισμένης τομῆς)的主题。其问题如下:

给定一条直线上的四点 A,B,C,D,确定在同一条直线上的另一点 P,使比值

$$(AP \cdot CP) : (BP \cdot DP)$$

是一个给定值。

确定给定直线与一条四线轨迹的交点,可以立即变换为这个问题,A,B,C,D 事实上是给定直线与轨迹所参照的四条线的交点。

因此,考察我们拥有的关于所参考的各本专著的所有证据是非常重要的。这些包含在帕普斯的卷Ⅶ中,他对该著作的内容给出了一个简短的说明,[①]以及对其中的不同命题给出了许多引理。很清楚,这个问题被彻底地讨论过,因此,考察我们拥有的关于所参考的各本专著的所有证据是非常重要的。结论必定是,如像著作λόγου ἀποτομῆς和χωριου ἀποτομῆς所提到的,《论截线的确定》也被计划应用于求解圆锥截线的问题。

借助方程

$$AP \cdot CP = \lambda \cdot BP \cdot DP$$

确定 P,其中 A,B,C,D,λ 给定,现在变得十分容易,因为该问题可以立即写成二次方程的形式,而希腊人不难把它简化为通常的面积适配。但若打算把它用于进一步的研究中,其完善的讨论将不仅包括求出一个解,而且也包括对给定的点对 A,C 和 B,D 的不同位置,确定可能性的极限和可能的解的数目,如对于在两个点对之中的两点都相重合的情况或其中一个无限远的情况,等等:于是,我们

① Pappus, pp. 642—644。

应当期待该主题占据相当多的篇幅。而这与我们在帕普斯中找到的相符,他说得很清楚,虽然我们没有遇到任何明确提及对不同 λ 值的方程确定的点对序列,处理方法包含着可以算作一个完整的对合理论的东西。于是,帕普斯说,曾经处理过的各种案例中的给定比值或是(1)自待求点开始度量的一个横坐标上的正方形,或是(2)两个这样的横坐标所夹的矩形,与以下任一个的比值:(1)自待求点开始度量的一个横坐标上的正方形,(2)一个横坐标和另一条给定长度、不依赖于待求点位置的单独的线所夹矩形,(3)两个横坐标所夹的矩形。我们也知道极大和极小都曾被研究过。由诸引理我们也可以得到其他结论,例如

(1) 在 $\lambda=1$ 的情形,则 P 必须由下式确定:

$$AP \cdot CP = BP \cdot DP,$$

阿波罗尼奥斯利用了关系式①

$$BP : DP = (AB \cdot BC) : (AD \cdot DC);$$

(2) 阿波罗尼斯可能已经得到了由点对 A,C 及 B,D 借助下式②确定的对合的一个双重点 E,

$$(AB \cdot BC) : (AD \cdot DC) = BD^2 : DE^2。$$

然后假设专著《论确定的截线》的结果被用于寻找一条直线与被表示为四线轨迹的一条圆锥截线(或由其上五点确定的一条圆锥曲线)的交点,各种特殊情况和不同的διορισμοί会导致被考虑的圆锥曲线的同样数量的性质。因此,以下假设毋庸置疑:在 18 个世纪以后被德萨格(Desargues)探索的这个领域,阿波罗尼奥斯已经作出了许多里程碑式的贡献。

---

① 这出现在第一条引理(p. 704)中,并被帕普斯对几种不同的情况证明。

② 参看帕普斯命题 40(p. 732)。

附录:希腊几何学术语附注

(略)

除了希腊本土外，新的希腊城邦（殖民城邦）遍及巴尔干半岛、小亚细亚和地中海及黑海沿岸。因此，许多古希腊名人并不出生在希腊本土。比如，阿波罗尼奥斯出生于小亚细亚潘菲利亚（Pamphylia）的帕加（Perga/Perge），今属土耳其安塔利亚（Antalya）。

风景如画的安塔利亚海滩游泳场。

安塔利亚游船码头。

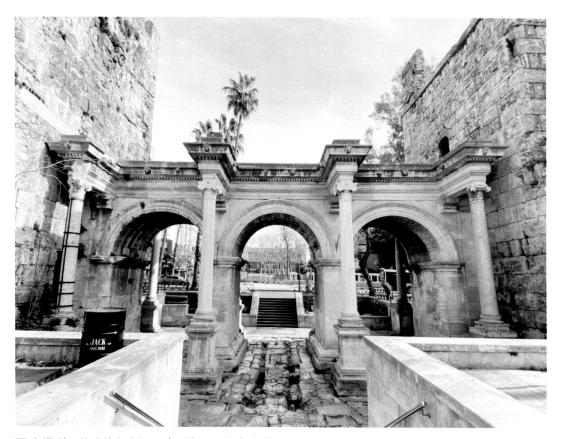

安塔利亚的哈德良之门，建于古罗马皇帝哈德良（Hadrianus，76—138）时期。

帕加如今是土耳其的一座古城，位于安塔利亚东北方向15千米处，曾经是波斯帝国的一部分；直到公元前334年，亚历山大大帝征服了它。这座城市在公元1—2世纪是亚洲最伟大的城市之一。帕加古城现存竞技场、剧院、城墙、浴室、引水槽、大门、房屋、街道、墓地等建筑遗迹。主要为罗马时期的建筑，只有少部分为希腊古典时期晚期和希腊化时期的遗存。

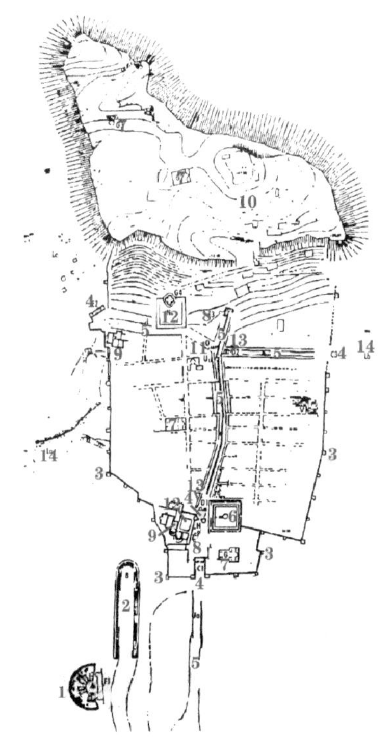

帕加古城示意图。1.剧场，2.竞技场，3.城墙，4.城门(希腊之门位于中央)，5.大街，6.广场，7.廊柱会堂，8.水神庙，9.浴场，10.卫城，11.教堂，12.健身场，13.纪念壁，14.墓地。

希腊之门由两个圆形塔楼构成，塔楼高92米，共有三层，屋顶为圆锥形。希腊之门是帕加的象征。

帕加城市广场中央矗立的廊柱。

近景为城市广场，左上角为竞技场和剧场。

帕加古城的建筑大多为哈德良时期所建。哈德良虽然是罗马皇帝，但他继承并发展了希腊文化。他说，“雅典将成为我的祖国，我的中心，我坚持要取悦希腊人，并坚持让自己尽可能地希腊化”。他巡行于帝国境内，试图再造一个昔日的希腊。

竞技场长 234 米，宽 54 米，可容纳 2 万名观众。

古城中的哈德良水神殿和引水槽遗址。水神殿是水槽的起点。水槽穿过大街中央，连接城中的浴室。

浴室不但是古罗马人运动后清洁身体的场所，而且是重要的社交和议事场所。

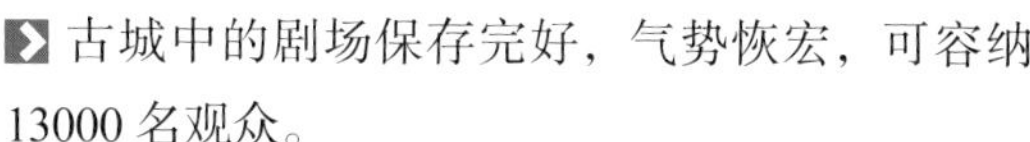

古城中的剧场保存完好，气势恢宏，可容纳 13000 名观众。

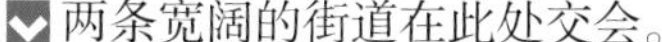

两条宽阔的街道在此处交会。

阿波罗尼奥斯后来还到过小亚细亚西岸的佩加蒙（Pergamon）王国（曾经是希腊的殖民城邦），那里有一个大图书馆，规模仅次于亚历山大图书馆。国王阿塔勒斯一世（Attalus Ⅰ，前 269—前 197）把这座图书馆作为一个智慧之宫，吸引了各地的著名学者。阿波罗尼奥斯的《圆锥曲线论》从第四卷起，都是献给阿塔勒斯国王的。图为阿塔勒斯一世头像。

佩加蒙古城复原图，19 世纪德国素描。

佩加蒙古城遗址。

盖伦在治疗佩加蒙的角斗士。

3. **Preface to Book IV.**

"Apollonius to Attalus, greeting.

"Some time ago, I expounded and sent to Eudemus of Pergamum the first three books of my conics collected in eight books; but, as he has passed away, I have resolved to send the remaining books to you because of your earnest desire to possess my works. Accordingly I now send you the fourth book. It contains a discussion of the question, in how many points at most it is possible for the sections of cones to meet one another and the circumference of a circle, on the supposition that they do not coincide throughout, and further in how many points at most a section of a cone and the circumference of a circle meet the opposite branches [of a hyperbola]*

* Here again Halley adds to the text as above translated the words καὶ ἔτι ἀντικείμεναι ἀντικειμέναις. Heiberg thinks the addition unnecessary as in the similar passage in the first preface above. I cannot but think that Halley is right both for the reasons given in the note on the earlier passage, and because, without the added words, it seems to me impossible to explain satisfactorily the distinction between the three separate questions referred to in the next sentence. Heiberg thinks that these refer to the intersections

(1) of conic sections with one another or with a circle,

(2) of sections of a cone with the double-branch hyperbola,

(3) of circles with the double-branch hyperbola.

But to specify separately, as essentially distinct questions, Heiberg's (2) and

《圆锥曲线论》从第四卷起，都是献给阿塔勒斯一世的。

佩加蒙还出过一位医学史上的著名人物盖伦（Galen，129—200）。他是罗马帝国时代的名医和解剖学家，出生于佩加蒙。他的医学思想统治了此后西方医学 1500 年之久。

古希腊的知名数学家，大都活跃于公元前6世纪至公元前2世纪这400年间，即从古风时期的后半至希腊化时期的前半。而自欧几里得开始的大数学家，都生活在希腊化时期。阿波罗尼奥斯《圆锥曲线论》的写作风格，和欧几里得、阿基米德一脉相承。先设立若干定义，再由此依次证明各个命题，推理十分严格。

泰勒斯（Thales，约前624—约前547），古希腊哲学家、几何学家、天文学家，米利都学派的创始人，希腊七贤之一，西方思想史上第一个有记载留下名字的思想家，被后人称为“科学和哲学之祖”。

阿里斯塔克（Aristarchus of Samos，前310—前230），古希腊数学家和天文学家，他是历史上最早提出日心说的人，也是最早测定太阳和月球对地球距离近似比值的人。图为位于希腊北部城市塞萨洛尼基（Thessaloniki）的阿里斯塔克雕像。

毕达哥拉斯（Pythagoras，约前570—约前495），古希腊哲学家、数学家和音乐理论家。他认为数学可以解释世界上的一切事物，以毕达哥拉斯定理闻名于世。

欧几里得，古希腊数学家，被称为“几何学之父”。所著《几何原本》被认为是一部不朽之作。

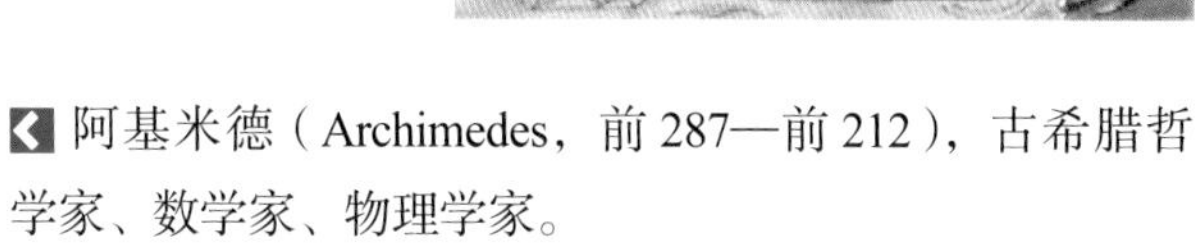

阿基米德（Archimedes，前287—前212），古希腊哲学家、数学家、物理学家。

《圆锥曲线论》讨论了圆锥曲线的所有内容，把形式与状态几何学发展到顶峰。在此后将近2000年中，相关研究几乎没有突破。直到17世纪，笛卡儿、费马创立坐标几何，用代数方法重现了圆锥曲线(二次曲线)理论；笛沙格（G. Desargues，1591—1661）、帕斯卡创立射影几何学，才使圆锥曲线理论发展到一个新的阶段。

笛卡儿（R. Descartes，1596—1650），法国哲学家、数学家、物理学家。1637年，他发明了现代数学的基础工具之一坐标系，将几何和代数相结合，创立了解析几何学。

费马（P. de Fermat，1601—1665），法国律师，数学家。他用代数方法对《圆锥曲线论》进行了总结。1630年，他在论文《平面与立体轨迹引论》中写道："两个未知量决定的一个方程式，对应着一条轨迹，可以描绘出一条直线或曲线。"费马的这个发现比笛卡儿发现解析几何的基本原理要早七年。笛卡儿是从一个轨迹来寻找它的方程，而费马则是从方程出发来研究轨迹。

图为巴黎索邦大学的壁画，创作于1885年，画面中心人物为帕斯卡。

帕斯卡（B. Pascal，1623—1662），法国数学家、物理学家。他在数学方面，提出了射影几何学的重要定理——帕斯卡定理；在物理学方面，于1653年提出了流体能传递压力的帕斯卡定律，并利用这一原理制成水压机。他还发现大气压随高度变化的规律。国际单位制中压强的单位“帕”即以其姓氏命名。

《圆锥曲线论》共8卷，前4卷的希腊文本和其第5、6、7卷的阿拉伯文本保存了下来，最后一卷遗失。该书曾被用希腊语、阿拉伯语、拉丁语多次翻译转抄，又有许多古代学者匿名对其进行评注和编辑。因此很难了解其原始面貌。

出生于小亚细亚的数学家、天文学家塔比·伊本·库拉（Thābit ibn Qurra，约826—901）将第5—7卷译成阿拉伯文。

意大利数学家、人文主义者科曼迪诺（F. Commandino，1509—1575），于1566年在博洛尼亚出版了1—4卷的一个拉丁语译本，其中包括帕普斯的引理和尤托西乌斯的评注。

意大利生理学家、数学家博雷利（G. A. Borelli，1608—1679），1661年在佛罗伦萨出版了第5—7卷最早的拉丁语译本，译自983年的阿拉伯语抄本。

英国天文学家、数学家哈雷（E. Halley，1656—1742）在担任牛津大学几何学教授期间，参考了各种版本，重新翻译并校订了1—7卷拉丁语本和1—4卷希腊语本，1710年由牛津大学出版社出版。

哈雷译本卷首插画表现了罗德岛海岸上的一群海难幸存者。其中包括苏格拉底的学生哲学家阿里斯提普斯（Aristippus，约前435—前356）。当他看到海滩上的几何图形时，不禁惊呼："当我看到人类存在时，我们没有什么可害怕的。"其含义是，只有文明人才能研习几何问题。

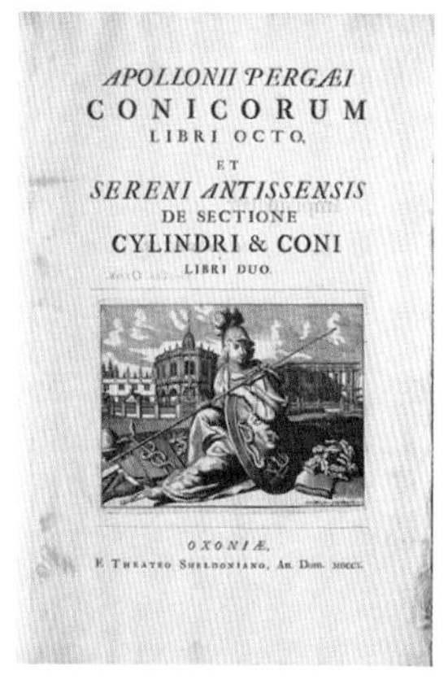
APOLLONII PERGÆI
CONICORUM
LIBRI OCTO,
ET
SERENI ANTISSENSIS
DE SECTIONE
CYLINDRI & CONI
LIBRI DUO.

OXONIÆ,
E THEATRO SHELDONIANO, An. Dom. MDCCX.

《圆锥曲线论》哈雷的拉丁语译本扉页。

《圆锥曲线论》原书全部用文字叙述，没有使用任何插图，命题连续书写无间断，证明步骤不明晰，符号前后不统一。造成很大阅读困难。近代以来有不少希腊数学史家，对其增补插图并用现代数学符号进行改写，其中最流行的是海贝格的希腊语、拉丁语对照评注本，以及希思的注释改写英译本。

海贝格（J. L. Heiberg，1854—1928），丹麦数学史家和古典语言学家。

APOLLONII PERGAEI

QUAE GRAECE EXSTANT

CUM COMMENTARIIS ANTIQUIS.

EDIDIT ET LATINE INTERPRETATUS EST

I. L. HEIBERG,

DR. PHIL.

VOL. I.

LIPSIAE

IN AEDIBUS B. G. TEUBNERI.

MDCCCXCI.

海贝格于 1891—1893 年 在莱比锡出版了第 1—4 卷希腊语、拉丁语对照评注本，这个权威版本对后世研究者影响很大。

希思与妻子艾达·玛丽（Ada Mary）。

希思爵士（Sir T. L. Heath，1861—1940），英国古典学家、数学史家，翻译家和登山家。毕业于剑桥大学三一学院，长期任职于英国财政部。他最重要的学术贡献，是将欧几里得、阿基米德、阿波罗尼奥斯、阿里斯塔克的作品翻译成英文并加评注，还写了几本关于希腊数学和天文学的书。1912 年被选为英国皇家学会会员。

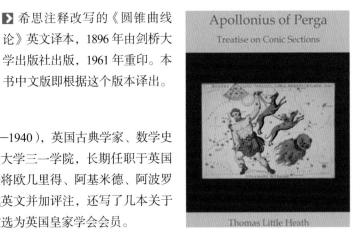

希思注释改写的《圆锥曲线论》英文译本，1896 年由剑桥大学出版社出版，1961 年重印。本书中文版即根据这个版本译出。

阿波罗尼奥斯的《圆锥曲线论》

· *Treatise on Conic Sections (By Apollonius of Perga)* ·

阿波罗尼奥斯最重要的数学成就是在前人的基础上创立了完美的圆锥曲线理论。本书即是这方面的系统总结，它所达到的高度，在17世纪笛卡儿和帕斯卡等人出现之前，始终无人能够超越。

圆　　锥

若一条长度不确定的直线，恒通过一个固定点且被迫沿着一个与固定点不在同一平面中的圆周移动，连续通过该圆周上的每一点，则该移动直线将历经一个**对顶双圆锥**曲面，对顶双圆锥是两个相似的圆锥，位于相反的方向并相交于该固定点，而该固定点是每个圆锥的**顶点**。

直线沿之移动的圆称为位于所述圆与固定点之间的圆锥的**底面**，又定义**轴**为由固定点或顶点至作为底面的圆的中心所作的直线。

除了轴垂直于底面的特殊情况，如此描述的圆锥是**不等边**圆锥或称**斜**圆锥。而上述特殊情况下的圆锥是正圆锥。

若圆锥被通过顶点的平面（不平行于底面）切割，则得到的截线是一个三角形，其两边是位于锥体曲面上的直线，第三边是切割平面与底面平面的交线。

设一个圆锥的顶点是 A，其底面是圆 BC，设 O 为圆心，则 AO 是圆锥的轴。现在假定圆锥被平行于底面 BC 所在平面的任何一个平面如 DE 切割，并设轴 AO 交平面 DE 于 o。设 p 是平面 DE 与圆锥曲面交线上的任意点。连接 Ap 并延长之，与圆 BC 的圆周相交于 P。连接 OP，op。

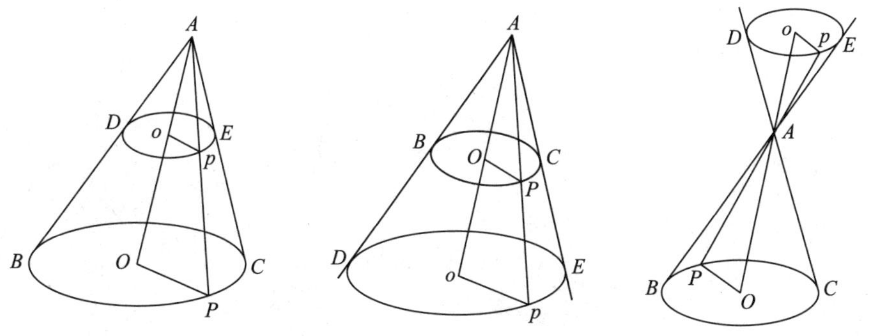

◀佩加蒙王国复原图（上）和现存遗址（下）。

于是,因为通过直线 AO,AP 的平面分别切割两个平行平面 BC,DE 于直线 OP,op,故 OP,op 是平行的,

$$\therefore op : OP = Ao : AO。$$

且 BPC 是一个圆,OP 对应于曲线 DpE 上所有位置的 op 长度是一个常数,比值 $Ao : AO$ 也是一个常数。

因此,op 对平面 DE 的截线上的所有位置长度不变。换句话说,该截线是一个圆。

于是,平行于圆底面的所有截线都是圆。[Ⅰ.4][①]

其次,设圆锥被通过其轴并垂直于底面 BC 的平面切割,并设截线是三角形 ABC。设想另一个平面 HK 与三角形 ABC 成直角,并截下三角形 AHK,使得 AHK 相似于三角形 ABC,但相反地放置,即角 AKH 等于角 ABC。于是平面 HK 生成的圆锥截线被称为**反位(subcontrary)**截线(ὑπεναντία τομή)。

设 P 是平面 HK 与曲面交线上的任意点,F 是圆 BC 的圆周上的任意点。作 PM,FL 每个都垂直于三角形 ABC 的平面,分别交直线 HK,BC 于 M,L。于是 PM,FL 是平行的。

通过 M 作直线 DE 平行于 BC,且可知通过 DME,PM 的平面平行于圆锥的底面 BC。

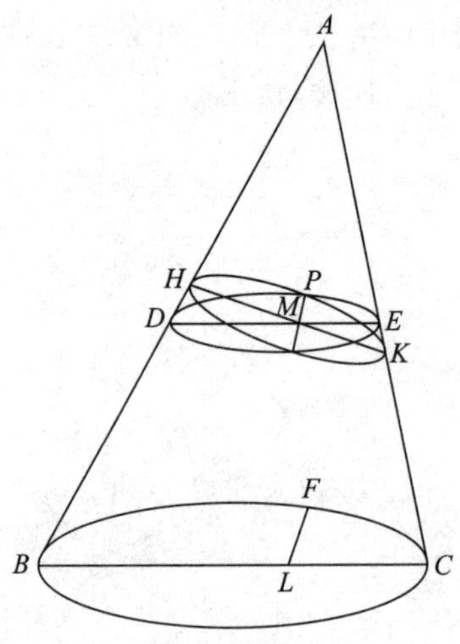

于是,截线 DPE 是一个圆,且 $DM \cdot ME = PM^2$。

① 在整本书中,这种形式的参考均指阿波罗尼奥斯的原始命题。

但因为 DE 平行于 BC，角 ADE 等于角 ABC，而后者按假设等于角 AKH。

因此，在三角形 HDM，EKM 中，角 HDM，EKM 相等，在 M 的竖直[面中的]角也是如此。

因此，三角形 HDM，EKM 相似。

于是
$$HM : MD = EM : MK。$$
$$\therefore HM \cdot MK = DM \cdot ME = PM^2,$$
且 P 是平面 HK 与曲面交线上的任意点。因此，平面 HK 所作的截线是一个圆。

于是，斜圆锥的圆截线有两个序列，其一平行于底面，另一由与第一个序列反位的截线组成。[Ⅰ.5]

假定一个圆锥被通过轴的任意平面切割，作出三角形截线 ABC，使得 BC 是圆底面的直径。设 H 是底面圆周上的任意点，又设 HK 垂直于直径 BC，由圆锥曲面上任意点 Q 作 HK 的一条平行线，但它不在轴向三角形的平面中。此外，连接 AQ 并在必要时延长，交底面的圆周于 F，并做 FLF' 为垂直于 BC 的弦。连接 AL，AF'。于是通过 Q 且平行于 HK 的直线也平行于 FLF'；因此可知，通过 Q 的平行线将与 AL 和 AF' 二者都相交。且 AL 在轴向三角形 ABC 的平面上。因此，通过 Q 的平行线将与轴向三角形和圆锥曲面的另一边都相交，因为 AF' 在圆锥面上。

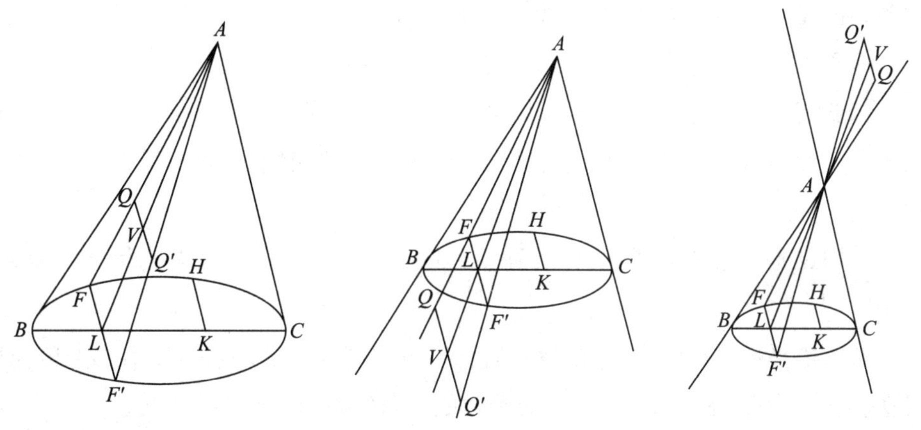

设交点分别是 V，Q'，则
$$QV : VQ' = FL : LF'，以及\ FL = LF'。$$
$$\therefore QV = VQ',$$
或 QQ' 被轴向三角形平面等分。[Ⅰ.6]

再者，设圆锥被另一个平面切割，该平面不通过顶点，但与底面平面相交于

垂直于 BC 的直线 DME，BC 是任意轴向三角形的底边，并设所导致圆锥曲面的截线为 DPE，P 点在轴向三角形两边 AB，AC 之一上。该截平面然后将切割轴向三角形 ABC 所在的平面于直线 PM，而 PM 连接 P 至 DE 的中点。

现在设 Q 是曲线截线上的任意点，并通过 Q 作直线平行于 DE。

于是，若把这条平行线延长，与曲面的另一边相交于 Q'，则它将与轴向三角形相交，并被它等分。但它也在截线 DPE 的平面上；它将因此与 PM 相交并被它等分。

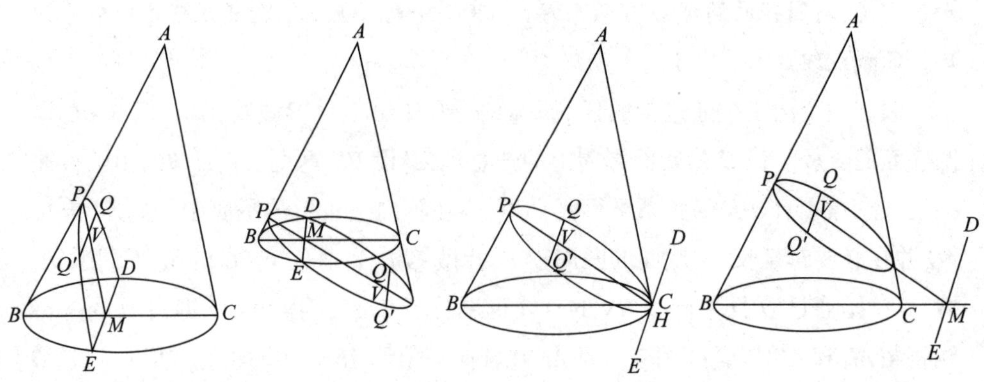

因此，PM 等分平行于 DE 的截线的任意弦。

兹称等分圆锥截线中一系列平行弦的直线段为**直径**。

因此，若一个圆锥被一个平面切割，该平面交圆底面于一条垂直于任意轴向三角形底面的直线，则切割平面与轴向三角形平面的交线，将是所导致圆锥截线的直径。[Ⅰ.7]

若圆锥是一个正圆锥，显然这样找到的直径将与截面上所有它等分的弦成直角。

若圆锥是一个斜圆锥，这样找到的直径与它等分的平行弦一般不成直角，而只在轴向三角形 ABC 的平面与底面平面成直角的特殊情况下成直角。

再者，若 PM 是一条截线的直径，该截线由一个切割圆底面于直线 DME 且垂直于 BC 的平面作出，又若 PM 所在的方向使它延长到无限也不会与 AC 相交，即 PM 或是平行于 AC，或是与 PB 成一个小于角 BAC 的角度，则它与 CA 的延长线交于圆锥的顶点之外，上述平面所作的截线扩展到无限。因为，若我们在 PM 的延长线上取任意点 V，并通过它作 HK 平行于 BC，以及作 QQ'平行于 DE，则通过 HK，QQ'的平面就平行于 DE，BC，即平行于底面。因此，截线 $HQKQ'$是一个圆。

D,E,Q,Q'全都在圆锥曲面上，也在切割平面上。因此，截线 DPE 扩展到圆 HQK，并以类似的方式，扩展到通过 PM 延长线上任意点的圆截线，且因此扩展到由 P 算起的任意距离。[Ⅰ.8]

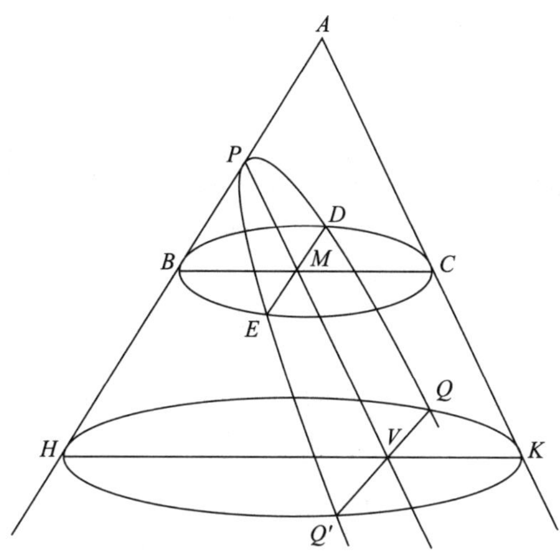

[很明显，$DM^2=BM\cdot MC$ 和 $QV^2=HV\cdot VK$；且 V 离 P 越远，$HV\cdot VK$ 越大。因为，在 PM 平行于 CA 的情形，VK 恒定而 HV 增加；且在直径 PM 与 CA 的延长线相交于超出圆锥顶点的情形，当 V 自 P 移开时，HV,VK 均增加。于是，当截线扩展到无限时，QV 无限增加。]

另一方面，若 PM 与 AC 相交，截线不扩展到无限。在那种情况下，若截线平面平行于底面或是反位面，则截线必定是一个圆。但若该截线平面既不平行于底面又不是反位面，则它必定不是一个圆。[Ⅰ.9]

因为，设截线平面 BC 与底面平面相交于垂直于 BC 的圆底面的直径 DME。取轴向三角形通过 BC，与截线平面相交于直线 PP'。于是 P,P',M 都是既在轴向三角形平面，又在截线平面中的点。因此 $PP'M$ 是一条直线。

设截线 PP'是一个圆，检验是否可能。取其上任意点 Q，作 QQ'平行于 DME。然后，若 QQ'交轴向三角形于 V，则 $QV=VQ'$。因此，PP'是假定的圆的直径。

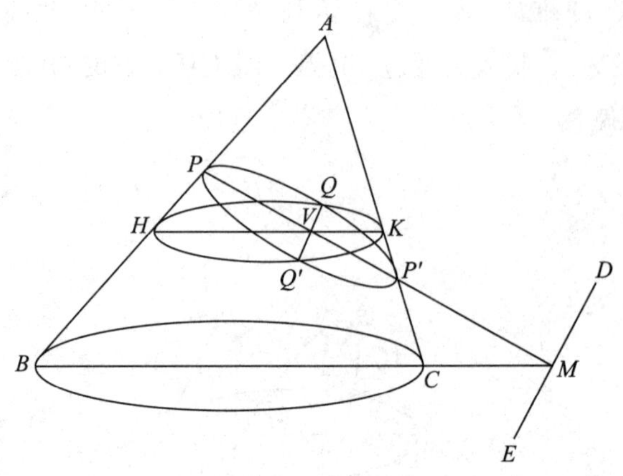

设 $HQKQ'$是通过 QQ'且平行于底面的圆截线。于是,由这些圆有

$$QV^2 = HV \cdot VK,$$

$$QV^2 = PV \cdot VP'。$$

$$\therefore HV \cdot VK = PV \cdot VP',$$

即
$$HV : PV = VP' : VK。$$

故三角形 VPH,VKP'相似,且

$$\angle PHV = \angle KP'V;$$

则$\angle KP'V = \angle ABC$,且截线平面是反位的;这与假设相矛盾。

$$\therefore PQP'\text{不是一个圆。}$$

尚需研究上页提及的(a)扩展到无限的那些截线,以及(b)有限但并非圆的那些截线的特征。

如通常那样,假定截线平面切割圆底面于一条直线 DME,以及 ABC 是轴向三角形,其底边 BC 是圆锥底面的一条直径,它在点 M 成直角等分 DME。于是,若截线平面与轴向三角形平面相交于直线 PM,则 PM 是等分截线平面上所有弦(如平行于 DE 的 QQ')的截线的直径。

若 QQ'如此被等分于 V,则 QV 被称为对直径 PM 的**纵坐标**,**或如同纵坐标**(τεταγμε ́νωςκατηγμε ́νη)的直线段;而被任意纵坐标 QV 在直径上所截的长度 PV 将被称为 QV 的**横坐标**。

命题 1

[Ⅰ.11]

首先设截线的直径 PM 平行于轴向三角形的一边如 AC，并设 QV 为任意点对直径 PM 的纵坐标。于是，若取一条直线 PL（假定垂直于截平面中的 PM）的长度使得 $PL:PA=BC^2:(BA\cdot AC)$，则可以证明

$$QV^2=PL\cdot PV。$$

作 HK 通过 V 且平行于 BC。于是，由 QV 也平行于 DE，可知通过 H,Q,K 的平面平行于圆锥的底面，因此生成了直径为 HK 的圆截线，且 QV 与 HK 成直角。

$$\therefore HV\cdot VK=QV^2。$$

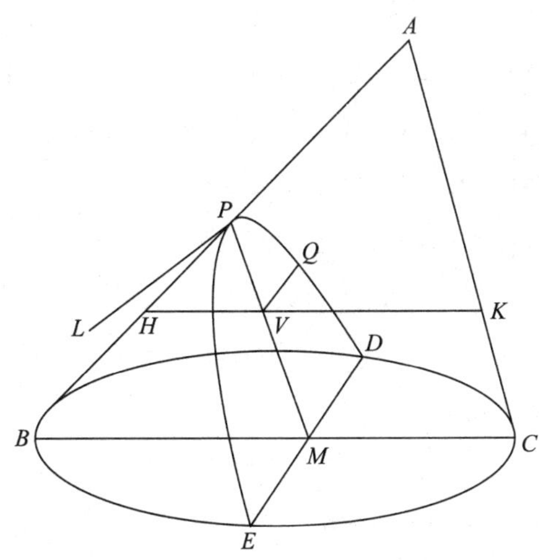

现在，由于相似三角形和平行性，

$$HV:PV=BC:AC$$

及

$$VK:PA=BC:BA。$$

$$\therefore (HV\cdot VK):(PV\cdot PA)=BC^2:(BA\cdot AC)。$$

因此

$$QV^2:(PV\cdot PA)=PL:PA$$
$$=(PL\cdot PV):(PV\cdot PA)。$$
$$\therefore QV^2=PL\cdot PV。$$

由此可知，在对固定直径 PM 的任意纵坐标上的正方形等于适配于

(παραβάλλειν)与 PM 成直角的一条固定直线 PL 的矩形,矩形的高度等于相应的横坐标 PV,从而该截线被称为**抛物线**。

固定直线 PL 被称为**正焦弦**(*Latus rectum*, ὀρθία)或**纵坐标的参数**(παρ' ἣν δύνανται αἱ καταγόμεναι τεταγμένως)。

这个对应于直径 PM 的参数,以后将用符号 p 标记。

于是
$$QV^2=p\cdot PV,$$
或者
$$QV^2\propto PV。$$

命题 2

[Ⅰ.12]

其次,设 PM 并不与 AC 平行,但设它与 CA 的延长线相交于圆锥顶点以外的 P'。作 PL 与截平面中的 PM 成直角,其长度使得 $PL:PP'=(BF\cdot FC):AF^2$,其中 AF 是通过 A,平行于 PM 且交 BC 于 F 的直线。于是,若作 VR 平行于 PL,以及连接 $P'L$ 并把它延长与 VR 相交于 R,则可以证明
$$QV^2=PV\cdot VR。$$

与前一样,作 HK 通过 V 平行于 BC,使得
$$QV^2=PV\cdot VK。$$

于是,由相似三角形,有
$$HV:PV=BF:AF,$$
$$VK:P'V=FC:AF。$$
$$\therefore\ (HV\cdot VK):(PV\cdot P'V)=(BF\cdot FC):AF^2。$$

因此
$$QV^2:(PV\cdot P'V)=PL:PP'$$
$$=VR:P'V$$
$$=(PV\cdot VR):(PV\cdot P'V)。$$
$$\therefore QV^2=PV\cdot VR。$$

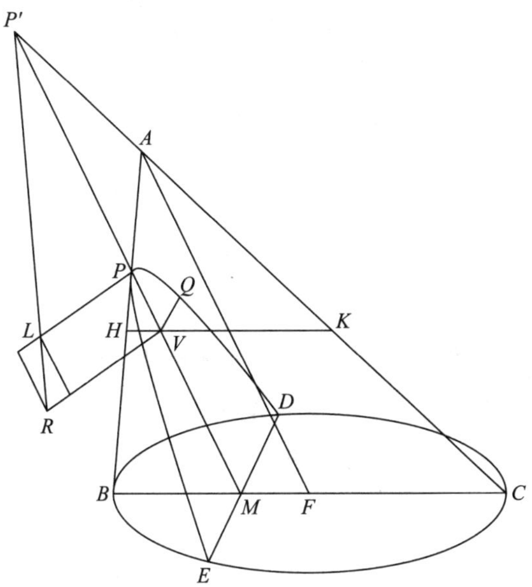

由此可知，在纵坐标上的正方形等于这样一个矩形，其高度等于横坐标，其底边沿着固定直线 PL 并多出（ὑπερβάλλει）等于 VR 与 PL 之差的长度。① 该截线因此被称为双曲线。

与前一样，PL 被称为**正焦弦**或**纵坐标的参数**，PP' 被称为**横径**②（*transverse*，ἡ πλευρα），有时也使用它的全名**横向直径**（*transverse diameter*，ἡ πλαγία διάμετρος）；甚至更为常见的是，阿波罗尼奥斯把直径和对应的参数一起提及，称后者为**正焦弦**（即竖直边，ἡ ὀρθία πλευρά），而前者为**图形**（εἶδος，即所作 PL，PP' 所夹矩形）在直径（πρὸς τῇδιαμέτρῳ）上或**适配于**直径的**横向边**（ἡπλαγία πλευρά）。

参数 PL 以后将记为 p。

［**推论**　由本命题

$$QV^2:(PV\cdot P'V)=PL:PP'$$

可知，对任意固定直径 PP'，

---

① 阿波罗尼奥斯把矩形 PR 描述为适配于正焦弦，但亏缺一个图形，它相似于以 PP' 与 PL 为边、并相似地放置的图形，即比矩形 VL 多出一个矩形 LR。于是，若 $PV=x$，$QV=y$，$PL=p$ 和 $PP'=d$，则

$$y^2=px+\frac{p}{d}\cdot x^2,$$

这就是双曲线在以一条直径及其端点的切线为轴的斜坐标系中的笛卡儿方程。

② 正焦弦在实轴（major axis 或 transverse axis）上，横径在虚轴（conjuc on jugateaxis）上。——译者注

$$QV^2:(PV\cdot P'V)\text{是一个恒定比值，}$$

或说 QV^2 如同 $PV\cdot P'V$ 一样变化。]

命题 3

[Ⅰ.13]

若 PM 交 AC 于 P' 及交 BC 于 M，作 AF 平行于 PM，交 BC 的延长线于 F，并作 PL 与截平面中的 PM 成直角，且其长度使得 $PL:PP'=(BF\cdot FC):AF^2$。连接 $P'L$ 并作 VR 平行于 PL，交 $P'L$ 于 R，则可以证明

$$QV^2=PV\cdot VR。$$

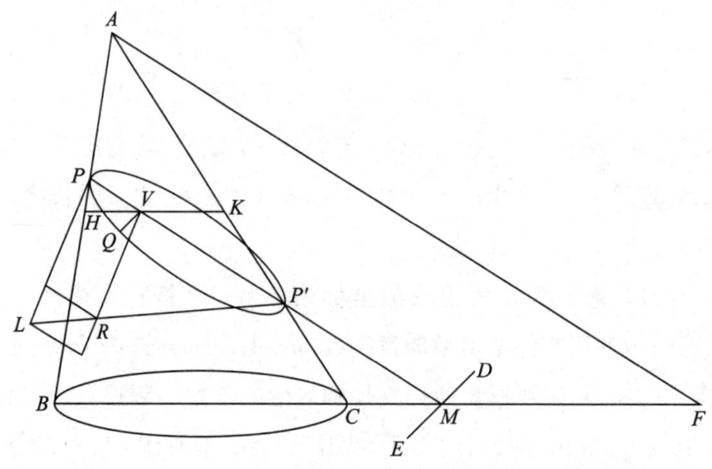

通过 V 作 HK 平行于 BC，则与前一样，

$$QV^2=HV\cdot VK。$$

现在，由相似三角形的性质，有

$$HV:PV=BF:AF,$$

$$VK:P'V=FC:AF。$$

$$\therefore (HV\cdot VK):(PV\cdot P'V)=(BF\cdot FC):AF^2。$$

因此

$$\begin{aligned}QV^2:(PV\cdot P'V)&=PL:PP'\\&=VR:P'V\\&=(PV\cdot VR):(PV\cdot P'V)。\end{aligned}$$

$$\therefore QV^2 = PV \cdot VR。$$

因此,纵坐标上的正方形的面积等于一个矩形,其高度等于横坐标,其底边沿着固定直线 PL 但比它短(ἐλλείπει)等于 VR 与 PL 之差的一个长度。[①] 该截线因此被称为椭圆。

与前一样,PL 被称为**正焦弦**或对直径 PP' **的纵坐标的参数**,而 PP' 本身被称为**横径**(如在前一个命题中所说明的,也可用横向直径或图形的横向边)。

PL 以后将记为 p。

[**推论** 由比例式

$$QV^2 : (PV \cdot PV') = PL : PP'$$

可知,对于任意固定直径 PP',

$$QV^2 : (PV \cdot PV')\text{是一个恒定比值,}$$

或者说,QV^2 随着 $PV \cdot PV'$ 而改变。]

命题 4

[Ⅰ.14]

若双圆锥的两部分都被一个不通过其顶点的平面切割,则圆锥两部分的截线都是双曲线,它们有相同的直径及相等的对应正焦弦,并且这样的截线称为相对的分支。

设 BC 是直线沿之旋转而生成圆锥的圆,并设 $B'C'$ 是切割圆锥的相应另一半的任意平行平面。设一个平面切割了圆锥的两半,该平面交底面 BC 于直线 DE,交平面 $B'C'$ 于 $D'E'$,则 $D'E'$ 必定平行于 DE。

---

① 阿波罗尼奥斯把矩形 PR 描述为适配于正焦弦,但亏缺一个图形,该图形与 PP' 和 PL 包含的图形相似,并相似地放置,即比矩形 VL 亏缺一个矩形 LR。

若 $PV=x, QV=y, PL=p$ 和 $PP'=d$,则

$$y^2 = px - \frac{p}{d} \cdot x^2,$$

于是,阿波罗尼奥斯的说明就是表示了在一根直径及其端点的切线为轴的斜坐标系中的笛卡儿方程。

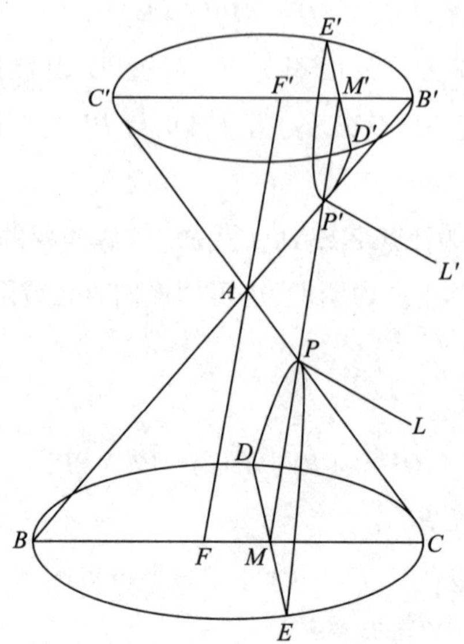

设 BC 是成直角等分 DE 的底面的那条直径,并设通过 BC 及顶点 A 的一个平面切割圆 $B'C'$ 于 $B'C'$,$B'C'$ 因此将是那个圆的直径,并将成直角切割 $D'E'$,因为 $B'C'$ 平行于 BC,且 $D'E'$ 平行于 DE。

作 FAF' 通过 A 并平行于 MM',则连接 DE,$D'E'$ 中点的直线分别交 CA,$B'A$ 于 P,P'。

在截线平面中作 MM' 的垂线 PL,$P'L'$,其长度使得

$$PL : PP' = (BF \cdot FC) : AF^2,$$

$$P'L' : P'P = (B'F' \cdot F'C') : AF'^2。$$

因为现在截线 DPE 的直径 MP 延长后交 BA 的延长线于顶点之外,截线 DPE 是双曲线。

再者,因为 $D'E'$ 被轴向三角形 $AB'C'$ 的底边成直角等分,且 $M'P$ 在轴向三角形 $AB'C'$ 平面中交 $C'A$ 的延长线于顶点 A 之外,截线 $D'P'E'$ 也是一条双曲线,并且两条双曲线有相同的直径 $MPP'M'$。

尚需证明 $PL = P'L'$。

由相似三角形我们有

$$BF : AF = B'F' : AF',$$

$$FC : AF = F'C' : AF'。$$

$$\therefore (BF \cdot FC) : AF^2 = (B'F' \cdot F'C') : AF'^2。$$

因此
$$PL : PP' = P'L' : P'P。$$

$$\therefore PL = P'L'。$$

直径及共轭直径

命题 5

[Ⅰ.15]

若通过一个椭圆的直径 PP' 的中点 C，对 PP' 作一个双向纵坐标 DCD'，则 DCD' 将等分所有平行于 PP' 的弦，它因此将是一条直径，对它的纵坐标平行于 PP'。

换句话说，若第一条直径等分所有平行于第二条直径的弦，第二条直径将等分所有平行于第一条直径的弦。

并且，对 DCD' 纵坐标的参数将是 DD'，PP' 的第三比例项。[1]

(1) 设 QV 是对 PP' 的任意纵坐标，通过 Q 作 QQ' 平行于 PP'，交 DD' 于 v 及交椭圆于 Q'；并设 $Q'V'$ 是由 Q' 对 PP' 所作的纵坐标。[2]

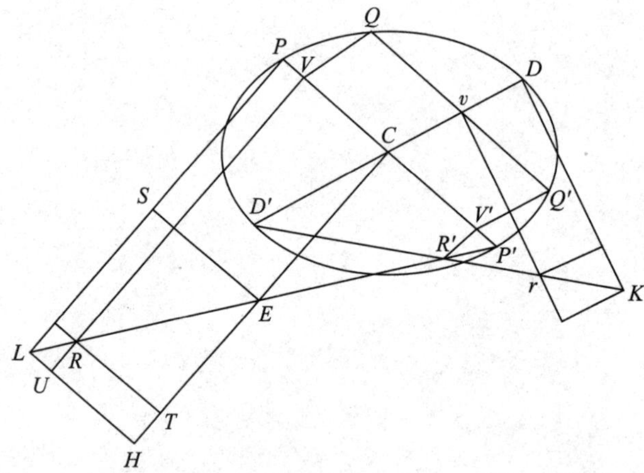

① 若 $a:b=b:c$，则 c 称为 a 与 b 的第三比例中项。——译者注

② 对图作了些修改。

1. $QQ'/\!/PP'$，
2. $QV/\!/Q'V'$，
3. 原来的 QV 太短，且 $Q'V'$ 与 $V'R'$ 应不在一条直线上。——译者注

于是，若 PL 是纵坐标的参数，且若已连接 $P'L$，并作 $VR, CE, V'R'$ 平行于 PL 且与 $P'L$ 相交，则我们有[命题3]

$$QV^2 = PV \cdot VR,$$

$$Q'V'^2 = PV' \cdot V'R';$$

且 $QV = Q'V'$，因为 QV 平行于 $Q'V'$，以及 QQ' 平行于 PP'。

$$\therefore PV \cdot VR = PV' \cdot V'R'。$$

因此 $$PV : PV' = V'R' : VR = P'V' : P'V。$$

$$\therefore PV : PV' \sim PV = P'V' : P'V \sim P'V'$$

或者 $$PV : VV' = P'V' : VV'。$$

$$\therefore PV = P'V'。$$

并且 $$CP = CP'。$$

通过相减，有 $$CV = CV',$$

进而有 $Qv = vQ'$，故 QQ' 被 DD' 等分。

(2) 作 DK 与 DD' 成直角，且其长度使得 $DD' : PP' = PP' : DK$。连接 $D'K$ 并作 vr 平行于 DK 并交 $D'K$ 于 r。

又作 TR, LUH 及 ES 平行于 PP'，则因为 $PC = CP'$，$PS = SL$ 和 $CE = EH$；有平行四边形

$$(PE) = (SH)。$$

并且 $$(PR) = (VS) + (SR) = (SU) + (RH)。$$

做减法，有 $$(PE) - (PR) = (RE);$$

$$\therefore CD^2 - QV^2 = RT \cdot TE。$$

但 $$CD^2 - QV^2 = CD^2 - Cv^2 = D'v \cdot vD。$$

$$\therefore D'v \cdot vD = RT \cdot TE。 \cdots\cdots\cdots \text{(A)}$$

现有 $DD' : PP' = PP' : DK$，由假设。

$$\therefore DD' : DK = DD'^2 : PP'^2$$

$$= CD^2 : CP^2$$

$$= (PC \cdot CE) : CP^2$$

$$= (RT \cdot TE) : RT^2,$$

以及 $$DD' : DK = D'v : vr$$

$$= (D'v \cdot vD) : (vD \cdot vr);$$

$$\therefore (D'v \cdot vD) : (Dv \cdot vr) = (RT \cdot TE) : RT^2,$$

又 $$D'v \cdot vD = RT \cdot TE$$,由以上(A)式;

$$\therefore Dv \cdot vr = RT^2 = CV^2 = Qv^2。$$

于是,DK 是对 DD' 的纵坐标(例如 Qv)的参数。

因此,对 DD' 的纵坐标的参数是对 PP',DD' 的第三比例项。

推论 我们有

$$CD^2 = PC \cdot CE$$

$$= \frac{1}{2}PP' \cdot \frac{1}{2}PL;$$

$$\therefore DD'^2 = PP' \cdot PL,$$

或者 $$PP' : DD' = DD' : PL,$$

且 PL 是对 PP',DD' 的第三比例项。

因此 PP',DD' 与对应的参数之间的关系是倒数关系。

定义 直径如 PP',DD',每根等分所有与另一根相互平行的弦,称为**共轭直径**。

命题 6

[Ⅰ.16]

若从一条双分支双曲线直径的中点作一条线平行于对该直径的纵坐标,则该线是与前一条直径共轭的直径。

若作任意直线平行于给定直径 PP',并分别交双曲线的两个分支于 Q,Q',且若由 PP' 的中点 C 作一条直线平行于对 PP' 的纵坐标,并交 QQ' 于 v,我们需证明 QQ' 在 v 被等分。

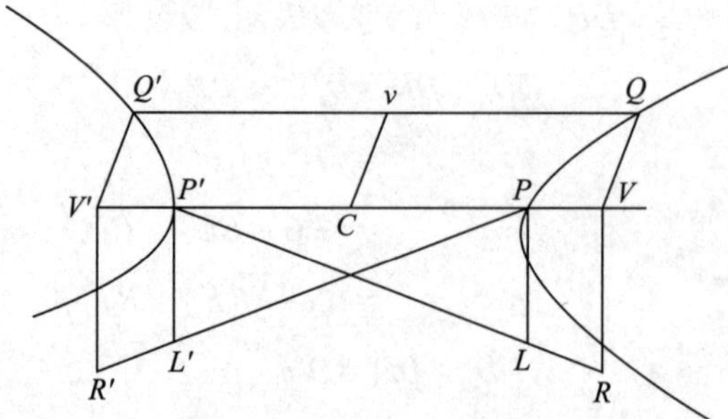

设 $QV, Q'V'$是对 PP'的纵坐标,并设 $PL, P'L'$是每个分支中纵坐标的参数,使得[命题 4]$PL=P'L'$。作 $VR, V'R'$分别平行于 $PL, P'L'$,又连接 $PL', P'L$ 并延长,分别交 $V'R', VR$ 于 R', R。

于是我们有
$$QV^2=PV \cdot VR,$$
$$Q'V'^2=P'V' \cdot V'R'。$$
$$\therefore PV \cdot VR=P'V' \cdot V'R',即 V'R' : VR=PV : P'V'。$$

并且
$$PV' : V'R'=PP' : P'L'=P'P : PL=P'V : VR。$$
$$\therefore PV' : P'V = V'R' : VR$$
$$=PV : P'V',由以上;$$
$$\therefore PV' : PV=P'V : P'V'。$$

又
$$(PV'+PV) : PV=(P'V+P'V') : P'V',$$

即
$$VV' : PV=VV' : P'V';$$
$$\therefore PV=P'V'。$$

又由
$$CP=CP',$$

相加后得
$$CV=CV',$$

即
$$Qv=Q'v。$$

因此 Cv 是与 PP'共轭的直径。

[更为简洁地,由命题 2 的证明,我们有
$$QV^2 : (PV \cdot P'V)=PL : PP',$$
$$Q'V'^2 : (P'V' \cdot PV')=P'L' : PP',$$

以及
$$QV=Q'V',\ PL=P'L';$$
$$\therefore PV \cdot P'V=PV' \cdot P'V' 或者 PV : PV'=P'V' : P'V,$$

据此,与前面一样,
$$PV=P'V'。]$$

定义 椭圆或双曲线直径的中点称为**中心**;平行于直径的纵坐标,长度等于直径与参数之间的比例中项,并且在中心处被等分的直线称为**第二直径**(δευτέρα διάμετρος)。

命题 7

[Ⅰ.20]

在一条抛物线中,对直径的一个纵坐标的平方如同横坐标一样变化。

显然,这由命题 1 即可得到。

命题 8

[Ⅰ.21]

在一条抛物线、一个椭圆或一个圆中,若 QV 是对直径 PP' 的任意纵坐标,则

$$QV^2 \propto PV \cdot P'V。$$

[这个性质由在命题 2 和 3 的推导过程中得到的比例式

$$QV^2 : (PV \cdot P'V) = PL : PP'$$

即可知;但是阿波罗尼奥斯给出了由性质 $QV^2 = PV \cdot VR$ 开始的一个单独的证明,这个性质构成了圆锥曲线定义的基础,如下所述。]

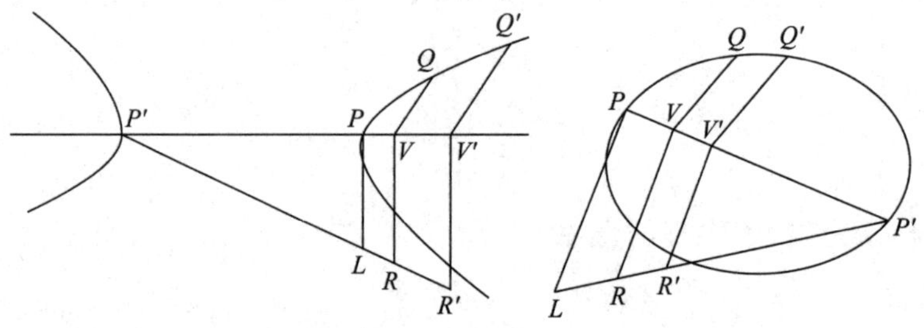

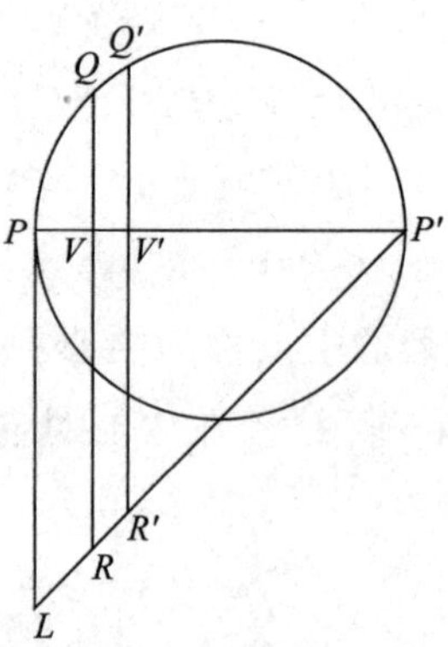

设 $QV, Q'V'$ 是对直径 PP' 的两个纵坐标。

于是

$$QV^2 = PV \cdot VR,$$

$$Q'V'^2 = PV \cdot V'R';$$

$$\therefore QV^2 : (PV \cdot P'V) = (PV \cdot VR) : (PV \cdot P'V)$$
$$= VR : P'V = PL : PP'。$$

类似地，$Q'V'^2 : (PV' \cdot P'V') = PL : PP'$。

$$\therefore QV^2 : Q'V'^2 = (PV \cdot P'V) : (PV' \cdot P'V');$$

以及 $QV^2 : (PV \cdot P'V)$ 是一个恒定比值，

或者 $$QV^2 \propto PV \cdot P'V。$$

命题 9

[Ⅰ.29]

若通过双分支双曲线中心的一条直线与一个分支相交，它延长后也将与另一个分支相交。

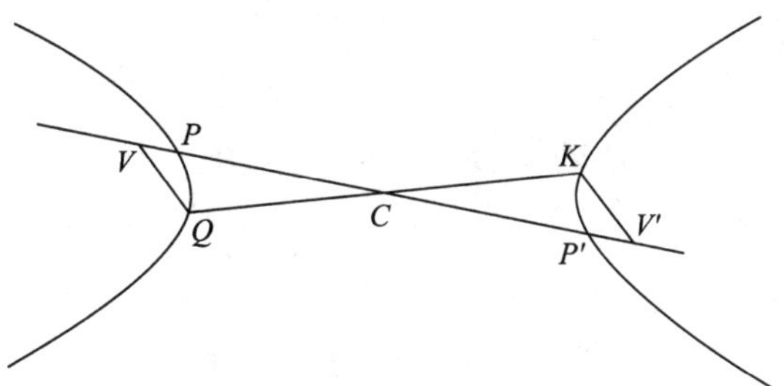

设 PP' 为给定直径，C 为中心。设 CQ 交一个分支于 Q。作对 PP' 的纵坐标 QV，并沿着 PP' 在中心另一侧取 CV' 等于 CV。设 $V'K$ 为通过 V' 的对 PP' 的纵坐标。我们将证明 QCK 是一条直线。

由于 $CV=CV'$ 和 $CP=CP'$，可知 $PV=P'V'$；

$$\therefore PV \cdot P'V = P'V' \cdot PV'。$$

又 $$QV^2 : KV'^2 = (PV \cdot P'V) : (P'V' \cdot PV') [命题 8],$$

$$\therefore QV = KV';$$

又 $$QV, KV' 平行，且\ CV = CV',$$

因此，QCK 是一条直线。

从而，若延长 QC，则它将切割相对的分支。

命题 10

[Ⅰ.30]

在双曲线或椭圆中，通过中心的任意弦皆在中心被等分。

设 PP' 为直径且 C 为中心，并设 QQ' 为通过中心的任意弦。作对直径 PP' 的纵坐标 $QV, Q'V'$。

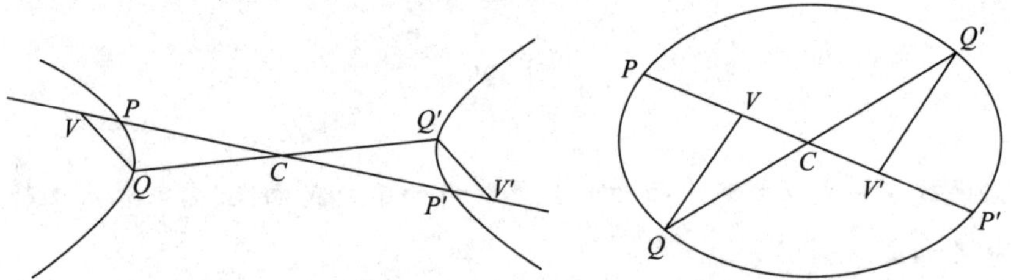

于是

$$(PV \cdot P'V) : (P'V' \cdot PV') = QV^2 : Q'V'^2$$
$$= CV^2 : CV'^2,$$ 由相似三角形的性质。

$$\therefore (CV^2 \pm PV \cdot P'V) : CV^2 = (CV'^2 \pm P'V' \cdot PV') : CV'^2$$

（其中上半符号适用于椭圆，下半符号适用于双曲线）。

$$\therefore CP^2 : CV^2 = CP'^2 : CV'^2。$$

但是 $$CP^2 = CP'^2;$$

$$\therefore CV^2 = CV'^2,$$ 以及 $CV = CV'$。

且 $QV, Q'V$ 平行；

$$\therefore CQ = CQ'。$$

切 线

命题 11

[Ⅰ.17,32]

若作一条直线通过任意圆锥曲线直径的端点,平行于对该直径的纵坐标,则该直线将与圆锥曲线相切,且没有其他直线可以落入它与圆锥曲线之间。

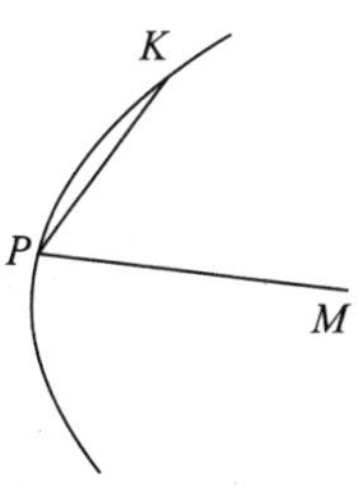

首先证明如此作出的直线将落在圆锥曲线以外。

因为若并非如此,设它落入其中,如同 PK,这里 PM 是给定的直径。于是由圆锥曲线上 K 点所作平行于对 PM 的纵坐标的 KP,将与 PM 相交并被它等分。但 KP 的延长线落入圆锥曲线之外;因此它将不会在 P 被等分。

因此,直线 PK 必定落在圆锥曲线以外,并因此将与它相切。

还需证明,没有直线可以落入如此作出的直线与圆锥曲线之间。

(1) 设圆锥曲线为抛物线,并设 PF 平行于对直径 PV 的纵坐标。设 PK 落入 PF 与抛物线之间,检验是否可能;作 KV 平行于纵坐标,交曲线于 Q。

于是

$$\begin{aligned} KV^2 : PV^2 &> QV^2 : PV^2 \\ &> (PL \cdot PV) : PV^2 \\ &> PL : PV。\end{aligned}$$

若在 PV 上取 V',使得

$$KV^2 : PV^2 = PL : PV',$$

并作 $V'Q'M$ 平行于 QV,交曲线于 Q'和交 PK 于 M,则

$$\begin{aligned} KV^2 : PV^2 &= PL : PV' \\ &= (PL \cdot PV) : PV'^2 \\ &= Q'V'^2 : PV'^2, \end{aligned}$$

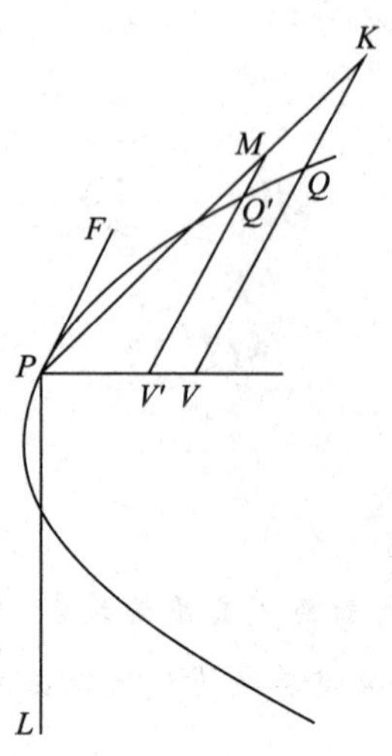

又 $KV^2 : PV^2 = MV'^2 : PV'^2$,由平行性。

因此 $MV'^2 = Q'V'^2$,即 $MV' = Q'V'$。

于是,PK 切割该曲线于 Q',且因此不落在曲线以外;而这与假设相左。

因此没有直线可以落入 PF 与曲线之间。

(2) 设该曲线为双曲线或椭圆或圆。

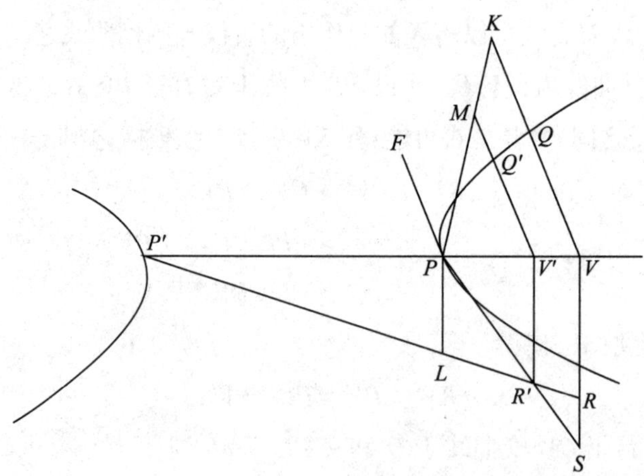

设 PF 平行于对 PP' 的纵坐标,并设 PK 落在 PF 与曲线之间,检验是否可能。作 KV 平行于纵坐标,交曲线于 Q,又作 VR 垂直于 PV。连接 $P'L$ 并设它(必要时延长)交 VR 于 R。

于是 $QV^2 = PV \cdot VR$,故 $KV^2 > PV \cdot VR$。

在 VR 的延长线上取一点 S,使得 $KV^2=PV\cdot VS$。连接 PS 并设它交 $P'R$ 于 R'。作 $R'V'$平行于 PL,交 PV 于 V',并通过 V'作 $V'Q'M$ 平行于 QV,交曲线于 Q' 并交 PK 于 M。

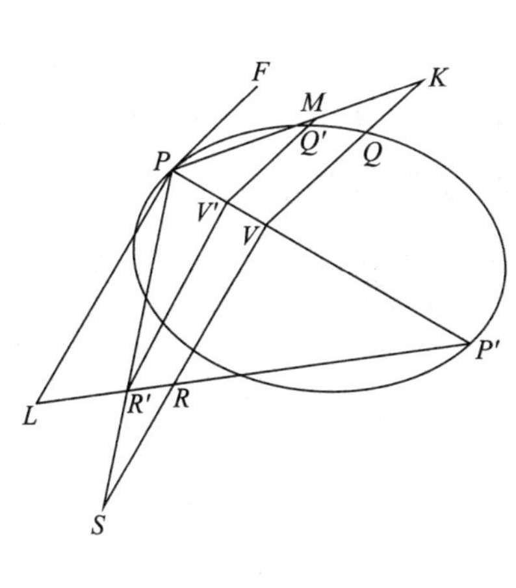

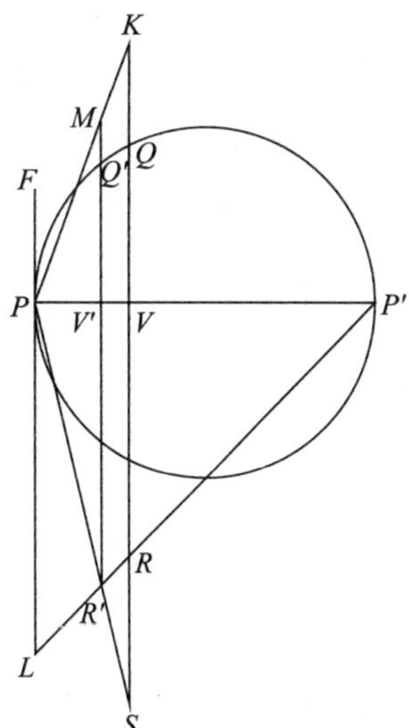

现在 $$KV^2=PV\cdot VS$$

$$\therefore VS:KV=KV:PV,$$

故 $$VS:PV=KV^2:PV^2。$$

因此,由平行性,有

$$V'R':PV'=MV'^2:PV'^2,$$

或者,MV'是 PV',$V'R'$之间的比例中项,

即 $$MV'^2=PV'\cdot V'R'$$

$$=QV'^2,\text{ 由圆锥曲线的性质。}$$

$$\therefore MV'=Q'V'。$$

于是,PK 切割曲线于 Q',因此不会落入其外:这与假设相左。

从而不会有直线落入 PF 与曲线之间。

命题 12

[Ⅰ.33,35]

若在一条抛物线的直径上曲线外的部分取一点 T 使得 $TP=PV$,其中 V 是由 Q 至直径 PV 的纵坐标的底脚,则线 TQ 将与抛物线相切。

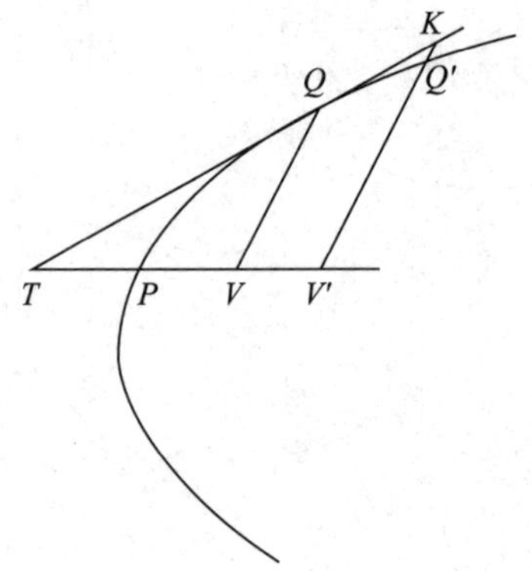

我们必须证明,直线 TQ 或 TQ 的延长线不可能在 Q 的任一侧落入曲线之内。

因为若有可能,设 TQ 或 TQ 延长线上的一点 K 落在曲线[①]内,并通过 K 作 $Q'KV'$平行于一个纵坐标,交直径于 V'和交曲线于 Q'。

于是根据假设,
$$Q'V'^2 : QV^2 > KV'^2 : QV^2,$$
$$> TV'^2 : TV^2。$$
$$\therefore PV' : PV > TV'^2 : TV^2。$$
因此
$$(4TP \cdot PV') : (4TP \cdot PV) > TV'^2 : TV^2,$$
且因为
$$TP=PV,$$
$$4TP \cdot PV=TV^2,$$
$$\therefore 4TP \cdot PV' > TV'^2。$$
但是根据假设,TV'并不在 P 被等分,故
$$4TP \cdot PV' < TV'^2,$$

① 虽然这个命题和下一个命题的证明在形式上都遵循了归谬法,容易看出它们实际上给出了以下事实的直接证明,如果 K 是切线上除了切点 Q 以外的任意点,那么 K 位于曲线之外,因为若 $KQ'V'$平行于 QV,则已经证明了 $KV' > Q'V'$。两个命题中的图都按照实际情况绘制,而不是代表在每种情况下都导致谬误的不正确假设。

这导致谬误。

因此 TQ 上的任何点都不落入曲线中，从而它是一条切线。

反之，若在 Q 的切线交直径延长线于曲线外的点 T，$TP=PV$；也没有直线可以落入 TQ 与曲线之间。

[阿波罗尼奥斯用归谬法单独地对之给出了证明。]

命题 13

[Ⅰ.34,36]

在双曲线、椭圆或圆中，若 PP' 是直径，以及 QV 是由点 Q 到它的纵坐标，又若在直径上但曲线外取一点，使得 $TP:TP'=PV:VP'$，则直线 TQ 将与该曲线相切。

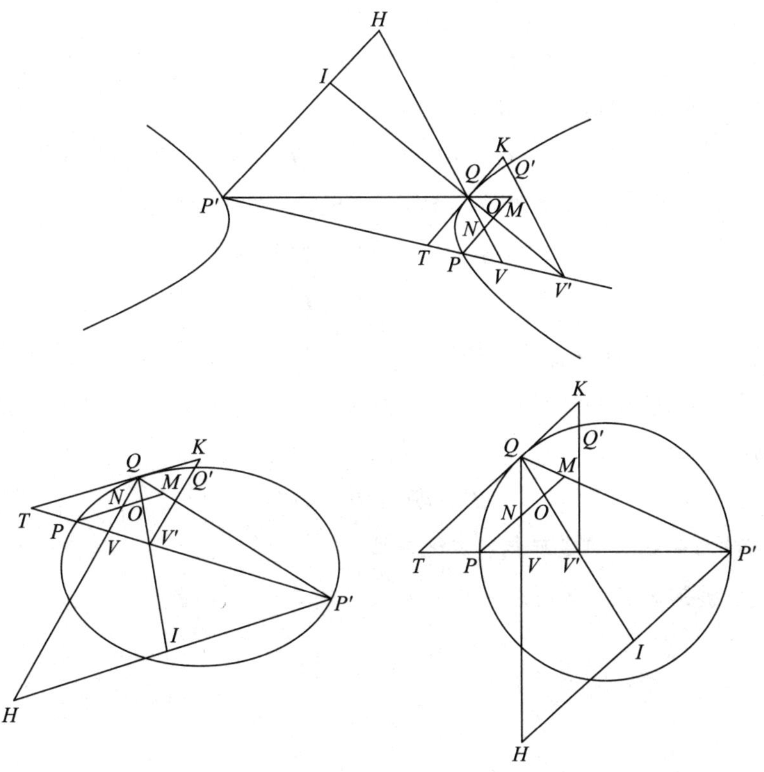

我们必须证明 TQ 或 TQ 的延长线上的点不可能落入曲线内。

设 TQ 或 TQ 的延长线上的一点 K 落入曲线内部,检验是否可能;[①]作 $Q'KV'$ 平行于一个纵坐标,并交曲线于 Q'。连接 $P'Q$,$V'Q$,需要时延长它们,并通过 P',P 作 TQ 的平行线,它们分别交 $V'Q$,VQ 于 I,O 和 H,N。又设通过 P 的平行线与 $P'Q$ 相交于 M。

现在根据假设, $P'V : PV = TP' : TP$;

$\therefore$ 由于平行性, $P'H : PN = P'Q : QM$

$= P'H : NM$。

因此 $PN = NM$。

从而 $PN \cdot NM > PO \cdot OM$,

即 $NM : MO > OP : PN$;

$\therefore P'H : P'I > OP : PN$,

即 $P'H \cdot PN > P'I \cdot OP$。

由此可知 $(P'H \cdot PN) : TQ^2 > (P'I \cdot OP) : TQ^2$;

$\therefore$ 由相似三角形的性质,

$$(P'V \cdot PV) : TV^2 > (P'V' \cdot PV') : TV'^2,$$

或者 $(P'V \cdot PV) : (P'V' \cdot PV') > TV^2 : TV'^2$;

$$\therefore QV^2 : Q'V'^2 > TV^2 : TV'^2$$

$$> QV^2 : KV'^2。$$

$\therefore Q'V' < KV'$,而这与假设相左。于是,TQ 并未切割曲线,而是与之相切。

反之,若在 Q 点的切线与直径 PP' 相交于截线之外的点 T,且 QV 是 Q 的纵坐标,则

$$TP : TP' = PV : VP';$$

并且在 TQ 与曲线之间不可能有其他直线。

[这又被阿波罗尼奥斯用一个简单归谬法单独予以证明。]

① 见前一命题的注。

命题 14

[Ⅰ.37,39]

在双曲线、椭圆或圆中,若 QV 是对直径 PP' 的一个纵坐标,且在 Q 的切线交 PP' 于 T,则

(1) $CV \cdot CT = CP^2$,

(2) $QV^2 : (CV \cdot CT) = p : PP'$[或 $CD^2 : CP^2$]。①

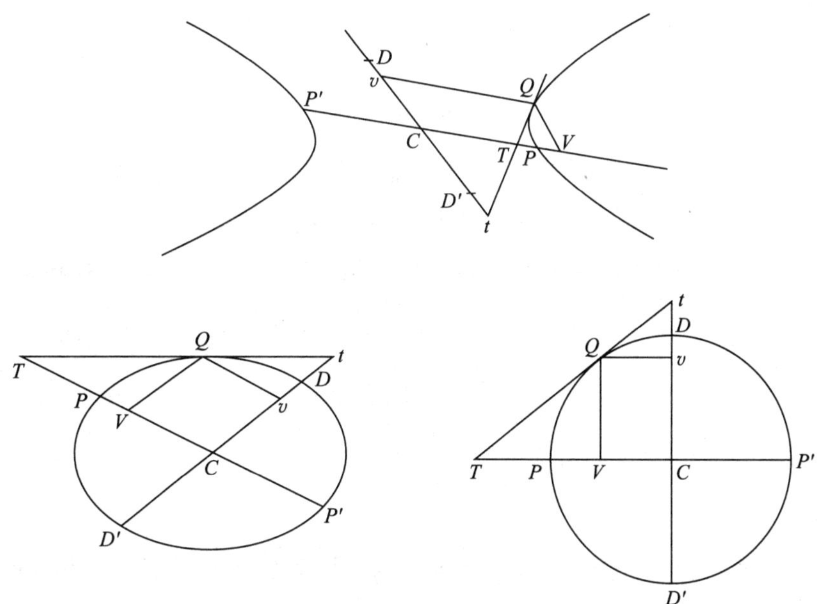

(1) 因为 QT 是在 Q 的切线,

$$TP : TP' = PV : P'V, \qquad [命题 13]$$

$$\therefore (TP+TP') : (TP \sim TP') = (PV+P'V) : (PV \sim P'V);②$$

于是,对双曲线,

① 图中的 DD' 指共轭直径,对圆和椭圆而言,由图即已很明显,但对双曲线,则需绘出共轭双曲线才容易看清楚。——译者注

② 这里的"~"表示前后两项之差。因为对于不同的曲线,这两项孰大孰小不尽相同。例如对双曲线,$CV>CP$,而对圆和椭圆,$CV<CP$。符号"~"是表示它们差值的简单方法,姑且称为差号。这个符号及由此衍生来的差加号"∓"和加差号"±",后面多处还会出现。——译者注

$$2CP : 2CT = 2CV : 2CP;$$

而对椭圆或圆,

$$2CT : 2CP = 2CP : 2CV;$$

因此,对所有三种曲线

$$CV \cdot CT = CP^2。$$

(2)因为 $CV : CP = CP : CT$。

$$(CV \sim CP) : CV = (CP \sim CT) : CP,$$

据此 $PV : CV = PT : CP$,

或者 $PV : PT = CV : CP$。

$$\therefore PV : (PV + PT) = CV : (CV + CP),$$

或者 $PV : VT = CV : P'V$,

即 $CV \cdot VT = PV \cdot P'V$。

又 $QV^2 : (PV \cdot P'V) = p : PP'$(或 $CD^2 : CP^2$),[命题 8]

$$\therefore QV^2 : (CV \cdot VT) = p : PP'(或\ CD^2 : CP^2)。$$

推论 由此即知,$QV : VT$ 等于 $p : PP'$(或 $CD^2 : CP^2$)与 $CV : QV$ 的复比。

命题 15

[Ⅰ.38,40]

若 Qv 是对与 PP' 共轭的直径的纵坐标,且在 Q 的切线 QT 交共轭直径于 t,则

(1) $Cv \cdot Ct = CD^2$,

(2) $Qv^2 : (Cv \cdot vt) = PP' : p$[或 $CP^2 : CD^2$],

(3) *对双曲线* $tD : tD' = vD' : vD$,

以及对椭圆和圆 $tD : tD' = vD : vD'$。

利用对前一个命题所作的图,我们有(1)的证明如下:

$$QV^2 : (CV \cdot VT) = CD^2 : CP^2。 \quad [命题 14]$$

又 $QV : CV = Cv : CV$,

且 $QV : VT = Ct : CT$;

$$\therefore QV^2 : (CV \cdot VT) = (Cv \cdot Ct) : (CV \cdot CT)。$$

因此 $$(Cv \cdot Ct):(CV \cdot CT)=CD^2:CP^2。$$

又 $$CV \cdot CT=CP^2,$$ [命题 14]

$$\therefore Cv \cdot Ct=CD^2。$$

(2) 与前相同,

$$QV^2:(CV \cdot VT)=CD^2:CP^2(\text{或 } p:PP')。$$

又 $$QV:CV=Cv:Qv,$$

且 $$QV:VT=vt:Qv;$$

$$\therefore QV^2:(CV \cdot VT)=(Cv \cdot vt):Qv^2。$$

因此 $$Qv^2:(Cv \cdot vt)=CP^2:CD^2$$

$$=PP':p。$$

(3) 再者,

$$Ct \cdot Cv=CD^2=CD \cdot CD';$$

$$\therefore Ct:CD=CD':Cv,$$

$$\therefore (Ct+CD):(Ct \sim CD)=(CD'+Cv):(CD' \sim Cv)。$$

于是,对双曲线有 $$tD:tD'=vD':vD,$$

及对椭圆和圆有 $$tD':tD=vD':vD。$$

推论 由(2)可知,$Qv:Cv$ 等于 $PP':p$(或 $CP^2:CD^2$)与 $vt:Qv$ 的复比。

以任意新的直径及在其端点的切线为参考的圆锥曲线的命题

命题 16

[Ⅰ.41]

在双曲线、椭圆或圆中，若分别在 QV, CP 上作等角平行四边形 (VK), (PM)，且它们的边使得 $\frac{QV}{QK}=\frac{p}{PP'}\cdot\frac{CP}{CM}\left[即\frac{CD^2}{CP^2}\cdot\frac{CP}{CM}\right]$，又若 (VN) 是在 CV 上的平行四边形，与 (PM) 相似且相似地放置，则

$$(VN)\pm(VK)=(PM),$$

符号"–"适用于双曲线。

假定在 KQ 的延长线上如此取 O，使得

$$QV : QO=p : PP',$$

故
$$QV^2 : (QV\cdot QO)=QV^2 : (PV\cdot P'V)。$$

于是
$$QV\cdot QO=PV\cdot P'V。\quad\cdots\cdots(1)$$

并且 $QV : QK=(CP : CM)\cdot(p : PP')=(CP : CM)\cdot(QV : QO)$，

或者
$$(QV : QO)\cdot(QO : QK)=(CP : CM)\cdot(QV : QO);$$

$$\therefore QO : QK=CP : CM。\quad\cdots\cdots(2)$$

又
$$QO : QK=(QV\cdot QO) : (QV\cdot QK)$$

且
$$CP : CM=CP^2 : (CP\cdot CM);$$

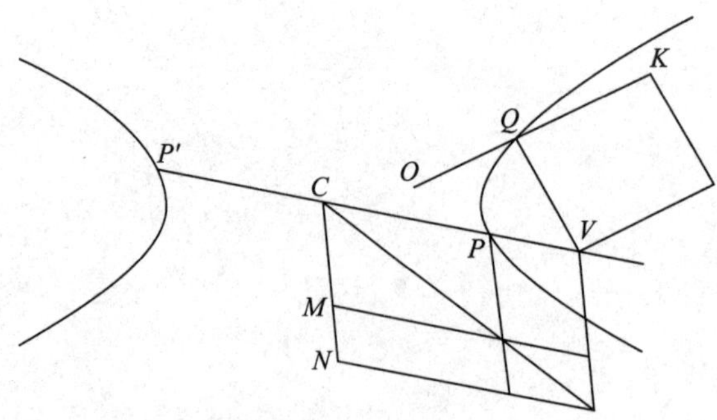

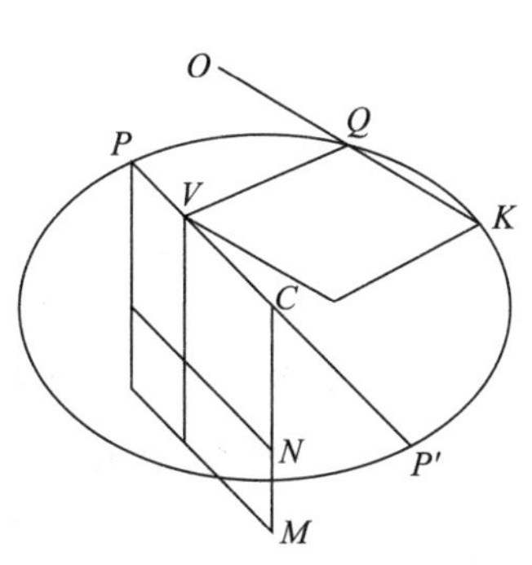

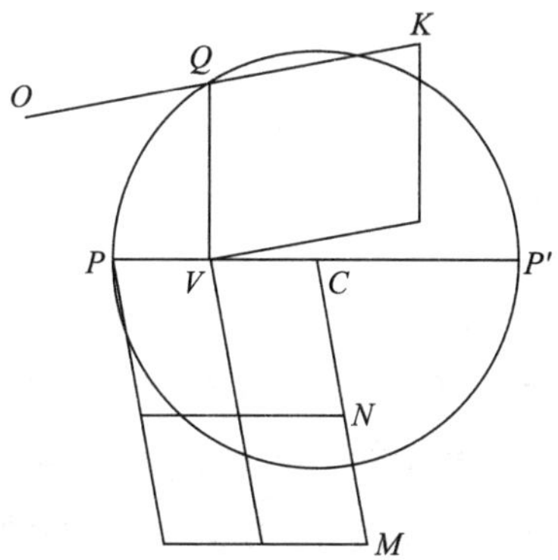

$$\therefore CP^2:(CP\cdot CM)=(QV\cdot QO):(QV\cdot QK)$$

$$=(PV\cdot P'V):(QV\cdot QK)\text{，由(1)式。}$$

因此，因为 PM，VK 是等角的，故

$$CP^2:(PV\cdot P'V)=(PM):(VK)\text{。} \qquad (3)$$

因此　　$(CP^2\mp PV\cdot P'V):CP^2=[(PM)\mp(VK)]:(PM)$，

这里符号"-"适用于椭圆和圆，符号"+"适用于双曲线。

$$\therefore CV^2:CP^2=[(PM)\mp(VK)]:(PM)\text{。}$$

且因此　　$(VN):(PM)=[(PM)\mp(VK)]:(PM)$，

以致　　$(VN)=(PM)\mp(VK)$，

或　　$(VN)\pm(VK)=(PM)$。

[以上证明复制了阿波罗尼奥斯给出的方法，原方法是为了说明它可以用纯几何手段处理略微复杂的问题。本命题可以用更接近于代数的一种方法较简洁地证明如下。

我们有　　$QV^2:(CV^2\sim CP^2)=CD^2:CP^2$，

以及　　$\dfrac{QV}{QK}=\dfrac{CD^2}{CP^2}\cdot\dfrac{CP}{CM}$，即 $QV=QK\cdot\dfrac{CD^2}{CP\cdot CM}$；

$$\therefore QV\cdot QK\cdot\frac{CD^2}{CP\cdot CM}:(CV^2\sim CP^2)=CD^2:CP^2,$$

或者　　$QV\cdot QK=CP\cdot CM\left(\dfrac{CV^2}{CP^2}\sim 1\right)$。

$$\therefore (VK)=(VN)\sim(PM),$$

或者　　$(VN)\pm(VK)=(PM)$。]

命题 17

[Ⅰ.42]

在一条抛物线中，若 QV，RW 是对通过 P 的直径的纵坐标，QT 是在 Q 的切线，连同与之平行的 RU，分别交直径于 T，U；又若通过 Q 作直径的平行线，与 RW 的延长线相交于 F，及与在 P 的切线相交于 E，则

$$\triangle RUW = \square(EW)。$$

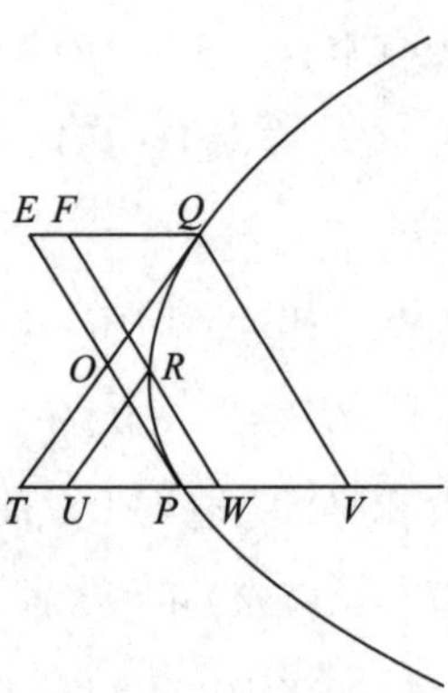

因为 QT 是一条切线，

$TV=2PV$；[命题 12]

$\therefore \triangle QTV=\square(EV)$。 …………………………… (1)

并且 $QV^2 : RW^2 = PV : PW$，

$\therefore \triangle QTV : \triangle RUW = (EV) : (EW)$，

以及 $\triangle QTV = (EV)$，由(1)式；

$\therefore \triangle RUW = (EW)$。

命题 18

[Ⅰ.43,44]

在一条双曲线、一个椭圆或一个圆中，若在 Q 的切线和过 Q 的纵坐标分别交

直径于 T,V，且若 RW 是任意点 R 的纵坐标，并且 RU 平行于 QT；再若 RW 及其通过 P 的平行线分别交 CQ 于 F 和 E，则

$$\triangle CFW \sim \triangle CPE = \triangle RUW。$$

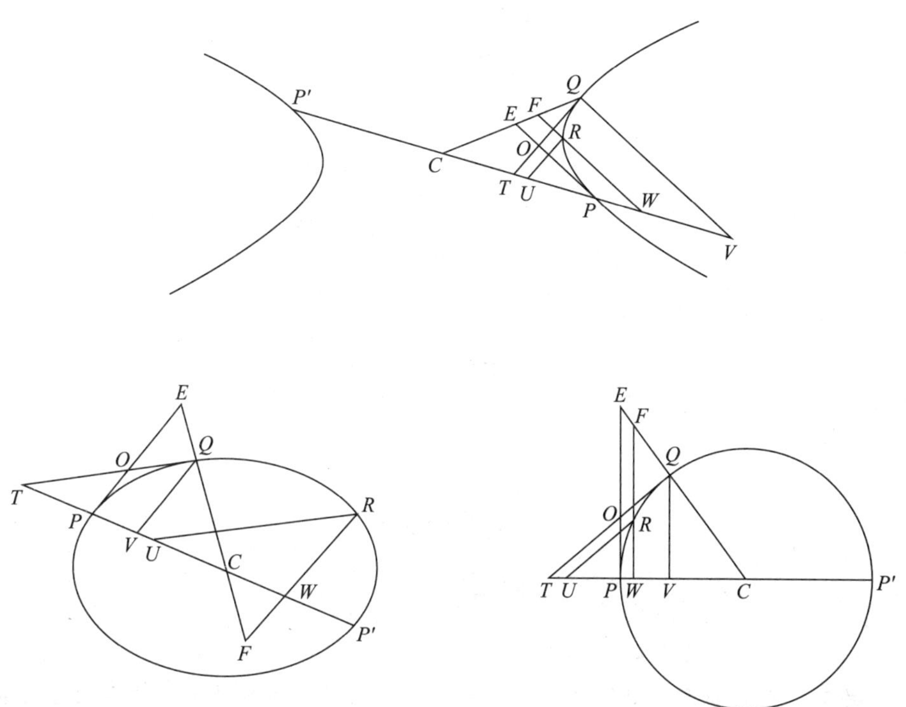

我们有 $$QV^2 : (CV \cdot VT) = p : PP'[\text{或 } CD^2 : CP^2],$$

据此 $$QV : VT = (p : PP') \cdot (CV : QV);$$ ［命题 14 及推论］

因此，由平行性，

$$RW : WU = (p : PP') \cdot (CP : PE)。$$

于是由命题 16，面积是三角形 RUW, CPE, CWF 两倍的平行四边形，具有本命题中证明的性质。由此可知，对三角形本身也有相同的性质成立。

$$\therefore \triangle CFW \sim \triangle CPE = \triangle RUW。$$

［考察这个命题的实际重要性是有意义的，本命题是阿波罗尼奥斯坐标变换方法的基础。本命题意味着：若 CP, CQ 是固定的半径，R 是一个可变点，则四边形 $CFRU$ 的面积对 R 在圆锥曲线上的所有位置不变。假定现在取 CP, CQ 为坐标轴（CP 是 x 轴）。若我们作 RX 平行于 CQ 并与 CP 相交，又作 RY 平行于 CP

并与 CQ 相交,则该命题断言(取决于合适的符号惯例)

$$\triangle RYF+\square CXRY+\triangle RXU=(\text{常数})。$$

但因为 RX,RY,RF,BU 都在固定的方向上,故

$$\triangle RYF\propto RY^2,$$

或者
$$\triangle RYF=ax^2;$$

$$\square CXRY\propto RX\cdot RY,$$

或者
$$\square CXRY=\beta xy;$$

$$\triangle RXU\propto RX^2,$$

或者
$$\triangle RXU=\gamma y^2。$$

因此,若 x,y 是 R 的坐标,则

$$ax^2+\beta xy+\gamma y^2=A,$$

这是以中心为原点,以任意两条直径为轴的坐标系中的笛卡儿方程。]

命题 19

[Ⅰ.45]

若在 Q 的切线和它的通过 R 的平行线分别交第二直径于 t,u,且平行于直径 PP' 的 Qv,Rw 交第二直径于 v,w;若还有 Rw 交 CQ 于 f,则

$$\triangle Cfw=\triangle Ruw\sim\triangle CQt。$$

[作 PK 平行于 Qt 并交第二直径于 K,使得三角形 CPK 相似于三角形 vQt。]

我们有[命题 14 及推论]

$$QV:CV=(p:PP')\cdot(VT:QV)$$
$$=(p:PP')\cdot(Qv:vt),$$

以及三角形 QvC,Qvt 分别是在 Cv(或 QV)和 Qv(或 CV)上内角相等的平行四边形的一半,并且,CPK 是在 CP 上相似于 Qvt 的一个三角形。

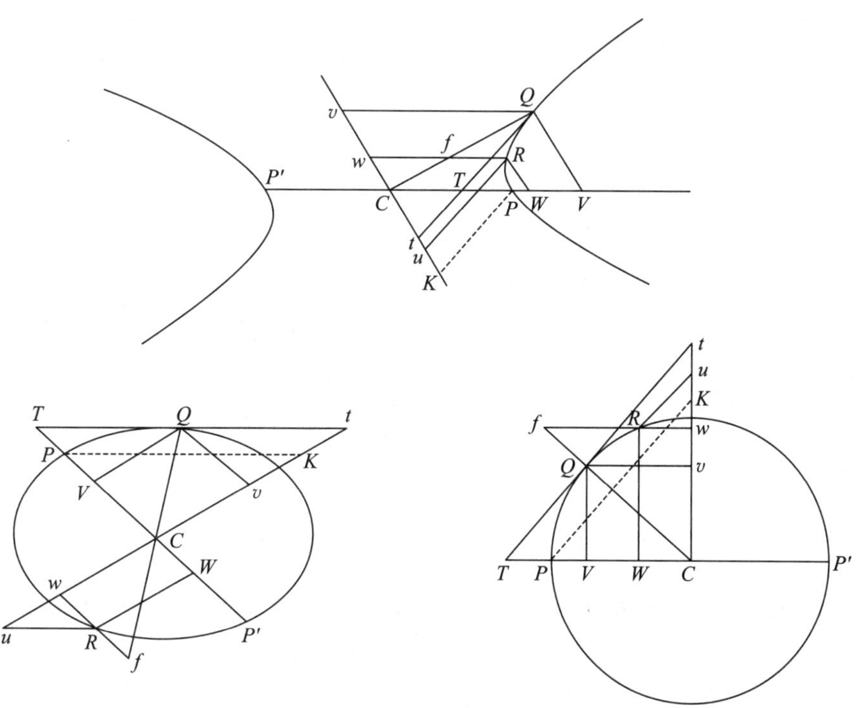

因此[由命题 16]，　　$\triangle CQv=\triangle Qvt-\triangle CPK$，

并且显然　　$\triangle CQv=\triangle Qvt\sim\triangle CQt$；

$$\therefore\ \triangle CPK=\triangle CQt。$$

再者，三角形 Cfw 相似于三角形 CQv，而三角形 Rwu 相似于三角形 Qvt。因此，对于纵坐标 RW，

$$\triangle Cfw=\triangle Ruw\sim\triangle CPK=\triangle Ruw\sim\triangle CQt。$$

命题 20

[Ⅰ.46]

在一条抛物线中，通过任意点所作平行于直径的直线等分所有与在该点切线平行的弦。

设 RR' 是平行于在 Q 的切线的任意弦，并设它交直径 PV 于 U。作 QM 平行于 PV，与 RR' 相交于 M，与通过 R,R',P 所作如同纵坐标的直线分别相交于 F，F'，E。

于是我们有[命题 17]

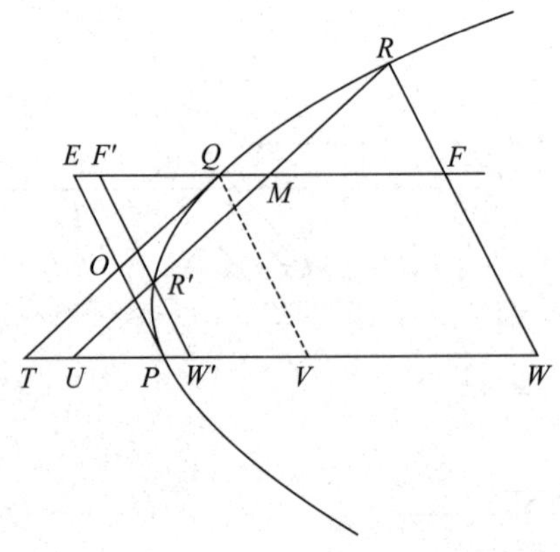

$$\triangle RUW = \square(EW),$$

以及 $$\triangle R'UW' = \square(EW')。$$

因此,相减后得到图形 $RWW'R' = \square(F'W)$。去除公共部分 $R'W'WFM$ 后我们有

$$\triangle RMF = \triangle R'MF',$$

而 $R'F'$ 平行于 RF;

$$\therefore RM = MR'。$$

命题 21

[Ⅰ.47,48]

在双曲线、椭圆或圆中,任意点至中心的连线,等分平行于在该点切线的所有弦。

若 QT 是给定切线,RR' 是与之平行的任意弦,对 PP' 作如同纵坐标的 RW,$R'W'$,PE,并设 CQ 分别交它们于 F,F',E。此外,设 CQ 交 RR' 于 M。

于是我们有[由命题 18]

$$\triangle CFW \sim \triangle CPE = \triangle RUW,$$

以及 $$\triangle CF'W' \sim \triangle CPE = \triangle R'UW'。$$

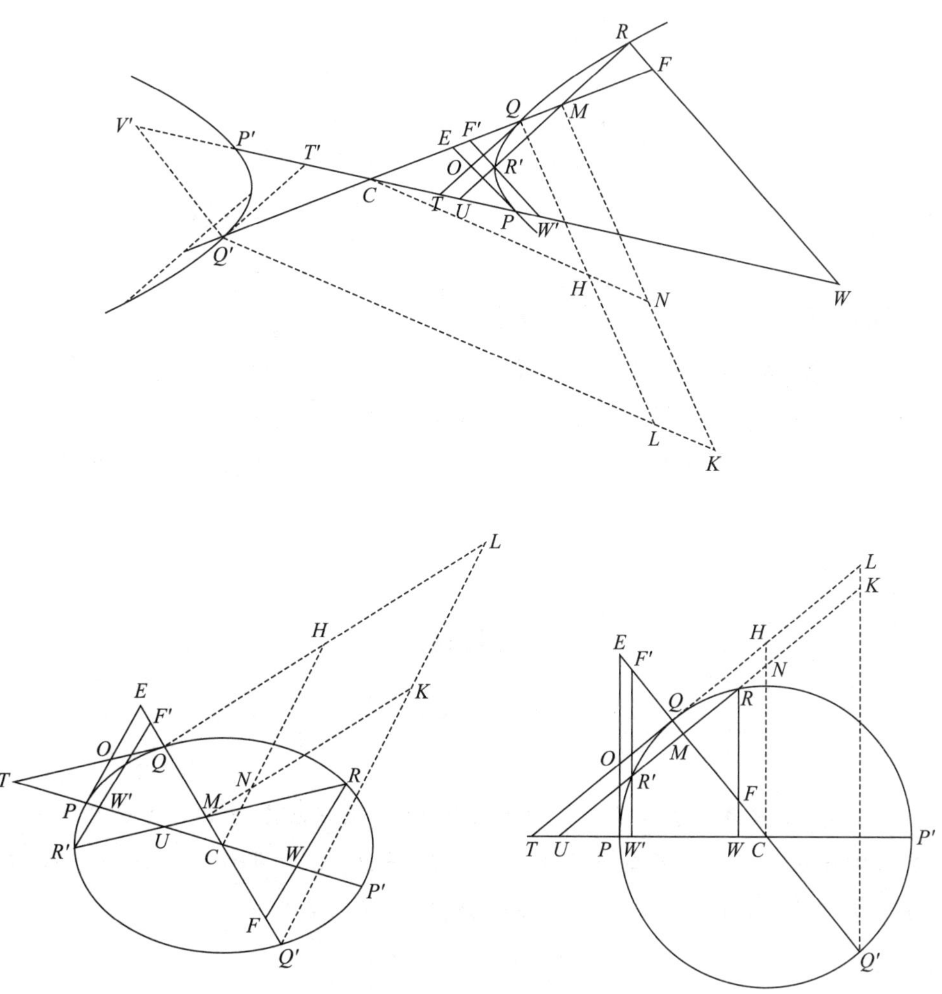

于是,(1)如对双曲线所作的图所示,

$$\triangle RUW = \text{四边形 } EPWF,$$

以及

$$\triangle R'UW' = \text{四边形 } EPW'F';$$

通过相减,图形 $F'W'WF$=图形 $R'W'WR$。

去除公共部分 $R'W'WFM$,我们得到

$$\triangle FRM = \triangle F'R'M。$$

又 FR,$F'R'$平行,则

$$RM = MR'。$$

(2) 如对椭圆和圆所作的图所示,

$$\triangle CPE - \triangle CFW = \triangle RUW,$$

$$\triangle CPE-\triangle CF'W'=\triangle R'UW',$$

则通过相减,有

$$\triangle CF'W'-\triangle CFW=\triangle RUW-\triangle R'UW',$$

或者

$$\triangle RUW+\triangle CFW=\triangle R'UW'+\triangle CF'W'。$$

因此,四边形 $CFRU$,$CF'R'U$ 相等,并且,去除公共部分三角形 CUM 后,我们有

$$\triangle FRM=\triangle F'R'M,$$

同理可得,

$$RM=MR'。$$

(3) 若 RR' 是在双曲线相对分支的弦,Q' 是 QC 的延长线与所述相对分支的交点,则若 RR' 平行于在 Q' 的切线,CQ 将等分 RR'。

因此我们必须证明,在 Q' 的切线平行于在 Q 的切线,然后命题可立即得证①。

命题 22

[Ⅰ.49]

设在抛物线原始直径端点 P 的一条切线,与在任意点 Q 的一条切线相交于 O,以及与通过 Q 的直径的平行线相交于 E;并设 RR' 是平行于在 Q 的切线、交 PT 于 U 及交 EQ 的延长线于 M 的任意弦;则若取 p' 使得

$$OQ:QE=p':2QT,$$

① 尤托西乌斯提供了的两条切线的平行性的证明如下。

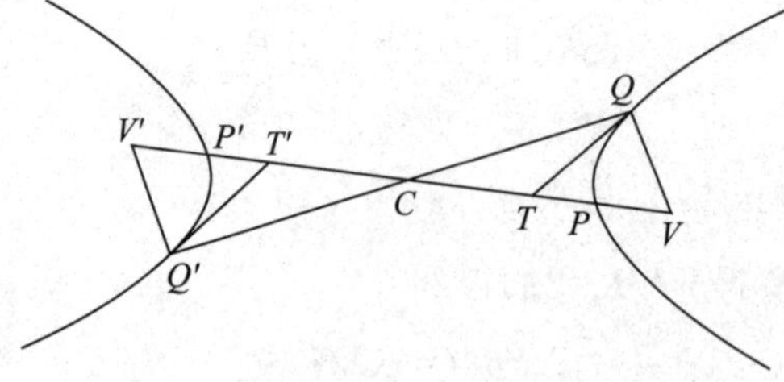

我们有 $CV\cdot CT=CP^2$[命题 14]。

以及 $CV'\cdot CT'=CP'^2$;

$$\therefore CV\cdot CT=CV'\cdot CT',$$

又 $CV=CV'$,且 $CQ=CQ'$[命题 10];

$$\therefore CT=CT',$$

因此,由三角形 CQT,$CQ'T'$ 可知 QT,$Q'T'$ 平行。

需要证明

$$RM^2=p'\cdot QM。$$

在命题 20 的图中作纵坐标 QV。

于是按假设我们有

$$OQ:QE=p':2QT,$$

还有 $$QE=PV=TP。$$

因此,三角形 EOQ,POT 相等。

对每个加上图形 $QOPWF$,则

$$\text{四边形 } QTWF=\square(EW)=\triangle RUW。\quad [\text{命题 } 17]$$

减去四边形 $MUWF$,则

$$\square(QU)=\triangle RMF,$$

以及由此 $$RM\cdot MF=2QM\cdot QT。\cdots\cdots(1)$$

又 $$RM:MF=OQ:QE=p':2QT,$$

则 $$RM^2:(RM\cdot MF)=(p'\cdot QM):(2QM\cdot QT)。$$

因此,由(1)式, $$RM^2=p'\cdot QM。$$

命题 23

[Ⅰ.50]

若在一条双曲线、一个椭圆或一个圆中,在 P,Q 的切线相交于 O,在 P 的切线交 Q 与中心的连线于 E;若又取一长度 $QL(=p')$ 垂直于 QC,并使得

$$OQ:QE=QL:2TQ,$$

若又连接 $Q'L$(这里 Q' 在 QC 的延长线上,且 $CQ=CQ'$),以及作 MK 平行于 QL,交 $Q'L$ 于 K(这里 M 是 CQ 与平行于在 Q 切线的弦 RR' 的交点),则可以证明

$$RM^2=QM\cdot MK。$$

在命题 21 的图中作 CHN 平行于 $Q'L$,交 QL 于 H 及交 MK 于 N,并设 RW 是对 PP' 的纵坐标,交 CQ 于 F。

于是,因为 $$CQ=CQ',QH=HL,$$

且 $$\begin{aligned}OQ:QE&=QL:2QT\\&=QH:QT;\end{aligned}$$

$$\therefore RM:MF=QH:QT。\cdots\cdots(\text{A})$$

现在

$$\triangle RUW=\triangle CFW-\triangle CPE=\triangle CFW-\triangle CQT;$$[①]

故在所绘图中

(1)对双曲线，

$$\triangle RUW=QTWF,$$

等式两边减去 $MUWF$，则有

$$\triangle RMF=QTUM。$$

(2)对椭圆和圆，

$$\triangle RUW=\triangle CQT-\triangle CFW;$$

$$\therefore \triangle CQT=\text{四边形 }RUCF;$$

且减去$\triangle MUC$，我们有

$$\triangle RMF=QTUM。$$

$$\therefore RM\cdot MF=QM(QT+MU)。\quad\cdots\cdots\cdots\cdots\cdots\cdots\cdots\cdots \text{(B)}$$

现在

$$QT:MU=CQ:CM=QH:MN,$$

$$\therefore (QH+MN):(QT+MU)=QH:QT$$

$$=RM:MF[\text{由(A)式}];$$

$$\therefore QM(QH+MN):QM(QT+MU)=RM^2:(RM\cdot MF);$$

$\therefore$ [由(B)式]

$$RM^2=QM(QH+MN)$$

$$=QM\cdot MK。$$

对双曲线的相对分支也同样成立。在 Q'的切线 $Q'T'$平行于 QT，而 $P'E'$平行于 PE。[命题 21，注]

$$\therefore O'Q':Q'E'=OQ:QE=p':2QT=p':2Q'T',$$[②]

据此命题得证。

由刚证明的命题可以得出结论：在一条抛物线中，所有平行于原始直径的直线都是直径，而在双曲线和椭圆中，所有通过中心的直线都是直径；并且，每条圆锥曲线都可以参考任意直径及其端点的切线而无任何不同。

---

① 我们将看到，阿波罗尼奥斯在这里假设两个三角形 CPE，CQT 相等，虽然直到命题 53[Ⅲ.1]才证明了这一点。但是尤托西乌斯给出了命题 18 的另一个证明，他说，该证明出现在某些副本中，其中使用了与我们后面文字中的证明方法完全相同的方法，证明了这两个三角形相等。如果这一替代证明是真实的，对这里的假设我们便有了一个解释。如果并非如此，我们应该试图假定，阿波罗尼奥斯引用了该性质作为命题 18 [Ⅰ.43，44]的一个明显的局限性案例，其中 R 与 Q 重合；但这无疑与希腊几何学家的通常做法相反，为了确保更佳的严格性，他们更喜欢对局限性案例作单独的证明，不过平行的分别证明提示，他们并没有意识到一般定理及其极限情况之间的联系。比较命题 81[Ⅴ.2]，其中阿波罗尼奥斯单独证明了 P 与 B 重合的情况，尽管为了简洁起见，我们只把它作为极限情况提及。

② 式中的 E'，O'在 p. 165 的图中均未出现，译者认为，$P'E'$，$O'Q'$和 $Q'E'$分别是与 PE，OQ 和 QE 对应的线段。——译者注

由一定数据构建圆锥曲线

命题 24(作图题)

[Ⅰ.52,53]

在固定平面中给定终止于一个固定点的一条直线,以及另一条有一定长度的直线段,在该平面中求一条抛物线,使得第一条直线是它的一条直径,第二条直线段等于相应的参数,且纵坐标相对于直径倾斜一个给定角度。

首先,设给定角度是一个直角,这使得给定直线是轴。

设 AB 是终止于 A 的给定直线,p_a 是给定长度。

延长 BA 至 C,使得 $AC>\frac{p_a}{4}$,并设 S 为 AC 与 p_a 之间的比例中项。(因此 $p_a : AC=S^2 : AC^2$ 又 $AC > \frac{p_a}{4}$,则 $AC^2 > \frac{S^2}{4}$或 $2AC > S$,这使得有可能作一个等腰三角形,其两边等于 AC 及第三边等于 S。)

设 AOC 是在垂直于给定平面的一个平面中的等腰三角形,$AO=AC,OC=S$。

完成平行四边形 $ACOE$,以及以 AE 为直径,在垂直于三角形 AOC 的一个平面中作一个圆,并作一个以 O 为顶点,以所述圆为底面的圆锥。于是该圆锥是一个正圆锥,因为 $OE=AC=OA$。

延长 OE,OA 至 H,K,并作 HK 平行于 AE,又设圆锥被一个通过 HK 且平行于圆锥底面的平面切割。这个平面将生成一条圆截线,并将交原始平面于线 PP',成直角截 AB 于 N。

现在 $p_a : AE=AE : AO$,因为 $AE=OC=S,AO=AC$;

$$\therefore p_a : AO = AE^2 : AO^2$$

$$= AE^2 : (AO \cdot OE)。$$

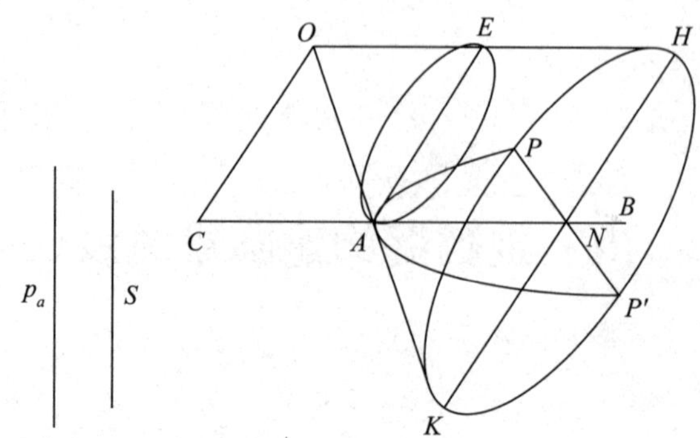

因此 PAP' 是一条抛物线，其中 p_a 是对 AB 的纵坐标的参数。 ［命题 1］

其次，设给定的角度并非直角。设将会是直径的线为 PM，设 p 是参数的长度，并设 MP 延长至 F，使得 $PF=\frac{p}{2}$。作角 FPT 等于给定角并作 FT 垂直于 TP。作 TN 平行于 PM，PN 垂直于 TN；等分 TN 于 A 并作 LAE 通过 A 且垂直于 FP，交 PT 于 O；并设

$$NA \cdot AL=PN^2。$$

现在与第一种情况一样，用轴 AN 和参数 AL 来描述抛物线。

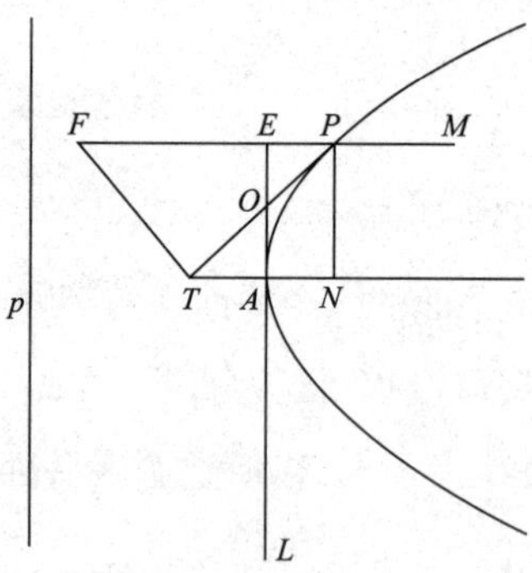

它将通过 P，因为 $PN^2=NA \cdot AL$；并且 PT 将是它的一条切线，因为 $AT=AN$；并且 PM 平行于 AN。因此，PM 是抛物线的一条直径，它等分平行于切线 PT 的弦，该切线因此成给定角度倾斜于直径。

三角形 FTP，OEP 是相似的；故由假设，

$$OP : PE = FP : PT$$

$$=p:2PT,$$

因此 p 是对应于直径 PM 的抛物线的参数。 [命题 22]

命题 25(作图题)

[Ⅰ.54,55,59]

在一个平面中给定一条直线 AA' 及另一条有一定长度的直线段;在该平面中求一条双曲线,使得第一条直线是它的一条直径,第二条直线段等于相应的参数,且纵坐标相对于直径倾斜一个给定角度。

首先,设给定角度是一个直角。

设 AA',p_a 是给定的直线,并设在垂直于给定平面的一个平面上通过 A,A' 作一个圆,使得若 C 是 AA' 的中点和 DF 是垂直于 AA' 的直径,则

$$DC:CF\leqslant AA':p_a。$$

于是,若 $DC:CF=AA':p_a$,我们应当把点 F 用于我们的构建,但若不是这样,假定

$$DC:CG=AA':p_a(CG<CF)。$$

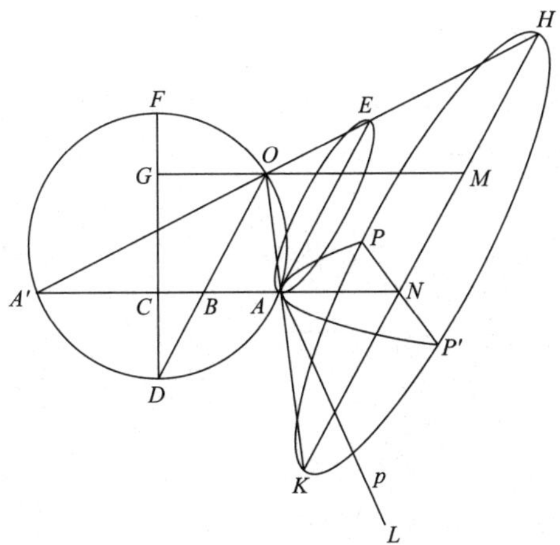

作 GO 平行于 AA',与圆相交于 O。连接 AO,$A'O$,DO。作 AE 平行于 DO,与 $A'O$ 的延长线相交于 E。设 DO 与 AA' 相交于 B。

于是 $\angle OEA=\angle A'OD=\angle AOD=\angle OAE$;

$$\therefore OA=OE。$$

设有一个顶点为 O,底面是以 AE 为直径的圆的圆锥,底面所在的平面垂直于圆 AOD 的平面。因为 $OA=OE$,该圆锥是一个正圆锥。

延长 OE,OA 至 H,K,并作 HK 平行于 AE。作一个平面通过 HK 并垂直于圆 AOD 所在的平面。这个平面将平行于圆锥的底面,且生成的截线是一个圆,切割原始平面于 PP',PP'与 $A'A$ 的延长线成直角。设 GO 交 HK 于 M。

于是,因为 NA 交 HO 的延长线于 O 之外,曲线 PAP'是一条双曲线。

又

$$\begin{aligned}AA':p_a&=DC:CG\\&=DB:BO\\&=(DB\cdot BO):BO^2\\&=(A'B\cdot BA):BO^2,\end{aligned}$$

但由相似三角形的性质,有 $\begin{cases}A'B:BO=OM:HM,\\BA:BO=OM:MK,\end{cases}$

$$\therefore (A'B\cdot BA):BO^2=OM^2:(HM\cdot MK)。$$

从而 $AA':p_a=OM^2:(HM\cdot MK)$。

因此,p_a 是双曲线 PAP'对应于直径 AA'的参数。 [命题 2]

其次,设给定的角度不是一个直角。设 PP',p 是给定直线,CPT 是给定角度,以及 C 是 PP'的中点。在 CP 上作一个半圆,并设 N 是其上这样的一点,使得若作 NH 平行于 PT 及交 CP 的延长线于 H,则

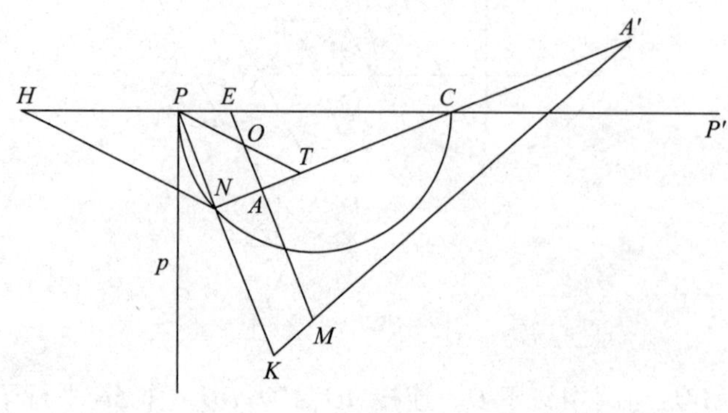

$$NH^2:(CH \cdot HP)=p:PP'。$$①

连接 NC 与 PT 相交于 T,并在 CN 上取 A,使得 $CA^2=CT \cdot CN$。连接 PN 并延长它至 K,使得

$$PN^2=AN \cdot NK。$$

延长 AC 至 A',使得 $AC=CA'$,连接 $A'K$,并作 $EOAM$ 通过 A 且平行于 PN,分别与 $CP,PT,A'K$ 相交于 E,O,M。

以 AA'为轴,AM 为对应的参数,作双曲线如同在本命题的第一部分。它将通过 P,因为 $PN^2=AN \cdot NK$。

并且,PT 将是在 P 的切线,因为 $CT \cdot CN=CA^2$。因此,CP 将是等分平行于 PT 的弦的双曲线的直径,并因此倾斜于在给定角度的直径。

再者,我们有

$$p:2CP=NH^2:(CH \cdot HP),由构形,$$

以及

$$2CP:2PT=CH:NH$$
$$=(CH \cdot HP):(NH \cdot HP);$$

---

① 这个构形为阿波罗尼奥斯所假设而无任何说明;但我们可以推断,它是由类似于命题 52 中相似案例所用诸方法中的一种得到的。事实上,尤托西乌斯给出的解与可能的阿波罗尼奥斯的解足够接近。

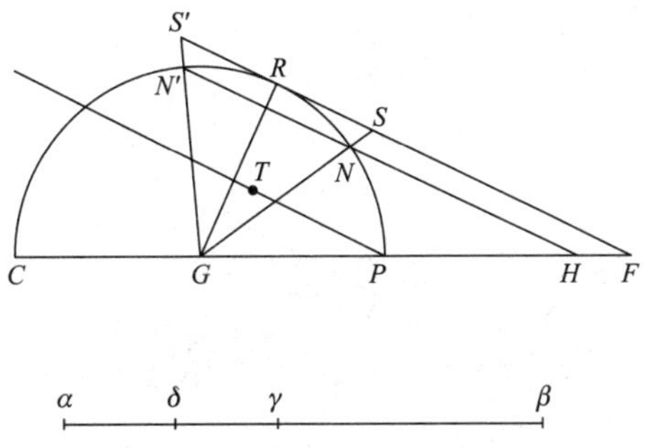

$\alpha \quad \delta \quad \gamma \quad \beta$

若假定 HN 的延长线再次交曲线于 N',则

$$N'H \cdot HN=CH \cdot HP;$$

$$\therefore NH^2:(CH \cdot HP)=NH:N'H。$$

于是我们必须作 HNN'对 PC 有给定的倾斜度,使得

$$N'H:NH=PP':p。$$

取任意直线 $\alpha\beta$ 并分割它于 γ,使得

$$\alpha\beta:\beta\gamma=PP':p,$$

等分 $\alpha\gamma$ 于 δ。然后由半圆的中心 G,作与在给定方向 PT 成直角的 GR,并设 GR 交圆周于 R。然后作 RF 平行于 PT,它将是在 R 的切线。假定 RF 交 CP 的延长线于 F。分 FR 于 S 使得 $FS:SR=\beta\gamma:\gamma\delta$,并延长 FR 至 S',使得 $RS'=RS$。

连接 GS,GS',与半圆相交于 N,N',并连接 $N'N$ 并延长它与 CF 相交于 H。于是 NH 便是待求的直线。

其证明是显而易见的。

$$\therefore p : 2PT = NH^2 : (NH \cdot HP)$$
$$= NH : HP$$
$$= OP : PE,\text{ 由相似三角形的性质；}$$

因此，p 是对应于直径 PP' 的参数。 ［命题 23］

顶点为 A' 的双曲线的相对分支可以用同样的方式描述。

命题 26（作图题）

［Ⅰ.60］

给定两条直线段以任意角度相交并彼此等分，求均以该两条直线段为其共轭直径的两条双分支双曲线。

设 PP'，DD' 是彼此等分于 C 的两条直线段。

由 P 作 PL 垂直于 PP'，且其长度使得 $PP' \cdot PL = DD'^2$；然后如在命题 25 中，作直径为 PP' 和参数为 PL 的双分支双曲线，使得其中对 PP' 的纵坐标平行于 DD'。

于是 PP'，DD' 是这样构建的双曲线的共轭直径。

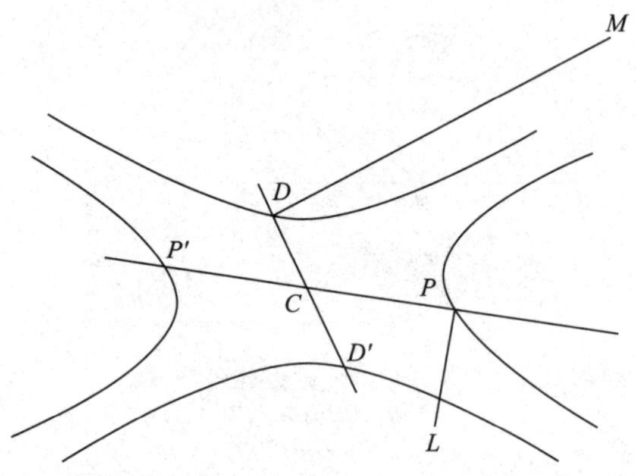

再者，作 DM 垂直于 DD'，且其长度使得 $DM \cdot DD' = PP'^2$；然后以 DD' 为直径和 DM 为对应参数作一条双分支双曲线，使得其中对 DD' 的纵坐标平行于 PP'。

于是 DD'，PP' 是对这条双曲线的共轭直径，DD' 是横径而 PP' 是第二直径。

如此构建的两条双曲线被称为**共轭**双曲线，第二条是与第一条**共轭**的双曲线。

命题 27(作图题)

[Ⅰ.56,57,58]

给定椭圆的一条直径、对应的参数、直径与其纵坐标之间的倾斜角度,求该椭圆。

首先,设倾斜角是直角,并设直径大于其参数。

设 AA'是直径,与之垂直的长度为 p_a 的直线段 AL 是参数。

在与包含直径和参数的平面相垂直的一个平面上,作一个以 AA'为底边的圆弓形。

在 AA'上取 AD 等于 AL。作 AE,$A'E$ 相交于弓形的中点 E。作 DF 平行于 $A'E$,与 AE 相交于 F,以及作 OFN 平行于 AA',与圆周相交于 O。连接 EO 并延长之,与 $A'A$ 的延长线相交于 T。通过 OA 延长线上的任意点 H 作 $HKMN$ 平行于 OE,分别与 OA',AA',OF 相交于 K,M,N。

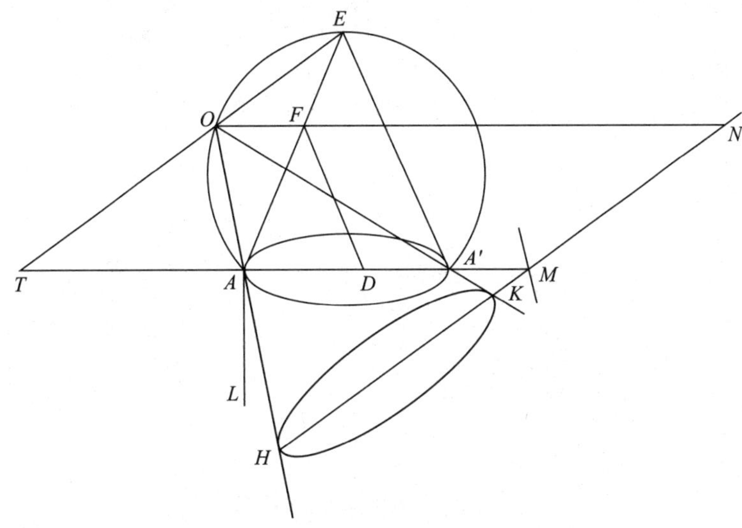

现在

$$\angle TOA = \angle OEA + \angle OAE = \angle AA'O + \angle OA'E = \angle AA'E$$
$$= \angle EAA' = \angle EOA',$$

且 HK 平行于 OE,

据此 $$\angle OHK=\angle OKH,$$

以及 $$OH=OK。$$

以 O 为顶点，以在垂直于三角形 OHK 所在平面的平面上直径为 HK 的圆为底面，作一个圆锥，因为 $OH=OK$，这是一个正圆锥。

考虑包含 AA'，AL 的平面对这个圆锥所作的截线。这是一个椭圆。

又
$$\begin{aligned} p_a : AA' &= AD : AA' \\ &= AF : AE \\ &= TO : TE \\ &= TO^2 : (TO \cdot TE) \\ &= TO^2 : (TA \cdot TA')。\end{aligned}$$

现在 $$TO : TA=HN : NO,$$

以及 $TO : TA'=NK : NO$，由相似三角形的性质，

$$\therefore\ TO^2 : (TA \cdot TA')=(HN \cdot NK) : NO^2,$$

故 $$p_a : AA'=(HN \cdot NK) : NO^2,$$

或是说，p_a 是纵坐标对 AA' 的参数。 ［命题3］

其次，若纵坐标的倾斜角度仍然是直角，但给定的直径小于参数，设它们分别是 BB'，BM。

设 C 是 BB' 的中点，通过 C 作 AA' 垂直于 BB' 并在 C 被等分，使得

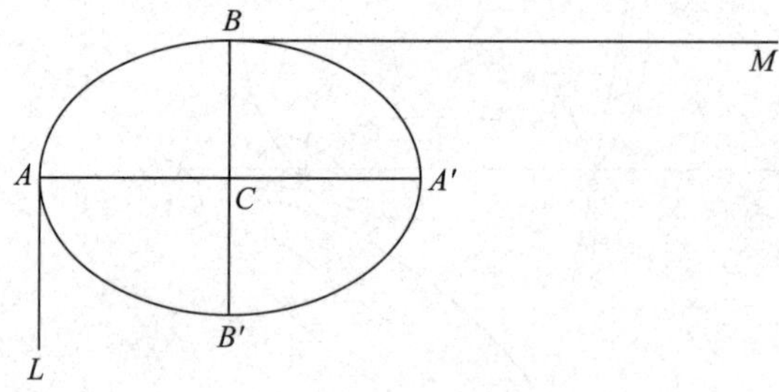

$$AA'^2=BB' \cdot BM;$$

且作 AL 平行于 BB'，并使得

$$BM : BB'=AA' : AL;$$

于是 $AA'>AL$。

现在，以 AA' 为直径和 AL 为相应的参数作一个椭圆，其中对 AA' 的纵坐标与前一样与 AL 垂直。

这就是待求的椭圆,因为它通过 B, B',由于

(1) $$AL : AA' = BB' : BM = BB'^2 : AA'^2 = BC^2 : (AC \cdot CA'),$$

(2) $$BM : BB' = AC^2 : BC^2 = AC^2 : (BC \cdot CB'),$$

故 BM 是对应于 BB'的参数。

第三,设给定角度不是一个直角但等于角 CPT,其中 C 是给定直径 PP'的中点;并设 PL 是对应于 PP'的参数。

在以 CP 为直径的半圆上取点 N,使得所作的平行于 PT 的 NH 满足以下关系式

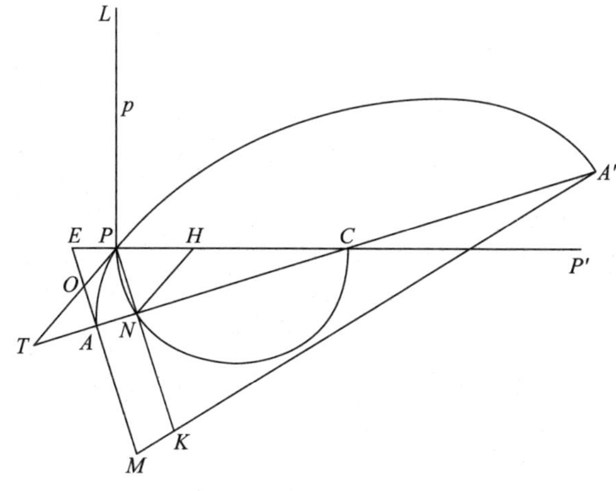

$$NH^2 : (CH \cdot HP) = PL : PP'。$$[①]

连接 CN 并延长之,交 PT 于 T。在 CT 上取 A 使得 $CT \cdot CN = CA^2$,并延长 AC 至 A',使得 $AC = CA'$。连接 PN 并延长至 K,使得 $AN \cdot NK = PN^2$。连接 $A'K$。通过 A 作 EAM 垂直于 CA(且因此平行于 NK),与 CP 的延长线相交于 E,与 PT 相交于 O,以及与 $A'K$ 的延长线相交于 M。

于是,如同在本命题的第一部分,以轴 AA'和参数 AM 作一个椭圆。这便是

① 这一构形如同命题 25 中的那样,是假设的且无说明。若假定 NH 与以 CP 为直径的另一半圆相交于 N',则问题简化为在给定方向(平行于 PT)作 NHN',使得

$$N'H : NH = PP' : p,$$

且本构形可能受到命题 25 附注中所示方法(作必要修正)的影响。

待求的椭圆。

因为,(1)由于 $PN^2=AN\cdot NK$,它将通过 P。鉴于类似的原因,它将通过 P',

$$\because CP'=CP \text{ 和 } CA'=CA。$$

(2) PT 将是在 P 的切线。$\because CT\cdot CN=CA^2$。

(3)我们有 $$p:2CP=NH^2:(CH\cdot HP),$$

以及 $$2CP:2PT=CH:HN$$
$$=(CH\cdot HP):(NH\cdot HP);$$

$\therefore$ 由等比定理, $$p:2PT=NH^2:(NH\cdot HP)$$
$$=NH:HP$$
$$=OP:PE。$$

因此,p 是对应于 PP' 的参数。 [命题 23]

渐近线

命题 28

[Ⅱ.1,15,17,21]

(1) **若 PP' 是双曲线的一条直径,p 是对应的参数;且若在 P 的切线两侧取相等的距离 PL,PL',使得**

$$PL^2 = PL'^2 = \frac{1}{4}p \cdot PP' \, [= CD^2]①,$$

则 CL,CL' 的延长线将不会与曲线在任何有限点相交,并因此定义为渐近线。

(2) **相对分支有相同的渐近线。**

(3) **共轭双曲线有共同的渐近线。**

(1) 设 CL 与双曲线相交于 Q,检验是否可能。作纵坐标 QV,它因此将平行于 LL'。

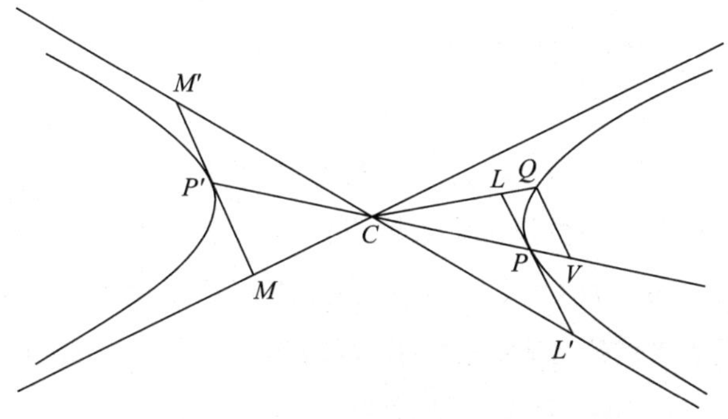

现在

$$p : PP' = (p \cdot PP') : PP'^2$$
$$= PL^2 : CP^2$$
$$= QV^2 : CV^2。$$

---

① 紧接的图是为了说明归谬法,其中 L 的位置马上被证明是不可能的。符合实际情况的 L 的位置及 CD 的定义见下一幅图。——译者注

又 $p : PP' = QV^2 : (PV \cdot P'V)$。

$\therefore\ PV \cdot P'V = CV^2$,

即 $CV^2 - CP^2 = CV^2$,而这是荒谬的。

因此,CL 不与双曲线在任何有限点相交,这对 CL' 也成立。

换句话说,CL,CL' 是**渐近线**。

(2) 若取在 P'(在相对分支上)的切线,且在其上度量 $P'M$,$P'M'$,使得 $P'M^2 = P'M'^2 = CD^2$,则以类似的方式可知,CM,CM' 是渐近线。

现在,MM',LL' 平行,$PL = P'M$,且 PCP' 是直线。因此 LCM 是直线。

故 $L'CM'$ 也是,因此,相对分支有相同的渐近线。

(3) 设 PP',DD' 是两条共轭双曲线的共轭直径。在 P,P',D,D' 作切线。于是[命题 11 和命题 6],诸切线形成一个平行四边形,且其对角线 LM,$L'M'$ 通过中心。

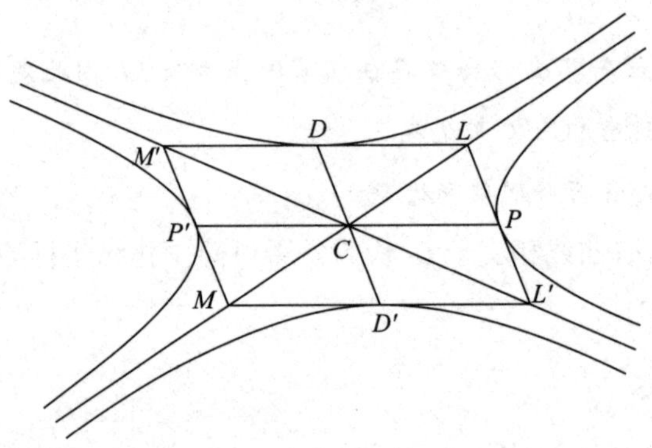

并且 $PL = PL' = P'M = P'M' = CD$。

因此 LM,$L'M'$ 是该双曲线的渐近线,其中 PP' 是一条横径,而 DD' 是其共轭。

类似地,$DL = DM' = D'L' = D'M = CP$,且 LM,$L'M'$ 是以下双曲线的渐近线,其中 DD' 是横径及 PP' 是其共轭,这是共轭双曲线。

因此,两条共轭双曲线有公共渐近线。

命题 29

[Ⅱ.2]

通过两条渐近线夹角内 C 点的任何直线本身不可能是渐近线。

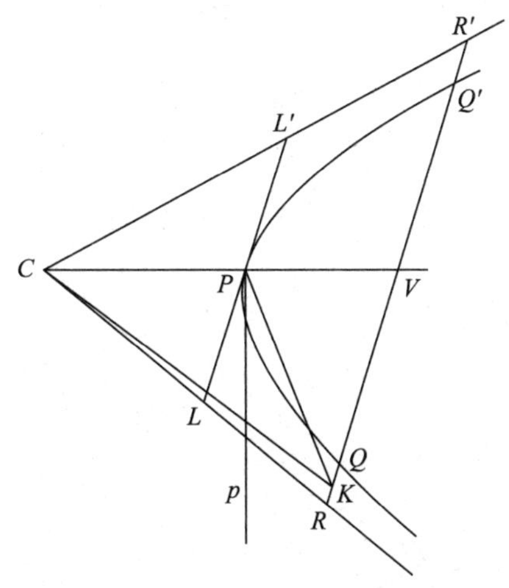

设 CK 是一条渐近线，检验是否可能。由 P 作直线 PK 平行于 CL，与 CK 相交于 K，且通过 K 作 $RKQR'$ 平行于 P 处的切线 LL'，分别交 CL，CP，CL' 的延长线及曲线于 R,V,R',Q,Q'。①

于是，因为 $PL=PL'$，且 RR'，LL' 平行，$RV=R'V$，其中 V 是 RR' 与 CP 的交点。

且因为 $PKRL$ 是平行四边形，$PK=LR$，$PL=KR$。

因此 $QR>PL$，进而 $RQ>PL'$；

$$\therefore RQ\cdot QR'>PL\cdot PL' \text{或者} PL^2。\qquad(1)$$

再者，
$$RV^2:CV^2=PL^2:CP^2=p:PP',\qquad[\text{命题 } 28]$$

以及
$$p:PP'=QV^2:(PV\cdot P'V)\qquad[\text{命题 } 8]$$
$$=QV^2:(CV^2-CP^2);$$

---

① 图中的 PK 并不与 CL 平行，这里只是示意而已，真要作平行线，K 点将会很远而无法在图中表示。——译者注

因此，$RV^2:CV^2=QV^2:(CV^2-CP^2)$

$$=(RV^2-QV^2):CP^2$$

$$\therefore\ PL^2:CP^2=(RV^2-QV^2):CP^2,$$

据此 $PL^2=RV^2-QV^2=RQ\cdot QR'$，

由前面(1)式，这是不可能的。

因此，CK 不可能是渐近线。

命题 30

[Ⅱ.3]

若一条直线与双曲线相切于 P，它将与渐近线相交于两点 L,L'；LL' 将被等分于 P，且 $PL^2=\frac{1}{4}p\cdot PP'[=CD^2]$。

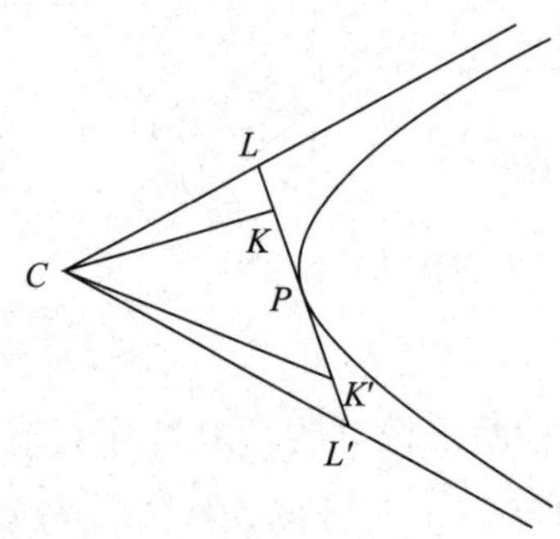

[这个命题是前面命题 28(1) 的逆命题]

因为，若在 P 的切线不与渐近线相交于上述 L,L' 点，在切线上 P 的两侧取每个都等于 CD 的长度 PK,PK'。

于是 CK,CK' 是渐近线，而这是不可能的。

因此，点 K,K' 必定与渐近线上的点 L,L' 等同。

命题 31(作图题)

[Ⅱ.4]

给定双曲线上的一点 P 及其渐近线，求该双曲线。

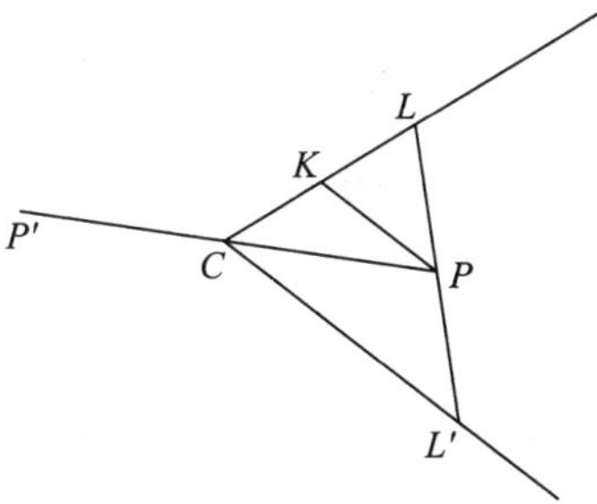

设 CL,CL'是渐近线,P 是给定点,延长 PC 至 P',使得 $CP=CP'$。作 PK 平行于 CL',与 CL 相交于 K,并取点 L 使 CL 等于 CK 的两倍。连接 LP 并延长它至 L'。

取长度 p 使得 $LL'^2=p\cdot PP'$,并用直径 PP' 和参数 p 作一条双曲线,使得对 PP'的纵坐标平行于 LL'。 [命题 25]

命题 32

[Ⅱ.8,10]

若 Qq 是任意弦,把它双向延长,则它将与渐近线相交于两点 R,r,并且

(1) QR,qr 将相等,

(2) $RQ\cdot Qr=\frac{1}{4}p\cdot PP'$[$=CD^2$]。

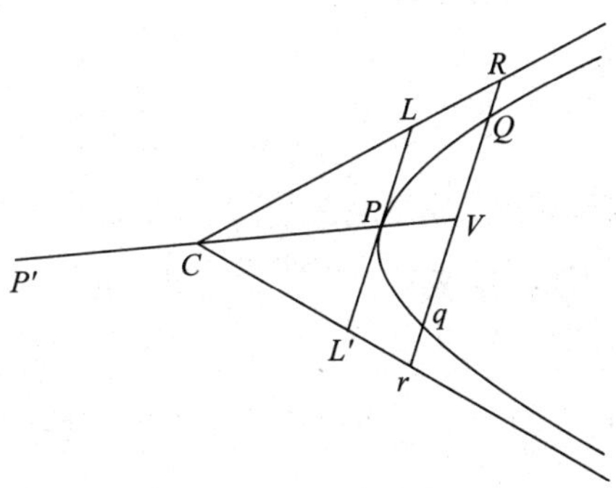

取 Qq 的中点 V,并连接 CV 与曲线相交于 P。于是 CV 是直径,且在 P 的切线平行于 Qq。 [命题 11]

又在 P 的切线与渐近线相交(于 L,L'),因此 Qq 与之平行并也与渐近线相交。

于是(1)由于 Qq 平行于 LL',且 $LP=PL'$,可知 $RV=Vr$。

又 $$QV=Vq;$$

因此,相减后得到 $$QR=qr。$$

(2)我们有

$$p:PP'=PL^2:CP^2$$
$$=RV^2:CV^2,$$

以及 $$p:PP'=QV^2:(CV^2-CP^2);$$ [命题8]

$$\therefore\ PL^2:CP^2=p:PP'=(RV^2-QV^2):CP^2$$
$$=(RQ\cdot Qr):CP^2;$$

因此, $$RQ\cdot Qr=PL^2$$
$$=\frac{1}{4}p\cdot PP'=CD^2。$$

类似地 $$rq\cdot qR=CD^2。$$

命题33

[Ⅱ.11,16]

若 Q,Q' 分别在[一条双曲线]的相对分支上,且 QQ' 与两渐近线分别相交于 K,K',又若 CP 是平行于 QQ' 的半径,则

(1) $KQ\cdot QK'=CP^2$,

(2) $QK=Q'K'$。

作在 P 的切线,与两渐近线分别相交于 L,L',并作弦 Qq 平行于 LL',与两渐近线分别相交于 R,r。因此 Qq 是对 CP 的双向纵坐标。

于是我们有

$$PL^2:CP^2=(PL:CP)\cdot(PL':CP)$$
$$=(RQ:KQ)\cdot(Qr:QK')$$
$$=(RQ\cdot Qr):(KQ\cdot QK')。$$

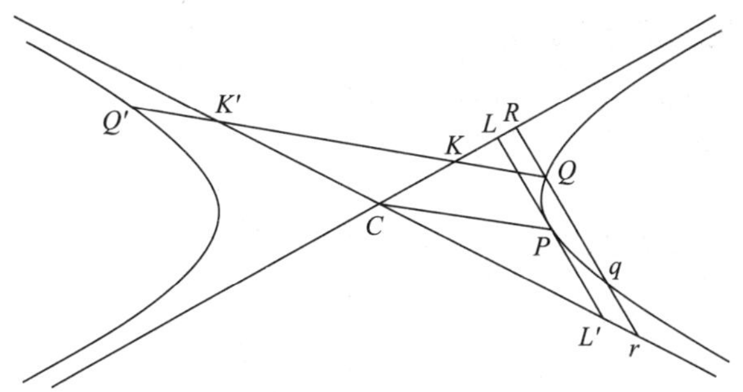

又 $PL^2=RQ \cdot Qr$; [命题 32]

$\therefore KQ \cdot QK'=CP^2$,

类似地 $K'Q' \cdot Q'K=CP^2$

(2) $KQ \cdot QK'=CP^2=K'Q' \cdot Q'K$;

$\therefore KQ(KQ+KK')=K'Q'(K'Q'+KK')$,

据此有 $KQ=K'Q'$。

命题 34

[Ⅱ.12]

若 Q,q 是一条双曲线上的任意两点,过这两点分别作彼此平行的直线 QH,qh 与一条渐近线以任意角度相交于 H,h,且 QK,qk(也彼此平行)与另一条渐近线以任意角度相交于 K,k,则

$$HQ \cdot QK=hq \cdot qk。$$

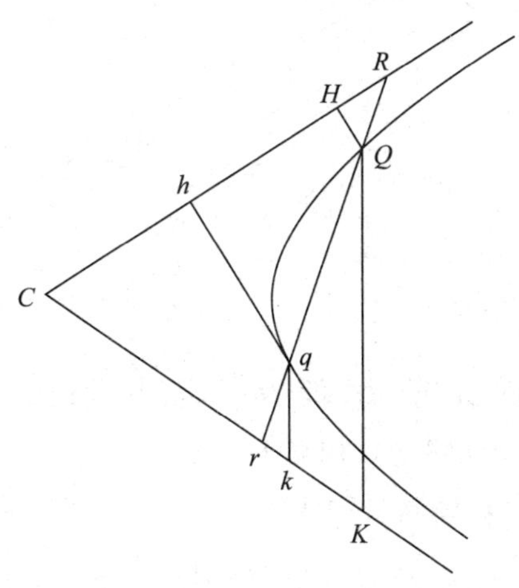

设 Qq 与渐近线相交于 R,r。

我们有 $$RQ \cdot Qr = Rq \cdot qr;$$ ［命题 32］

$$\therefore RQ : Rq = qr : Qr。$$

又 $$RQ : Rq = HQ : hq,$$

以及 $$qr : Qr = qk : QK;$$

$$\therefore HQ : hq = qk : QK,$$

或者 $$HQ \cdot QK = hq \cdot qk。$$

命题 35

［Ⅱ.13］

若在双曲线与渐近线之间的空间作一条直线平行于一条渐近线，则它与双曲线将只相交于一点。

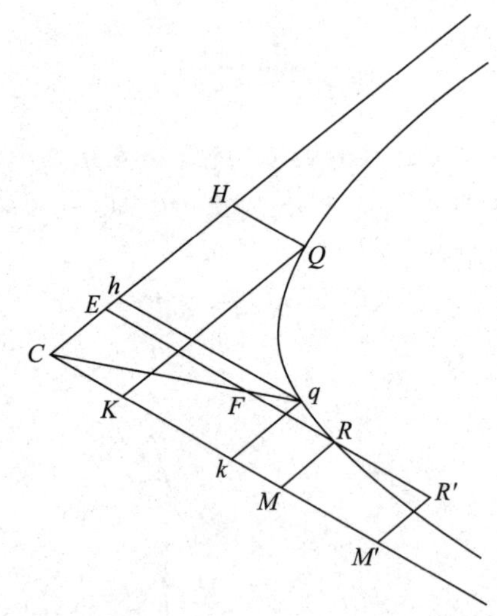

设 E 是在一条渐近线上的一点，并设作 EF 平行于另一条渐近线。

那么 EF 的延长线与曲线将只相交于一点。

设它不与曲线相交，检验是否可能。

在曲线上取任意点 Q，且作 QH,QK 分别平行于两条渐近线并彼此相交；在 EF 上取一点 F 使得

$$HQ \cdot QK = CE \cdot EF。$$

连接 CF 并延长之与曲线相交于 q;并作 qh,qk 分别平行于 QH,QK。

于是 $$hq \cdot qk = HQ \cdot QK,$$ [命题 34]

又 $$HQ \cdot QK = CE \cdot EF,$$由假设,

$$\therefore hq \cdot qk = CE \cdot EF;$$

但这是不可能的,因为 $hq>EF$ 且 $qk>CE$。

因此,EF 将与双曲线相交于一点,例如 R。

再者,EF 将不会与双曲线相交于任何其他点。

因为若可能,设除了 R,EF 也与双曲线相交于 R',并作 RM,$R'M'$平行于 QK。

那么 $$ER \cdot RM = ER' \cdot R'M';$$ [命题 34]

但这是不可能的,因为 $ER'>ER$。

因此,EF 不会与双曲线相交于另一点 R'。

命题 36

[Ⅱ.14]

当双曲线与渐近线趋向无限时,它们不断靠近,且其间的距离小于任意指定长度。

设 S 是给定长度。

作两条平行弦 Qq,$Q'q'$,与两条渐近线分别相交于 R,r 及 R',r'。连接 Cq 并延长之,与 $Q'q'$相交于 F。

那么 $$r'q' \cdot q'R' = rq \cdot qR,$$

又 $$q'R'>qR;$$

$$\therefore q'r'<qr,$$

并且随着相继的弦取得离中心越来越远,qr 变得越来越小。

兹在 rq 上取小于 S 的长度 rH,并作 HM 平行于渐近线 Cr。

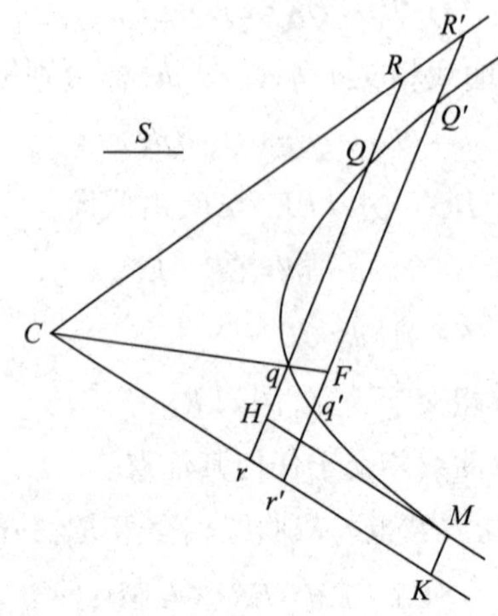

于是,HM 将与曲线[命题 35]相交于点 M。且若作 MK 平行于 Qq,与 Cr 相交于 K,则

$$MK=rH,$$

据此

$$MK<S。$$

命题 37

[Ⅱ.19]

共轭双曲线的任意切线与原双曲线的两个分支都相交,并在切点被等分。

(1) 设在 D 点作共轭双曲线任一分支的切线。

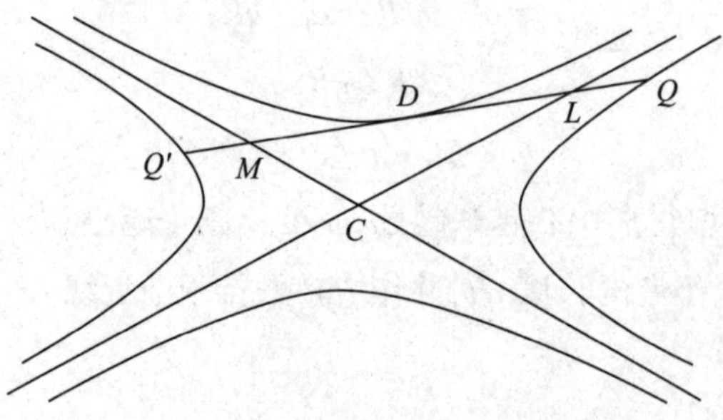

这条切线然后将与渐近线相交[命题 30],并将因此与原双曲线的两个分支都相交。

(2)设该切线与两渐近线分别相交于 L,M,与原双曲线的两分支分别相交于 Q,Q'。

于是[命题 30] $DL=DM$,

并且[命题 33] $LQ=MQ'$;

据此,通过相加,则 $DQ=DQ'$。

命题 38

[Ⅱ.23]

若双曲线一个分支中的弦 Qq 与两渐近线分别相交于 R,r,并与其共轭双曲线的两个分支分别相交于 Q',q',则

$$Q'Q\cdot Qq'=2CD^2。$$

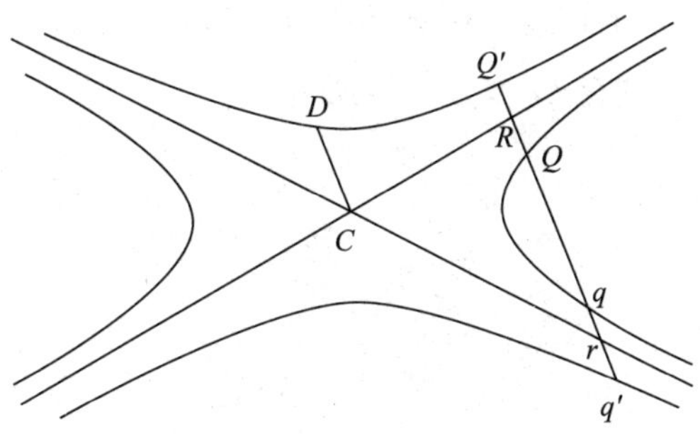

设 CD 是平行半径。那么我们有[命题 32,33]

$$RQ\cdot Qr=CD^2,$$

$$RQ'\cdot Q'r=CD^2;$$

$$\begin{aligned}\therefore 2CD^2 &=RQ\cdot Qr+RQ'\cdot Q'r\\ &=(RQ+RQ')Qr+RQ'\cdot QQ'\\ &=QQ'(Qr+RQ')\\ &=QQ'(Qr+rq')\\ &=QQ'\cdot Qq'。\end{aligned}$$

切线、共轭直径与轴

命题 39

[Ⅱ.20]

若 Q 是一条双曲线上的任意点，由中心作 CE 平行于在 Q 的切线，它与共轭双曲线的两分支分别相交于 E,E'，则

(1) **在 E 的切线将平行于 CQ，以及**

(2) **CQ,CE 将是共轭直径。**

设 PP',DD' 是参考共轭直径，并设 QV 是由 Q 至 PP' 的纵坐标，EW 是由 E 至 DD' 的纵坐标。设在 Q 的切线分别交 PP',DD' 于 T,t，并设在 E 的切线交 DD' 于 U，又设在 D 的切线分别交 EU,CE 于 O,H。

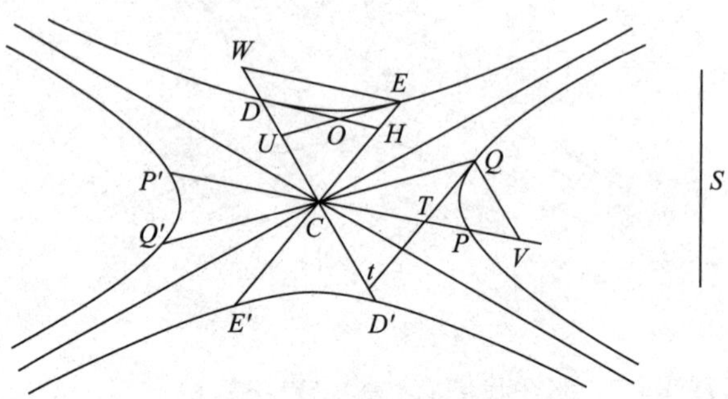

设 p,p' 是在两条双曲线中对应于 PP',DD' 的参数，于是我们有

(1) $$PP':p=p':DD',$$

$$[\because p\cdot PP'=DD'^2,\ p'\cdot DD'=PP'^2。]$$

又 $$PP':p=(CV\cdot VT):QV^2,$$

$$p':DD'=EW^2:(CW\cdot WU)。\qquad [命题 14]$$

$$\therefore (CV\cdot VT):QV^2=EW^2:(CW\cdot WU)。$$

但是，由相似三角形的性质，

$$VT:QV=EW:CW。$$

因此,通过相除,

$$CV : QV = EW : WU。$$

且在三角形 CVQ, EUW 中,角 V 和角 W 相等。

因此,这些三角形相似,且

$$\angle QCV = \angle UEW。$$

又 $\angle VCE = \angle CEW$,因为 EW, CV 平行。

则通过相减,有 $\angle QCE = \angle CEU$。

因此 EU 平行于 CQ。

(2) 取直线长度为 S,使得

$$HE : EO = EU : S,$$

故 S 等于对共轭双曲线的直径 EE' 的纵坐标的参数之半。 [命题 23]

又 $$Ct \cdot QV = CD^2 (因为 QV = Cv),$$

或者 $$Ct : QV = Ct^2 : CD^2。$$

现在 $$Ct : QV = tT : TQ = \triangle tCT : \triangle CQT,$$

以及 $Ct^2 : CD^2 = \triangle tCT : \triangle CDH = \triangle tCT : \triangle CEU$ [如同在命题 23 中]。

由此可知 $$\triangle CQT = \triangle CEU。$$

并且 $$\angle CQT = \angle CEU。$$

$$\therefore CQ \cdot QT = CE \cdot EU。 \cdots\cdots\cdots\cdots \text{(A)}$$

又 $$S : EU = OE : EH$$

$$= CQ : QT。$$

$$\therefore (S \cdot CE) : (CE \cdot EU) = CQ^2 : (CQ \cdot QT)。$$

因此,由(A)式, $$S \cdot CE = CQ^2。$$

$$\therefore 2S \cdot EE' = QQ'^2,$$

其中 $2S$ 是对应于 EE' 的参数。

且类似地可以证明, EE'^2 等于 QQ' 与对应参数所夹的矩形。

因此, QQ', EE' 是共轭直径。 [命题 26]

命题 40

[Ⅱ.37]

若 Q,Q' 是两相对分支上的任意点，v 是弦 QQ' 的中点，则 Cv 是对应于平行于 QQ' 所作横径的"第二直径"。

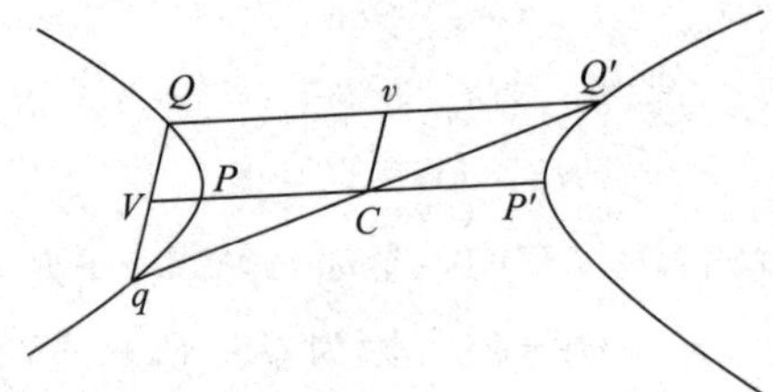

连接 $Q'C$ 并延长之，交双曲线于 q。连接 Qq，并作直径 PP' 平行于 QQ'。

于是我们有

$$CQ'=Cq, \text{且} Q'v=Qv,$$

因此 Qq 平行于 Cv。

设延长直径 PP' 交 Qq 于 V。现在

$$\because CQ'=Cq,$$

$$\therefore QV=Cv=Vq。$$

因此，对 PP' 的纵坐标平行于 Qq，进而平行于 Cv。

故 PP'，Cv 是共轭直径。 [命题 6]

命题 41

[Ⅱ.29,30, 38]

若对一条圆锥曲线作两条切线 TQ,TQ'，且 V 是接触弦 QQ' 的中点，则 TV 是一条直径。

因为如若不然，设 VE 是一条直径，交 TQ' 于 E。连接 EQ 交曲线于 R，并作弦 RR' 平行于 QQ'，它与 EV,EQ' 分别相交于 K,H。

于是，因为 RH 平行于 QQ'，且 $QV=Q'V$，所以 $RK=KH$。

并且，因为 RR' 是平行于 QQ' 的一根弦，它被直径 EV 等分，故 $RK=KR'$。

因此 $KR'=KH$，而这是不可能的。

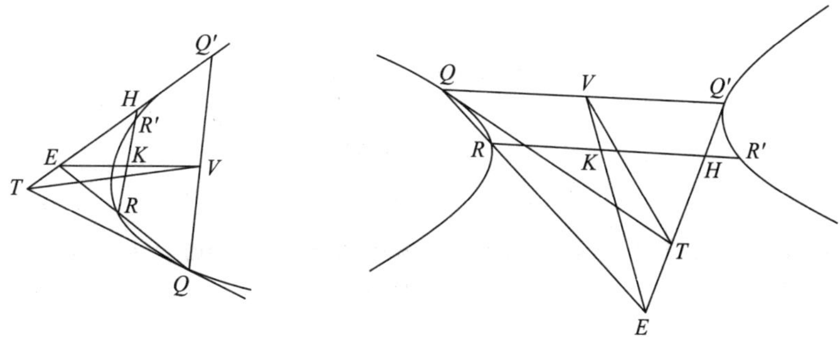

因此 EV 不是一条直径，且可用相似的方法证明，除了 TV，没有其他通过 V 的直线可以是直径。

反之，通过二切线的交点 T 所作圆锥曲线的直径，将等分接触弦 QQ'。

[阿波罗尼奥斯借助归谬法单独证明了这一命题。]

命题 42

[Ⅱ.40]

若 tQ，tQ' 是一条双曲线的二相对分支的切线，通过 t 作弦 RR' 平行于 QQ'，于是 R，R' 到 QQ' 中点 v 的连线，将是在 R，R' 的切线。

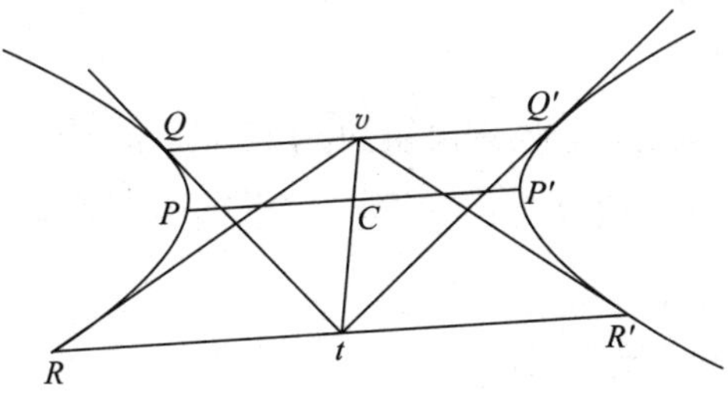

连接 vt。于是 vt 是对平行于 QQ' 所作横径的共轭直径，即 PP' 的共轭直径。

但因为切线 Qt 交第二直径于 t，

$$Cv \cdot Ct = \frac{1}{4}p \cdot PP'[=CD^2]。$$ [1] ［命题 15］

因此，v 与 t 之间互成反比，[2]且在 R，R'的切线相交于 v。

命题 43

［Ⅱ.26，41，42］

在圆锥曲线、圆或共轭双曲线中，若两根不通过中心的弦相交，则它们不会彼此等分。

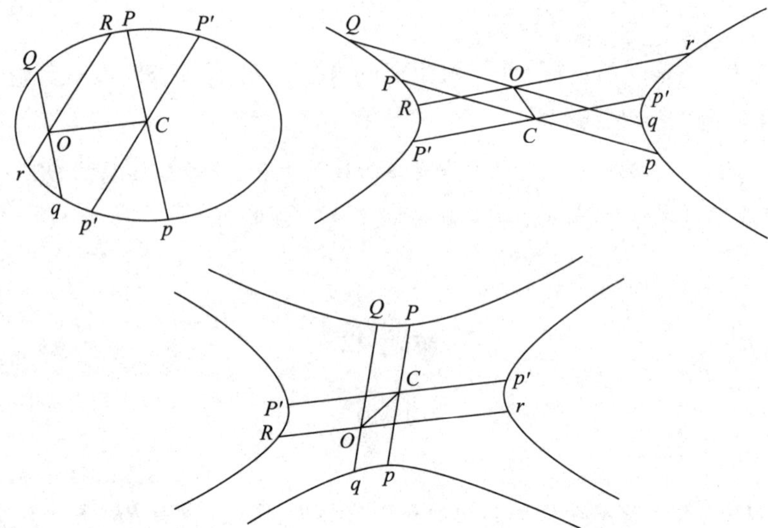

设 Qq，Rr 是两根不通过中心的弦，它们相交于 O。连接 CO，并作直径 Pp，$P'p'$分别平行于 Qq，Rr。

于是 Qq，Rr 将不会彼此等分，理由如下。设它们彼此等分于 O，检验是否可能。

然后，因为 Qq 被等分于 O，而 Pp 是与它平行的一条直径，故 CO，Pp 是共轭直径。

因此，在 P 的直径平行于 CO。

类似地可以证明，在 P'的切线平行于 CO。

---

① 这里的 CD 指 PP'的共轭直径的一半，但图中未标示 D，可参看命题 14 的图。——译者注

② 应该是指 Cv 与 Ct 互成反比。——译者注

因此在 P,P'的切线是平行的:但这是不可能的,因为 PP'不是一条直径。

因此 Qq,Rr 彼此不等分。

命题 44(作图题)

[Ⅱ.44,45]

找出圆锥曲线的一条直径及有心圆锥曲线的中心。

(1) 作两条相互平行的弦并连接它们的中点;中点的连线便是直径。

(2) 作两条直径;它们将相交而确定有心圆锥曲线的中心。

命题 45(作图题)

[Ⅱ.46,47]

求抛物线的轴,以及一条有心圆锥曲线的诸轴。

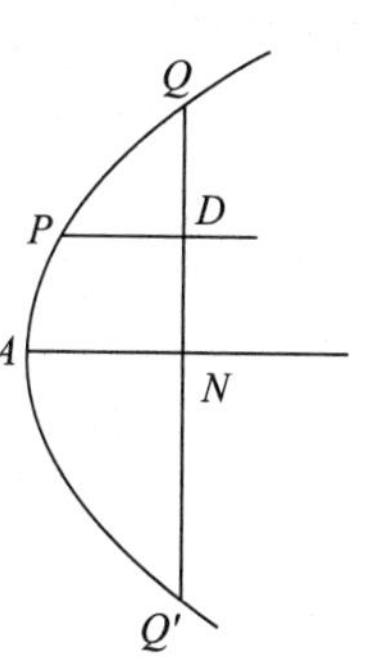

(1) 在抛物线的情形,设 PD 是任意直径。作任意弦 QQ'垂直于 PD,并设 N 是它的中点。于是通过 N 所作平行于 PD 的 AN 将是轴。

因为,由于 AN 平行于 PD,它是一根直径,且只要它垂直等分 QQ',它便是轴。

并且只存在一根轴,因为只存在一条等分 QQ'的直径。

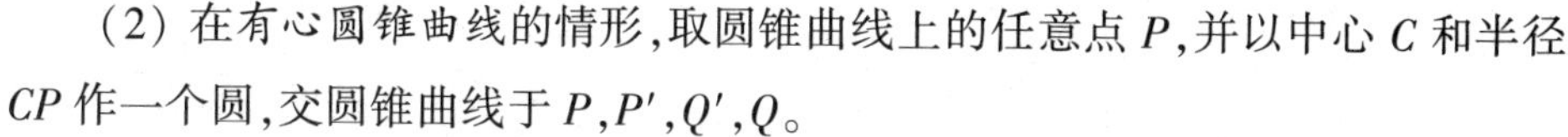

(2) 在有心圆锥曲线的情形,取圆锥曲线上的任意点 P,并以中心 C 和半径 CP 作一个圆,交圆锥曲线于 P,P',Q',Q。

设 PP',PQ 是不通过中心的两根公共弦,并设 N,M 分别是它们的中点。连接 CN,CM。

于是,CN,CM 都是轴,因为二者都是垂直等分诸弦的直径。它们也是共轭的,因为二者都等分与另一根直径平行的弦。

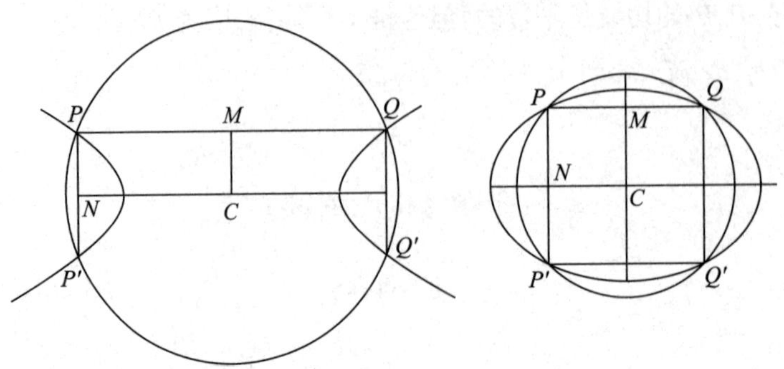

命题 46

[Ⅱ.48]

有心圆锥曲线的轴不可能多于两根。

设还有一根轴 CL,检验是否可能。通过 P' 作 $P'L$ 垂直于 CL,并延长 $P'L$ 再次交曲线于 R。连接 CP,CR。

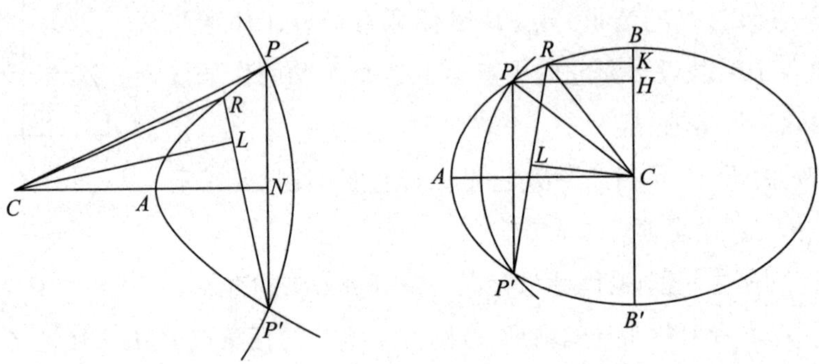

于是,因为 CL 是一根轴,$P'L=LR$;因此也有

$$CP=CP'=CR。$$

在双曲线的情形,很清楚,圆 PP' 不能交双曲线的同一分支于 P,P' 以外的任何点。因此,以上假设是荒谬的。

在椭圆中作 RK,PH 垂直于(短)轴,该轴与 PP' 平行。

于是,因为已证明了 $CP=CR$,故

$$CP^2=CR^2,$$

或即 $$CH^2+HP^2=CK^2+KR^2。$$

$$\therefore CK^2-CH^2=HP^2-KR^2。 \quad\cdots\cdots(1)$$

现在 $$BK\cdot KB'+CK^2=CB^2,$$

以及 $$BH\cdot HB'+CH^2=CB^2。$$

$$\therefore CK^2-CH^2=BH\cdot HB'-BK\cdot KB'。$$

因此 $HP^2-KR^2=BH\cdot HB'-BK\cdot KB'$,由(1)式。

但是,因为 PH,RK 是对 BB' 的纵坐标,

$$PH^2:(BH\cdot HB')=RK^2:(BK\cdot KB'),$$

而前项之间的差已被证明等于后项之间的差。

$$\therefore PH^2=BH\cdot HB',$$

以及 $$RK^2=BK\cdot KB'。$$

$\therefore$ P,R 是直径为 BB' 的圆上的点,

而这是荒谬的。因此 CL 不是一根轴。

命题 47(作图题)

[Ⅱ.49]

通过在抛物线上或其外的任意点作其切线。

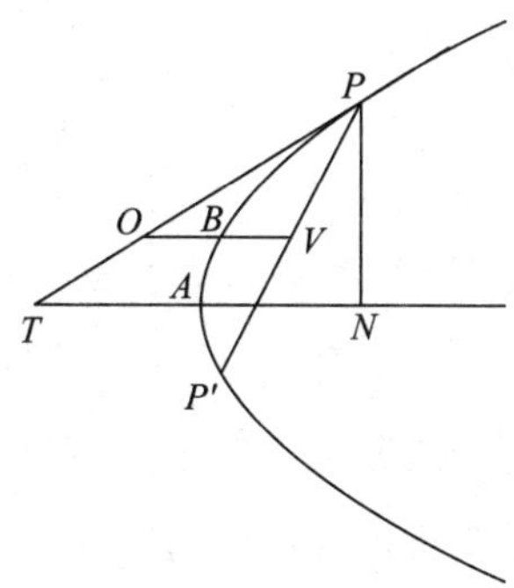

(1) 设该点是在曲线上的 P。作 PN 垂直于轴,并延长 NA 至 T,使得 $AT=AN$。连接 PT。

然后,因为 $AT=AN$,所以 PT 是在 P 的切线。 [命题 12]

在 P 与顶点 A 重合的特殊情况,通过 A 的轴的垂直线是切线。

(2) 设给定点是任意抛物线外一点 O。作直径 OBV 与曲线相交于 B,并作 BV 等于 OB。然后通过 V 作直线 VP 平行于在 B 的切线[如在(1)中所作的那样],与曲线相交于 P。连接 OP。

OP 便是待求的切线,因为平行于在 B 的切线的 PV,是对 BV 的一个纵坐标,且 $OB=BV$。 [命题 12]

[这一构形显然给出通过 O 的两条切线。]

命题 48(作图题)

[Ⅱ.49]

通过在双曲线上或其外的任意点作其切线。

这里有四种情形。

案例Ⅰ 设该点是曲线上的 Q。

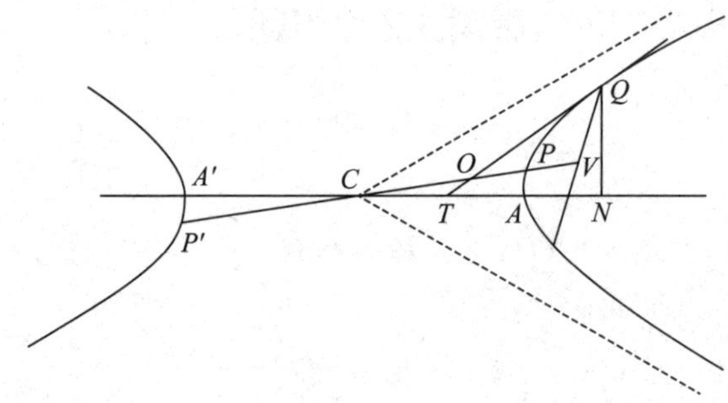

作 QN 垂直于轴 AA' 的延长线,并在 AA' 上取一点 T,使得 $A'T:AT=A'N:AN$。连接 TQ。于是 TQ 是在 Q 的切线。 [命题 13]

在 Q 与 A 或 A' 重合的特殊情况下,在那一点对轴的垂线便是切线。

案例Ⅱ 设该点是渐近线所包含角度内的任意点 O。

连接 CO 并向两侧延长,交双曲线于 P,P'。在 CP 的延长线上取点 V,使得

$$P'V:PV=OP':OP,$$

以及通过 V 作 VQ 平行于在 P 的切线[如在案例Ⅰ中所述],交曲线于 Q。连接 OQ。

于是,因为 QV 平行于在 P 的切线,QV 是对直径 $P'P$ 的一个纵坐标,而且

$$P'V : PV = OP' : OP。$$

因此，OQ 是在 Q 的切线。 [命题 13]

[这一构建显然给出通过 O 的两条切线。]

案例 Ⅲ 设 O 点在一条渐近线上。等分 CO 于 H，并通过 H 作 HP 平行于另一条渐近线，HP 交曲线于 P。连接 OP 并延长之，交另一条渐近线于 L。

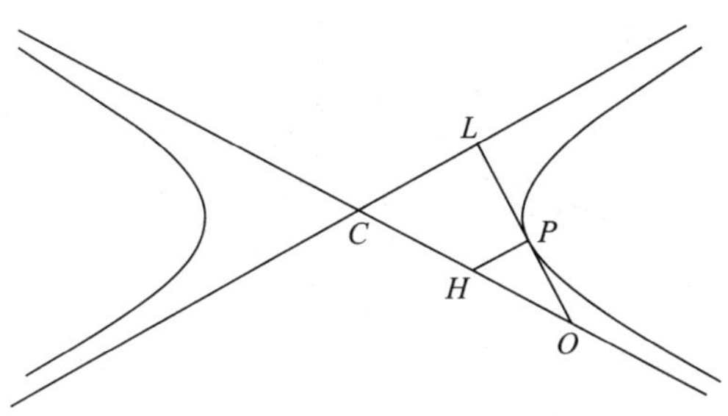

然后，由平行性，

$$OP : PL = OH : HC,$$

据此 $OP = PL$。

因此，OL 与双曲线相切于 P。 [命题 28,30]

案例 Ⅳ 设 O 点位于渐近线构成的一个外角之中。

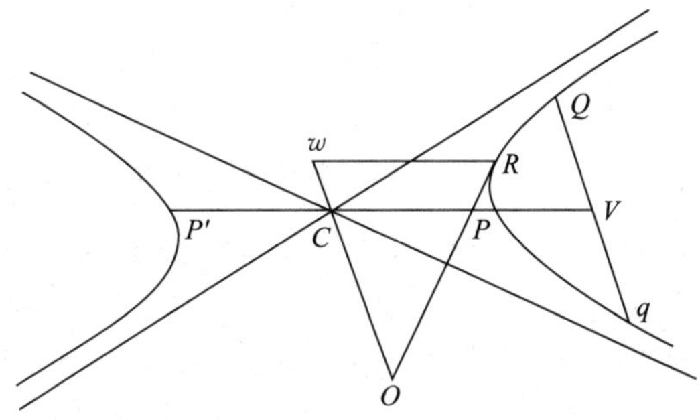

连接 CO。取平行于 CO 的任意弦 Qq，并设 V 是它的中点。通过 V 作直径 PP'。于是 PP' 是与 CO 共轭的直径。兹在 OC 的延长线上取一点 w，使得 $CO \cdot Cw = \frac{1}{4}p \cdot PP'[=CD^2]$，并通过 w 作直线 wR 平行于 PP'，交曲线于 R。连接 OR。于是，因为 Rw 平行于 CP 并与 Cw 共轭，而 $CO \cdot Cw[=CD^2]$，所以 OR 便是在 R 的切线。 [命题 15]

命题49(作图题)

[Ⅱ.49]

通过在椭圆上或在其外的任意点作其切线。

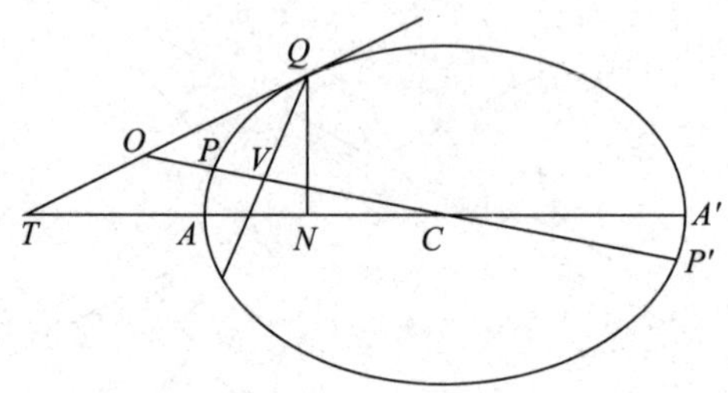

这里有两种情形,(1)点在曲线上,和(2)点在曲线之外;则其构形分别对应于(经过必要的修改)给出的双曲线案例Ⅰ和Ⅱ,如前一样基于命题13。

若点在椭圆以外,则与前一样,该构形给出两条通过该点的切线。

命题50(作图题)

[Ⅱ.50]

对给定的圆锥曲线作一条切线,使它与轴的交角等于一个给定的锐角。

Ⅰ.设该圆锥曲线是一条抛物线,并设角 DEF 是给定锐角。作 DF 垂直于 EF,等分 EF 于 H,并连接 DH。

兹设 AN 是抛物线的轴,并作角 NAP 等于角 DHF。设 AP 交曲线于 P。作 PN 垂直于 AN。延长 NA 至 T 使得 $AN=AT$,并连接 PT。

于是 PT 是切线,且我们必须证明

$$\angle PTN=\angle DEF。$$

因为

$$\angle DHF=\angle PAN,$$

$$HF:FD=AN:NP。$$

$$\therefore 2HF:FD=2AN:NP,$$

或者

$$EF:FD=TN:NP。$$

$$\therefore \angle PTN=\angle DEF。$$

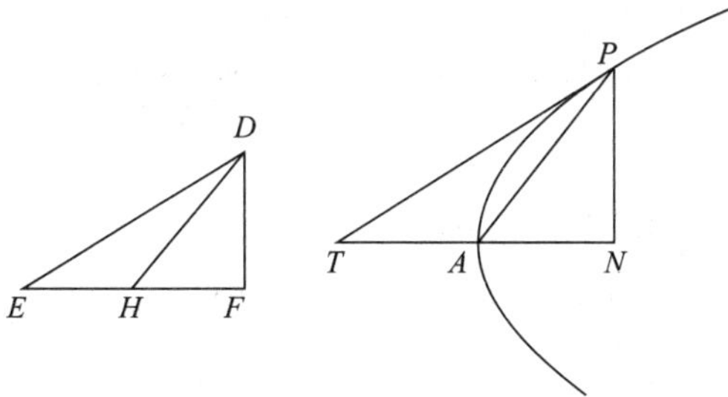

Ⅱ. 设该圆锥曲线是一条有心圆锥曲线。

于是，对双曲线，可能有解的一个必要条件是，给定的角 *DEF* 必须大于轴与渐近线之间的夹角。若角 *DEF* 是给定的，*DF* 与 *EF* 成直角，设在 *DF* 上取 *H*，使得$\angle HEF=\angle ACZ$，或即二渐近线夹角之半。设 *AZ* 是在 *A* 的切线，交一条渐近线于 *Z*。

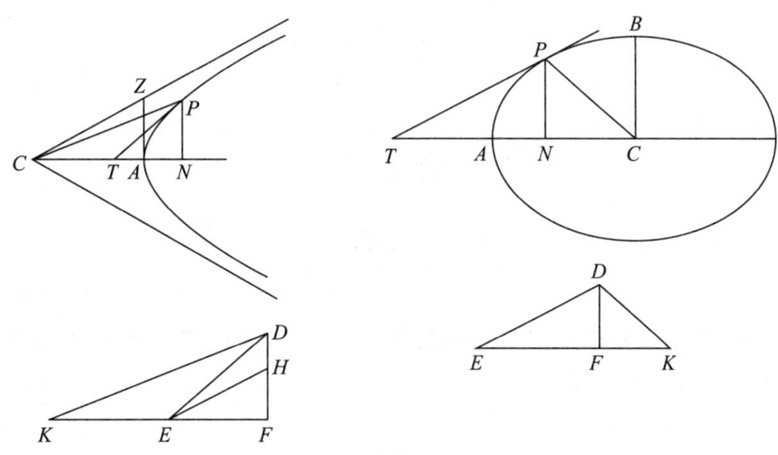

于是我们有　$CA^2:AZ^2$（或者 $CA^2:CB^2$）$=EF^2:FH^2$。①

$$\therefore CA^2:CB^2>EF^2:FD^2。$$

在 *FE* 的延长线上取一点 *K*，使得

$$CA^2:CB^2=(KF\cdot FE):FD^2。$$

于是　$$KF^2:FD^2>CA^2:AZ^2。$$

因此，若连接 *DK*，则角 *DKF* 小于角 *ACZ*。因此，欲使角 *ACP* 等于角 *DKF*，*CP* 必须与双曲线相交于某一点 *P*。

---

① 本式中对双曲线的 *CB* 在图中未标注，*CB* 是与 *CA* 共轭的半径。可参看右方对椭圆的图。——译者注

在椭圆的情形,需在 EF 的延长线上取 K 使得 $CA^2:CB^2=(KF\cdot FE):FD^2$,从这里开始,对两种有心圆锥曲线构建方法类似,在每种情形都使角 ACP 等于角 DKF。

兹作 PN 垂直于轴,并作切线 PT。 [命题 48,49]

于是 $$PN^2:(CN\cdot NT)=CB^2:CA^2$$ [命题 14]

$$=FD^2:(KF\cdot FE),\text{由以上;}$$

且由相似三角形的性质,

$$CN^2:PN^2=KF^2:FD^2。$$

$$\therefore CN^2:(CN\cdot NT)=KF^2:(KF\cdot FE),$$

即 $$CN:NT=KF:FE。$$

又 $$PN:CN=DF:KF。$$

$$\therefore PN:NT=DF:FE。$$

因此 $$\angle PTN=\angle DEF。$$

命题 51

[Ⅱ.52]

在椭圆中,若在任意点 P 的切线交长轴于 T,则角 CPT 不大于角 ABA'(这里 B 是短轴的一个端点)。

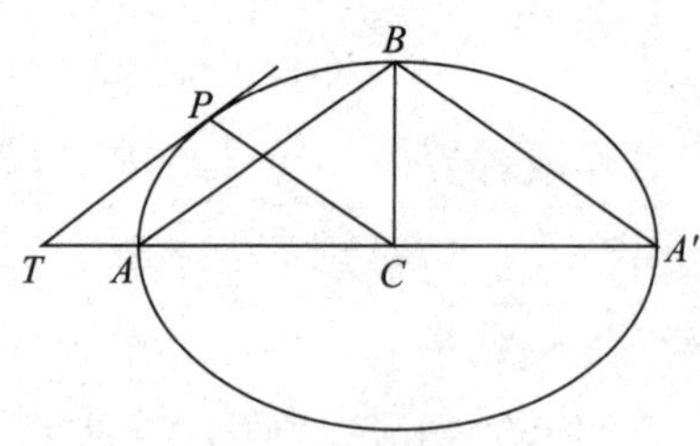

在四分之一椭圆 AB 中取 P,连接 PC。

于是 PC 或者平行于 BA',或者不平行于 BA'。

首先,设 PC 平行于 BA'。于是由平行性,CP 等分 AB。因此在 P 的切线平行于 AB,且 $\angle CPT=\angle A'BA$。

其次,假定 PC 不平行于 BA',在那种情形,作 PN 垂直于轴,则

$$\angle PCN \neq \angle BA'C, \angle BAC。$$

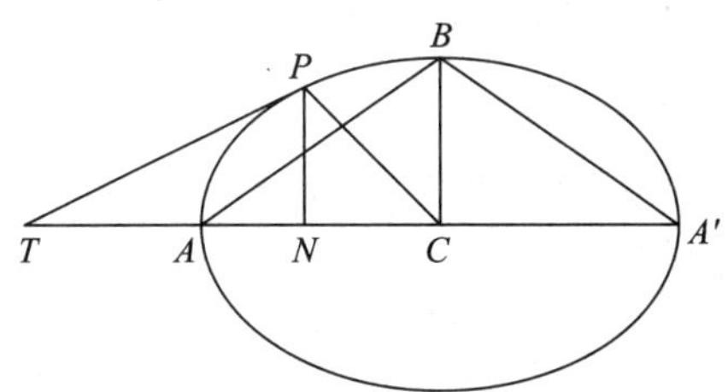

$$\therefore PN^2 : CN^2 \neq BC^2 : AC^2,$$

据此 $$PN^2 : CN^2 \neq PN^2 : (CN \cdot NT)。$$ ［命题 14］

$$\therefore CN \neq NT。$$

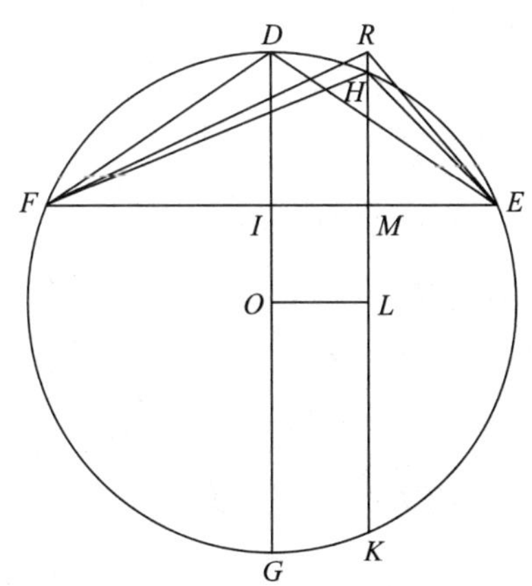

设 FDE 是一个圆弓形，其中包含的角 FDE 等于角 ABA'，并设 DG 是圆的直径，它成直角等分 FE 于 I，分 FE 于 M，使得

$$EM : MF = CN : NT,$$

并通过 M 作弦 HK 与 EF 成直角。由圆的中心 O 作 OL 垂直于 HK，并连接 EH，HF。

于是三角形 DFI，BAC 相似，且

$$FI^2 : ID^2 = CA^2 : CB^2。$$

现在 $$OD : OI > LH : LM，因为 OI = LM。$$

$$\therefore OD : DI < LH : HM,$$

以及，把前项加倍，

$$DG : DI < HK : HM,$$

据此 $GI:ID<KM:MH$。

又 $GI:ID=FI^2:ID^2=CA^2:CB^2$

$=(CN\cdot NT):PN^2$

$\therefore (CN\cdot NT):PN^2<KM:MH$

$=(KM\cdot MH):MH^2$

$=(EM\cdot MF):MH^2$

设 $(CN\cdot NT):PN^2=(EM\cdot MF):MR^2$,

其中 R 是在 HK 或 HK 的延长线上的某一点。

由上述可知,$MR>MH$,即 R 在 KH 的延长线上,连接 ER,RF。

现在 $(CN\cdot NT):(EM\cdot MF)=PN^2:RM^2$,

又 $CN^2:EM^2=(CN\cdot NT):(EM\cdot MF)$(因为 $CN:NT=EM:MF$)。

$\therefore CN:EM=PN:RM$。

因此,三角形 CPN,ERM 相似。

以类似的方式,三角形 PTN,RFM 相似。

因此,三角形 CPT,ERF 相似。

又 $\angle CPT=\angle ERF$;

据此可知

$\angle CPT$ 小于 $\angle EHF$,$\angle ABA'$。

因此,无论 CP 是否平行于 BA',$\angle CPT$ 都不大于 $\angle ABA'$。

命题 52(作图题)

[Ⅱ.51,53]

对任意给定圆锥曲线作一条切线与通过切点的直径成给定角度。

Ⅰ. 在抛物线的情形,给定角度必定是一个锐角,且因为任何直径都平行于轴,问题本身简化为上面的命题 50(1)。

Ⅱ. 在有心圆锥曲线的情形,角 CPT 对双曲线必定是一个锐角,而对椭圆,它必定不小于直角,也不大于角 ABA',如在命题 51 中所证明的。

假定 θ 是给定角度,先考虑对椭圆的特殊情况,其中角 θ 等于角 ABA'。在这种情况下,如在命题 51 中,我们简单地作 CP 平行于 BA'(或者 AB),并通过 P 作

弦 AB(或者 $A'B$)的平行线。

其次,假定 θ 对双曲线是任意锐角,而对椭圆,是小于 ABA' 的任意钝角;并假定问题已解出,角 CPT 等于 θ。

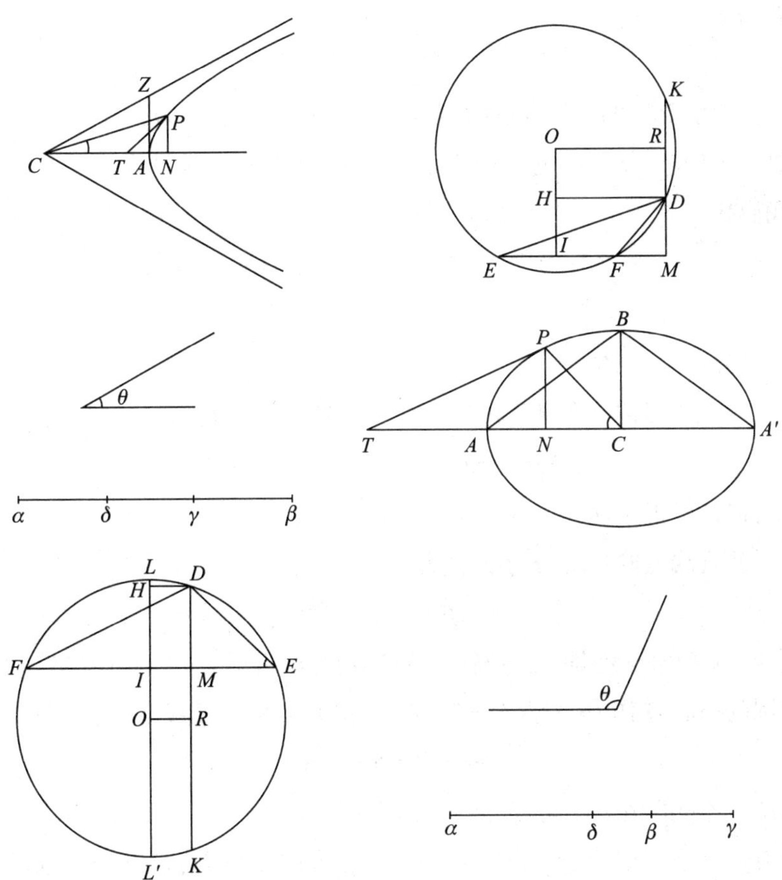

设想一个圆弓形包含角度为 θ 的一个角(EDF)。于是,若可以在弓形周边上找到一点 D,使得若 DM 垂直于底边 EF,且比值($EM\cdot MF$):DM^2 等于比值 $CA^2:CB^2$,即比值($CN\cdot NT$):PN^2,我们将有

$$\angle CPT=\theta=\angle EDF,$$

且 $$(CN\cdot NT):PN^2=(EM\cdot MF):DM^2,$$

则三角形 PCN,PTN 分别与 DEM,DFM 相似。于是,角 DEM 等于角 PCN。

于是构建过程如下。

对椭圆,作 CP 使得角 PCN 等于角 DEM,并作通过 P 的切线,交轴 AA' 于 T。

又设 PN 垂直于轴 AA'。

于是 $(CN \cdot NT):PN^2=CA^2:CB^2=(EM \cdot MF):DM^2$,

以及三角形 PCN,DEM 相似,据此可知三角形 PTN,DFM 相似,且因此也有三角形 CPT,EDF 相似[①]。

$$\therefore \angle CPT=\angle EDF=\theta。$$

对双曲线,剩下的只需要证明,若使角 PCN 等于角 DEM,则 CP 必定与曲线相交,即角 DEM 小于二渐近线夹角之半。若 AZ 垂直于轴且与一条渐近线相交于 Z,我们有

$$(EM \cdot MF):DM^2=CA^2:CB^2=CA^2:AZ^2,$$

$$\therefore EM^2:DM^2>CA^2:AZ^2,$$

以及角 DEM 小于角 ZCA。

我们现在说明构建本身简化为在弓形上求点 D,使得

$$(EM \cdot MF):DM^2>CA^2:CB^2。$$

这可以这样来实现:

在一条直线上取长度 $\alpha\beta$,$\beta\gamma$,使得

$$\alpha\beta:\beta\gamma=CA^2:CB^2,$$

对双曲线,$\beta\gamma$ 朝向 α 度量,而对椭圆,背离 α 度量;并设 $\alpha\gamma$ 被等分于 δ。

由圆的中心 O 作 OI 垂直于 EF;并在 OI 或 OI 的延长线上取点 H,使得

$$OH:HI=\delta\gamma:\gamma\beta,$$

(点 O,H,I 之间的相对位置与 δ,γ,β 之间的相对位置相对应)。

作 HD 平行于 EF,交圆弧于 D。设 DK 是通过 D 的弦,它与 EF 成直角,并与它相交于 M。

作 OR 成直角等分 DK。

于是 $RD:DM=OH:HI=\delta\gamma:\gamma\beta$。

因此,把两个前项加倍,

$$KD:DM=\alpha\gamma:\gamma\beta;$$

故 $KM:DM=\alpha\beta:\beta\gamma$。

于是

$$(KM \cdot MD):DM^2=(EM \cdot MF):DM^2=\alpha\beta:\beta\gamma=CA^2:CB^2。$$

---

① 这些结论被阿波罗尼奥斯视为已成立,但它们也很容易被证明。

因此找到了待求的点 D。

在 $CA^2=CB^2$ 的双曲线的特殊情况，即对等轴双曲线，我们有 $EM\cdot MF=DM^2$，或者说，DM 是在 D 的圆的切线。

附注　阿波罗尼奥斯顺便证明了，在用于椭圆案例的第二幅图中，H 落入 I 与弓形的中点(L)之间如下所述：

$$\angle FLI=\frac{1}{2}\angle CPT,\text{后者小于}\frac{1}{2}\angle ABA';$$

$$\therefore\ \angle FLI\text{ 小于}\angle ABC,$$

据此

$$CA^2:CB^2>FI^2:IL^2$$
$$=L'I:IL。$$

由此可知

$$\alpha\beta:\beta\gamma>L'I:IL,$$

故

$$\alpha\gamma:\gamma\beta>L'L:IL,$$

以及有了这些前提，则

$$\delta\gamma:\gamma\beta>OL:LI,$$

故

$$\delta\beta:\beta\gamma>OI:IL。$$

因此，若 H 是这样的一点，它使得

$$\delta\beta:\beta\gamma=OI:IH,$$

则 IH 小于 IL。

命题 17—19 的推广

命题 53

[Ⅲ.1,4,13]

(1) P,Q 是圆锥曲线上的任意两点,若在 P 的切线与通过 Q 的直径相交于 E,且在 Q 的切线与通过 P 的直径相交于 T,又若二切线相交于 O,则

$$\triangle OPT=\triangle OQE。$$

(2) 若 P 是一条双曲线上的任意点,Q 是在其共轭双曲线上的任意点,T,E 的意义同前,则

$$\triangle CPE=\triangle CQT。$$

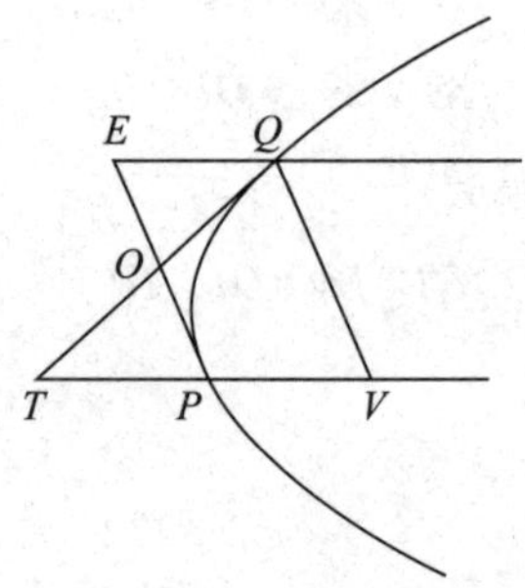

(1) 设 QV 是由 Q 到通过 P 的直径的纵坐标。

于是对抛物线我们有

$$TP=PV,[命题 12]$$

故 $$TV=2PV,$$

且 $$\square(EV)=\triangle QTV。$$

减去公共面积 $OPVQ$,

$$\triangle OQE=\triangle OPT。$$

对有心圆锥曲线我们有

$$CV\cdot CT=CP^2,$$

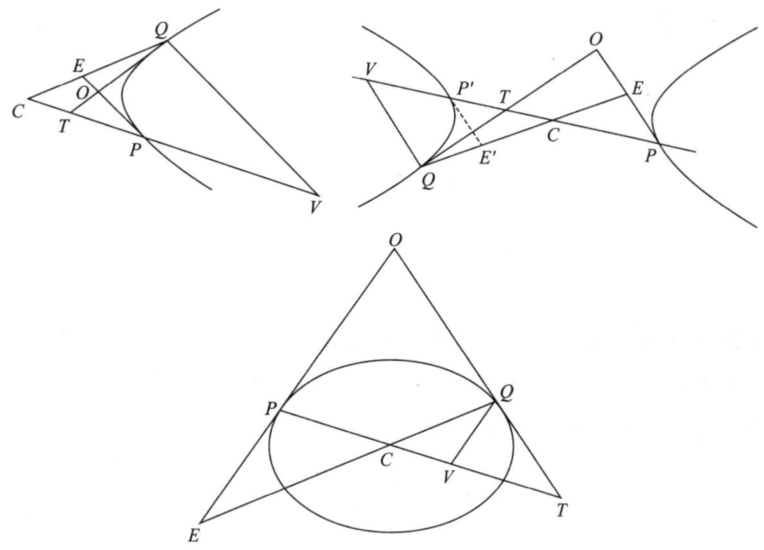

或者 $$CV : CT = CV^2 : CP^2;$$

$$\therefore \triangle CQV : \triangle CQT = \triangle CQV : \triangle CPE;$$

$$\therefore \triangle CQT = \triangle CPE。$$

对抛物线和双曲线,在上式两侧减去面积 $OTCE$,对椭圆,用面积 $OTCE$ 减去上式两侧,则有

$$\triangle OPT = \triangle OQE。$$

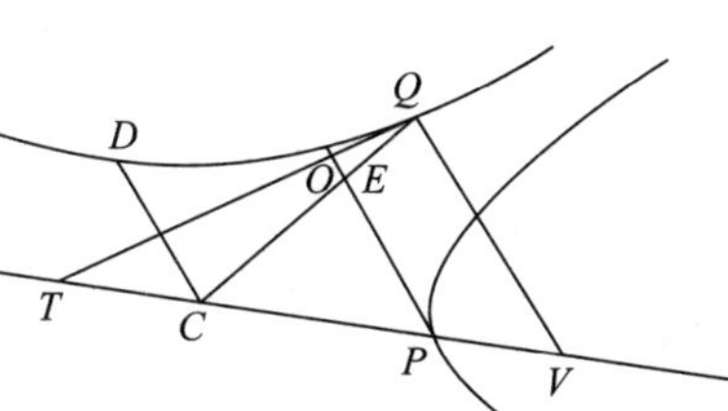

(2) 在共轭双曲线中作 CD 平行于在 P 的切线 PE,交共轭双曲线于 D,作 QV 也平行于 PE,与 CP 相交于 V。于是 CP,CD 对两条双曲线都是共轭直径,并且 QV 是对 CP 的纵坐标。

因此[命题 15]

$$CV \cdot CT = CP^2,$$

或者 $$CP : CT = CV : CP$$

$$= CQ : CE;$$

$$\therefore CP \cdot CE = CQ \cdot CT。$$

且角 PCE，QCT 互补；

$$\therefore \triangle CQT = \triangle CPE。$$

命题 54

[Ⅲ.2,6]

若保持前一命题的记法，且若 R 是圆锥曲线上的任意其他点，设作 RU 平行于 QT，它与通过 P 的直径相交于 U，并通过 R 作直线平行于在 P 的切线，分别与 QT 和通过 Q，P 的两条直径相交于 H，F，W。于是

$$\triangle HQF = \text{四边形 } HTUR。$$

设 RU 与通过 Q 的直径相交于 M。于是如同在命题 22,23 中，我们有

$$\triangle RMF = \text{四边形 } QTUM;$$

则根据情况加上或减去四边形 $HRMQ$，可得

$$\triangle HQF = \text{四边形 } HTUR。$$

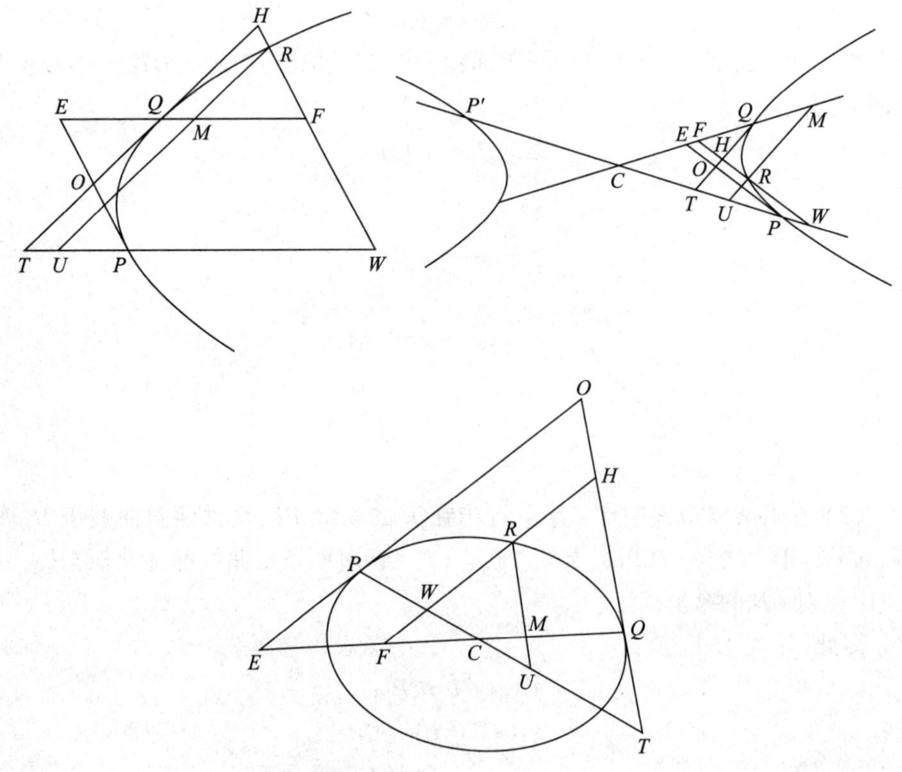

命题 55

[Ⅲ.3,7,9,10]

若我们沿用与前一命题中相同的记法,并在带有与 H,F 等对应的点 H',F' 等的曲线上取两点 R',R,且若进一步,$RU,R'W'$ 相交于 I 及 $R'U',RW$ 相交于 J,则四边形 $F'IRF,IUU'R'$ 相等,四边形 $FJR'F',JU'UR$ 也相等。

[注意:我们将会看到,在某些情况下(取决于 R,R' 的位置)四边形的形状如下图,在这种情况下,$F'IRF$ 需取作三角形 $F'MI,RMF$ 之差。]

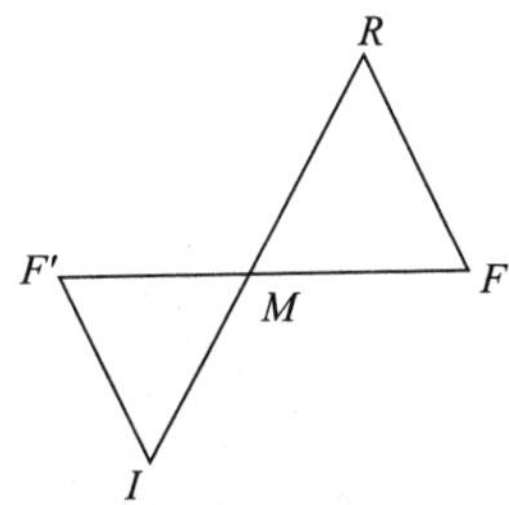

Ⅰ. 在图 1,2,3 中我们有

$$\triangle HFQ = \text{四边形 } HTUR, \qquad \text{[命题 54]}$$

$$\triangle H'F'Q = \text{四边形 } H'TU'R',$$

$$\therefore F'H'HF = H'TU'R' - HTUR$$

$$= IUU'R' \mp (IH);\text{[①]}$$

据此,加上或减去(IH),

$$F'IRF = IUU'R', \quad \cdots\cdots (1)$$

以及,加上(IJ)于二者,

$$FJR'F' = JU'UR。\quad \cdots\cdots (2)$$

① 这里的"∓"号表示前后两项之和或之差。——译者注

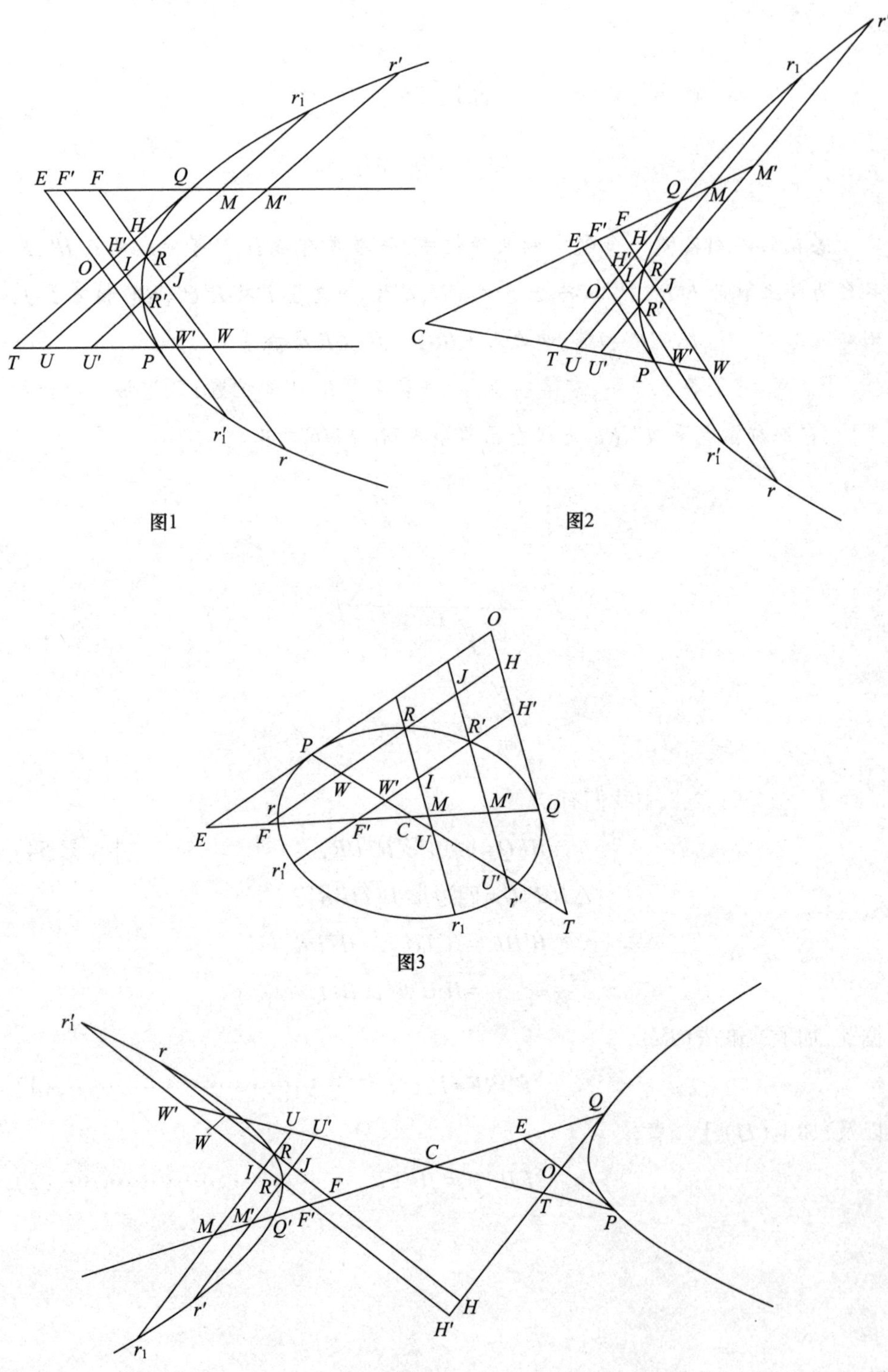

E F′ F Q M M′ r' r_1
H H′ R O I J R′
T U U′ P W′ W r_1' r
E F′ F H H′ I R J O R′ Q M M′ r_1 r'
C T U U′ P W′ W r_1' r
O H J H′ R R′ P W W′ I M M′ Q
r E F F′ C U r_1' U′ r' r_1 T
r_1' r W′ W U U′ R J I R′ C F E O Q
M M′ Q′ F′ T P r' H H′ r_1

图1

图2

图3

图4

Ⅱ. 在图 4,5,6 中我们有 ［命题 18,53］

$$\triangle R'U'W'=\triangle CF'W'-\triangle CQT,$$

故 $\triangle CQT=$四边形 $CU'R'F'$。

再加上四边形 $CF'H'T$,我们有

$$\triangle H'F'Q=\text{四边形 } H'TU'R'。$$

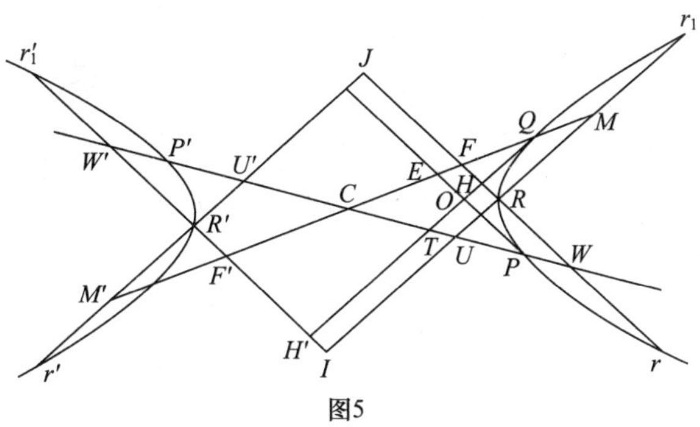

图5

类似地 $\triangle HFQ=HTUR$;

与前一样,我们导出

$$F'IRF=IUU'R'。 \qquad (1)$$

于是,例如在图 4 中,

$$\triangle H'F'Q-\triangle HFQ=H'TU'R'-HTUR;$$

$$\therefore F'H'HF=(R'H)-(RU'),$$

两侧都减去 $IRHH'$,

$$F'IRF=IUU'R'。$$

在图 6 中,有

$$F'H'HF=H'TU'R'-\triangle HTW+\triangle RUW,$$

再在两侧都加上(IH),

$$F'IRF=H'TU'R'+H'TUI$$

$$=IUU'R'。 \qquad (1)$$

然后,在上式的两侧都减去图 4 中的(IJ),并在图 5 和图 6 的(IJ)减去上式的两侧,我们得到

$$FJR'F'=JU'UR。 \qquad (2)$$

(图 6 中的四边形分别是三角形 FJM',$F'R'M'$之间的差及三角形 $JU'W$,RUW 之间的差。)

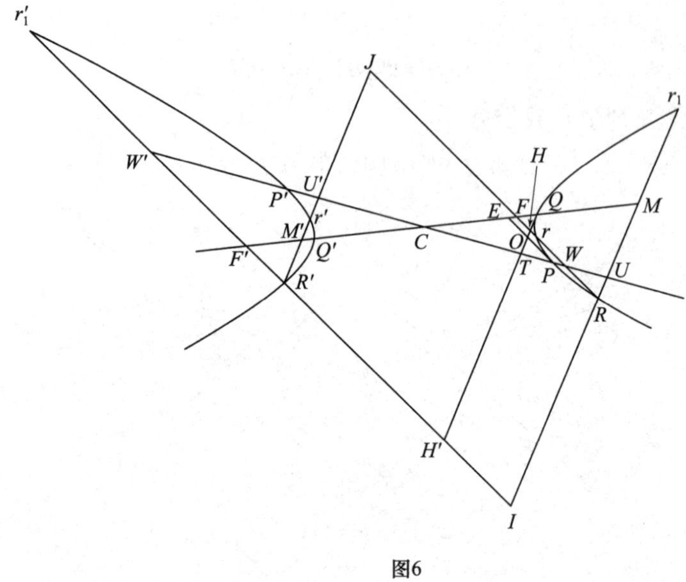

图6

Ⅲ. 在 P,Q 位于不同分支的情况下,可以用完全相同的方法证明相同的性质,且四边形的形式与上面图 6 的一样。

推论　在 R'与 P 重合的本命题的特殊情况,上述结果简化为

$$EIRF=\triangle PUI,$$

$$PJRU=PJFE。$$

命题 56

[Ⅲ.8]

若 PP',QQ' 是两条直径,并在 P,P',Q,Q' 作切线,前两条切线与 QQ' 相交于 E,E',后两条切线与 PP' 相交于 T,T',且若平行于过 Q 的切线的通过 P' 的直线,与在 P 的切线相交于 K,而平行于过 P 的切线的通过 Q' 的直线,与过 Q 的切线相交于 K',则四边形(EP'),(TQ')相等,四边形($E'K$),($T'K'$)也相等。

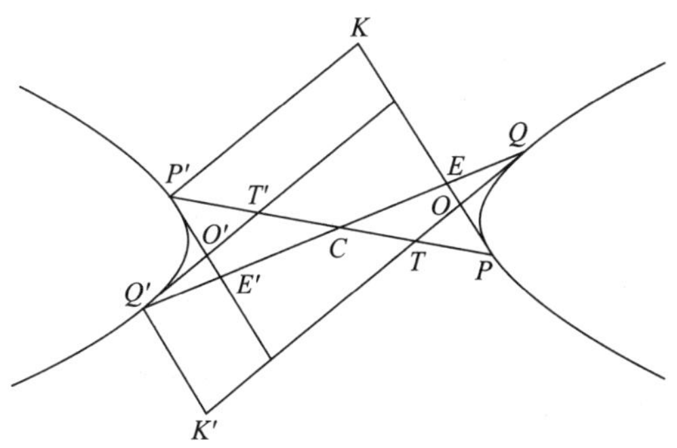

因为三角形 CQT,CPE 相等[命题 53],且有一个公共角,

$$CQ \cdot CT = CP \cdot CE;$$

$$\therefore CQ : CE = CP : CT,$$

据此

$$QQ' : EQ = PP' : TP,$$

同样的比例对平方成立,即

$$\triangle QQ'K' : \triangle QEO = \triangle PP'K : \triangle PTO。$$

又两个后项相等,则

$$\triangle QQ'K' = \triangle PP'K。$$

再减去相等的三角形 CQT,CPE,我们得到

$$(EP') = (TQ')。 \quad \cdots\cdots (1)$$

上式两侧分别加上相等的三角形 $CP'E'$,$CQ'T'$,我们有

$$(E'K) = (T'K')。 \quad \cdots\cdots (2)$$

命题 57

[Ⅲ.5,11,12,14]

(应用于以下案例,其中通过在前两个命题所用的点 R,R' 的纵坐标是对第二直径作出的。)

(1) 设 Cv 是对之作纵坐标的第二直径。又设在 Q 的切线与之相交于 t,并设纵坐标 Rw 交 Qt 于 h 及交 CQ 于 f。又设平行于 Qt 的 Ru 交 Cv 于 u。

然后[命题 19]

$$\triangle Ruw - \triangle Cfw = \triangle CQt, \quad \cdots\cdots (A)$$

以及,在两边都减去四边形 $CwhQ$,

$$\triangle Ruw - \triangle hQf = \triangle htw;$$

$$\therefore \triangle hQf = \text{四边形 } htuR。$$

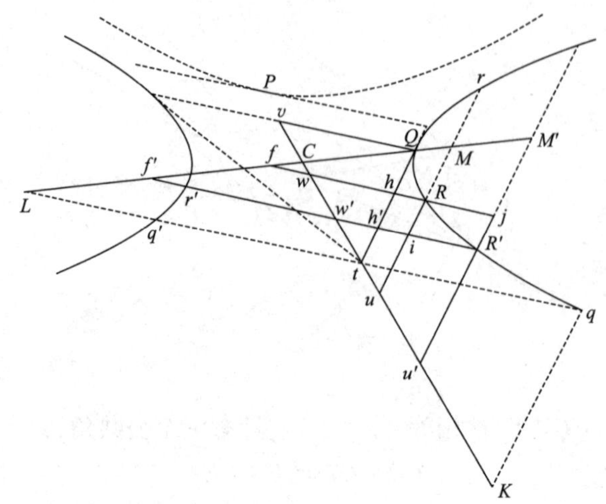

(2) 设 $R'w'$ 是另一个纵坐标, h', w' 等点对应于 h, w 等点。又设 Ru, $R'w'$ 相交于 i, Rw, $R'u'$ 相交于 j。

然后由以上所述,可得

$$\triangle h'Qf' = h'tu'R',$$

以及

$$\triangle hQf = htuR。$$

因此,通过相减,可得

$$f'h'hf = iuu'R' - (hi),$$

上式两侧再加上 (hi), 则有

$$f'iRf = iuu'R'。\cdots\cdots\cdots\cdots (1)$$

若(1)式两侧分别加上 (ij), 我们有

$$fjR'f' = ju'uR。\cdots\cdots\cdots\cdots (2)$$

[若 P 在共轭双曲线上,这显然成立,且我们可以通过对每个三角形 Ruw, Cfw 加上面积 $CwRM$, 由上面的(A)式导出,

$$\triangle CuM - \triangle RfM = \triangle CQt,$$

阿波罗尼奥斯对这个性质单独地给出了证明。]

命题 58

[Ⅲ. 15]

若 P, Q 在原双曲线上, R 在共轭双曲线上,那些在命题 55, 57 中给出的性质

仍然成立,即

$$\triangle RMF-\triangle CMU=\triangle CQT,$$

以及
$$F'IRF=IUU'R'。$$

设 $D'D''$是共轭双曲线平行于 RU 的直径,并作 QT;且由 D'作 $D'G$ 平行于 PE,它与 CQ 相交于 G,则 $D'D''$是与 CQ 共轭的直径。

设 p'是共轭双曲线中对应于横径 $D'D''$的参数,并设 p 是对应于原双曲线的横径 QQ'的参数,使得

$$\frac{p}{2}\cdot CQ=CD'^2,以及\frac{p'}{2}\cdot CD'=CQ^2。$$

现在,我们有[命题 23]

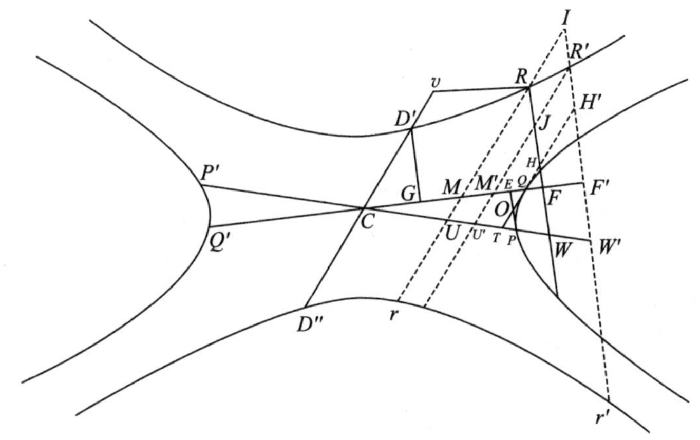

$$OQ:QE=p:2QT=\frac{p}{2}:QT;$$

$$\therefore CD':CG=\frac{p}{2}:QT$$

$$=\left(\frac{p}{2}\cdot CQ\right):(CQ\cdot QT)$$

$$=CD'^2:(CQ\cdot QT)。$$

因此
$$CD'\cdot CG=CQ\cdot QT,$$

或者
$$\triangle D'CG=\triangle CQT。\quad\cdots\cdots\cdots\cdots\cdots\cdots\cdots\cdots\cdots\cdots\cdots\quad(1)$$

再者,
$$CM:MU=CQ:QT$$

$$=\left(CQ:\frac{p}{2}\right)\cdot(p:2QT)$$

$$=(p':D'D'')\cdot(OQ:QE)$$

$$=(p':D'D'')\cdot(RM:MF)。\quad\cdots\cdots\ (2)$$

因此，三角形 CMU，RMF，$D'CG$ 分别是在 CM（或 Rv），RM（或 Cv），CD' 上内角相等的平行四边形之半，其中后两个相似，而前两个的边由关系式(2)相联系，具有命题 16 的性质。

$$\therefore\ \triangle RMF\sim\triangle CMU=\triangle D'CG=\triangle CQT。\cdots\cdots\ (3)$$

若 R' 是共轭双曲线上的另一点，则相减后得到

$$R'JFF'-RMM'J=MUU'M'，或\ R'JFF'=RUU'J。$$

以及，在两边加上(IJ)，则有

$$F'IRF=IUU'R'。\cdots\cdots\ (4)$$

相交弦段所夹矩形

命题 59

[Ⅲ.16,17,18,19,20,21,22,23]

案例Ⅰ 若 OP,OQ 是对任意圆锥曲线的两条切线,$Rr,R'r'$ 分别是与它们平行的弦,二弦相交于一个内点或外点 J,则

$$OP^2 : OQ^2 = (RJ \cdot Jr) : (R'J \cdot Jr')。$$

(a)设构形和图与命题 55 中的相同。

于是我们有

$$RJ \cdot Jr = RW^2 \sim JW^2,$$

以及 $$RW^2 : JW^2 = \triangle RUW : \triangle JU'W;$$

$$\therefore (RW^2 \sim JW^2) : RW^2 = JU'UR : \triangle RUW。$$

但是 $$RW^2 : OP^2 = \triangle RUW : \triangle OPT;$$

$$\therefore (RJ \cdot Jr) : OP^2 = JU'UR : \triangle OPT。\cdots\cdots\cdots\cdots \quad (1)$$

再者 $$R'J \cdot Jr' = R'M'^2 \sim JM'^2$$

以及 $$R'M'^2 : JM'^2 = \triangle R'F'M' : \triangle JFM',$$

或者 $$(R'M'^2 \sim JM'^2) : R'M'^2 = FJR'F' : \triangle R'F'M'。$$

但是 $$R'M'^2 : OQ^2 = \triangle R'F'M' : \triangle OQE;$$

$$\therefore (R'J \cdot Jr') : OQ^2 = FJR'F' : \triangle OQE。\cdots\cdots\cdots\cdots \quad (2)$$

比较(1)与(2)式,我们有

$JU'UR = FJR'F'$,由命题 55,

以及 $\triangle OPT = \triangle OQE$,由命题 53。

于是 $$(RJ \cdot Jr) : OP^2 = (R'J \cdot Jr') : OQ^2,$$

或者 $$OP^2 : OQ^2 = (RJ \cdot Jr) : (R'J \cdot Jr')。$$

(b)若我们取弦 $R'r_1'$,Rr_1 分别平行于 OP,OQ,并且它们相交于一个内点或外点 I,则我们可以用相同的方式确定

$$OP^2 : OQ^2 = (R'I \cdot Ir_1') : (RI \cdot Ir_1)。$$

因此完全证明了本命题。

[推论　若认为可以是任何内点或外点的 I 或 J(作为一种特殊情况)是中心,则我们有以下命题:在固定方向上的相交弦段所夹矩形等于平行半径上的正方形。]

案例Ⅱ　若 P 是共轭双曲线上的一点,且在 Q 的切线交 CP 于 t;若进一步作 qq' 通过 t 且平行于在 P 的切线,并且 Rr,$R'r'$ 是分别平行于在 Q,P 的切线的弦,它们相交于 i,则,

$$tQ^2 : tq^2 = (Ri \cdot ir) : (R'i \cdot ir')。$$

使用命题 57 的图,我们有

$$Ri \cdot ir = Mi^2 \sim MR^2,$$

以及

$$Mi^2 : MR^2 = \triangle Mf'i : \triangle MfR,$$

从而

$$(Ri \cdot ir) : MR^2 = f'iRf : \triangle MfR。$$

因此,若 QC,qq'(二者皆延长)相交于 L,则

$$(Ri \cdot ir) : tQ^2 = f'iRf : \triangle QtL。\quad \cdots\cdots (1)$$

类似地,

$$(R'i \cdot ir') : R'W'^2 = iuu'R' : \triangle R'u'w';$$

$$\therefore (R'i \cdot ir') : tq^2 = iuu'R' : \triangle tqK, \quad \cdots\cdots (2)$$

其中 qK 平行于 Qt 并交 Ct 的延长线于 K。

但是,比较(1)与(2)式,我们有

$$f'iRf = iuu'R', \quad \cdots\cdots [命题 57]$$

以及

$$\triangle tqK = \triangle CLt + \triangle CQt = \triangle QtL。\quad \cdots\cdots [命题 19]$$

$$\therefore (Ri \cdot ir) : tQ^2 = (R'i \cdot ir') : tq^2,$$

或者

$$tQ^2 : tq^2 = (Ri \cdot ir) : (R'i \cdot ir')。$$

案例Ⅲ　若 PP' 是直径,Rr,$R'r'$ 分别是平行于在 P 的切线和直径 PP' 的弦,它们相交于 I,则,

$$(RI \cdot Ir) : (R'I \cdot Ir') = p : PP'。$$

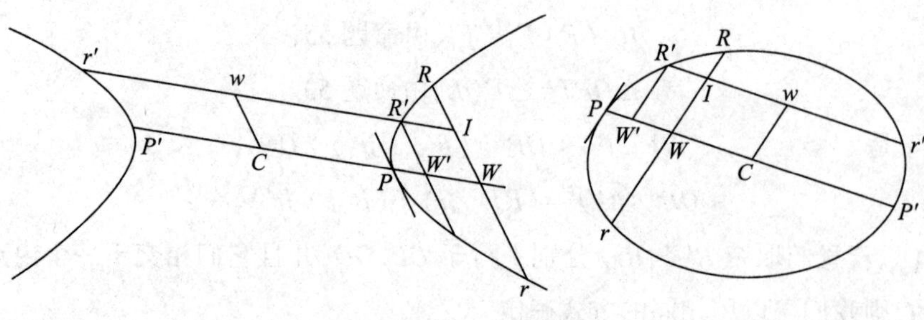

若 $RW, R'W$ 是对 PP' 的纵坐标，则

$$p : PP' = RW^2 : (CW^2 \sim CP^2) \qquad [命题 8]$$

$$= R'W'^2 : (CW'^2 \sim CP^2)$$

$$= (RW^2 \sim R'W'^2) : (CW^2 \sim CW'^2)$$

$$= (RI \cdot Ir) : (R'I \cdot Ir')。$$

案例Ⅳ 若 OP, OQ 是双曲线的两条切线，$Rr, R'r'$ 是分别平行于 OQ, OP 的共轭双曲线的弦，二弦相交于 I，则

$$OQ^2 : OP^2 = (RI \cdot Ir) : (R'I \cdot Ir')。$$

使用命题 58 的图，我们有

$$OQ^2 : \triangle OQE = RM^2 : \triangle RMF$$

$$= MI^2 : \triangle MIF'$$

$$= (RI \cdot Ir) : (\triangle RMF \sim \triangle MIF')$$

$$= (RI \cdot Ir) : F'IRF,$$

以及，以同样的方式，

$$OP^2 : \triangle OPT = (R'I \cdot Ir') : (\triangle R'U'W' \sim \triangle IUW')$$

$$= (R'I \cdot Ir') : IUU'R';$$

据此，由命题 53 和 58，与前相同，有

$$OQ^2 : (RI \cdot Ir) = OP^2 : (R'I \cdot Ir'),$$

或者

$$OQ^2 : OP^2 = (RI \cdot Ir) : (R'I \cdot Ir')。$$

命题 60

[Ⅲ.24,25,26]

若 $Rr, R'r'$ 是相交于 O 的共轭双曲线的弦，它们分别平行于共轭直径 PP'，DD'，则

$$RO \cdot Or \pm \frac{CP^2}{CD^2} \cdot R'O \cdot Or' = 2CP^2$$

$$\left[或 \frac{RO \cdot Or}{CP^2} \pm \frac{R'O \cdot Or'}{CD^2} = 2\right]。$$

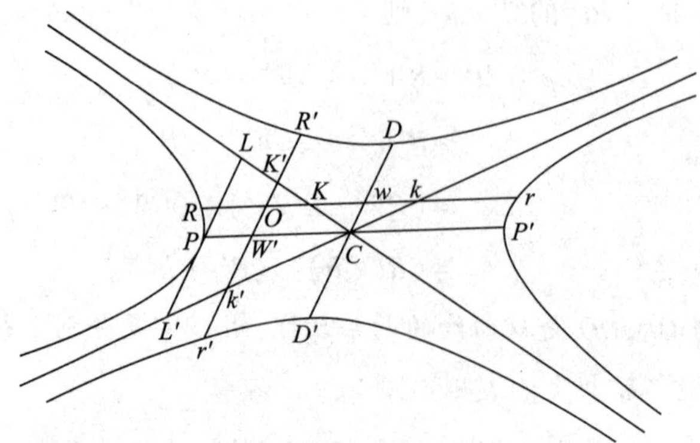

设 Rr，$R'r'$分别与渐近线相交于 K,k；K',k'，分别与 CD,CP 相交于 w,W。作在 P 的切线 LPL'与渐近线相交于 L,L'，故 $PL=PL'$。

于是
$$LP\cdot PL'=CD^2,$$
以及
$$(LP\cdot PL'):CP^2=CD^2:CP^2。$$
现在
$$LP:CP=K'O:KO,$$
$$PL':CP=Ok':Ok;$$
$$\therefore CD^2:CP^2=(K'O\cdot Ok'):(KO\cdot Ok)。$$

[从这里开始，阿波罗尼奥斯区分了五种案例：(1) O 在角 LCL' 中，(2) O 在一条渐近线上，(3) O 在角 LCk 或它的对角中，(4) O 在原双曲线的一个分支中，(5) O 在共轭双曲线的一个分支中。在所有这些案例中，证明是相似的，故只需考虑如图所示的案例(1)便足够了。]

我们因此有

$$\begin{aligned}CD^2:CP^2&=(K'O\cdot Ok'+CD^2):(KO\cdot Ok+CP^2)\\&=(K'O\cdot Ok'+K'R'\cdot R'k'):(KO\cdot Ok+CP^2)\\&=(K'W'^2-OW'^2+R'W'^2-K'W'^2):(Ow^2-Kw^2+CP^2)\\&=(R'W'^2-OW'^2):(Rw^2-Kw^2-Rw^2+Ow^2+CP^2)\\&=(R'O\cdot Or'):(RK\cdot Kr+CP^2-RO\cdot Or)\\&=(R'O\cdot Or'):(2CP^2-RO\cdot Or)\text{（因为 }Kr=Rk\text{）},\end{aligned}$$

据此
$$RO\cdot Or+\frac{CP^2}{CD^2}\cdot R'O\cdot Or'=2CP^2$$
或
$$\frac{RO\cdot Or}{CP^2}+\frac{R'O\cdot Or'}{CD^2}=2。$$

[以下证明适用于所有案例：我们有

$$(R'W'^2-CD^2):CW'^2=CD^2:CP^2,$$

以及
$$Cw^2:(Rw^2-CP^2)=CD^2:CP^2;$$

$$\therefore\ (R'W'^2-Cw^2-CD^2):[CP^2-(Rw^2-CW'^2)]=CD^2:CP^2,$$

故
$$(\pm R'O\cdot Or'-CD^2):(CP^2\pm RO\cdot Or)=CD^2:CP^2,$$

据此
$$(\pm RO\cdot Or'):(2CP^2\pm RO\cdot Or)=CD^2:CP^2$$

或者
$$\frac{R'O\cdot Or'}{CD^2}\pm\frac{RO\cdot Or}{CP^2}=2。$$]

命题 61

[Ⅲ.27,28,29]

若在一个椭圆或一条共轭双曲线中作两根弦 Rr, $R'r'$，它们相交于 O，并分别平行于两条共轭直径 PP', DD'，则

(1) **对椭圆有**

$$RO^2+Or^2+\frac{CP^2}{CD^2}(R'O^2+Or'^2)=4CP^2$$

或者
$$\frac{RO^2+Or^2}{CP^2}+\frac{R'O^2+Or'^2}{CD^2}=4,$$

而对双曲线有

$$(RO^2+Or^2):(R'O^2+Or'^2)=CP^2:CD^2。$$

(2) **若双曲线中的 $R'r'$ 与两条渐近线分别相交于 K', k'，则**

$$(K'O^2+Ok'^2+2CD^2):(RO^2+Or^2)=CD^2:CP^2。$$

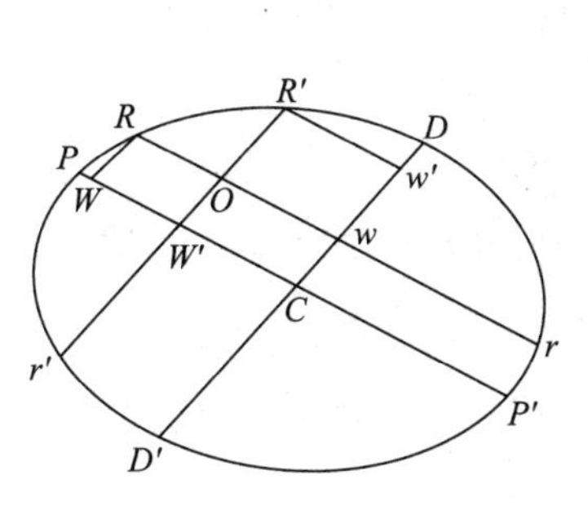

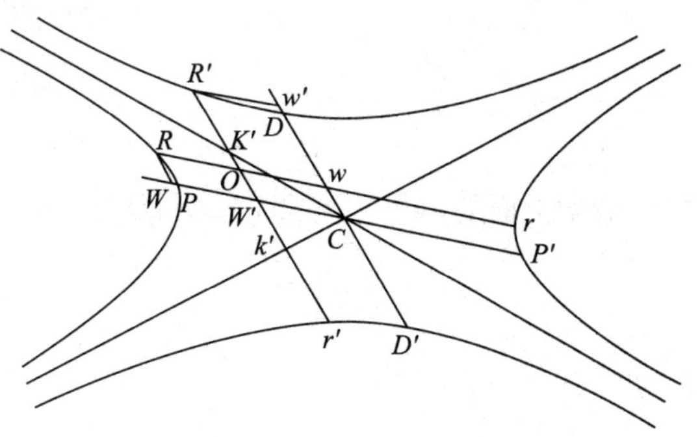

(1) 对两条曲线我们都有

$$\begin{aligned} CP^2 : CD^2 &= (PW \cdot WP') : RW^2 \\ &= R'w'^2 : (Dw' \cdot w'D') \\ &= (CP^2 + PW \cdot WP' \pm R'w'^2) : (CD^2 + RW^2 \pm Dw' \cdot w'D'), \end{aligned}$$

(+适用于双曲线,-适用于椭圆。)

$$\therefore CP^2 : CD^2 = (CP^2 \pm CW'^2 + PW \cdot WP') : (CD^2 + Cw^2 \pm Dw' \cdot w'D')。$$

据此,对双曲线有

$$\begin{aligned} CP^2 : CD^2 &= (CW'^2 + CW^2) : (Cw^2 + Cw'^2) \\ &= \frac{1}{2}(RO^2 + Or^2) : \frac{1}{2}(R'O^2 + Or'^2), \end{aligned}$$

或者 $$(RO^2 + Or^2) : (R'O^2 + Or'^2) = CP^2 : CD^2。 \quad \cdots\cdots (A)$$

而对椭圆有

$$\begin{aligned} CP^2 : CD^2 &= [2CP^2 - (CW'^2 + CW^2)] : (Cw'^2 + Cw^2) \\ &= [4CP^2 - (RO^2 + Or^2)] : (R'O^2 + Or'^2), \end{aligned}$$

据此, $$\frac{RO^2 + Or^2}{CP^2} + \frac{R'O^2 + Or'^2}{CD^2} = 4。 \quad \cdots\cdots (B)$$

(2) 我们必须证明,在双曲线中,

$$R'O^2 + Or'^2 = K'O^2 + Ok'^2 + 2CD^2。$$

现在 $$R'O^2 - K'O^2 = R'K'^2 + 2R'K' \cdot K'O,$$

以及 $$\begin{aligned} Or'^2 - Ok'^2 &= r'k'^2 + 2r'k' \cdot k'O \\ &= R'K'^2 + 2R'K' \cdot k'O, \end{aligned}$$

因此,通过相加,有

$$\begin{aligned} R'O^2 + Or'^2 - K'O^2 - Ok'^2 &= 2R'K'(R'K' + K'O + k'O) \\ &= 2R'K' \cdot R'k' \\ &= 2CD^2。 \end{aligned}$$

$$\therefore R'O^2 + Or'^2 = K'O^2 + Ok'^2 + 2CD^2,$$

据此,借助上面的(A)式,可得$(K'O^2 + Ok'^2 + 2CD^2) : (RO^2 + Or^2) = CD^2 : CP^2$。

极与极线的调和性质

命题 62

[Ⅲ.30,31,32,33,34]

TQ,Tq 是双曲线的切线,若 V 是 Qq 的中点,且若作 TM 平行于一条渐近线,与曲线相交于 R 并与 Qq 相交于 M,而同样平行于该渐近线的 VN 与曲线相交于 R',并与通过 T 的接触弦[①]的平行线相交于 N,则

$$TR=RM,$$

$$VR'=R'N。$$[②]

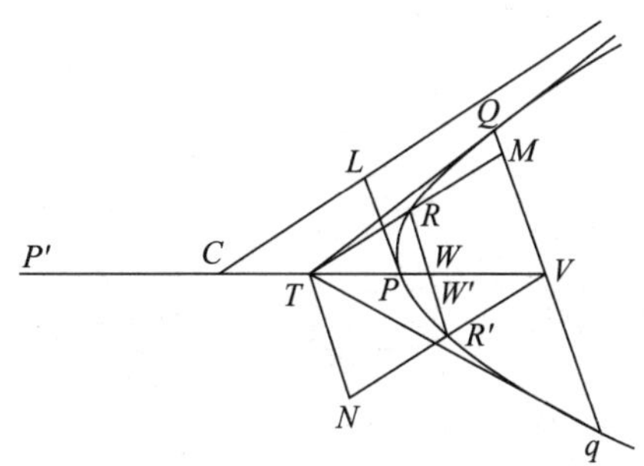

Ⅰ. 设 CV 与曲线相交于 P,并作切线 PL,它因此平行于 Qq。又作对 CP 的纵坐标 RW,$R'W'$。

于是,因为三角形 CPL,TWR 相似,所以

$$RW^2:TW^2=PL^2:CP^2=CD^2:CP^2$$

$$=RW^2:(PW\cdot WP');$$

$$\therefore TW^2=PW\cdot WP'。$$

并且 $$CV\cdot CT=CP^2;$$

① 接触弦(Chord of Contact)指连接两切点的弦。——译者注

② 从这个和下一个命题将看到,阿波罗尼奥斯从命题 64 中一般性质的两个特例开始,即(a)实轴平行于一条渐近线的案例,(b)接触弦平行于一条渐近线的案例,即其中切线中的一条是渐近线,或在无限远处的切线。

$$\therefore PW \cdot WP' + CP^2 = CV \cdot CT + TW^2,$$

或 $$CW^2 = CV \cdot CT + TW^2,$$

据此 $$CT(CW + TW) = CV \cdot CT,$$

即 $$TW = WV。$$

由平行性可知 $$TR = RM。\cdots\cdots(1)$$

再者, $$CP^2 : PL^2 = W'V^2 : W'R'^2;$$

$$\therefore W'V^2 : W'R'^2 = (PW' \cdot W'P') : W'R'^2,$$

故 $$PW' \cdot W'P' = W'V^2。$$

又 $$CV \cdot CT = CP^2;$$

$$\therefore CW'^2 = CV \cdot CT + W'V^2,$$

据此,与前相同 $$TW' = W'V,$$

以及 $$R'N = VR'。\cdots\cdots(2)$$

Ⅱ. 其次,设 Q,q 在相对的分支上,并设 $P'P$ 是平行于 Qq 的直径。作切线 PL,以及与前一样,作由 R,R' 的纵坐标。①

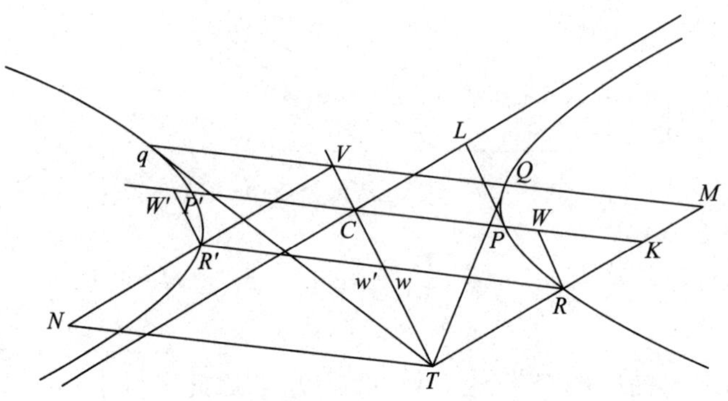

设 TM,CP 相交于 K。

于是,因为三角形 CPL,KWR 相似,

$$CP^2 : PL^2 = KW^2 : WR^2,$$

以及 $$CP^2 : CD^2 = (PW \cdot WP') : WR^2;$$

$$\therefore KW^2 = PW \cdot WP'。$$

因此,加上 CP^2,

$$CW^2[=Rw^2] = KW^2 + CP^2。$$

---

① 图中的 W 和 W' 为同一点,与上页图相仿。——译者注

但是由相似三角形的性质,

$$Rw^2:(KW^2+CP^2)=Tw^2:(RW^2+PL^2)。$$

因此 $$Tw^2=RW^2+CD^2$$

$$=Cw^2+CV\cdot CT,$$

据此 $$Tw-Cw=CV,\quad 或\quad Tw=wV;$$

$$\therefore TR=RM。\cdots\cdots\cdots\cdots\cdots\cdots\cdots\cdots\cdots\cdots\cdots\ (1)$$

再者 $$CP^2:PL^2=(PW'\cdot W'P'):R'W'^2$$

$$=(PW'\cdot W'P'+CP'^2):(R'W'^2+CD^2)$$

$$=CW'^2:(Cw'^2+CV\cdot CT)。$$

另外 $$CP^2:PL^2=R'w'^2:w'V^2;$$

$$\therefore w'V^2=Cw'^2+CV\cdot CT,$$

据此,与前一样, $$Tw'=w'V,$$

以及由平行性, $$R'N=VR'。\cdots\cdots\cdots\cdots\cdots\cdots\cdots\cdots\cdots\cdots\cdots\ (2)$$

Ⅲ. 对于有一条切线在无穷远处或即渐近线的特殊情况,单独证明如下。

设 LPL' 是在 P 的切线。作 PD,LM 平行于 CL',并设 LM 与曲线相交于 R,且与通过 P 所作平行于 CL 的直线 PF 相交于 M。也作 RE 平行于 CL。

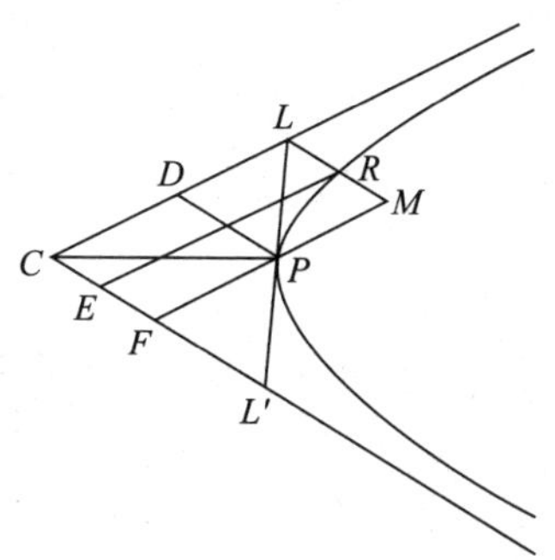

现在 $$LP=PL';$$

$$\therefore PD=CF=FL',FP=CD=DL。$$

以及 $$FP\cdot PD=ER\cdot RL。$$ ……………………… [命题 34]

但是 $$ER=LC=2CD=2FP;$$

$$\therefore PD=2LR,$$

或者 $$LR=RM。$$

命题 63

[Ⅲ.35,36]

若双曲线在 P 的切线 PL 与渐近线相交于 L,且若 PO 平行于那条渐近线,并作任意直线 $LOQQ'$ 与双曲线相交于 Q,Q',与 PO 相交于 O,则

$$LQ' : LQ = Q'O : OQ。$$

通过 L,Q,P,Q' 作两条渐近线的平行线如图,则我们有 $LQ=Q'L'$;据此,由相似三角形的性质,$DL=IQ'=CF$,

$$\therefore CD=FL,$$

以及

$$\begin{aligned} CD : DL &= FL : LD \\ &= Q'L : LQ \\ &= MD : DQ。\end{aligned}$$

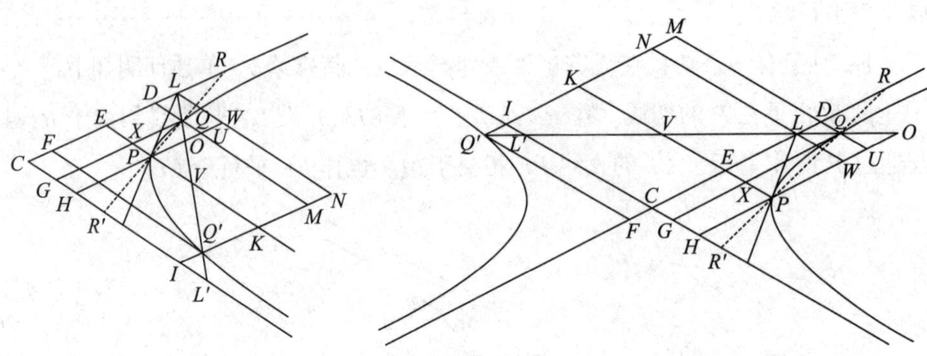

故

$$\begin{aligned} (HD) : (DW) &= (MC) : (CQ) \\ &= (MC) : (EW), \end{aligned}$$

因为 $(CQ)=(CP)=(EW)$。 [命题 34]

因此

$$\begin{aligned} (MC) : (EW) &= [(MC)\pm(HD)] : [(EW)\pm(DW)] \\ &= (MH) : (EU)。 \quad \cdots\cdots (1) \end{aligned}$$

现在 $(DG)=(HE)$。 [命题 34]

因此,由两边减去 (CX),[①]

$$(DX)=(XH),$$

---

① 原文为 CX。——译者注

再对上式两侧分别加上 (XU) ,则$(EU)=(HQ)$。

因此由(1)式及$(EW)=(CQ)$,可得

$$(MC):(CQ)=(MH):(HQ),$$

或者

$$LQ':LQ=Q'O:OQ。$$

[阿波罗尼奥斯对以上二案例都给出了单独的证明,其中 Q,Q'(1)在同一分支上,以及(2)在相对的二分支上,为了简洁起见,这里略去了第二个证明。

尤托西乌斯给出两个较简单的证明,其中之一如下所述。

连接 PQ 并向两侧延长,与渐近线相交于 R,R'。作 PV 平行于 CR',与 QQ' 相交于 V。

于是

$$LV=VL',$$

又

$$QL=Q'L';$$

$$\therefore QV=VQ'。$$

现在

$$QV:VL'=QP:PR'$$
$$=PQ:QR$$
$$=OQ:QL。$$
$$\therefore 2QV:2VL'=OQ:QL,$$

或者

$$QQ':OQ=LL':QL;$$
$$\therefore Q'O:OQ=LQ':LQ。]$$

命题 64

[Ⅲ.37,38,39,40]

(1)若 TQ,Tq 是一条圆锥曲线的切线,通过 T 作任意直线与圆锥曲线和接触弦相交,则该直线段被调和地分割;

(2)若通过 Qq 的中点 V 作任意直线,与圆锥曲线和通过 T 的 Qq 的平行线,[或 V 点的极线]相交,则这条直线段被调和地分割。

这里“调和”指的是,在下面这些图中,①

$$(1)\ RT:TR'=RI:IR',$$
$$(2)\ RO:OR'=RV:VR'。$$

① 本命题一共有五幅附图。第一组三幅对应于(1),第二组两幅对应于(2)。——译者注

设 TP 是等分 Qq 于 V 的直径。① 如通常那样作直线 $HRFW$，$H'R'F'W'$以及对直径 TP 的纵坐标形式的 EP；又作 RU，$R'U'$平行于 QT，交 TP 于 U，U'。

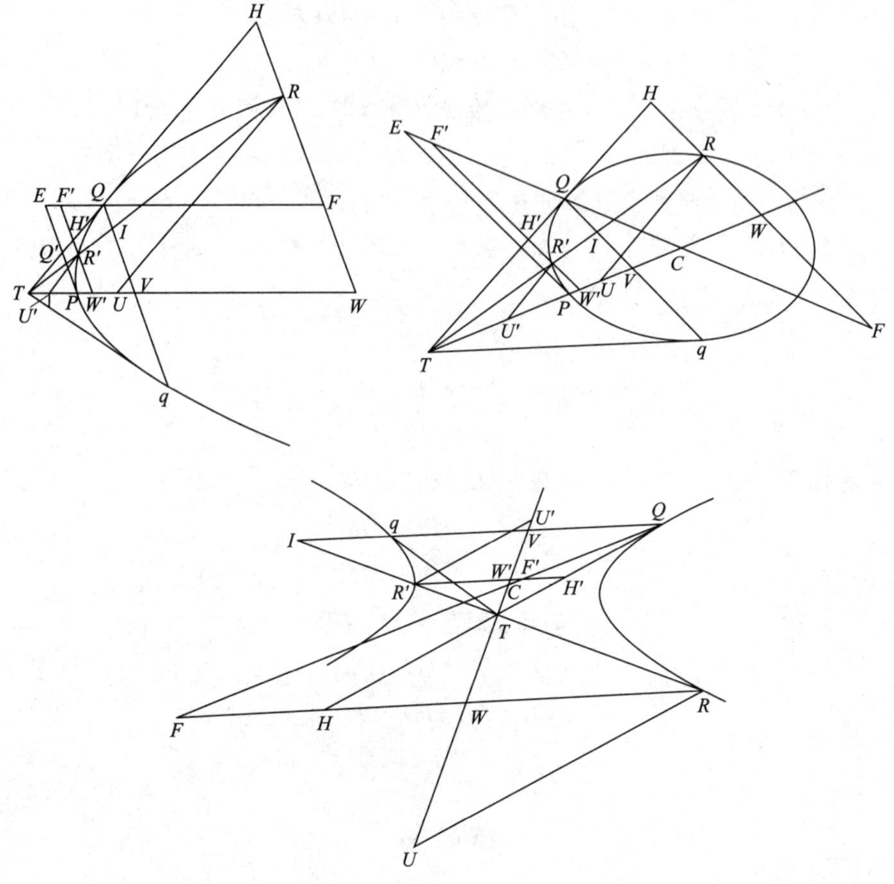

(1) 于是我们有

$$R'I^2 : IR^2 = H'Q^2 : HQ^2$$

$$= \triangle H'F'Q : \triangle HFQ$$

$$= H'TU'R' : HTUR。$$ ［命题 54,55］

并且

$$R'T^2 : TR^2 = R'U'^2 : RU^2$$

$$= \triangle R'U'W' : \triangle RUW;$$

且同时有

$$R'T^2 : TR^2 = TW'^2 : TW^2$$

$$= \triangle TH'W' : \triangle THW;$$

① 第二幅图中未标注 P 点，它是 UU'与图中所示双曲线的共轭双曲线的交点。——译者注

$\therefore R'T^2 : TR^2 = (\triangle R'U'W' \sim \triangle TH'W') : (\triangle RUW \sim \triangle THW)$

$= H'TU'R' : HTUR$

$= R'I^2 : IR^2$，由以上。

$\therefore RT : TR' = RI : IR'$。

（2）在这种情况下我们有（给出的图无须多于两幅）

$$RV^2 : VR'^2 = RU^2 : R'U'^2$$

$$= \triangle RUW : \triangle R'U'W'。$$

并且　$RV^2 : VR'^2 = HQ^2 : QH'^2$

$= \triangle HFQ : \triangle H'F'Q = HTUR : H'TU'R'$。

$\therefore RV^2 : VR'^2 = (HTUR \pm \triangle RUW) : (H'TU'R' \pm \triangle R'U'W)$

$= \triangle THW : \triangle TH'W'$

$= TW^2 : TW'^2$

$= RO^2 : OR'^2$；

这就是，　$RO : OR' = RV : VR'$。

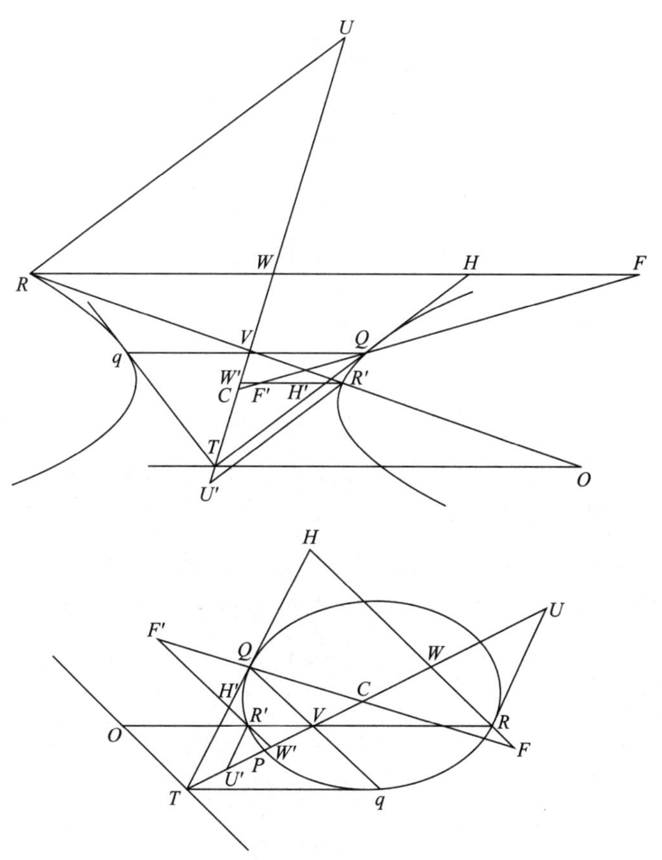

两条切线被第三条切线所截的截距

命题 65

[Ⅲ.41]

若在一条抛物线三点 P,Q,R 的诸切线形成一个三角形 pqr，则所有三条切线以相同比例被分割，即

$$Pr:rq=rQ:Qp=qp:pR。$$

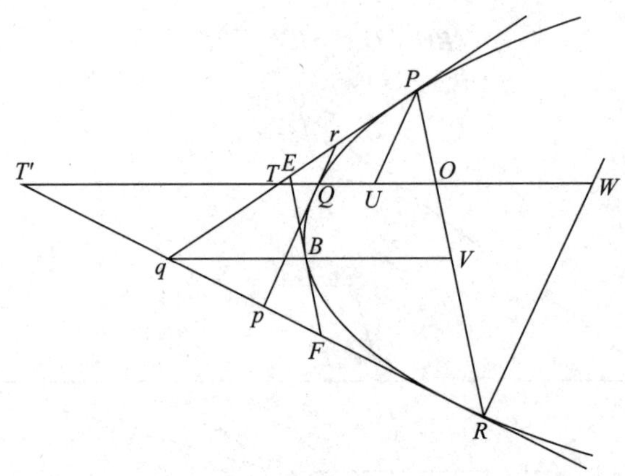

设 V 是 PR 的中点，并连接 qV，因此它是一条直径。通过 Q 作 $T'TQW$ 与之平行，与 Pq 相交于 T 且与 qR 相交于 T'，则 QW 也是一条直径。由 P,R 对它作纵坐标 PU,RW，它们因此平行于 pQr。

现在，若 qV 通过 Q，则本命题是显然的，且所有比值将都是等比值。

若并非如此，在 qV 与曲线的交点 B 作切线 EBF，由切线的性质我们有，

$$TQ=QU,T'Q=QW,qB=BV,$$

据此，由平行性，

$$Pr=rT,TP=pR,qF=FR。$$

于是(1) $$rP:PT=EP:Pq=1:2,$$

或者， $$rP:PE=TP:Pq$$
$$=OP:PV,$$

据此，把后项加倍，

$$rP : Pq = OP : PR,$$

以及 $$Pr : rq = PO : OR。 \quad (1)$$

（2） $$rQ : Qp = PU : RW,$$

因为 $PU = 2rQ$ 及 $RW = 2pQ$；

$$\therefore rQ : Qp = PO : OR。 \quad (2)$$

（3） $$FR : Rq = pR : RT',$$

或替代之， $$FR : Rp = qR : RT' = VR : RO。$$

因此，把前项加倍，

$$qR : Rp = PR : RO,$$

据此 $$qp : pR = PO : OR。 \quad (3)$$

由(1)，(2)和(3)式可知

$$Pr : rq = rQ : Qp = qp : pR。$$

命题 66

[Ⅲ.42]

若在有心圆锥曲线的一条直径 PP' 的两端作切线，且任何其他切线与之分别相交于 r，r'，则

$$Pr \cdot P'r' = CD^2。$$

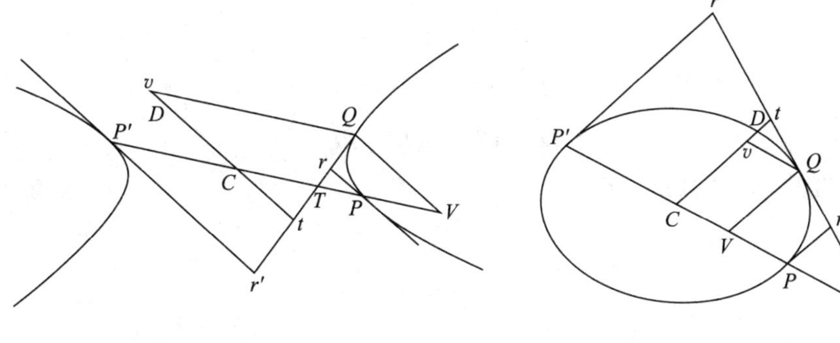

对共轭直径 PP' 和 DD'①作纵坐标 QV, Qv；并设在 Q 的切线分别交这些直径于 T, t。

现在，若在椭圆或圆的情形，假设 CD 通过 Q，则本命题是显然的，因为在这种情况下，$rP, CD, r'P'$ 均相等。

若并非如此，对所有三条曲线我们都有

$$CT \cdot CV = CP^2,$$

故
$$CT : CP = CP : CV$$
$$= (CT \sim CP) : (CP \sim CV)$$
$$= PT : PV。$$
$$\therefore CT : CP' = PT : PV,$$

据此
$$CT : P'T = PT : VT。$$

因此，由平行性，有
$$Ct : P'r' = Pr : QV$$
$$= Pr : Cv;$$
$$\therefore Pr \cdot P'r' = Cv \cdot Ct = CD^2。$$

命题 67

[Ⅲ. 43]

若双曲线的一条切线 LPL' 与渐近线相交于 L, L'，则三角形 LCL' 的面积恒定，即矩形 $LC \cdot CL'$ 面积恒定。

作 PD, PF 平行于渐近线（如在命题 62 的第三幅图中）。

现在
$$LP = PL';$$
$$\therefore CL = 2CD = 2PF,$$
$$CL' = 2CF = 2PD。$$
$$\therefore LC \cdot CL' = 4DP \cdot PF,$$

它对 P 的所有位置都是常数。 [命题 34]

① 图中为 DC。另外，左图中的 D 是共轭双曲线（图中未画出）与 Cv 的交点。——译者注

命题 68

[Ⅲ.44]

若双曲线在 P,Q 的切线分别交两条渐近线于 $L,L';M,M'$，则 $LM',L'M$ 都平行于接触弦 PQ。

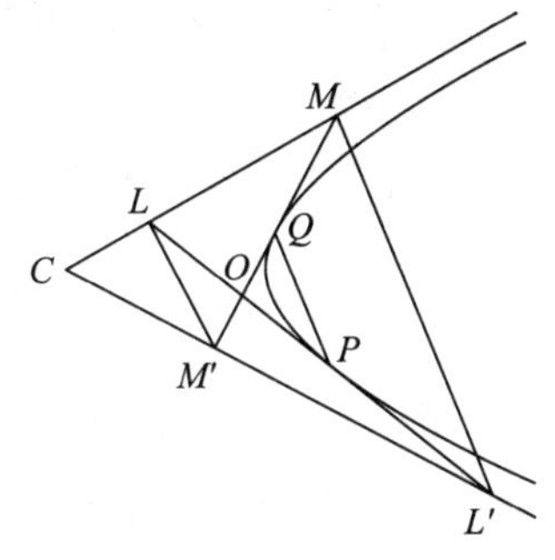

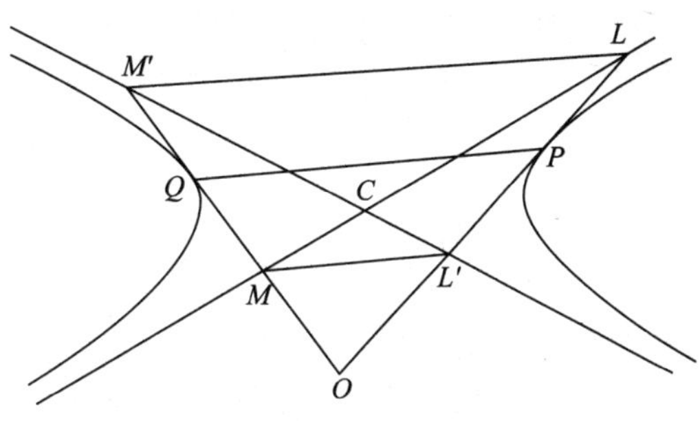

设二切线相交于 O。

于是我们有[命题 67]

$$LC \cdot CL' = MC \cdot CM',$$

则

$$LC : CM' = MC : CL',$$

故 $LM',L'M$ 平行。

由此可知

$$OL : LL' = OM' : M'M,$$

把后项减半，则

$$OL : LP = OM' : M'Q;$$

因此 LM',PQ 平行。

有心圆锥曲线焦点的性质

阿波罗尼奥斯并未提到焦点这个名称，但他在有心曲线轴上确定了两点(在椭圆的情形中位于顶点之间，在双曲线的情形中位于每个分支中，或在有心曲线的轴的延长线上)，它们使得矩形 $AS\cdot SA'$，$AS'\cdot S'A'$ 的每一个都等于"圆锥曲线的某个图形的四分之一"，即 $\frac{1}{4}p_a\cdot AA'$ 或 CB^2。记 S, S' 的简化表达方式是τά ἐκ τῆς παραβολῆς γινόμενασημεῖα，即"在应用中出现的点"。由得到它们的方法可完整地描述其意义如下：ἐὰν τῷτετάρῳ μέρει τοῦ εἴδους ἴσον παρὰ τὸν ἄξονα παραβληθῇ ἐφ' ἑκάτερα ἐπὶ μὲν τῆς ὑπερβοληθῆς καὶ τῶν ἀντικειμένων ὑπερβάλλον εἴδει τετραγώνῳ, ἐπὶ δὲ τῆς ἐλλείψεως ἐλλεῖπον。

"若沿着轴在每个方向适配[一个矩形]为某个图形的四分之一，在双曲线及相对分支的情形超出一个正方形，在椭圆的情形亏缺一个正方形。"这样确定的两个点就是相应的τά ἐκ τῆς παραβολῆς γινόμενα σημεῖα(在应用中出现的点)。① 这就是，我们要作适配于作为底边的轴的一个矩形等于 CB^2，但它比在整个轴上的等高矩形，超出或亏缺一个正方形。这样，在图中所作的矩形 AF，$A'F$ 分别等于 CB^2，在椭圆的情形底边 AS' 比 AA' 短，及在双曲线的情形底边 $A'S$ 比 $A'A$ 长，而 $S'F$ 或 SF 分别等于 $S'A'$ 或 SA。

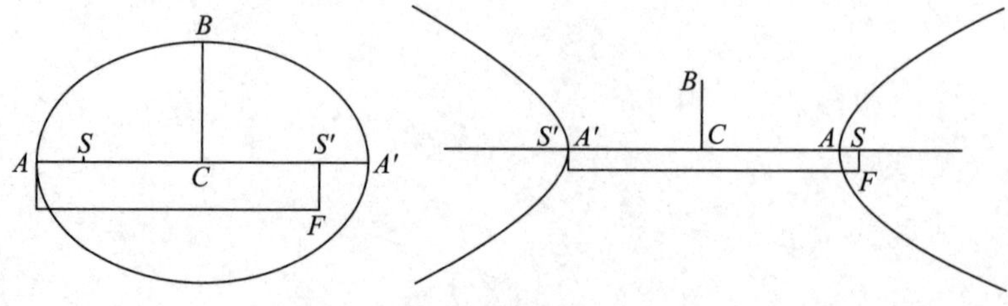

① 即图中椭圆长轴上的 S' 点和双曲线实轴延长线上的 S 点。——译者注

阿波罗尼奥斯没有用到或提及抛物线的焦点。

命题 69

[Ⅲ.45,46]

若 Ar,$A'r'$ 有心曲线的轴的端点处的切线,分别与任意点 P 处的切线相交于 r,r',则

(1) rr' 在每个焦点处 S,S' 对向一个直角;

(2) 角 $rr'S$,$A'r'S'$ 相等,角 $r'rS'$,ArS' 也相等。

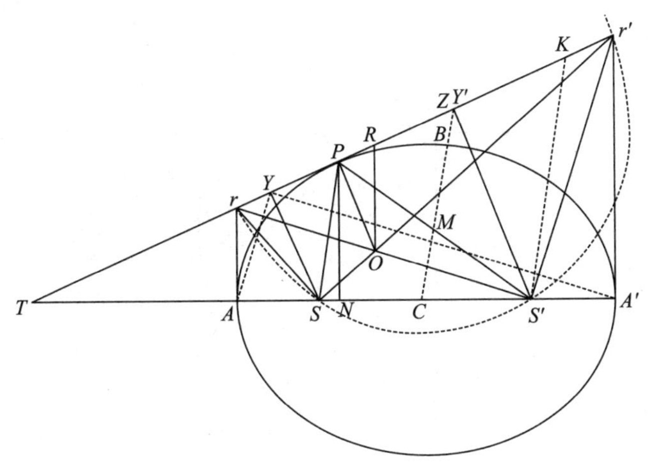

(1) 因为[命题 66]

$$rA \cdot A'r' = CB^2$$

$$= AS \cdot SA',\text{由定义,}$$

$$rA : AS = SA' : A'r'。$$

所以,三角形 rAS,$SA'r'$ 相似,且

$$\angle ArS = \angle A'Sr';$$

因为 $\angle rSA$,$\angle A'Sr'$ 加在一起等于直角,故 $\angle rSr'$ 是直角。

(2) 因为 $\angle rSr'$,$\angle rS'r'$ 是直角,以 rr' 为直径的圆通过 S,S';

所以,$\angle rr'S = \angle rS'S$,由于在同一弓形中,

$= \angle S'r'A'$,由于相似三角形的性质。

类似地 $\angle r'rS' = \angle ArS$。

命题 70

[Ⅲ.47]

若在同一图形中，O 是 rS'，$r'S$ 的交点，则 OP 垂直于 P 处的切线。

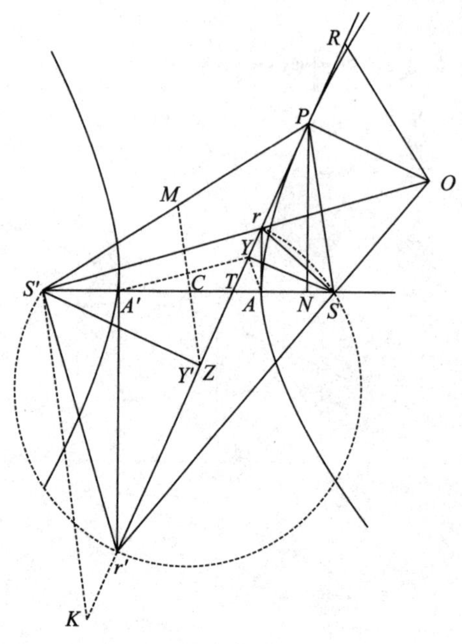

在上图中，假定 OR 是由 O 至在 P 的切线的垂线。我们将证明 R 必定与 P 重合。

因为 $\angle Or'R = \angle S'r'A'$，并且在 R，A' 的角是直角；所以三角形 $Or'R$，$S'r'A'$ 相似。

因此
$$A'r' : r'R = S'r' : r'O$$
$$= Sr : rO \text{，由于相似三角形，}$$
$$= Ar : rR,$$
因为三角形 ArS，RrO 相似；
$$\therefore r'R : Rr = A'r' : Ar$$
$$= A'T : TA\text{。} \quad \cdots\cdots (1)$$

再者,若作 PN 垂直于轴,我们有[命题 13]

$$A'T : TA = A'N : NA$$

$$= r'P : Pr, \text{由于平行性。}$$

又由(1)式,可得 $r'R : Rr = r'P : Pr$,因此 R 与 P 重合。

由此可知,OP 垂直于在 P 的切线。

命题 71

[Ⅲ.48]

P 的焦距[①]与在该点的切线成恒定的角。

在上图中,因为 $\angle rSO$, $\angle OPr$ 是直角[命题 69,70],点 O,P,r,S 共圆;

$$\therefore \angle SPr = \angle SOr, \text{因为在同一弓形中。}$$

同样地 $\angle S'Pr' = \angle S'Or'$,

又 $\angle SOr$, $\angle S'Or'$ 相等,是相同的或相对的角。

因此 $\angle SPr = \angle S'Pr'$。

命题 72

[Ⅲ. 49,50]

(1) 若由任一个焦点如 S,作 SY 垂直于在任意点 P 的切线,则角 AYA' 将是直角,即 Y 的轨迹是一个以 AA' 为直径的圆。

(2) 由 C 作直线段平行于 P 的任一焦距,该直线段与在 P 的切线相交,则其长度等于 CA 或 CA'。

作 SY 垂直于切线并连接 AY, YA'。设其余构形与前一命题中的一样。

于是我们有

(1) $\angle rAS$, $\angle rYS$ 是直角,故 A,r,Y,S 共圆,并且

① "P 的焦距"指"P 与焦点的连线"。——译者注

$$\angle AYS = \angle ArS$$
$$= \angle r'SA'\text{，因为} \angle rSr'\text{是直角；}$$
$$= \angle r'YA'\text{，因为在同一弓形内，}$$

又 S,Y,r',A' 共圆，则加上角 SYA'，或在每个角中减去它，

$$\angle AYA' = \angle SYr' = \text{直角。}$$

因此，Y 在以 AA' 为直径的圆上。

对 Y' 的情况类似。

(2) 作 CZ 平行于 SP，交切线于 Z，以及作 $S'K$ 也平行于 SP，交切线于 K。

现在 $$AS \cdot SA' = AS' \cdot S'A',$$

据此 $AS = S'A'$，且因此 $CS = CS'$。

因此，由于平行性，$PZ = ZK$。

再者 $$\angle S'KP = \angle SPY\text{，因为 } SP, S'K \text{ 平行，}$$
$$= \angle S'PK;$$ [命题 71]
$$\therefore S'P = S'K\text{。}$$

以及 $$PZ = ZK;$$

故 $S'Z$ 与切线成直角，或者说 Z 与 Y' 重合。

但 Y' 在以 AA' 为直径的圆上，

$$\therefore CY' = CA, CA'\text{。}$$

对 CY 的情况类似。

命题 73

[Ⅲ. 51,52]

对椭圆，任意点到两个焦点的距离之和等于轴 AA'，对双曲线，任意点到两个焦点的距离之差等于轴 AA'。

如在上一个命题中，若 $SP, CY', S'K$ 平行，则 $S'K = S'P$。设 $S'P, CY'$ 相交于 M。

然后，因为 $$SC = CS',$$
$$SP = 2CM,$$
$$S'P = S'K = 2MY';$$

$$\therefore SP \pm S'P = 2(CM \pm MY')$$①

$$= 2CY'$$

$$= AA'。$$ [命题 72]

---

① 如前一样,上半符号适用于椭圆(p. 114 上的图),下半符号适用于双曲线(p. 115 上的图)。因为图中的 $S'P$ 比 SP 大,把 $SP \pm S'P$ 改为 $S'P \pm SP$ 更为合适。——译者注

关于三条线的轨迹

命题 74

[Ⅲ.53]

若 PP' 是有心圆锥曲线的一条直径，Q 是曲线上的任意其他点，且若 PQ，$P'Q$ 分别与在 P'，P 的切线相交于 R'，R，则

$$PR \cdot P'R' = PP'^2。$$ ①

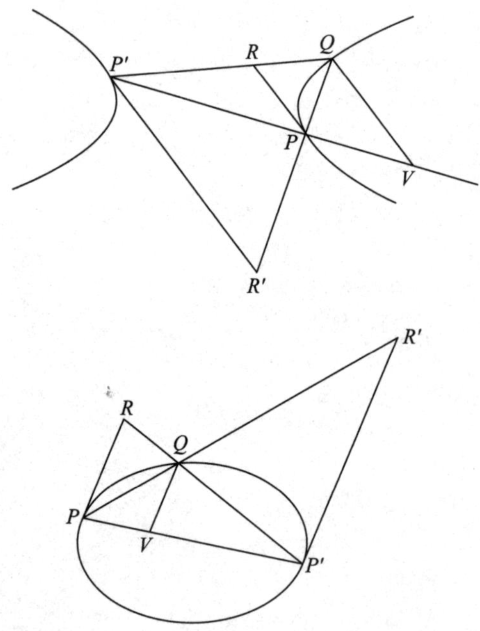

对 PP' 作纵坐标 QV。

现在 $\quad p : PP' = QV^2 : (PV \cdot P'V)$ [命题 8]

$= (QV : PV) \cdot (QV : P'V)$

$= (P'R' : PP') \cdot (PR : PP')$，由相似三角形；

---

① 原文误作 DD'^2。——译者注

从而 $$p : PP' = PR \cdot P'R' : PP'^2。$$

因此 $$PR \cdot P'R' = p \cdot PP' = PP'^2。$$[①]

命题 75

[Ⅲ. 54,56]

TQ,TQ'是圆锥曲线的两条切线,R是曲线上任意其他点,若作Qr,$Q'r'$分别平行于TQ',TQ,且若Qr,$Q'R$相交于r及$Q'r'$,QR相交于r',则

$$(Qr \cdot Q'r') : QQ'^2 = (PV^2 : PT^2) \cdot [(TQ \cdot TQ') : QV^2],$$

其中P是平行于QQ'的切线的切触点。

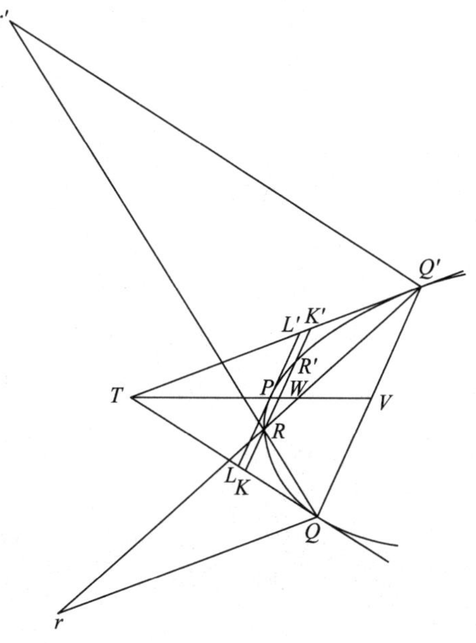

通过R作纵坐标RW(平行于QQ'),再次与曲线相交于R'且与TQ,TQ'分别相交于K,K';又设在P的切线与TQ,TQ'相交于L,L'。于是,因为PV等分QQ',它也等分LL',KK',RR'。

① 原文误作DD'。——译者注

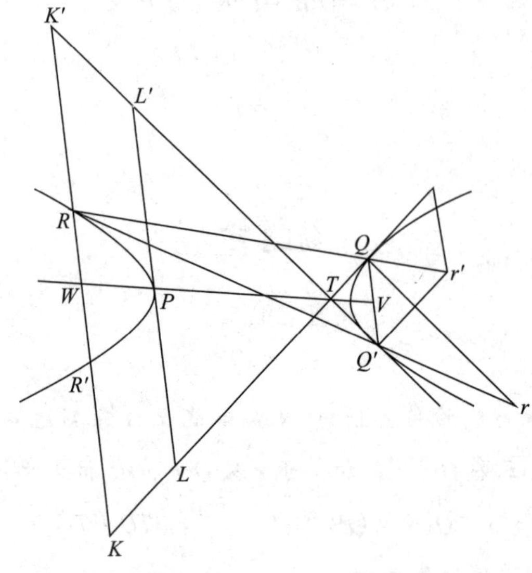

现在
$$QL^2 : (LP \cdot PL') = QL^2 : LP^2$$
$$= QK^2 : (RK \cdot KR') \qquad [命题 59]$$
$$= QK^2 : (RK \cdot RK'),$$

又
$$(QL \cdot Q'L') : QL^2 = (QK \cdot Q'K') : QK^2,$$

因此,由等值定理有

$$(QL \cdot Q'L') : (LP \cdot PL') = (QK \cdot Q'K') : (RK \cdot RK')$$
$$= (Q'K' : RK') \cdot (QK : KR)$$
$$= (Qr : QQ') \cdot (Q'r' : QQ')$$
$$= (Qr \cdot Q'r') : QQ'^2;$$

$$\therefore (Qr \cdot Q'r') : QQ'^2 = (QL \cdot Q'L') : (LP \cdot PL')$$
$$= [(QL \cdot Q'L') : (LT \cdot TL')] \cdot [(LT \cdot TL') : (LP \cdot PL')]$$
$$= (PV^2 : PT^2) \cdot [(TQ \cdot TQ') : QV^2]。$$

命题 76

[Ⅲ.55]

若相对分支的两条切线相交于 t,又若 tq 是通过 t 且平行于 QQ' 的弦的一半,而 R,r,r' 的意义与前相同,则

$$(Qr \cdot Q'r') : QQ'^2 = (tQ \cdot tQ') : tq^2。$$

设 RR' 是通过 R 所作平行于 QQ' 的弦,且设它交 tQ,tQ' 于 L,L'。于是 QQ',RR',LL' 都被 tv 等分。

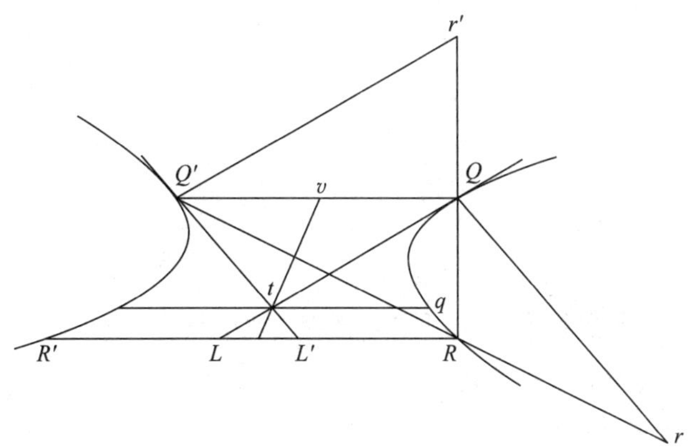

现在 $$tq^2 : tQ^2 = (R'L \cdot LR) : LQ^2 \quad [命题 59]$$
$$= (L'R \cdot RL) : LQ^2。$$

又 $$tQ^2 : (tQ \cdot tQ') = LQ^2 : (LQ \cdot L'Q')。$$

因此,由首末比例,有

$$tq^2 : (tQ \cdot tQ') = (L'R \cdot RL) : (LQ \cdot L'Q')$$
$$= (L'R : L'Q') \cdot (RL : LQ)$$
$$= (QQ' : Qr) \cdot (QQ' : Q'r') = QQ'^2 : (Qr \cdot Q'r'),$$

于是 $$(Qr \cdot Q'r') : QQ'^2 = (tQ \cdot tQ') : tq^2。$$

[容易看出,最后两个命题给出了三线轨迹的性质。因为,由于两条切线和接触弦是固定的,只有 R 的位置是可变的,结果可以表达为

$$Qr \cdot Q'r = 常数。$$

现在假定,在命题75的第一幅图中,分别用 Q_1, Q_2, T_1 替代 Q, Q', T,于是我们有

$$Q_1r \cdot Q_2r' = \text{常数}。$$

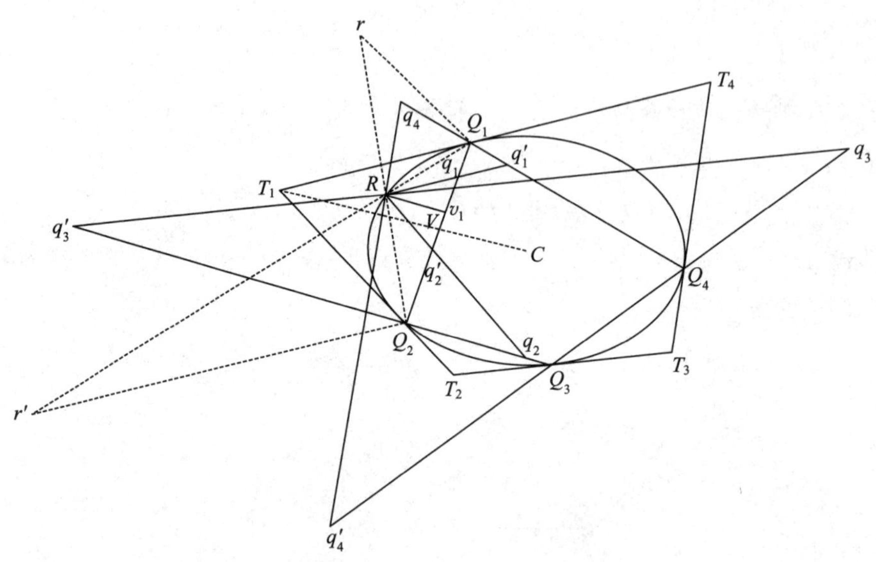

作 Rq_1, Rq_2' 分别平行于 T_1Q_1, T_1Q_2,并与 Q_1Q_2 相交于 q_1, q_2'。又作 Rv_1 平行于直径 CT_1 并与 Q_1Q_2 相交于 v_1。

然后由相似三角形的性质

$$Q_1r : Rq_2' = Q_1Q_2 : Q_2q_2',$$

$$Q_2r' : Rq_1 = Q_1Q_2 : Q_1q_1。$$

因此 $$(Q_1r \cdot Q_2r') : (Rq_1 \cdot Rq_2') = Q_1Q_2^2 : (Q_1q_1 \cdot Q_2q_2')。$$

又 $(Rq_1 \cdot Rq_2') : Rv_1^2 = (T_1Q_1 \cdot T_1Q_2) : T_1V^2$,由相似三角形的性质,

$$\therefore (Rq_1 \cdot Rq_2') : Rv_1^2 = \text{常数}。$$

并且,$Q_1Q_2^2$ 为常数,且 $Q_1r \cdot Q_2r'$ 为常数,如同已证明的。

由此可知,

$$Rv_1^2 : (Q_1q_1 \cdot Q_2q_2') = \text{常数}。$$

但是 Rv_1 是从接触弦 Q_1Q_2 至 R 的距离,在固定方向(平行于 CT_1)度量的;且 Q_1q_1, Q_2q_2' 分别等于从切线 T_1Q_1, T_1Q_2 至 R 的距离,在固定方向(平行于接触弦)度量的。若这些距离是在任何其他固定方向度量的,它们将相似地关联,只是常数比值的数值会改变。

因此 R 是这样的一个点,若由之作三条直线段与三条固定直线段成给定角度,则由所作两条直线段所夹矩形与在第三条上的正方形之比恒定。换句话说,圆锥曲线是一条“三线轨迹”,其中三条线是任意两条切线和接触弦。

如阿波罗尼奥斯所展示的,四线轨迹容易由三线轨迹用以下方式导出。

若 $Q_1Q_2Q_3Q_4$ 是一个内接四边形,在 Q_1, Q_2 的切线相交于 T_1,在 Q_2, Q_3 的切线相交于 T_2,以此类推。假定作 Rq_2, Rq_3' 分别平行于在 Q_2, Q_3 的切线,并交 Q_2Q_3 于 q_2, q_3'(其方式与作 Rq_1, Rq_2' 平行于在 Q_1, Q_2 的切线并与 Q_1Q_2 相交的相同),又作相似的成对线段 Rq_3, Rq_4' 和 Rq_4, Rq_1',分别与 Q_3Q_4 和 Q_4Q_1 相交。

假定作 Rv_2 平行于直径 CT_2,与 Q_2Q_3 相交于 v_2,以此类推。然后我们有

$$\begin{cases} Q_1q_1 \cdot Q_2q_2' = k_1 \cdot Rv_1^2, \\ Q_2q_2 \cdot Q_3q_3' = k_2 \cdot Rv_2^2, \\ Q_3q_3 \cdot Q_4q_4' = k_3 \cdot Rv_3^2, \\ Q_4q_4 \cdot Q_1q_1' = k_4 \cdot Rv_4^2, \end{cases}$$

其中 k_1, k_2, k_3, k_4 是常数。因此我们导出

$$\frac{Rv_1^2 \cdot Rv_3^2}{Rv_2^2 \cdot Rv_4^2} = k \cdot \frac{Q_1q_1}{Q_1q_1'} \cdot \frac{Q_3q_3}{Q_3q_3'} \cdot \frac{Q_2q_2'}{Q_2q_2} \cdot \frac{Q_4q_4'}{Q_4q_4},$$

其中 k 是某个常数。

但是三角形 $Q_1q_1q_1'$,$Q_2q_2q_2'$ 等属于同一类型,因为它们所有各边均在固定方向。因此所有比值 $\frac{Q_1q_1}{Q_1q_1'}$ 等都是常数,则

$$\frac{Rv_1 \cdot Rv_3}{Rv_2 \cdot Rv_4} = 常数。$$

但是 Rv_1, Rv_2, Rv_3, Rv_4 是在固定方向(平行于 CT_1 等)所作的直线,与内接四边形 $Q_1Q_2Q_3Q_4$ 诸边相交。

因此,圆锥曲线关于任何内接四边形的诸边有四线轨迹的性质。]

阿波罗尼奥斯著作卷Ⅳ的开头包含一系列命题,共 23 个,其中他对许多不同的情况,证明了上面的命题 62,63 和 64 的逆命题。采用的证明方法是归谬法,因此我认为无须重复这些命题。

然而可以看到,其中之一[Ⅳ.9]给出了由一个外点对圆锥曲线作两条切线

的方法。

通过 T 作两条直线，每条都切割圆锥曲线于两点 Q,Q' 和 R,R'。分割 QQ' 于 O 和分割 RR' 于 O'，使得

$$TQ : TQ' = QO : OQ',$$

$$TR : TR' = RO' : O'R'。$$

连接 OO' 并向两侧延长，与圆锥曲线相交于 P,P'。于是 P,P' 是由 T 引出的圆锥曲线的两条切线的切点。

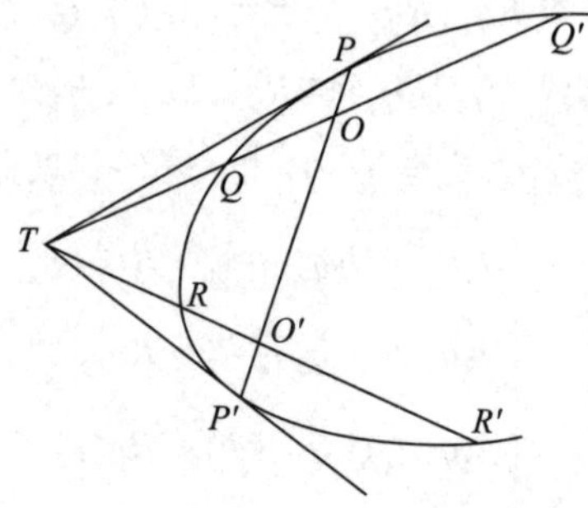

相交的圆锥曲线

命题 77

[Ⅳ. 24]

没有两条圆锥曲线可以这样相交：它们的一部分对二者公共，而其余部分不是。

设圆锥曲线的 $q'Q'PQ$ 部分对二者是公共的，并设它们分化于 Q，考察是否可能。取 Q' 为公共部分上的任何其他点，并连接 QQ'。等分 QQ' 于 V，并作直径 PV。作 $rqvq'$ 平行于 QQ'。

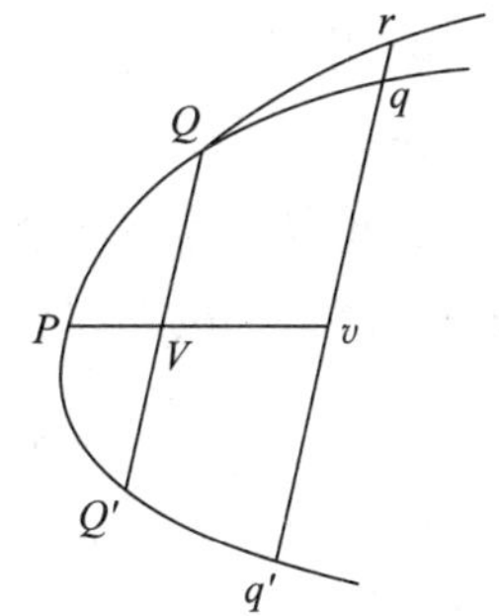

于是通过 P 并平行于 QQ' 的直线将与两条曲线都相切；且我们将在其中一条曲线上有 $qv=vq'$，在另一条曲线上有 $rv=vq'$，并由此可得

$$rv=qv,$$

而这是不可能的。

其后有大量命题有关两条圆锥曲线可以彼此相交或相切的点的数目，但给出所有这些命题的细节需要太多篇幅。它们被相应地分为五组，其中三组可以组合在一个一般的说明中，并相应地给出为命题 78，79 和 80，对确立所有五组的每种特殊案例的证明给出提示。在各种说明中的术语“圆锥曲线”和“双曲线”并不包括（除非另外声明）双分支双曲线，而只是单一分支。术语“圆锥曲线”必须被理解为包括圆。

第一组　这些命题依赖于影响圆锥曲线的更基本考虑。

1. 凹向彼此相反的两条圆锥曲线相交的交点将不会多于两个。[Ⅳ. 35]

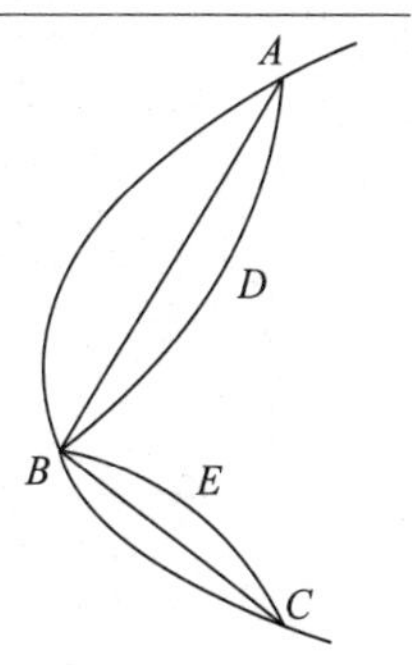

设 ABC，$ADBEC$ 是两条这样的圆锥曲线，它们相交于三点，作接触弦 AB，BC，检验以下是否可能。于是 AB，BC 构成

一个角,它与 *ABC* 的凹向相同;并且由于相同的理由,它们构成的角也与 *ADBEC* 的凹向相同。

因此,两条曲线的凹向相同:这与假设相矛盾。

2. 若一条圆锥曲线交双曲线的一个分支于两点,且圆锥曲线的凹向与该分支的凹向相同,则圆锥曲线延长超过接触弦的部分将不会与双曲线的相对分支相交。[Ⅳ.36]

连接两个交点的弦,将切割双分支双曲线的渐近线形成的一个角的两条线。它因此将不会落入渐近线之间的相对角中,故不能与相对分支相交。因此,二者都不可能是比所述弦更远的圆锥曲线的一部分。

3. 若一条圆锥曲线与双曲线的一个分支相交,它不会与相对分支相交于两点以上。[Ⅳ.37]

作为单分支曲线的圆锥曲线,其凹向必定在与它相交两点的分支的相反方向,因此,它不可能与相对分支交于第三点[由最后一个命题]。本命题因此由以上本组命题 1 可以得到。这当圆锥曲线切触相对分支时同样成立。

4. 用其凹边与双曲线的一个分支相切的圆锥曲线,将不会与相对分支相交。[Ⅳ.39]

无论是圆锥曲线还是它相对的分支,必定在公共切线的同一侧,且因此将被来自相对分支的切线分开。据此即得到命题。

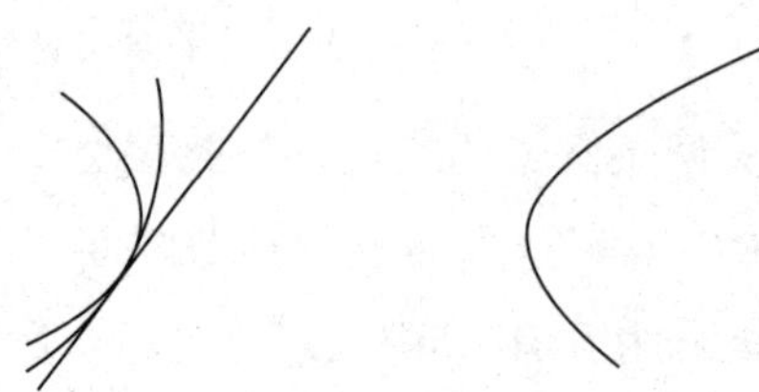

5. 若一条双曲线的一个分支,与凹向相反的另一条双曲线的一个分支相交于两点,则第一条双曲线的相对分支,不会与第二条的相对分支相交。[Ⅳ.41]

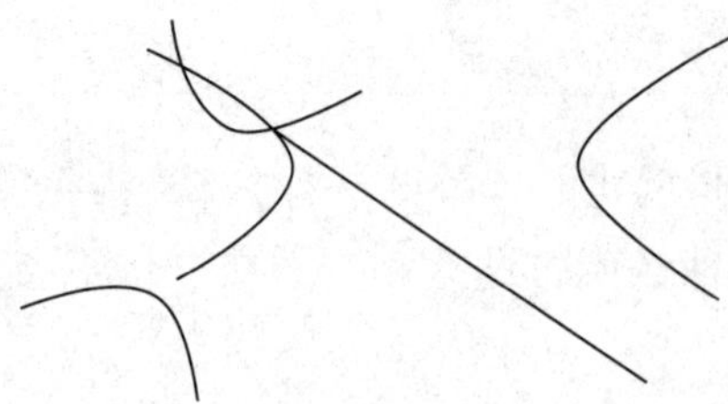

连接两个交点的弦,将横跨每条双曲线的一个渐近角。因此它将不会横跨相对渐近角,从而部分地与两个相对分支的任一个相交,即它将不会与两个相对分支中的任何一个相交。故被所提及弦分隔的两个相对分支也不会相交。

6. 若一条双曲线的一个分支与另一条双曲线的两个分支都相交,则前者的相对分支,将不会与后者的任何一个分支相交于两点。[Ⅳ.42]

因为,设前者的第二分支与后者的一个分支相交于 D,E,检验是否可能。连接 DE,应用与前一命题相同的论据。因为 DE 横跨每条双曲线的一个渐近角,所以它不会与 DE 相对的两个分支中的任何一个相交。因此,那些分支被 DE 分割,且因此不能彼此相交:这与假设相左。

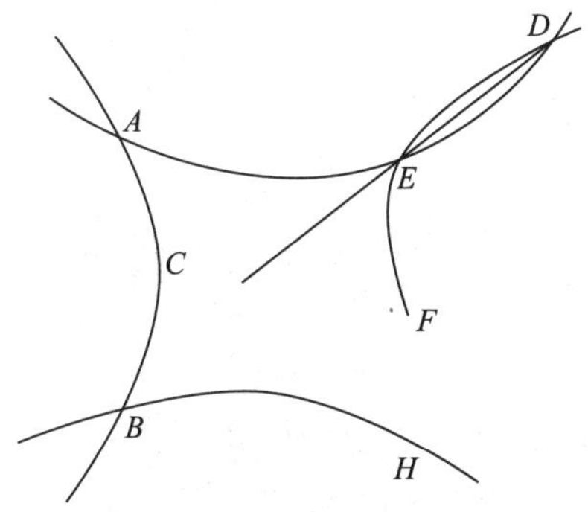

类似地,若两个 DE 分支切触,结果相同,也是不可能的。

7. 若一条双曲线的一个分支与另一条双曲线的凹向相同的一个分支相交,且若它也与第二条双曲线的相对分支相交于一点,则第一条双曲线的相对分支将不会与第二条的任一分支相交。[Ⅳ.45]

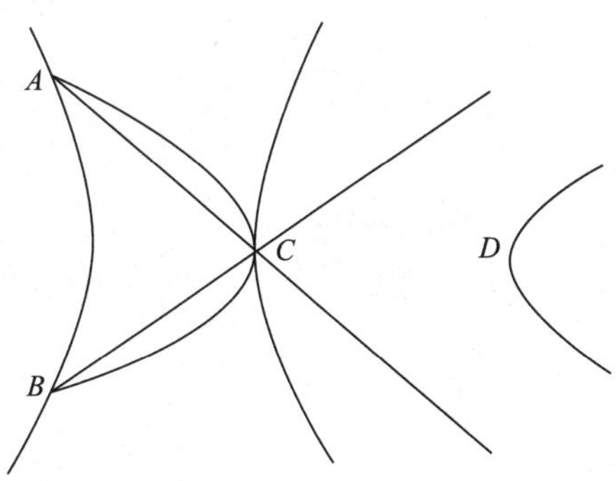

双曲线的一个分支 ABC 与另一条双曲线的第一个分支的交点为 A,B;C 是与另一条双曲线的相对分支的交点。按照与前相同的原则,无论是直线 AC 还是直线 BC 都不会与 ACB 的相对分支相交。它们也不会与 AB 的相对分支 C 相交于 C 以外的其他点,因为若其中任一个交 C 于两点,它将不会与分支 AB 相交,而按照假设它会相交。

因此 D 将在 AC,BC 的延长线形成的角内,并将不会与双曲线 C 或 AB 相交。

8. 若一条双曲线与相反凹向的第二条双曲线的一个分支相切,则第一条的相对分支将不会与第二条的相对分支相交。[Ⅳ. 54]

其图形与本组命题 6 中的相似,除了在这种情况下,D 和 E 是两个相继的点;以相似的方式可见,第二条双曲线被对第一个分支的公共切线分开,因此不能与第二个分支相交。

第二组　包含能在一个一般的说明中表达的诸命题如下所示。

命题 78

没有两条圆锥曲线(包括有两个分支的双曲线在内)可以相交多于四点。

1. 假定只把双分支双曲线排除在外。[Ⅳ. 25]

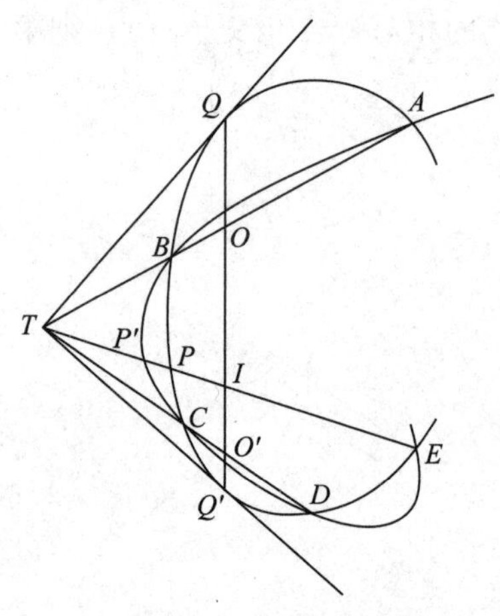

设有五个相继的交点 A,B,C,D,E,而其间没有其他交点,考察是否可能。连接 AB,DC 并延长之。于是

(a) 若它们相交,设它们相交于 T。又设在 AB,DC 上取 O,O',使得 TA,TD 被调和地分割。若连接 OO' 并延长之,它将与每条圆锥曲线相交,而连接交点至 T 的线将是该圆锥曲线的切线。于是 TE 截两条圆锥曲线于不同的点 P,P',因为除 E 外它不通过任何公共点。因此

$$\begin{cases} ET : TP = EI : IP, \\ ET : TP' = EI : IP', \end{cases}$$

其中 OO',TE 相交于 I。

但是这些比例式不可能同时成立;因此,两条圆锥曲线不可能相交于第五点 E。

(b) 若 AB,DC 平行,这些圆锥曲线将为椭圆或圆。分别等分 AB,DC 于 M,M';于是 MM'是一条直径。通过 E 作 $ENPP'$平行于 AB 或 DC,交 MM'于 N 和交圆锥曲线于 P,P'。于是,因为 MM'是二者的直径,所以

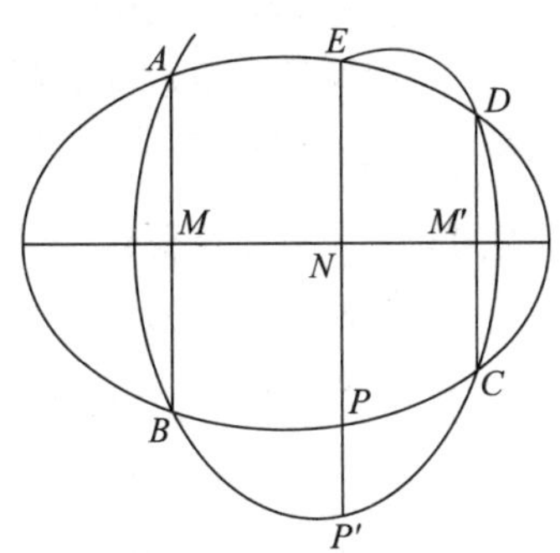

$$NP = NE = NP',$$

而这是不可能的。

于是,两条圆锥曲线不可能相交多于四点。

2. 一个没有两个分支的圆锥截线将不会与一条双分支双曲线相交多于四点。[Ⅳ. 38]

这由以下事实[第一组 3]十分清楚:与一个分支相交的圆锥曲线不会与相对分支相交多于两个点。

3. 若一条双曲线的一个分支截第二条双曲线的每个分支于两点,则第一条双曲线的相对分支将不会与第二条的任一分支相交。[Ⅳ. 43]

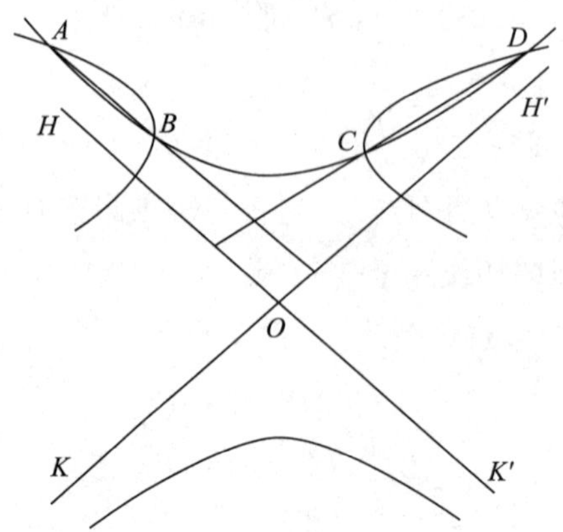

阿波罗尼奥斯证明的文本已损坏,但尤托西乌斯给出了类似于前面第一组中命题 5 的一个证明如下。设 HOH' 是包含第一条双曲线的一个分支的渐近角,而 KOK' 包含它的另一个分支。现在,与第一条双曲线的一个分支相交的第二条双曲线的分支 AB,将不会与第一条双曲线的另一个分支相交,AB 与后者被渐近线 OK 分隔。类似地,DC 与后者被 OK' 分隔。因此本命题得证。①

4. 若一条双曲线的一个分支切割第二条双曲线的一个分支于四点,则第一条双曲线的相对分支不会与第二条的相对分支相交。[Ⅳ.44]

其证明类似于上面的命题 1(a)。若 E 是假定的第五点且 T 确定如前,ET 与相交的分支相交于分开的诸点,据此调和性质导致矛盾。

5. 若一条双曲线的一个分支与第二条双曲线的一个分支相交于三点,则第一条的另一个分支将不会与第二条的另一个分支相交多于一点。[Ⅳ.46]

设头两个分支相交于 A,B,C,而另外两个相交于 D,E。检验是否可能。于是

(a) 若 AB,DE 平行,连接它们中点的线将是两条圆锥曲线的直径,在两条圆锥曲线中通过 C 的平行弦都将被直径等分;而这是不可能的。

(b) 若 AB,DE 不平行,设它们相交于 O,分别等分 AB,DE 于 M,M',并在相应的双曲线中作直径 MP,MP' 和 $M'Q,M'Q'$。于是,在 P',P 的切线与 AO 平行,且在 Q',Q 的切线与 DO 平行。

设在 P,Q 的切线相交于 T,且在 P',Q' 的切线相交于 T'。

① 原文在这一段的叙述不甚清晰,译者根据图及前后文内容,进行了重新整理。——译者注

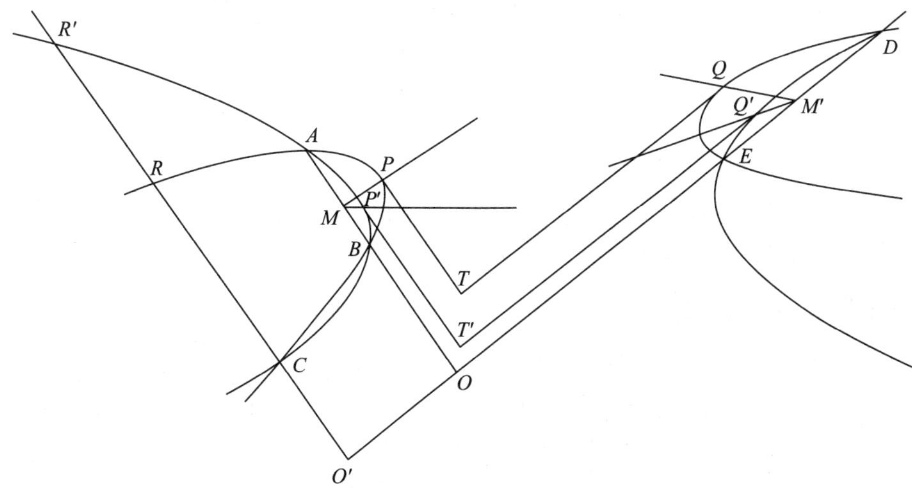

设 CRR' 平行于 AO 并与两条双曲线分别相交于 R, R'，与 DO 相交于 O'。于是

$$TP^2 : TQ^2 = (AO \cdot OB) : (DO \cdot OE)$$
$$= T'P'^2 : T'Q'^2。 \quad [命题 59]$$

由此可知

$$(RO' \cdot O'C) : (DO' \cdot O'E) = (R'O' \cdot O'C) : (DO' \cdot O'E),$$

据此 $$RO' \cdot O'C = R'O' \cdot O'C,$$

而这是不可能的。

因此，上述命题得证。

6. 一条双曲线的两个分支不会与另一条双曲线的两个分支相交多于四点。[Ⅳ.55]

设 A, A' 是第一条双曲线的两个分支，B, B' 是第二条双曲线的两个分支。

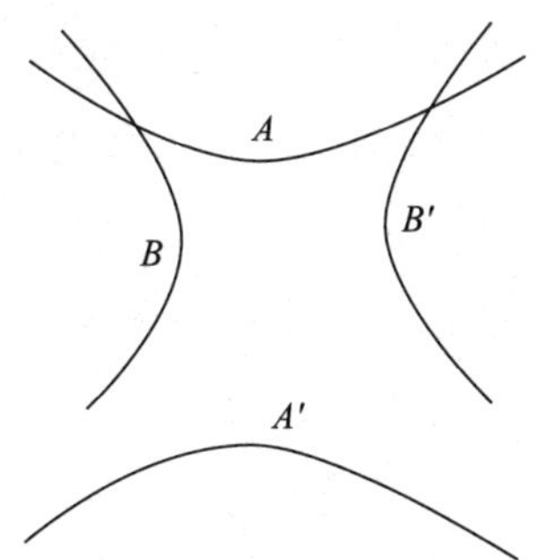

于是(a)若 A 与 B,B' 每个都相交于两点,由以上本组命题 3 可得证此命题;

(b) 若 A 与 B 相交于两点,与 B' 相交于一点,则 A' 完全不能与 B' 相交[第一组中命题 5],并且它只能与 B 相交于一点,因为若 A' 与 B 相交于两点,则 A 不可能与 B' 相交(实际上是相交的);

(c) 若 A 与 B 相交于两点,且 A' 与 B 相交,则 A' 不可能与 B' 相交[第一组中命题 5],并且 A' 不会与 B 相交多于两点 [第一组中命题 3];

(d) 若 A 与 B 相交于一点,与 B' 相交于一点,则 A' 无论与 B 或 B' 都不会相交于两点 [第一组中命题 6];

(e) 若分支 A,B 的凹性在相同方向,且 A 切割 B 于四点,则 A' 不会切割 B' [本组中命题 4],也不会切割 B[本组中命题 2];

(f) 若 A 与 B 相交于三点,则 A' 不会与 B' 相交多于一点[本组中命题 5];

以及类似地对所有可能的情形。

第三组是以下命题的特殊情况。

命题 79

相切于一点的两条圆锥曲线(包括双分支双曲线)相交,其交点除切点外不能多于两个。

1. 本命题对所有圆锥曲线成立,除了双分支双曲线。[Ⅳ. 26]

证明遵循上面命题 78(1)的方法。

2. 若一条双曲线的一个分支与另一条双曲线的一个分支相切于一点,并与后者的另一个分支相交于两点,则前者的相对分支将不会与后者的任一分支相交。[Ⅳ. 47]

阿波罗尼奥斯的证明的文字已损坏,但命题 78(3)的证明可以在这里应用。

3. 若一条双曲线的一个分支与第二条的一个分支相切于一点,并切割同一分支于两点,则第一条的相对分支不会与第二条的任一分支相交。[Ⅳ. 48]

用调和性质证明,如同命题 78(4)。

4. 若一条双曲线的一个分支与第二条双曲线的一个分支相切于一点,并与

它相交于另一点,则第一条的相对分支与第二条的相对分支的交点将不会多于一点。[Ⅳ.49]

证明遵循上面命题78(5)的方法。

5. 若一条双曲线的一个分支与另一条双曲线的一个分支(二者的凹向相同)相切于一点,则前者的相对分支与后者的相对分支的交点将不会多于两点。[Ⅳ.50]

证明遵循命题78(5)的方法,与本组中命题4相同。

6. 若一条双分支双曲线与另一条双分支双曲线相切于一点,则这两条双曲线不会相交多于两个其他点。[Ⅳ.56]

诸单独情况案例的证明遵循第一组中命题3,5和8中所用的方法。

第四组,合并成为如下命题。

命题80

彼此相切的两条圆锥曲线不可能相交于任何其他点。

1. 本命题对所有圆锥曲线成立,除了双分支双曲线。[Ⅳ.27,28,29]

假定两圆锥曲线相切于 A,B,然后设它们也在 C 切割,考察是否可能。

(a) 若两条切线不平行,且 C 不在 A 与 B 之间,本命题可用调和性质证明;

(b) 若两条切线平行,其荒谬性可由每条圆锥曲线通过 C 的弦被也是直径的接触弦等分来证明;

(c) 若两条切线不平行,且 C 在 A 与 B 之间,由两条切线的交点向 AB 的中点作 TV。于是 TV 不可能通过 C,否则通过 C 的 AB 的平行线将与两条圆锥曲线都相切,而这是荒谬的。并且每条圆锥曲线中通过 C 的对 AB 的平行弦的等分导致谬误。

2. 若一条单分支圆锥曲线与一条双曲线的两个分支相切,它将不会与任一分支相交于任何其他点。[Ⅳ.40]

这来自应用于第一组中命题4的方法。

3. 若一条双曲线的一个分支与第二条双曲线的每个分支相切,则前者的相

对分支不会与后者的任一分支相交。[Ⅳ.51]

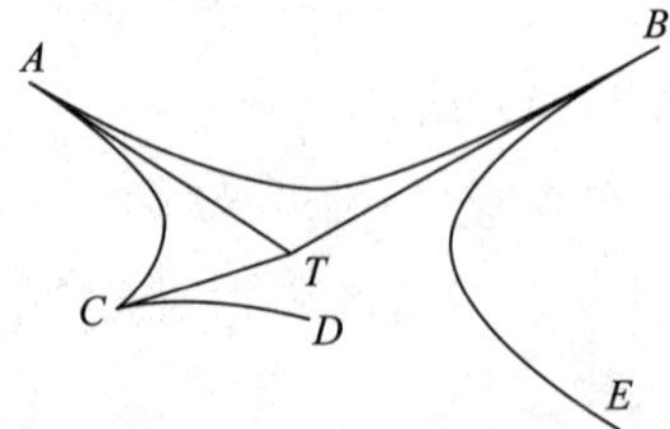

设分支 AB 与分支 AC, BE 相切于 A, B。作在 A, B 的切线相交于 T。设 AB 的相对分支 CD 交 AC 于 C,检验是否可能。连接 CT。

于是 T 在对 AB 的渐近线之内,且因此, CT 落入角 ATB 之内。但与 BE 相切的 BT 不可能与相对分支 AC 相交。因此, BT 落在 CT 的一侧,远离分支 AC,或者 CT 通过 ATB 近邻角;而这是不可能的,因为它落入角 ATB 之中。

4. 若一条双曲线的一个分支与另一条的一个分支相切于一点,且若它们的相对分支也相切于一点,每对的凹向彼此相同,则不会再有任何其他交点。[Ⅳ.52]

借助平行于接触弦的诸弦的等分,可立即证明本命题。

5. 若一条双曲线的一个分支与另一条的一个分支相切于两点,则两个相对分支不相交。[Ⅳ.52]

这可由调和性质证明。

6. 若一条双分支双曲线与另一条双分支双曲线相切于两点,则两条双曲线不会在任何其他点相交。[Ⅳ.57]

诸单独案例的证明追随以上本组命题3,4,5和第一组命题8。

第五组 有关圆锥曲线之间双重接触的命题。

1. 一条抛物线不可能与另一条抛物线相切多于一点。[Ⅳ.30]

这由性质 $TP=PV$ 立即可得到。

2. 若一条抛物线落在一条双曲线之外,则它不能与双曲线有双重接触。[Ⅳ.31]

对双曲线

$$CV : CP = CP : CT$$

$$=(CV-CP):(CP-CT)$$
$$=PV:PT。$$

因此 $$PV<PT。$$

而对抛物线有 $P'V=P'T$；因此，双曲线落在抛物线之外，而这是不可能的。

3. 一条抛物线不可能与一个椭圆或一个圆有内部双重接触。[Ⅳ.32]

其证明与前类似。

4. 一条抛物线不可能与另一条抛物线有内部双重接触。[Ⅳ.33]

借助 $CV \cdot CT=CP^2$ 证明。

5. 若一个椭圆与另一个椭圆或一个有相同中心的圆有双重接触，接触弦将通过中心。[Ⅳ.34]

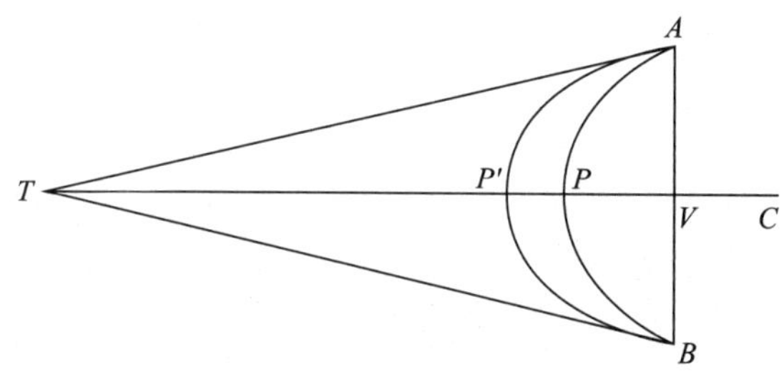

设(若有可能)在 A,B 的切线交于 T，并设 V 是 AB 的中点。于是 TV 是一条直径。设 C 是中心，检验是否可能。

于是 $CP^2=CV \cdot CT=CP'^2$，而这是荒谬的。因此，在 A,B 的切线不相交，即它们是平行的。因此，AB 是一条直径，且从而通过中心。

法线作为极大与极小

命题81(预备)

[V.1,2,3]

若在一个椭圆或一条双曲线中作轴 AA' 的垂直线段 AM,线段长度等于曲线参数之半,又若 CM 与曲线上任意点 P 的纵坐标 PN 相交于 H,则

$$PN^2=2(\text{四边形 } MANH)。$$

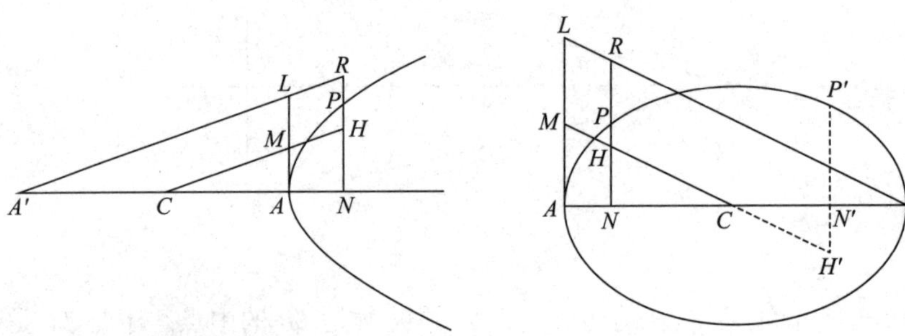

设 AL 两倍于 AM,即设 AL 是正焦弦或参数。连接 $A'L$ 交 PN 于 R。于是 $A'L$ 平行于 CM。因此 $HR=LM=AM$。

现在 $$PN^2=AN\cdot NR; \quad [\text{命题 }2,3]$$

$$\therefore PN^2=AN(AM+HN)$$

$$=2(\text{四边形 } MANH)。$$

当 P 位于椭圆中 C 与 A'之间时,P 成为图中的 P',四边形成为两个三角形之差,且

$$P'N'^2=2(\triangle CAM-\triangle CN'H')。$$

并且,若 P 是椭圆短轴的端点,四边形便成为三角形,且

$$PC^2=2\triangle CAM。$$

[这两个案例都被阿波罗尼奥斯作为单独的命题证明。参考前面命题23的附注。]

命题 82

[V. 1,2,3]

在一条抛物线中,若 E 是轴上的一点,使得 AE 等于正焦弦的一半,则由 E 到曲线的极小直线段是 AE;且若 P 是曲线上任意其他点,则当 P 离开 A 向两侧运动时,PE 增加。并且,对任意点

$$PE^2=AE^2+AN^2。$$

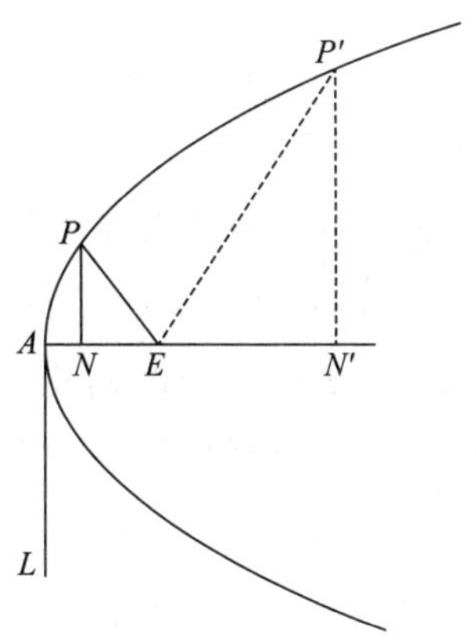

设 AL 是参数或正焦弦。那么

$$\begin{aligned}PN^2&=AL\cdot AN\\&=2AE\cdot AN。\end{aligned}$$

上式两侧均加上 EN^2,我们有

$$\begin{aligned}PE^2&=2AE\cdot AN+EN^2\\&=2AE\cdot AN+(AE\sim AN)^2\\&=AE^2+AN^2。\end{aligned}$$

于是,$PE^2>AE^2$,且差值随着 AN 的增加而增加,即随着 P 的移动,离 A 越远差值越大。

并且 PE 的极小值是 AE,或者 AE 是由 E 到曲线的最短直线段。

[在这个和后续的命题中,阿波罗尼奥斯取三种情况,(1) N 在 A 与 E 之间。

(2) N 与 E 重合,因此 PE 垂直于轴,(3) AN 大于 AE,而且他对每种情形单独地给出了证明。为了简洁起见,只要有可能,就把三种情况压缩为一种。]

命题 83

[V.5,6]

若 E 是在一条双曲线或一个椭圆的轴上的一点,使得 AE 等于正焦弦之半,则 AE 是由 E 至曲线可作的极小直线段;且若 P 是曲线上任何其他点,则当 P 离开 A 向任一侧移动时,PE 增加,以及

$$PE^2=AE^2+AN^2\cdot\frac{AA'\pm p_a}{AA'}[=AE^2+e^2\cdot AN^2。]$$

(其中上半符号适用于双曲线。)①

并且,在椭圆中,EA' 是由 E 至曲线的极大直线段。

设作 AL 垂直于轴并等于参数;并设 AL 被等分于 M,使得 $AM=AE$。

设 P 是曲线上的任意点,并设 PN(需要时延长)交 CM 于 H,并交 EM 于 K。连接 EP,并作 MI 垂直于 HK。于是由相似三角形的性质,

$$MI=IK \text{ 及 } EN=NK。$$

现在 $$PN^2=2(\text{四边形 } MANH)$$ [命题 81]

以及 $$EN^2=2\triangle ENK;$$

$$\begin{aligned}\therefore PE^2&=2(\triangle EAM+\triangle MHK)\\&=AE^2+MI\cdot HK\\&=AE^2+MI\cdot(IK\pm IH)\\&=AE^2+MI\cdot(MI\pm IH)。\quad\cdots\cdots(1)\end{aligned}$$

① 方程右侧第二项表示的面积,按照阿波罗尼奥斯的话语,是在底边 AN 上的矩形,类似于以轴(作为底边)及轴与其参数之和(或之差)为边的矩形。类似的评注适用于下页的相似表达式。

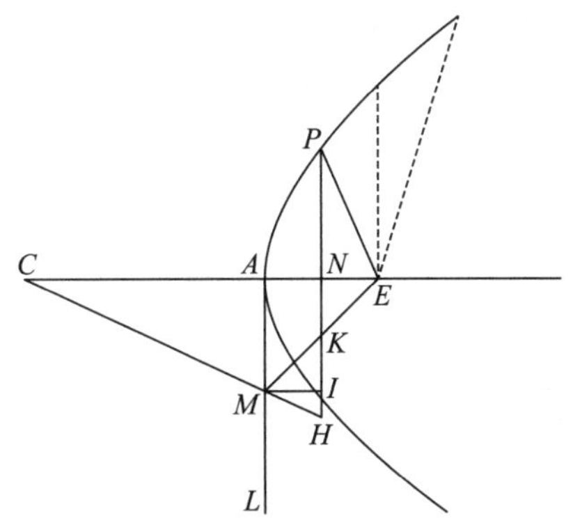

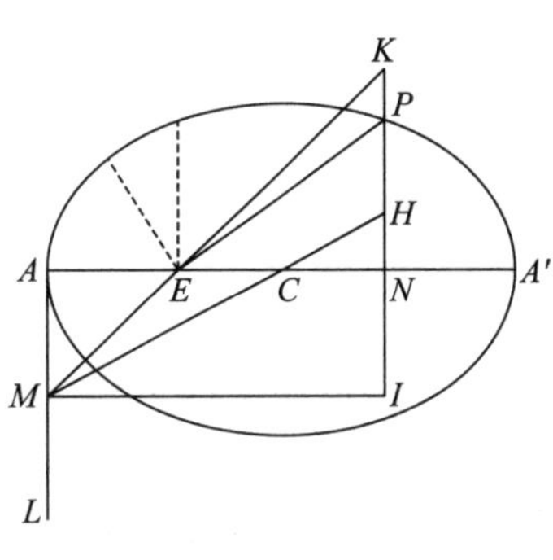

现在　$MI:IH=CA:AM=AA':p_a$。

因此　$MI\cdot(MI\pm IH):AA'\cdot(AA'\pm p_a)=MI^2:AA'^2$,

或者

$$MI\cdot(MI\pm IH)=\frac{MI^2}{AA'^2}\cdot AA'\cdot(AA'\pm p_a)$$

$$=MI^2\cdot\frac{AA'\pm p_a}{AA'}$$

$$=AN^2\cdot\frac{AA'\pm p_a}{AA'},$$

据此,借助(1)式,可得　$PE^2=AE^2+AN^2\cdot\frac{AA'\pm p_a}{AA'}$。

由此可知,AE 是 PE 的极小值,且 PE 随着 AN 而增加,即随着 P 点由 A 移开而增加。

并且,在椭圆的情形,PE^2 的极大值是

$$AE^2+AA'\cdot(AA'-p_a)=AE^2+AA'^2-2AE\cdot AA'。$$

$$=EA'^2。$$

命题 84

[V.7]

若在任意圆锥曲线的轴上取任意点 O,使得 $AO<\frac{1}{2}p_a$,则 OA 是由 O 至曲线的极小直线段,且 OP(若 P 是曲线上任意其他点)随着 P 距 A 越来越远而增加。

沿着轴设置 AE 等于参数的一半，并连接 PE，PO，PA。

于是[命题 82，83] $$PE > AE,$$

故 $$\angle PAE > \angle APE;$$

更有

$$\angle PAO > \angle APO,$$

故 $$PO > AO。$$

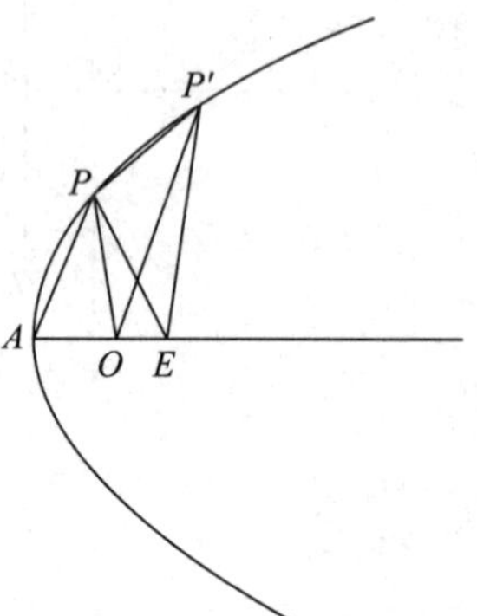

并且，若 P' 是离 A 更远的另一个点，则

$$P'E > PE$$

$$\therefore \angle EPP' > \angle EP'P;$$

并且更有

$$\angle OPP' > \angle OP'P。$$

$$\therefore OP' > OP。$$

命题 85

[V. 8]

在一条抛物线中，若 G 是轴上一点，使得 $AG > \frac{1}{2}p_a$，且若在 A 与 G 之间取 N，使得

$$NG = \frac{1}{2}p_a,$$

于是，若作 NP 垂直于轴并与曲线相交于 P，则 PG 是由 G 至曲线的极小直线段[或即在 P 的法线]。

若 P' 是曲线上的任何其他点，则当 P' 离开 P 向任一侧移动时，$P'G$ 增加。

并且 $$P'G^2 = PG^2 + NN'^2。$$

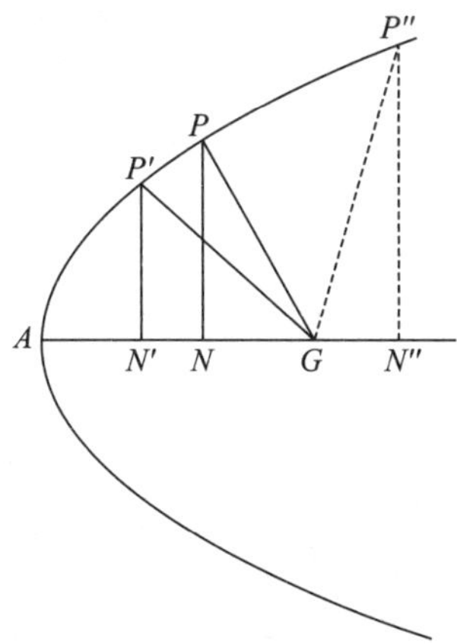

我们有
$$P'N'^2 = p_a \cdot AN' = 2NG \cdot AN'。$$

并且 $N'G^2 = NN'^2 + NG^2 \pm 2NG \cdot NN'$（根据 N' 的位置）。

因此，通过相加，

$$P'G^2 = 2NG \cdot AN + NN'^2 + NG^2 = PN^2 + NG^2 + NN'^2 = PG^2 + NN'^2。$$

于是很清楚，PG 是由 G 至曲线的极小直线段[或即在 P 的法线]。

而且 $P'G$ 随着 NN' 增大而增大，即当 P' 离开 P 向任一侧移动时 $P'G$ 增大。

命题 86

[Ⅴ.9,10,11]

在一条双曲线或一个椭圆中，若 G 是 AA' 上的任意点（在曲线之内），使得 $AG > \frac{1}{2}p_a$，且若朝向较近顶点 A 度量 GN，使得

$$NG : CN = p_a : AA' [= CB^2 : CA^2],$$

于是，若通过 N 的纵坐标与曲线相交于 P，则 PG 是由 G 至曲线的极小直线段[即 PG 是在 P 的法线]；且若 P' 是曲线上任意其他点，则当 P' 离开 P 向任一侧移动时 $P'G$ 增加。

并且 $$P'G^2-PG^2=NN'^2\cdot\frac{AA'\pm p_a}{AA'}$$

$$[=e^2\cdot NN'^2],$$

其中 $P'N'$ 是由 P' 的纵坐标。

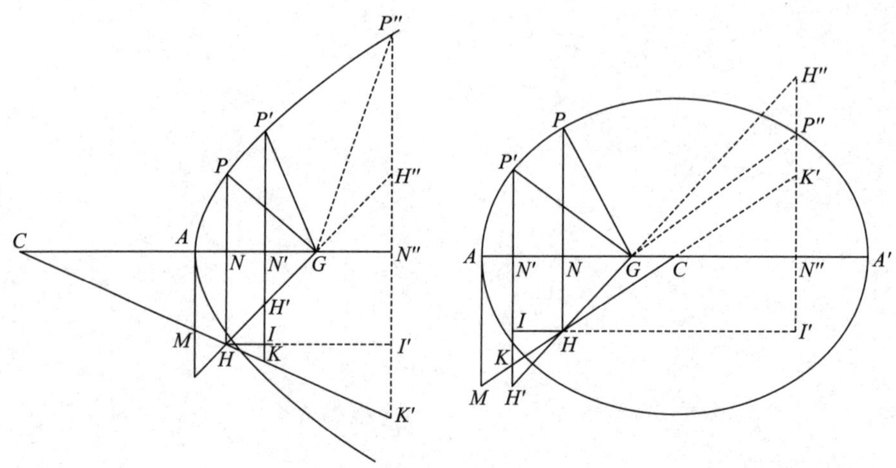

作 AM 垂直于轴并等于参数之半。连接 CM 与 PN 相交于 H,与 $P'N'$ 相交于 K。连接 GH 交 $P'N'$ 于 H'。

于是由假设,

$$NG:CN=p_a:AA',$$

且由相似三角形的性质,

$$NH:CN=AM:AC$$

$$=p_a:AA',$$

可知 $$NH=NG,$$

据此也有 $$N'H'=N'G。$$

现在 $$PN^2=2(\text{四边形 }MANH),$$ [命题 81]

$$NG^2=2\triangle HNG。$$

因此,相加得到 $$PG^2=2(\text{四边形 }AMHG)。$$

并且 $$P'G^2=P'N'^2+N'G^2=2(\text{四边形 }AMKN')+2\triangle H'N'G$$

$$=2(\text{四边形 }AMHG)+2\triangle HH'K,$$

$$\therefore P'G^2-PG^2=2\triangle HH'K$$

$$=HI\cdot(H'I\pm IK)$$

$$=HI\cdot(HI\pm IK)$$

$$=HI^2\cdot\frac{CA\pm AM}{CA}=NN'^2\cdot\frac{AA'\pm p_a}{AA'}。$$

于是可知,PG 是由 G 至曲线的极小直线段,且随着 NN' 增大而增大;当 P' 离开 P 向任一侧移动时 $P'G$ 增加。

容易用类似方法证明,在椭圆中,GA' 是由 G 至曲线的极小直线段。

推论 在 G 与中心 C 重合的特殊情况下,可以用类似的方式证明两条极小直线段为 CB,CB',而两条极大直线段为 CA,CA',且 CP 随着 P 由 B 向 A 移动而持续增加。

命题 87

[V.12]

若 G 是一条圆锥曲线的轴上的一点,GP 是由 G 至曲线的极小直线段[或在 P 的法线],**且若 O 是 PG 上的任意点,则 OP 是由 O 至曲线的极小直线段,OP' 随着 P' 自 P 向 A**[或 A']**移动而持续增加。**

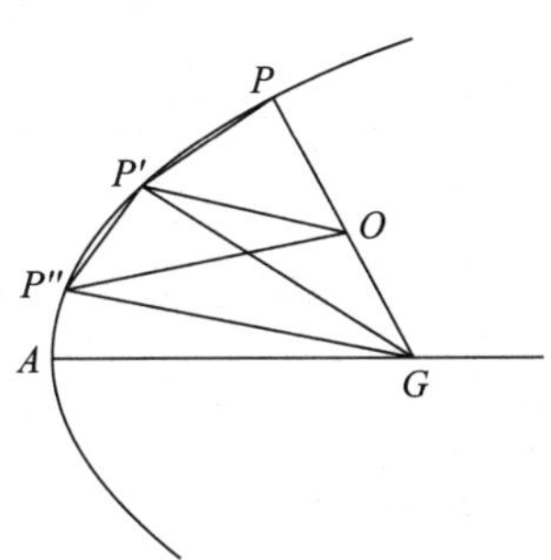

因为 $$P'G>PG,$$

所以 $$\angle GPP'>\angle GP'P,$$

更有 $$\angle OPP'>\angle OP'P,$$

即 $$OP'>OP。$$

类似地 $OP''>OP'$ [等等,如同在命题 84 中]。

[接着有对三条曲线确立的三个命题,用归谬法证明,它们是刚刚给出的命题 85 和命题 86 的逆。也证明了法线与朝向较近顶点的轴成锐角。]

命题 88

[V. 16,17,18]

若 E' 是椭圆短轴上的一点，它与 B 的距离等于参数$\left[\text{或}\dfrac{CA^2}{CB}\right]$①之半，则 $E'B$ 是由 E' 至曲线的极大直线段；且若 P 是其上任意其他点，则随着 P 自 B 向两侧移动，$E'P$ 减少。

并且
$$BE'^2-PE'^2=Bn^2\cdot\frac{p_b-BB'}{BB'}\left[=Bn^2\cdot\frac{CA^2-CB^2}{CB^2}\right]。$$

阿波罗尼奥斯分别对情形(1)$\dfrac{p_b}{2}<BB'$，(2)$\dfrac{p_b}{2}=BB'$，和(3)$\dfrac{p_b}{2}>BB'$给出了证明。

对三种情形的证明方法相同，这里只给出对第一种情形的证明。

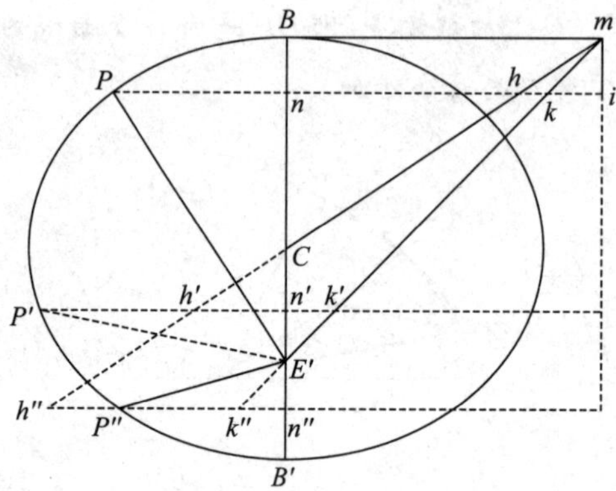

由命题 81(对两根轴都适用)我们有，若 $Bm=\dfrac{p_b}{2}=BE'$，且 Pn 与 Cm，$E'm$ 分别相交于 h，k，则

$$Pn^2=2(\text{四边形 } mBnh),$$

并且
$$nE'^2=2\triangle nkE',$$

① A 在图中未标出，应该是长轴的端点；紧接着提到的 B' 点是短轴的另一端点。也就是说，AA' 是长轴，BB' 是短轴，下同。——译者注

$$\therefore PE'^2=2\triangle mBE'-2\triangle mhk。$$

但是
$$BE'^2=2\triangle mBE',$$

$$\begin{aligned}\therefore BE'^2-PE'^2&=2\triangle mhk\\&=mi\cdot(hi-ki)=mi\cdot(hi-mi)\\&=mi^2\cdot\frac{mB-CB}{CB}\\&=Bn^2\cdot\frac{p_b-BB'}{BB'},\end{aligned}$$

据此得出本命题。

命题 89

[V.19]

若 BE' 沿一个椭圆的短轴度量，等于参数 $\left[或\dfrac{CA^2}{CB}\right]$ 之半，且在短轴上取任意点 O，使得 $BO>BE'$，则 OB 是由 O 至曲线的极大直线段；又若 P 是椭圆上任意其他点，则随着 P 向两边（或向 B 或向 B'）移动，OP 持续减少。

证明遵循命题 84，87 的方法。

命题 90

[V.20，21，22]

若 g 是椭圆短轴上的一点，使得 $Bg>BC$ 及 $Bg<\dfrac{1}{2}p_b\left[或\dfrac{CA^2}{CB}\right]$ 之半，且若朝向 B 度量 Cn，使得

$$Cn:ng=BB':p_b\,[=CB^2:CA^2]。$$

于是，通过 n 对 BB' 的垂线将与曲线相交于两点，P 使得 Pg 是由 g 至曲线的极大直线段。则随着 P' 由 P 向两边（或向 B 或向 B'）移动，$P'g$ 减少，且

$$Pg^2-P'g^2=nn'^2\cdot\frac{p_b-BB'}{BB'}\left[=nn'^2\cdot\frac{CA^2-CB^2}{CB^2}\right]。$$

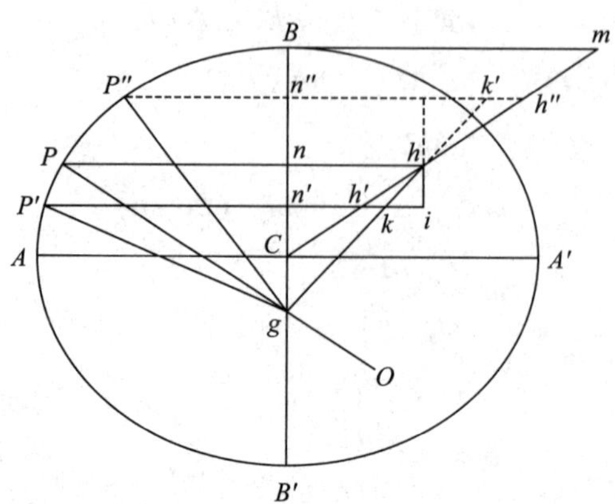

作 Bm 垂直于 BB' 且等于其参数 p_b 之半。连接 Cm 与 Pn 相交于 h 及与 $P'n'$ 相交于 h'，并连接 gh 与 $P'n'$ 相交于 k。

于是，由假设，可得

$$Cn : ng = BB' : p_b = BC : Bm,$$

又 $Cn : nh = BC : Bm$，由相似三角形的性质，

则可知 $ng = nh$，并且 $gn' = n'k$ 和 $hi = ik$，其中 hi 垂直于 $P'n'$。

现在 $Pn^2 = 2$（四边形 $mBnh$），

$$ng^2 = 2\triangle hng,$$

$$\therefore Pg^2 = 2(mBnh + \triangle hng)。$$

类似地 $P'g^2 = 2(mBn'h' + \triangle kn'g)$。

通过两式相减，可得

$$\begin{aligned} Pg^2 - P'g^2 &= 2\triangle hh'k \\ &= hi \cdot (h'i - ki) \\ &= hi \cdot (h'i - hi) \\ &= hi^2 \cdot \frac{Bm - BC}{BC} \\ &= nn'^2 \cdot \frac{p_b - BB'}{BB'}; \end{aligned}$$

据此可知，Pg 是由 g 至曲线的极大直线段，而 Pg^2 与 $P'g^2$ 之间的差是所述的面积。

推论1 由与命题84，87，89证明中所采用相同的方法可知，若 O 是 Pg 延长线上短轴以外的任意点，则 PO 是可由 O 在椭圆部分（即半椭圆 BPB'，其中 Pg

为由 g 至曲线的极大直线段)所作的极大直线段,且若向半椭圆的任意其他点作 OP',则 OP'随着 P'由 P 向 B'或 B 移动而减少。

推论 2 在 g 与中心 C 重合的特殊情况,由 C 至椭圆的极大直线段垂直于 BB',也就是 CA 或 CA'。并且,若 g 不是中心,则若 Pg 极大,角 PgB 必定是锐角;且若 Pg 极大[或即是法线],则

$$Cn : ng = CB^2 : CA^2。$$

[本推论用归谬法单独证明。]

命题 91

[V. 23]

若 g 是椭圆短轴上的一点,gP 是由 g 至曲线的极大直线段,且若 gP 交长轴于 G,则 GP 是由 G 至曲线的极小直线段。

[换句话说,由 G 的极小和由 g 的极大确定了同一条法线。]

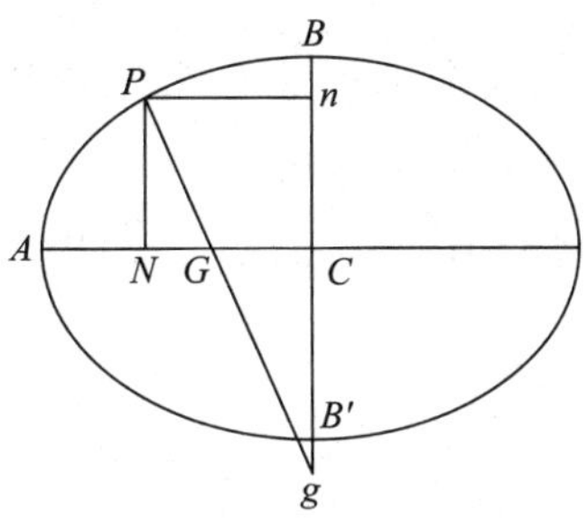

我们有 $Cn : ng = BB' : p_b$ [命题 90]

$[= CB^2 : CA^2]$

$= p_a : AA'$,

并且 $Cn : ng = PN : ng$

$= NG : Pn$,由相似三角形的性质

$= NG : CN$。

$$\therefore NG : CN = p_a : AA',$$

即 PG 是根据由 G 的极小直线段确定的法线。 [命题 86]

命题 92

[V. 24,25,26]

由一条圆锥曲线的任一点只能作一条法线，无论这样的法线被看作它与 AA' 交点到曲线的极小直线段，或者被看作它与短轴（在椭圆的情形）交点到曲线的极大直线段。

假设 PG，PH（与轴 AA' 相交于 G，H）是由 G 至曲线的极小直线段，以及基于对椭圆短轴的类似假设，本命题立即可用归谬法证明。

命题 93

[V. 27,28,29,30]

在一条圆锥曲线上任一点 P 的法线，无论把它看作是由它与轴 AA' 的交点到曲线的极小直线段，或者把它看作是由它与 BB'（在椭圆的情形）的交点到曲线的极大直线段，它总是垂直于在 P 的切线。

设在 P 的切线与抛物线的轴，或双曲线或椭圆的轴 AA' 相交于 T，则我们必须证明角 TPG 是直角。

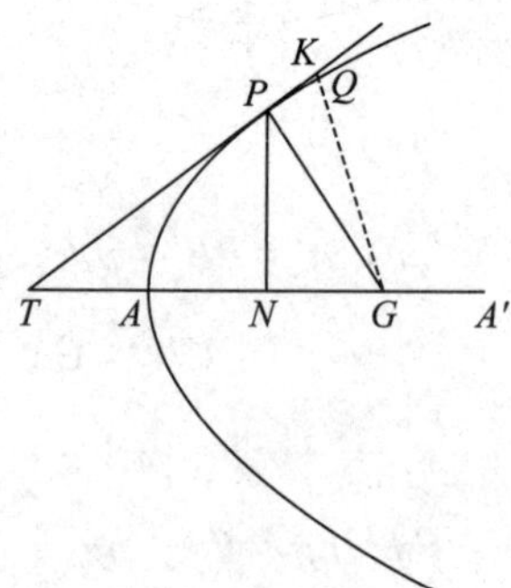

（1）对抛物线我们有

$$AT=AN, NG=\frac{p_a}{2};$$

$$\therefore NG : p_a = AN : TN,$$

故 $$TN \cdot NG = p_a \cdot AN = PN^2,$$

且在 N 的角是一个直角，

$$\therefore \angle TPG \text{ 是直角。}$$

(2) 对双曲线或椭圆

$PN^2 : (CN \cdot NT)$

$= p_a : AA'$ [命题 14]

$= NG : CN$，由极小性质 [命题 86]

$= (TN \cdot NG) : (CN \cdot NT)$。

$\therefore PN^2 = TN \cdot NG$，而在 N 的角是直角；

$\therefore \angle TPG$ 是一个直角。

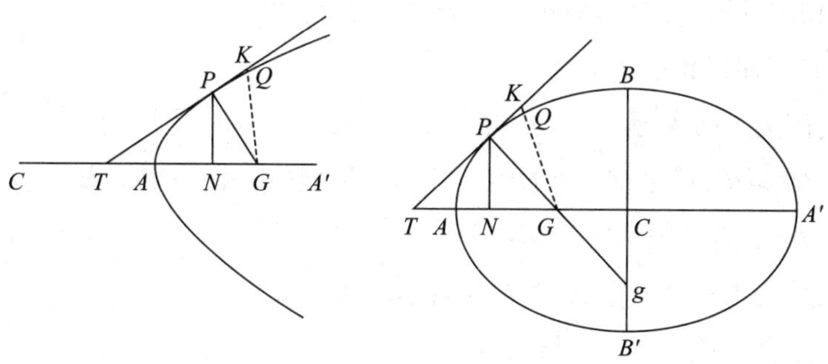

(3) 若 Pg 是由椭圆短轴上 g 的极大直线段，且若 Pg 与 AA' 相交于 G，PG 是由 G 的极小，得到所要的结果如同(2)。

[阿波罗尼奥斯给出了适用于所有三种圆锥曲线的另一个证明。若 GP 不垂直于切线，设 GK 与之垂直。

于是 $\angle GKP > \angle GPK$，因此 $GP > GK$。

因此更有 $GP > GQ$，其中 Q 是 GK 切割圆锥曲线的点；但这是不可能的，因为 GP 是极小。因此，可以依此类推得到其他的。]

命题 94

[V. 31,33, 34]

(1) **一般说来,若 O 是一条圆锥曲线中的任一点,OP 是由 O 至圆锥曲线的极大或极小直线段,作直线 PT 与 PQ 成直角,则它将与圆锥曲线相切于 P。**

(2) **若 O' 是 OP 延长线上圆锥曲线外的任一点,则由 O' 所作交圆锥曲线于一点但并未延长以相交于第二点的所有直线中,$O'P$ 极小;其余在曲线上离 P 较近者到 O' 的距离小于离它较远者。**

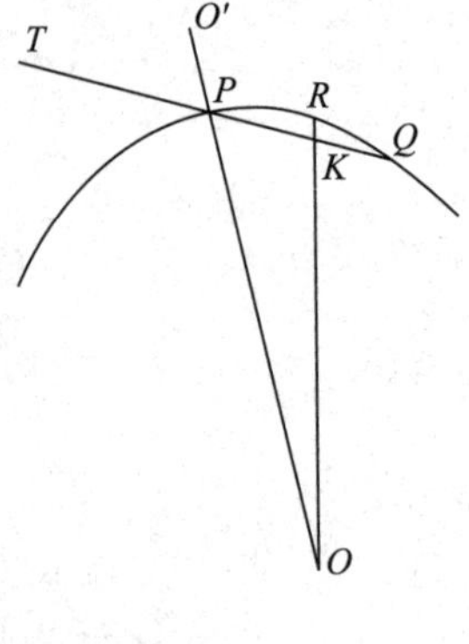

(1) 首先,设 OP 是一个极大。于是,若 TP 未与圆锥曲线相切,设它再次切割曲线于 Q,作 OK 与 PQ 相交于 K 并与曲线相交于 R。

然后,因为 $\angle OPK$ 是直角,$\angle OPK > \angle OKP$。

因此,$OK>OP$,且更有 $OR>OP$;但这是不可能的,因为 OP 是极大。

因此,TP 必定与圆锥曲线相切于 P。

其次,设 OP 是极小。又设 TP 再次切割曲线于 Q,检验是否可能。由 TP 与曲线之间的任意点作一条直线至 P,并作 ORK 与之垂直并与之相交于 K 及与曲线相交于 R。于是 $\angle OKP$ 是直角。因此 $OP>OK$,且更有 $OP>OR$;但这是不可能的,因为 OP 是极小。因此 TP 必定与曲线相切。

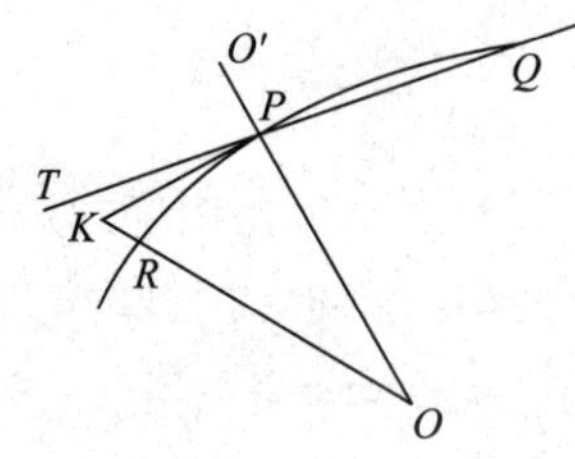

(2) 设 O' 是 OP 延长线上的任意点。在 P 作切线 PK,它因此与 OP 成直角。然后作 $O'Q$,$O'R$ 与曲线只相交于一点,且设 $O'Q$ 与 PK 相交于 K。

于是 $O'K>O'P$。因此更有 $O'Q>O'P$,且 $O'P$ 是极小。

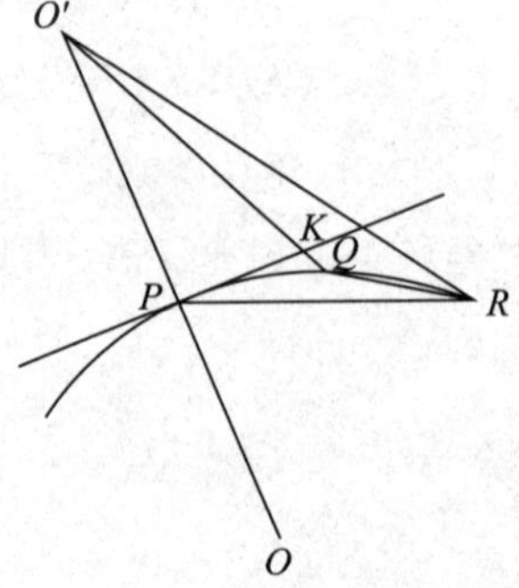

连接 RP,RQ。于是 $\angle O'QR$ 是钝角,且因此,角 $O'RQ$ 是锐角。因此 $O'R>O'Q$,等等。

命题95

[V.35,36, 37,38,39,40]

(1) **若在 P 的法线与抛物线的轴,或与双曲线或椭圆的轴 AA' 相交于 G,则 $\angle PGA$ 随着 P 或 G 向离开 A 的方向移动而增加,但在双曲线中,$\angle PGA$ 将永远小于渐近线夹角之半的补角。**

(2) **在轴 AA' 同一侧的两条法线相交于该轴的另一侧。**

(3) **在四分之一椭圆如 AB 中的两条法线将相交于 $\angle ACB'$ 内的一点。**

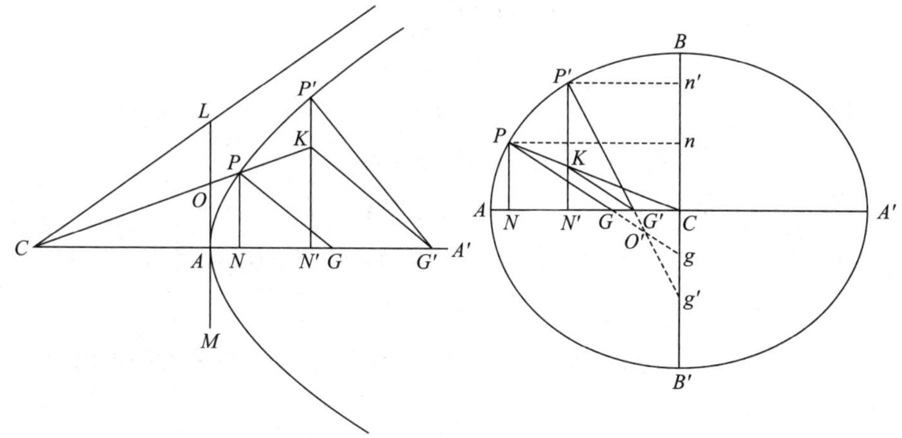

(1) 假定 P' 离顶点比 P 更远。于是,因为 PG,$P'G'$ 分别是由 G,G' 至曲线的极小直线段,我们有

(a) 对于抛物线

$$NG=\frac{p_a}{2}=N'G',$$

以及
$$P'N'>PN;$$

$$\therefore \angle PG'A>\angle PGA。$$

(b) 对于抛物线和椭圆,连接 CP 并在必要时延长之,与 $P'N'$ 相交于 K,并连接 KG',则

$$N'G' : CN' = p_a : AA' \qquad [命题86]$$

$$=NG:CN;$$

$$\therefore N'G':NG=CN':CN$$

$$=KN':PN$$,由相似三角形的性质。

因此,三角形 PNG,$KN'G'$相似,且

$$\angle KG'N'=\angle PGN。$$

因此, $$\angle P'G'N'>\angle PGN。$$

(c) 在双曲线中,作 AL 垂直于 AA',与渐近线相交于 L 及与 CP 相交于 O,并且设 AM 等于$\frac{p_a}{2}$。

现在 $$AA':p_a=CA:AM=CN:NG,$$

以及 $$OA:CA=PN:CN$$,由相似三角形的性质;

因此,由首末比例,有 $$OA:AM=PN:NG。$$

从而, $$AL:AM>PN:NG。$$

但是, $$AL:AM=CA:AL$$ [命题 28]

$$\therefore CA:AL>PN:NG;$$

$$\therefore \angle PGN<\angle CLA。$$

(2) 由证明(1)立即可知,在 AA'同一侧两点的两条切线,将相交于 AA'的另一侧。

(3) 分别由 g,g'作极大直线段(两条法线),其中 g,g'为它们与椭圆短轴的交点。

于是 $$Cn':n'g'=BB':p_b$$ [命题 90]

$$=Cn:ng;$$

$$\therefore Cn':Cg'=Cn:Cg。$$

但是 $$Cn'>Cn;$$

$$\therefore Cg'>Cg。$$

据此可知,Pg,$P'g'$必定在切割短轴前在 O 点交叉。因此,O 在 BB'朝向 A 的一侧。

且由以上证明(2),O 在 AC 之下;因此 O 在$\angle ACB'$中。

命题 96

[V. 41, 42, 43]

(1) **在一条抛物线或一个椭圆中,任意法线 PG 将与曲线再次相交。**

(2) **在双曲线中,(a) 若 AA' 不大于 p_a,则没有一条法线可以与曲线同一分支上的另一点相交;但(b),若 $AA' > p_a$,则一些法线会再次与同一分支相交,而另一些则不会。**

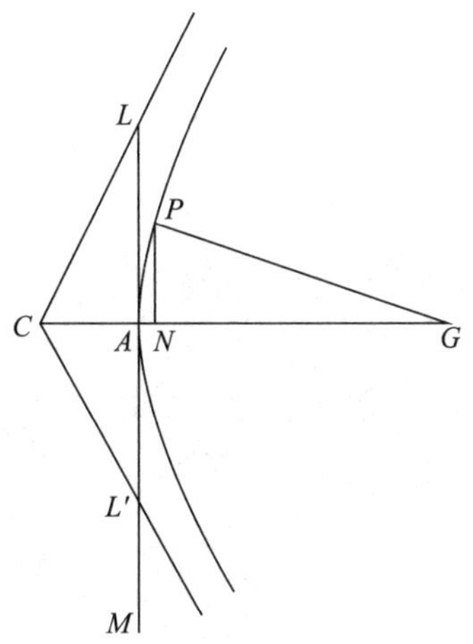

(1) 对椭圆,这个命题足够显然,而在抛物线中,因为 PG 与一条直径(轴)相交,它将与另一条直径相交,通过平行于 PG 的切线(即等分它的直径)的接触点。因此它将再次与曲线相交。

(2) (a) 设 CL, CL' 是渐近线,并设在 A 的切线分别与它们相交于 L, L'。取 AM 等于$\frac{p_a}{2}$。设 PG 是任意法线及 PN 是纵坐标。

于是由假设,
$$CA \not> AM,$$
以及
$$CA : AM = CA^2 : AL^2; \qquad [命题 28]$$
$$\therefore CA \not> AL;$$
因此 $\angle CLA$ 不大于 $\angle ACL$ 或 $\angle ACL'$。

但是
$$\angle CLA > \angle PGN; \qquad [命题 95]$$

$$\therefore\ \angle ACL' > \angle PGN。$$

由此可知，$\angle ACL'$与$\angle PGN$的邻角加在一起将大于两个直角。

因此，PG将不会朝向L'与CL'相交，故将不会再次与双曲线的该分支相交。

(b) 假定$CA > AM$或$\frac{p_a}{2}$。于是

$$LA : AM > LA : AC。$$

在AL上取点K，使得

$$KA : AM = LA : AC。$$

连接CK并延长之，交双曲线于P，并设PN是纵坐标，PG是在P的法线。

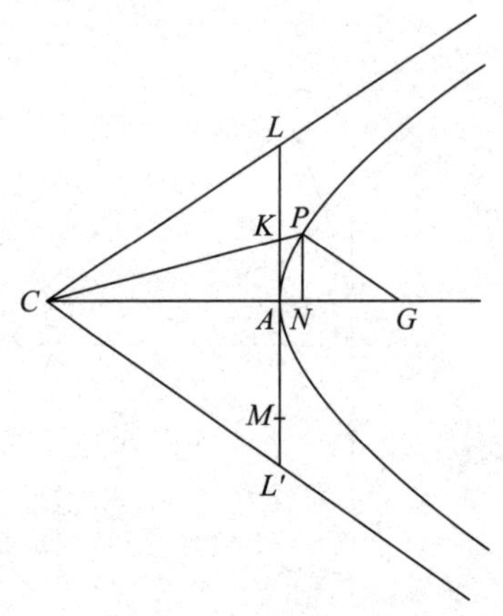

于是PG是由G至曲线的极小，且

$$NG : CN = p_a : AA'$$
$$= AM : AC。$$

并且 $CN : PN = AC : AK$，由相似三角形的性质。

则由首末比例，有 $NG : PN = AM : AK$

$$= CA : AL，由以上。$$

因此 $\angle ACL' = \angle ACL = \angle PGN$；

$\therefore$ PG，CL'平行而不相交。

又在A与P之间的点的法线，与轴所成角度小于$\angle PGN$，而在A与P之间以外的点的法线与轴所成角度大于$\angle PGN$。

因此，在A与P之间的点的法线不会与渐近线CL'，或双曲线的该分支再次相交；但P以外的法线将与该分支再次相交。

命题 97

[V. 44,45, 46,47,48]

若 P_1G_1,P_2G_2 是在一条圆锥曲线轴的同一侧两点上的法线,它们相交于 O,且若 O 与圆锥曲线上任意其他点 P 连接(进一步假定在椭圆的情形,所有三条线 OP_1,OP_2,OP_3 都切割轴的同一半),则

(1) OP 不可能是曲线的法线;

(2) 若 OP 与轴相交于 K,且 PG 是在 P 的法线,那么

若 P 是 P_1 与 P_2 之间的点,则 $AG < AK$;

若 P 不是 P_1 与 P_2 之间的点,则 $AG > AK$。

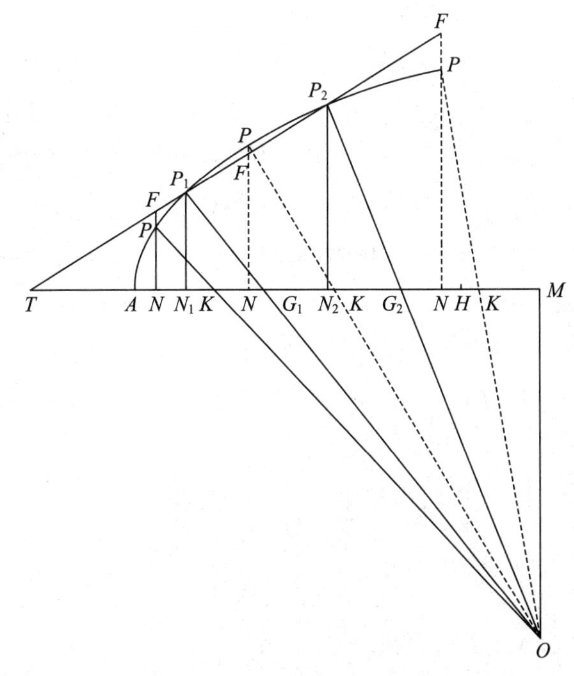

Ⅰ. 首先,设该圆锥曲线是**抛物线**。

设 P_1P_2 与轴相交于 T,并作纵坐标 P_1N_1,P_2N_2。

作 OM 垂直于轴,并由 M 朝向顶点 A 度量 MH 等于$\frac{p_a}{2}$。

于是 $$MH=N_2G_2,$$

以及 $N_2H=G_2M$。

因此 $MH:HN_2=N_2G_2:G_2M$

$=P_2N_2:MO$,由相似三角形的性质,

即 $HM\cdot MO=P_2N_2\cdot N_2H$。

类似地 $HM\cdot MO=P_1N_1\cdot N_1H$。 ……(A)

因此 $HN_1:HN_2=P_2N_2:P_1N_1$

$=TN_2:TN_1$,

进而可得 $N_1N_2:HN_1=N_1N_2:TN_2$,

$\therefore TN_2=HN_1$,

以及 $TN_1=HN_2$。 ……(B)

若 P 是可变点及 PN 是纵坐标,[①]我们现在有三种情形:

$TN<TN_1$(或HN_2), ……(1)

TN_2(或HN_1)$>TN>TN_1$(或HN_2), ……(2)

$TN>TN_2$(或HN_1)。 ……(3)

于是,我们有

$$N_2N:TN\begin{cases}>N_2N:HN_2, & \cdots\cdots(1)\\ <N_2N:HN_2, & \cdots\cdots(2)\\ <N_2N:HN_2, & \cdots\cdots(3)\end{cases}$$

以及我们相应地推导出

$$TN_2:TN\begin{cases}>HN:HN_2, & \cdots\cdots(1)\\ <HN:HN_2, & \cdots\cdots(2)\\ >HN:HN_2。 & \cdots\cdots(3)\end{cases}$$

若 NP 与 P_1P_2 相交于 F,由相似三角形的性质我们有

$$P_2N_2:FN\begin{cases}>HN:HN_2, & \cdots\cdots(1)和(3)\\ <HN:HN_2。 & \cdots\cdots(2)\end{cases}$$

但在(1)和(3)中,$FN>PN$,而在(2)中,$FN<PN$。

因此更有,在所有情况下,

$$P_2N_2:PN\begin{cases}>HN:HN_2, & \cdots\cdots(1)和(3)\\ <HN:HN_2。 & \cdots\cdots(2)\end{cases}$$

① 我们将会看到,在图中用同样的字母记三组 P,N,K,F 点。这样做是为了展示三个不同的案例;且只需记住,根据证明过程中的指示,每次都把注意力集中于其中一组即可。

于是 $P_2N_2 \cdot N_2H\begin{cases} > PN \cdot NH, \cdots\cdots\cdots\cdots(1)\text{和}(3) \\ < PN \cdot NH, \cdots\cdots\cdots\cdots(2) \end{cases}$

则由(A)式可得 $HM \cdot MO\begin{cases} > PN \cdot HN, \cdots\cdots\cdots\cdots(1)\text{和}(3) \\ < PN \cdot HN, \cdots\cdots\cdots\cdots(2) \end{cases}$

因此 $MO : PN\begin{cases} > NH : HM, \cdots\cdots\cdots\cdots(1)\text{和}(3) \\ < NH : HM。 \cdots\cdots\cdots\cdots(2) \end{cases}$

又 $MO : PN = MK : NK,$

则 $MK : NK\begin{cases} > NH : HM, \cdots\cdots\cdots\cdots(1)\text{和}(3) \\ < NH : HM。 \cdots\cdots\cdots\cdots(2) \end{cases}$

据此，我们得到 $MN : NK\begin{cases} > MN : HM, \cdots\cdots\cdots\cdots(1)\text{和}(3) \\ < MN : HM, \cdots\cdots\cdots\cdots(2) \end{cases}$

故 $HM(\text{或者 } N_2G_2)\begin{cases} > NK, \text{在(1)和(3)中}, \\ < NK, \text{在(2)中}。 \end{cases}$

于是命题得证。

Ⅱ．设圆锥曲线是双曲线或椭圆①

设在 P_1P_2 的法线相交于 O，并作 OM 垂直于轴。在 CM 上取 H(对双曲线 H 在 CM 内部，对椭圆 H 在 CM 外部)，使得

$$CH : HM = AA' : p_a[\text{或 } CA^2 : CB^2],$$

并设在 OM 上类似地取点 L。作 HVR 平行于 OM，作 LVE，ORF 平行于 CM。

假定延长 P_2P_1 与 EL 相交于 T，并设 P_1N_1，P_2N_2 分别与 EL 交于 U_1，U_2。

在曲线上取任意其他点 P。连接 OP 与两轴分别相交于 K，k，并设 PN 与 P_1P_2 相交于 Q，与 EL 相交于 U。

现在 $CN_2 : N_2G_2 = AA' : p_a = CH : HM$。

因此，对双曲线用合比定理和对椭圆用分比定理，

$$\begin{aligned} CM : CH &= CG_2 : CN_2 \\ &= (CG_2 - CM) : (CN_2 - CH) \\ &= MG_2 : HN_2 \\ &= MG_2 : VU_2。 \cdots\cdots\cdots\cdots (A) \end{aligned}$$

① 参考前面抛物线的图形，并根据文意，我们在本组的椭圆和双曲线图形中也添加了两组 P，Q，N，U 的标记。——译者注

然后

$$FE : EC = AA' : p_a = CN_2 : N_2G_2,$$

故

$$FC : CE = CG_2 : N_2G_2,$$

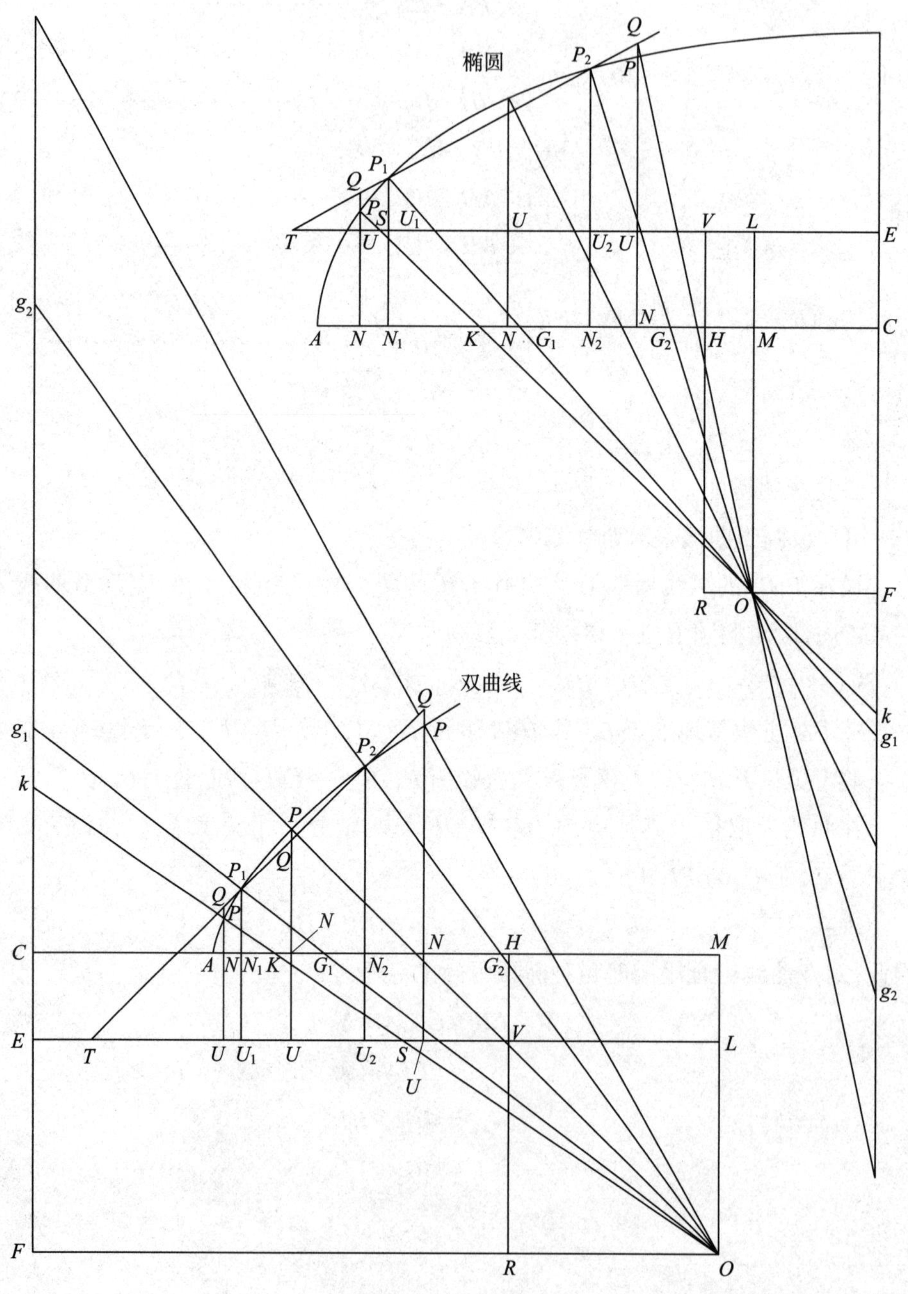

又 $CE=N_2U_2$,

于是 $FC:CE=FC:N_2U_2$

$=CG_2:N_2G_2$

$=Cg_2:P_2N_2$(由相似三角形的性质)

$=(FC\pm Cg_2):(N_2U_2\pm P_2N_2)$

$=Fg_2:P_2U_2$。 ………………………… (B)

再者

$(FC\cdot CM):(EC\cdot CH)=(FC:CE)\cdot(CM:CH)$

$=(Fg_2:P_2U_2)\cdot(MG_2:VU_2)$,由(A)和(B)式,

以及 $FC\cdot CM=Fg_2\cdot MG_2$,

$\because Fg_2:CM=FC:MG_2$,

$\therefore EC\cdot CH=P_2U_2\cdot U_2V$,

又 $CH=EV$,

$\therefore CE\cdot EV=P_2U_2\cdot U_2V$,

$=P_1U_1\cdot U_1V$, 以相似的方式。

$\therefore U_1V:U_2V=P_2U_2:P_1U_1$,

$=TU_2:TU_1$, 由相似三角形的性质,

据此 $U_1U_2:U_1V=U_1U_2:TU_2$;

$\therefore TU_2=U_1V,\ TU_1=U_2V$。 ………………………… (C)

现在假定(1) $AN<AN_1$;

则 $U_2V>TU$, 由(C)式。

$\therefore UU_2:TU>UU_2:U_2V$;

因此 $TU_2:TU>UV:U_2V$;

$\therefore P_2U_2:QU>UV:U_2V$, 由相似三角形的性质。

进而 $P_2U_2\cdot U_2V>QU\cdot UV$,

以及更有 $P_2U_2\cdot U_2V>PU\cdot UV$。

但是 $P_2U_2\cdot U_2V=CE\cdot EV$, 由以上,

$=LO\cdot OR$,因为 $CE:LO=OR:EV$;

$\therefore LO\cdot OR>PU\cdot UV$。

假定(2) $AN_2>AN>AN_1$,

于是 $TU_1<UV$;

$$\therefore U_1U : TU_1 > U_1U : UV,$$

据此 $TU : TU_1 > U_1V : UV;$

$\therefore QU : P_1U_1 > U_1V : UV$,由相似三角形的性质。

进而 $PU \cdot UV > P_1U_1 \cdot U_1V = LO \cdot OR$。

最后(3)设 $AN > AN_2$。

于是 $TU_1 > UV;$

$$\therefore U_1U : TU_1 < U_1U : UV,$$

据此 $TU : TU_1 < U_1V : UV,$

或者 $QU : P_1U_1 < U_1V : UV;$

$$\therefore P_1U_1 \cdot U_1V > QU \cdot UV,$$

且更有 $P_1U_1 \cdot U_1V > PU \cdot UV;$

$$\therefore LO \cdot OR > PU \cdot UV,$$

如同以上(1)。

于是,对案例(1)和(3)我们有

$$LO \cdot OR > PU \cdot UV,$$

而对(2),则 $LO \cdot OR < PU \cdot UV$。

也就是,假定上半符号适用于(1)和(3),下半符号适用于(2)[①],我们就有

$$LO : PU \gtreqless UV : OR,$$

即 $LS : US \gtreqless UV : LV;$

$$\therefore LU : US \gtreqless LU : LV,$$

即 $LV \gtreqless US$。

由此可知

$FO : LV \lesseqgtr FO : SU$(或者 $Fk : PU$),

或者 $CM : MH \lesseqgtr Fk : PU,$

$$\begin{aligned}\therefore FC : CE &\lesseqgtr Fk : PU\\ &\lesseqgtr (Fk \mp FC) : (PU \mp CE)\\ &\lesseqgtr Ck : PN\\ &\lesseqgtr CK : NK。\end{aligned}$$

因此,由合比例或分比例,

① 在下列诸式中,作者用$\gtreqless$符号来表示这两种情况。——译者注

$$FE : EC \leqslant CN : NK,$$

或者 $$CN : NK \geqslant FE : EC,$$

即 $$CN : NK \geqslant AA' : p_a,$$

又 $$CN : NG = AA' : p_a;$$

$$\therefore NK \leqslant NG。$$

也就是,当 P 不在 P_1 与 P_2 之间时,$NK<NG$,但当 P 在 P_1 与 P_2 之间时,$NK>NG$,据此命题得证。

推论 1 *在四分之一椭圆的特殊情况,其中 P_2 与 B 重合,即 O 与 g_1 重合,可知除了 P_1g_1,Bg_1 以外,不可能通过 g_1 对该四分之一椭圆作其他法线,且若 P 是 A 与 P_1 之间的一点,而 P_1g_1 与轴相交于 K,则 $NG>NK$。*

但若 P 在 P_1 与 B 之间,则 $NG<NK$。

[阿波罗尼奥斯由命题 95(3) 的性质对之单独给出了证明。]

推论 2 *在四分之一椭圆中各点的三条法线不能相交于一点。*

这由上述命题即知。

推论 3 *在以长轴为界的半椭圆中各点的四条法线不能相交于一点。*

因为,若四条这样的法线切割长轴并交于一点,椭圆中心必定(1)把一条法线与其余三条分开,或(2)把两条法线与另外两条分开,或(3)在其中一条之上。

上述情形(1)和(3)与前一命题相左,情形(2)与命题 95(3) 相左,它要求有两个交点,短轴两边各有一个。因此,假设不成立。

命题 98

[V. 49,50]

在任意圆锥曲线中,若 M 是轴上任意点,使得 AM 不大于正焦弦之半,且若 O 是通过 M 的轴的垂线上的任意点,则由 O 与相反的轴的那一侧曲线上的任意点 P 作直线,它与轴相交于 A 与 M 之间,则该直线不可能是法线。

向曲线作 OP 与轴相交于 K，并设 PN 是在 P 的纵坐标。[①]

在抛物线中，因为 $AM \ngtr \frac{p_a}{2}$，我们有

$$NM < \frac{p_a}{2}, \text{即 } NM < NG。$$

因此，更有 $$NK < NG。$$

对于双曲线和椭圆，$AA' : p_a$ 不大于 $CA : AM$，

且 $$CN : NM > CA : AM;$$

$$\therefore CN : NM > AA' : p_a,$$

即 $$CN : NM > CN : NG;$$

$$\therefore NM < NG,$$

进而 $$NK < NG。$$

因此，OP 不是一条法线。

① 参看命题 97 的图。另，对抛物线的图在第 279 页，对椭圆和抛物线的图在第 282 页。——译者注

导致立即确定渐屈线的命题

命题 99

[V. 51,52]

若沿一根轴度量 AM 大于 $\frac{p_a}{2}$(但在椭圆的情形小于 AC),且若作 MO 与轴垂直,则可以指定某个长度[y]使得

(a) 若 $OM > y$,不可能通过 O 作一条切割轴的法线;但若 OP 是向曲线所作切割轴于 K 的任意直线,则 $NK<NG$,这里 PN 是纵坐标及 PG 是在 P 的法线;[①]

(b) 若 $OM=y$,通过 O 只可能作一条法线;且若 OP 是向曲线所作切割轴于 K 的任意直线,则与前面相同,$NK < NG$;

(c) 若 $OM < y$,通过 O 可以作两条切割轴的法线;且若 OP 是向曲线所作的任意其他直线,则取决于 OP 不在或在两条法线之间,相应地 NK 小于或大于 NG。

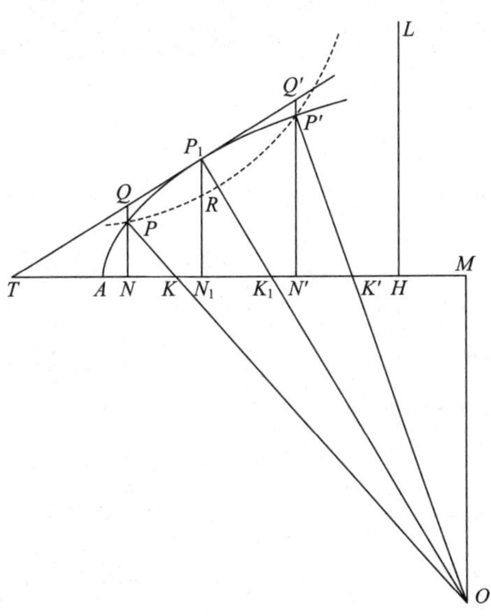

① 这里的 N 是 P 向 AM 所作垂线的底脚,G 是在 P 的法线与 AM 的交点,K 在 G 的右方,法线及交点 G 在原图中均未给出。——译者注

Ⅰ. 假定圆锥曲线是抛物线。

朝向顶点度量 MH 等于$\frac{p_a}{2}$,并分 AH 于 N_1,使得 $HN_1=2N_1A$。

取长度 y,使得

$$y : P_1N_1 = N_1H : HM,$$

其中 P_1N_1 是通过 N_1 的纵坐标。

(a) 假定 $OM > y$。

连接 OP_1 与轴相交于 K_1。

于是 $$y : P_1N_1 = N_1H : HM;$$

$$\therefore OM : P_1N_1 > N_1H : HM,$$

或者 $$MK_1 : K_1N_1 > N_1H : HM;$$

因此 $$MN_1 : N_1K_1 > MN_1 : HM,$$

故 $$N_1K_1 < HM,$$

即 $$N_1K_1 < \frac{p_a}{2}。$$

因此,OP_1 不是一条法线,且 $N_1K_1 < N_1G_1$。

其次设 P 是任意其他点。连接 OP 与轴相交于 K,并设纵坐标 PN 与在 P_1 的切线相交于 Q。

于是,若 $AN < AN_1$,我们有,

因为 $$N_1T = 2AN_1 = N_1H$$

$$N_1H > NT;$$

$$\therefore N_1N : NT > N_1N : HN_1;$$

于是 $$TN_1 : TN > HN : HN_1,$$

或者 $$P_1N_1 : QN > HN : HN_1,$$

以及更有

$$P_1N_1 : PN > HN : HN_1,$$

或者 $$P_1N_1 \cdot N_1H > PN \cdot NH。$$

若 $$AN > AN_1,$$

$$N_1T > NH;$$

$$\therefore N_1N : NH > N_1N : N_1T,$$

据此

$$HN_1 : HN > TN : TN_1$$

$$= QN : P_1N_1,$$

更有

$$HN_1 : HN > PN : P_1N_1,$$

$$\therefore P_1N_1 \cdot N_1H > PN \cdot NH。$$

但是 $$OM \cdot MH > P_1N_1 \cdot N_1H,\text{由假设};$$

$$\therefore OM \cdot MH > PN \cdot NH$$

或者 $$OM : PN > NH : HM,$$

亦即 $MK:KN>NH:HM$,由相似三角形的性质。

因此,由合比例, $MN:NK>MN:HM$,

据此 $$NK<HM=\frac{p_a}{2}。$$

因此,OP 不是法线,且 $NK<NG$。

(b) 假定 $OM=y$,且我们在这种情况下有

$$MN_1:N_1K_1=MN_1:HM,$$

或者 $$N_1K_1=HM=\frac{p_a}{2}=N_1G_1,$$

且 P_1O 是法线。

若 P 是任何其他点,与前一样我们有

$$P_1N_1\cdot N_1H>PN\cdot NH,$$

以及 $P_1N_1\cdot N_1H$ 在这种情况下等于 $OM\cdot MH$。

因此 $$OM\cdot MH>PN\cdot NH,$$

以及与前一样可知 OP 不是法线,且 $NK<NG$。

(c) 最后,若 $OM<y$,

$$OM:P_1N_1<N_1H:HM,$$

或者 $$OM\cdot MH<P_1N_1\cdot N_1H。$$

设沿着 N_1P_1 度量 N_1R,使得

$$OM\cdot MH=RN_1\cdot N_1H。$$

于是 R 在曲线之内。

设作 HL 垂直于轴,并以 AH,HL 为渐近线作双曲线通过 R。这条双曲线将因此切割抛物线于两点,例如 P,P'。

现在,由双曲线的性质,

$$PN\cdot NH=RN_1\cdot N_1H$$

$$=OM\cdot MH,\text{由以上};$$

$$\therefore OM:PN=NH:HM,$$

或者 $$MK:KN=NH:HM,$$

以及由合比例, $$MN:NK=MN:HM,$$

$$\therefore NK=HM=\frac{p_a}{2}=NG,$$

且 PO 是法线。

类似地,$P'O$ 是法线。

于是我们有两条法线相交于 O,而由命题 97 可得本命题的其余部分。

[很清楚,在其中 $OM=y$ 的第二种情形,O 是两条相继法线的交点,即点 P_1 的曲率中心。

若然后 x,y 是 O 的坐标,故 $AM=x$,且若 $4a=p_a$,则

$$HM=2a,$$

$$N_1H=\frac{2}{3}(x-2a),$$

$$AN_1=\frac{1}{3}(x-2a)。$$

并且 $$y^2:P_1N_1^2=N_1H^2:HM^2,$$

或者 $$y^2:(4a\cdot AN_1)=N_1H^2:4a^2;$$

$$\therefore ay^2=AN_1\cdot N_1H^2$$

$$=\frac{4}{27}(x-2a)^3,$$

即 $$27ay^2=4(x-2a)^3,$$

这是抛物线的**渐屈线**的笛卡儿方程。]

Ⅱ. 设曲线是**双曲线**或**椭圆**。

我们有 $AM>\frac{p_a}{2}$,故 $CA:AM<AA':p_a$。

因此,若在 AM 上取 H 使得 $CH:HM=AA':p_a$,H 将落入 A 与 M 之间。

在 CA 与 CH 之间取两个比例中项 CN_1,CI,①并设 P_1N_1 是通过 N_1 的纵坐标。

对双曲线,在 OM 上取一点 L,或对椭圆,在 OM 的延长线上取一点 L,使得 $OL:LM=AA':p_a$。作 LVE,OR 皆与轴平行,以及作 CE,HVR 皆与另一轴垂直。设在 P_1 的切线与轴相交于 T 及与 EL 相交于 W,并设 P_1N_1 与 EL 相交于 U_1。连接 OP_1,与轴相交于 K_1。

---

① 阿波罗尼奥斯求两个比例中项的方法见引言。

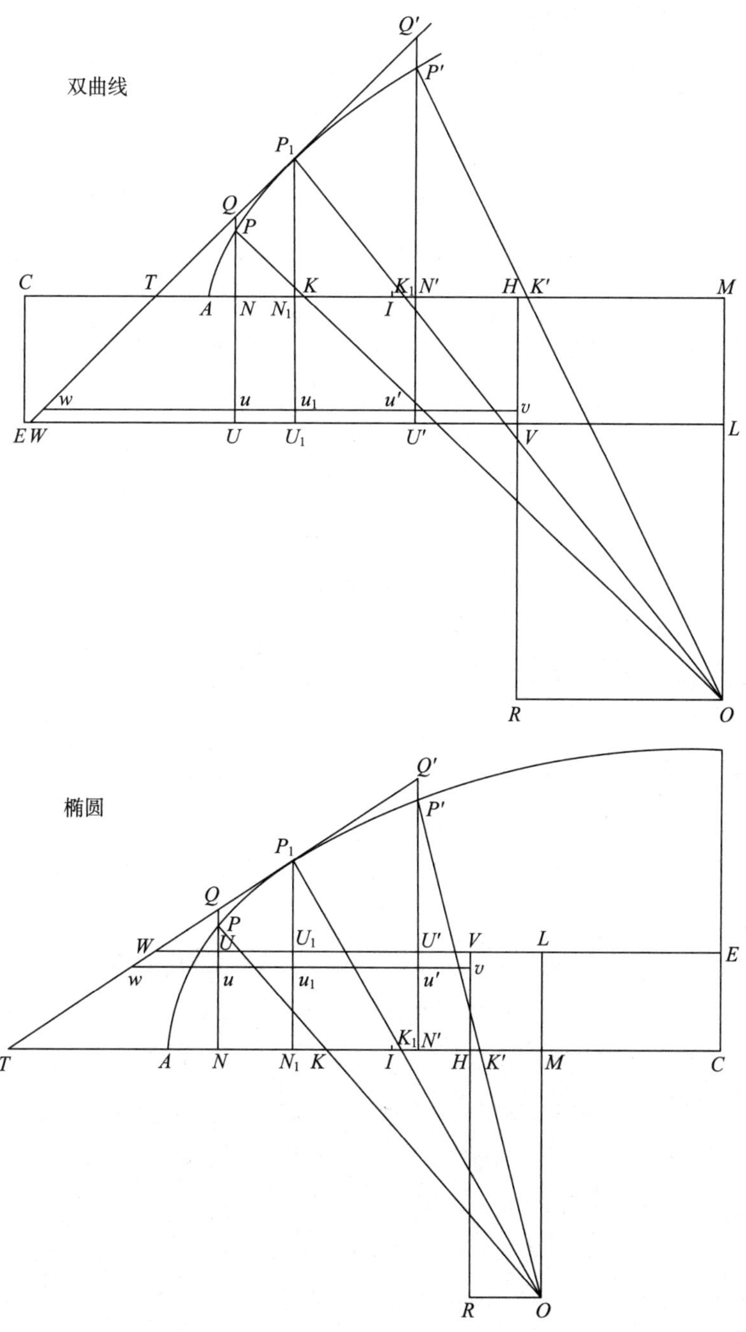
双曲线
Q'
P'
P₁
Q
P
C
T
K
K₁
N'
H
K'
M
A
N
N₁
I
w
u
u₁
u'
v
E W
U
U₁
U'
V
L
R
O
椭圆
Q'
P'
P₁
Q
P
W
U
U₁
U'
V
L
E
w
u
u₁
u'
v
K₁
N'
T
A
N
N₁
K
I
H
K'
M
C
R
O

设 y 是这样的长度,它使得

$$y : P_1N_1 = (CM : MH) \cdot (HN_1 : N_1C)。$$

(a)首先假定 $OM>y$;

$$\therefore OM : P_1N_1 > y : P_1N_1。$$

但是

$$OM : P_1N_1 = (OM : ML) \cdot (ML : P_1N_1) = (OM : ML) \cdot (N_1U_1 : P_1N_1),$$

以及

$$y : P_1N_1 = (CM : MH) \cdot (HN_1 : N_1C) = (OM : ML) \cdot (HN_1 : N_1C);$$

$$\therefore N_1U_1 : P_1N_1 > HN_1 : N_1C, \quad \cdots\cdots\cdots\cdots (1)$$

或者

$$P_1N_1 \cdot N_1H < CN_1 \cdot N_1U_1。$$

加上或减去矩形 $U_1N_1 \cdot N_1H$,我们有

$$P_1U_1 \cdot U_1V < CH \cdot HV$$

$$\because CH : HM = OL : LM$$

$$\therefore P_1U_1 \cdot U_1V < LO \cdot OR。$$

但对于在 P_1 的法线,我们必定有[由命题 97 的证明]

$$P_1U_1 \cdot U_1V = LO \cdot OR。$$

因此,P_1O 不是一条法线,且[如同在命题 97 中证明的]

$$N_1K_1 < N_1G_1。$$

其次,设 P 是 P_1 以外的任意其他点,并设 U,N,K 与 P 的关系与 U_1,N_1,K_1 与 P_1 的关系相同。

并且因为 $U_1N_1 : N_1P_1 > HN_1 : N_1C$,由以上(1)式,设在 U_1N_1 上取 u_1,使得

$$u_1N_1 : N_1P_1 = HN_1 : N_1C, \quad \cdots\cdots\cdots\cdots (2)$$

并作 wuu_1v 平行于 WUU_1V。

现在,$CN_1 \cdot CT = CA^2$,故 $CN_1 : CA = CA : CT$;

$$\therefore CT \text{ 是对 } CN_1, CA \text{ 的第三比例项。}$$

但 CN_1 是对 CH,CI 的第三比例项,

且

$$CN_1 : CA = CI : CN_1 = CH : CI;$$

$$\begin{aligned}\therefore CH : CN_1 &= CN_1 : CT \\ &= (CH \sim CN_1) : (CN_1 \sim CT) \\ &= HN_1 : N_1T。\end{aligned}$$

因为 $u_1N_1 : N_1P_1 = HN_1 : N_1C$,由以上(2)式;

$$\therefore CH : CN_1 = P_1u_1 : P_1N_1$$

$$\therefore HN_1 : N_1T = P_1u_1 : P_1N_1$$
$$= u_1w : N_1T;$$
$$u_1w = HN_1 = u_1v。$$

于是，若 $AN < AN_1$，则

$$wu < u_1v,$$

以及 $u_1u : uw > u_1u : u_1v,$

据此 $u_1w : uw > uv : u_1v$

$$\therefore P_1u_1 : Qu > uv : u_1v$$

(其中 PN 与 P_1T 相交于 Q)

于是 $P_1u_1 \cdot u_1v > Qu \cdot uv,$

更有 $P_1u_1 \cdot u_1v > Pu \cdot uv,$

但因为

$$HN_1 : N_1C = u_1N_1 : P_1N_1,$$

即 $P_1N_1 \cdot N_1H = CN_1 \cdot N_1u_1,$

以及，加上或减去矩形 $u_1N_1 \cdot N_1H,$

$$P_1u_1 \cdot u_1v = CH \cdot Hv;$$
$$\therefore CH \cdot Hv > Pu \cdot uv,$$

以及，加上或减去矩形 $uU \cdot UV$，则对双曲线，

$$PU \cdot UV < CH \cdot Hv + uU \cdot UV,$$

或者对椭圆，

$$PU \cdot UV < CH \cdot Hv - uU \cdot UV,$$

$\therefore$ 在两种情况下都更有

$$PU \cdot UV < CH \cdot HV,$$

或 $PU \cdot UV < LO \cdot OR$。

若 $AN > AN_1$，则

$$wu_1 > uv;$$
$$\therefore uu_1 : uv > uu_1 : wu_1,$$

据此

$$vu_1 : vu > wu : wu_1 = Qu : P_1u_1;$$

于是 $P_1u_1 \cdot u_1v > Qu \cdot uv$，更有

$$P_1u_1 \cdot u_1v > Pu \cdot uv,$$

下面的证明与第一栏中的一样，导致同样的结果

$$PU \cdot UV < LO \cdot OR。$$

因此，如同命题 97 的证明，PO 不是法线，但 $NK < NG$。

(b) 其次，假定 $OM = y$，使得 $OM : P_1N_1 = y : P_1N_1$，在这种情况下我们得到

$$U_1N_1 : N_1P_1 = HN_1 : N_1C;$$
$$\therefore CN_1 \cdot N_1U_1 = P_1N_1 \cdot N_1H。$$

加上或减去矩形 $U_1N_1 \cdot N_1H$,我们有

$$P_1U_1 \cdot U_1V = CH \cdot HV = LO \cdot OR,$$

而这[命题 97]是在 P_1 的法线的性质。

因此,可以由 O 作一条法线。

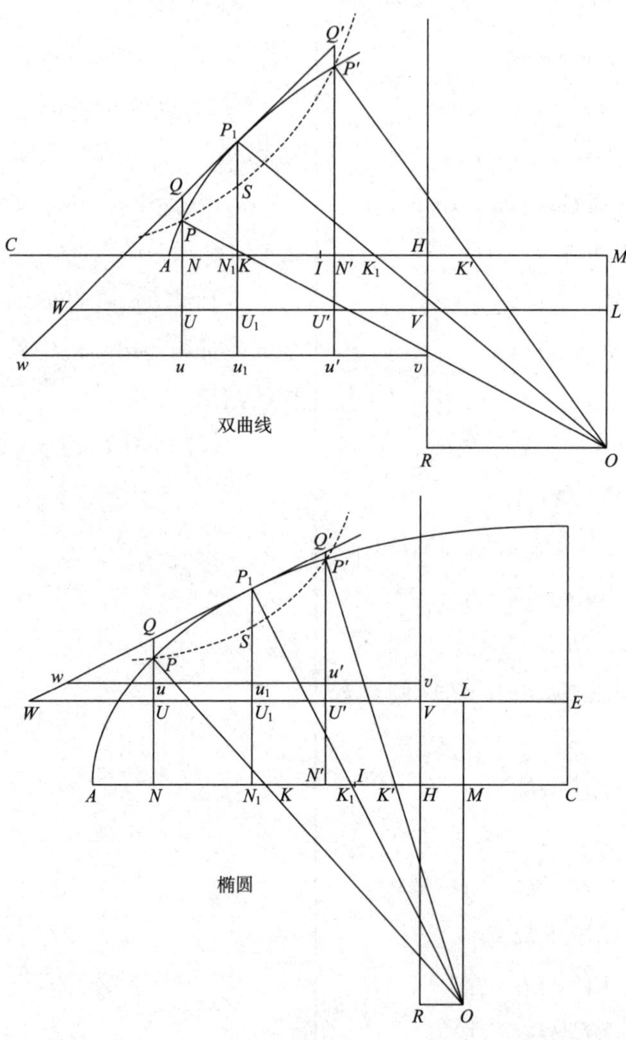

双曲线

椭圆

若 P 是曲线上任意其他点,可以与前一样地证明 $U_1W = U_1V$,因为在这种情况下,直线 WV,wv 重合;并且

$$UU_1 : UW > UU_1 : U_1V, \text{当 } UW < U_1V,$$

以及

$$UU_1 : UV > UU_1 : U_1W, \text{当} U_1W > UV,$$

据此，与前面完全一样，我们导出

$$P_1U_1 \cdot U_1V > QU \cdot UV$$
$$> PU \cdot UV(\text{更有}),$$

且因此，$PU \cdot UV < LO \cdot OR$。

因此，PO 不是一条法线，且 $NK < NG$。

(c) 最后，若 $OM < y$，在这种情况下我们有

$$N_1U_1 : P_1N_1 < HN_1 : N_1C,$$

以及我们将导出

$$LO \cdot OR < P_1U_1 \cdot U_1V。$$

设在 P_1N_1 上取 S 使得 $LO \cdot OR = SU_1 \cdot U_1V$，以及通过 S 作一条双曲线，其渐近线为 VW 和 VH 的延长线。这条双曲线因此将与圆锥曲线相交于两点 P, P'，且由双曲线的性质

$$PU \cdot UV = P'U' \cdot U'V = SU_1 \cdot U_1V = LO \cdot OR,$$

故 $PO, P'O$ 都是法线。

本命题的其余部分由命题 97 立即可以得到。

[很清楚，在案例(b)中，O 是两条相继法线的交点，或即是在 P 的曲率圆的中心。

为了找到**渐屈线**的笛卡儿方程，我们有

$$\left.\begin{aligned} x &= CM, \\ \frac{CH}{CM} &= \frac{a^2}{b^2}, \text{或} \frac{CH}{x \sim CH} = \frac{a^2}{b^2}。\end{aligned}\right\} \quad \cdots\cdots (1)$$

并且 $$\frac{y}{P_1N_1} = \frac{CM}{MH} \cdot \frac{HN_1}{N_1C}, \quad \cdots\cdots (2)$$

以及 $$\frac{CN_1^2}{a^2} \mp \frac{P_1N_1^2}{b^2} = 1, \quad \cdots\cdots (3)$$

其中符号"−"适用于双曲线。

以及， $$a : CN_1 = CN_1 : CI = CI : CH。\quad \cdots\cdots (4)$$

由(4)式 $$CN_1^2 = a \cdot CI,$$

以及 $$CN_1 = \frac{a \cdot CH}{CI};$$

$$\therefore \ CN_1^3 = a^2 \cdot CH。\quad \cdots\cdots (5)$$

现在，由(2)式

$$\frac{y}{P_1N_1}=\frac{CM}{MH}\cdot\frac{HN_1}{N_1C}$$

$$=\frac{a^2\pm b^2}{b^2}\cdot\frac{CH\sim CN_1}{N_1C}\text{，借助(1)式，}$$

$$=\frac{a^2\pm b^2}{b^2}\cdot\frac{CN_1^2\sim a^2}{a^2}\text{，由(5)式，}$$

$$=\frac{a^2\pm b^2}{b^2}\cdot\frac{P_1N_1^2}{b^2}\text{，由(3)式。}$$

于是 $$P_1N_1^3=\frac{b^4y}{a^2\pm b^2},$$

据此 $$P_1N_1^2=b^2\cdot\left(\frac{by}{a^2\pm b^2}\right)^{\frac{2}{3}}\text{。}\quad\cdots\cdots(6)$$

但由(1)式， $$CH=\frac{a^2x}{a^2\pm b^2}\text{。}$$

因此由(5)式， $$CN_1^3=\frac{a^4x}{a^2\pm b^2},$$

据此 $$CN_1^2=a^2\cdot\left(\frac{ax}{a^2\pm b^2}\right)^{\frac{2}{3}}\text{。}\quad\cdots\cdots(7)$$

于是，由(6)和(7)式，并借助(3)式，可得

$$\left(\frac{ax}{a^2\pm b^2}\right)^{\frac{2}{3}}\mp\left(\frac{by}{a^2\pm b^2}\right)^{\frac{2}{3}}=1,$$

或者 $$(ax)^{\frac{2}{3}}\mp(by)^{\frac{2}{3}}=(a^2\pm b^2)^{\frac{2}{3}}\text{。]}$$

命题 100

[V. 53,54]

若 O 是椭圆短轴上一点，则

(a) 若 $OB:BC\geqslant AA':p_a$，且 P 是四分之一椭圆 BA，BA' 之一中除开点 B 以外的任意点，又若 OP 与长轴相交于 K，则

PO 不可能是法线，但 $NK<NG$，

其中 PO' 是过 P 点的法线，与长轴交于 G，与 BO 交于 O'；

(b) **若 $OB : BC < AA' : p_a$，则除 OB 之外只能对两个四分之一椭圆的任一个作一条法线 OP，且若 P' 是任意其他点，则 $N'K'$ 小于或大于 $N'G'$，取决于与 P 相比，P' 更靠近或更远离短轴。**①

[这个命题可以作为上一个命题的特例立即得到，但阿波罗尼奥斯单独地给出了证明。]

(a) 我们有 $$OB : BC < On : nC;$$

$$\therefore On : nC, \text{或} \ CN : NK > AA' : p_a,$$

据此 $$CN : NK > CN : NG,$$

以及 $$NK < NG。$$

(b)兹假定

$$O'B : BC < AA' : p_a。$$

在 $O'B$ 上取一点 n 使得

$$O'n : nC = AA' : p_a。$$

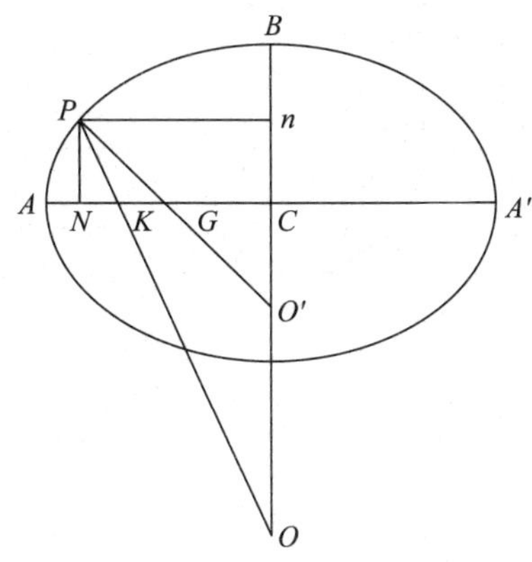

因此 $$CN : NK_1 = AA' : p_a,$$

其中 N 是 P 的纵坐标的底脚，在 P 点作 nP 平行于长轴且与椭圆相交，而 K_1 是 $O'P$ 与长轴相交的点；

$$\therefore NK_1 = NG, \text{且} \ PO' \text{是法线。}$$

于是，PO'，BO' 是通过 O' 的两条法线，而命题的剩余部分由命题 97 即可以得出。

---

① 本命题(a)中出现的 G，指过 P 点的法线 PO' 与长轴的交点；(b)中提到的另一点 P' 及相应的 N'，K'，G' 在图中未画出，需要读者进一步想象。——译者注

法线的构建

命题 101

[Ⅳ. 55,56,57]

若 O 是椭圆的轴 AA' 下方的任意点,且 $AM>AC$(这里 M 是由 O 至轴的垂线的底脚),则总可以通过 O 作一条法线,在 A 与 C 之间与轴切割,但这样的法线决不会多于一条。

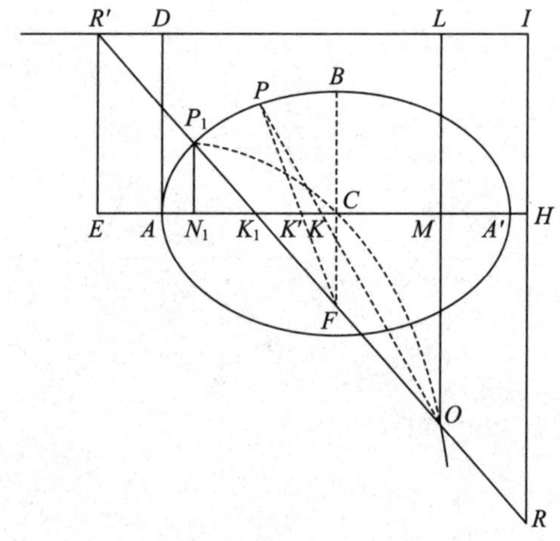

延长 OM 至 L 及延长 CM 至 H 使得

$$OL:LM=CH:HM=AA':p_a,$$

并作 LI,IH 分别平行于轴和垂直于轴。然后以 IL,IH 为渐近线作[等轴]双曲线通过 O。这将交椭圆于某一点 P_1。因为,作在 A 的切线 AD 交 IL 的延长线于 D,我们有

$$\begin{aligned} AH:HM &> CH:HM \\ &=AA':p_a \\ &=OL:LM; \end{aligned}$$

$$\therefore AH\cdot LM>OL\cdot HM,$$

或

$$AD\cdot DI>OL\cdot LI。$$

于是,由双曲线的性质,该双曲线必定在 A 与 D 之间与 AD 相交,且因此必定与椭圆相交于某一点 P_1。

双向延长 OP_1,交渐近线于 R,R',并作 $R'E$ 垂直于轴。

因此 $OR=P_1R'$,并导致 $EN_1=MH$。

现在 $$AA':p_a=OL:LM$$
$$=ME:EK_1,$$由于相似三角形的性质。

并且 $$AA':p_a=CH:HM;$$
$$\therefore AA':p_a=(ME-CH):(EK_1-MH)$$
$$=CN_1:N_1K_1,$$

因为 $$EN_1=MH。$$

因此,$N_1K_1=N_1G_1$,且 P_1O 是法线。

设 P 是任意其他点,使得 OP 交 AC 于 K,PN 是 P 的纵坐标。

延长 BC 与 OP_1 相交于 F,并连接 FP,与轴相交于 K'。

于是,因为[在 P_1,B]的两条法线相交于 F,FP 不是一条法线,但 $NK'>NG$。因此更有 $NK>NG$。以及,若 P 在 A 与 P_1 之间,$NK<NG$。[命题97,推论1]

命题 102

[Ⅳ. 58,59,60,61]

若 O 是一条圆锥曲线外的任意点,但不在端点为 A 的轴上,则我们可以通过 O 对曲线作一条法线。

对抛物线,我们只需在曲线之外,轴的延长线方向度量 MH 的长度等于$\frac{p_a}{2}$,其中 OM 是 O 的纵坐标;并在 O 的相同侧作 HR 垂直于轴,且以 HR,HA 为渐近线,通过 O 作一条[等轴]双曲线。这将与曲线相交于点 P,且若连接 OP 并延长,其与轴相交于 K,并与 HR 相交于 R,则我们立即有 $HM=NK$。

因此 $$NK=\frac{p_a}{2},$$

且 PK 是一条法线。

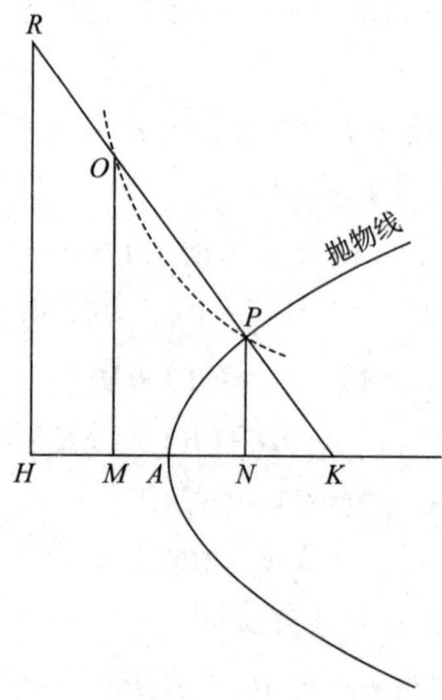

对双曲线或椭圆,在 CM 或 CM 的延长线上取 H,并在 OM 或 OM 的延长线上取 L,使得

$$CH : HM = OL : LM = AA' : p_a。$$

然后作 HIR 垂直于轴,以及通过 L 作 ILR' 平行于轴。

(1) 若 M 落在 C 朝向 A 的一侧,以 IR,IL 为渐近线并通过 O 作一条[等轴]双曲线切割曲线于 P。

(2) 若 M 落在双曲线中 C 的远离 A 的一侧,以 IH,IR' 为渐近线并通过中心 C 作一条[等轴]双曲线切割曲线于 P。

于是 OP 将是一条法线。

因为我们有(1)$MK : HN = MK : LR'$,

由于 $OR = PR'$,且因此 $IL = UR'$。

因此 $MK : HN = MO : OL$,由相似三角形的性质,

$$= MC : CH,$$

$$\because CH : HM = OL : LM。$$

于是也有 $MK : MC = NH : HC$。…………………………… (A)

在情形(2) $OL : LM = CH : HM$,

或 $OL \cdot LI = CH \cdot HI$,

[使得 O,C 在同一等轴双曲线的相对分支上]。

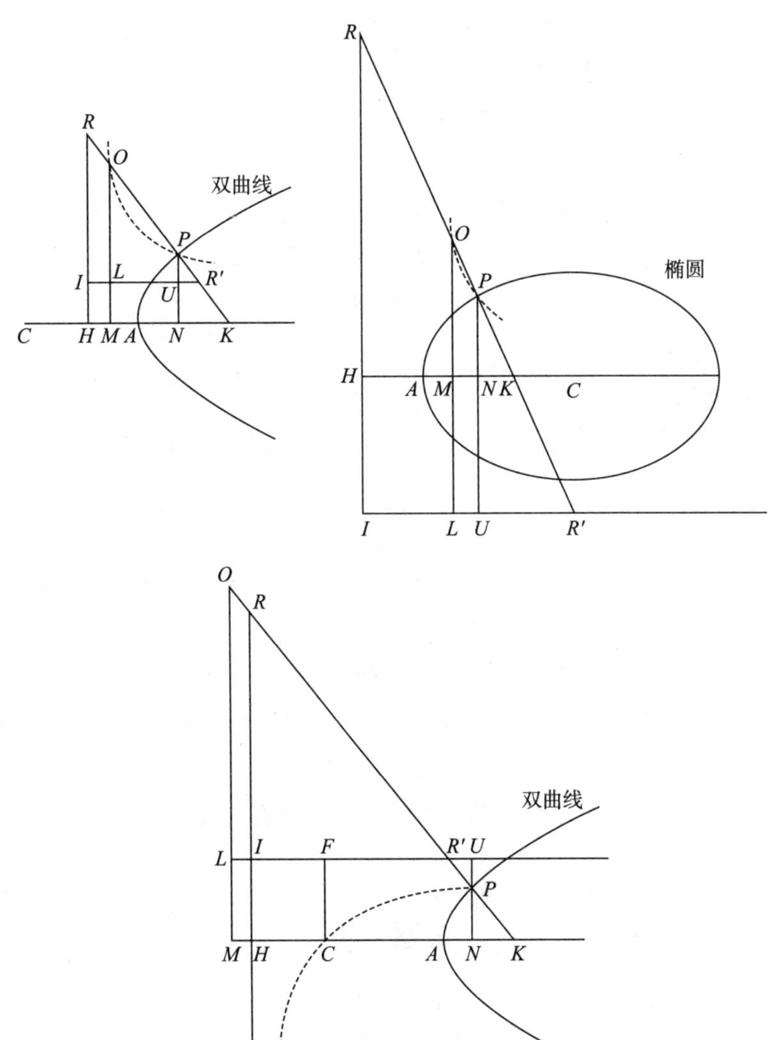

因此 $PU : OL = LI : IU$,

或者,由相似三角形的性质,

$$UR' : R'L = LI : IU,$$

据此 $R'L = IU = HN$;

$$\therefore MK : HN = MK : R'L$$
$$= MO : OL$$
$$= MC : CH,$$

即 $MK:MC=NH:HC$,如同以前的(A)式。

于是,在两种情况下我们都导出

$$CK:CM=CN:CH,$$

且因此也有

$$CN:CK=CH:CM,$$

以致

$$CN:NK=CH:HM$$
$$=AA':p_a;$$
$$\therefore NK=NG,$$

且 OP 是在 P 的法线。

(3)对双曲线,在 M 与 C 重合,或即 O 在虚轴上的特殊情况,我们只需要分 OC 于 L,使得

$$OL:LC=AA':p_a,$$

然后作 LP 平行于 AA',与双曲线相交于 P。于是 P 为通过 O 的法线的底脚,因为

$$AA':p_a=OL:LC$$
$$=OP:PK$$
$$=CN:NK,$$

以及

$$NK=NG。$$

[特殊情况是在构建中应用的双曲线简化为两条直线。]

命题 103

[V.62,63]

若 O 是一个内点,则我们可以通过 O 对圆锥曲线作一条法线。

构形和证明类同于前一命题,必要时予以修正。

对抛物线的情形是显然的;而对双曲线或椭圆

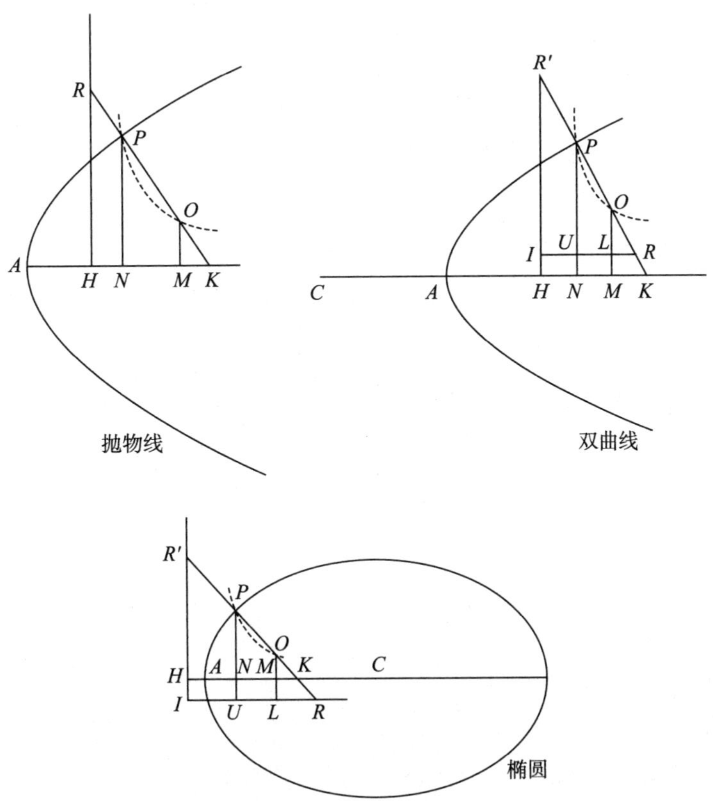

$$MK:HN=OM:OL$$

$$=CM:CH。$$

$$\therefore CM:CH=(CM\pm MK):(CH\pm HN)$$

$$=CK:CN;$$

$$\therefore NK:CN=HM:CH$$

$$=p_a:AA';$$

$$\therefore NK=NG,$$

且 PO 是一条法线。

有关极大与极小的其他命题

命题 104

[Ⅴ.64,65,66,67]

若 O 是任意圆锥曲线的轴下方的一点,它使得通过 O 或者不能作,或者只能作一条切割轴(对椭圆在 A 与 C 之间)的法线,则 OA 是切割轴的诸 OP 线中的最小者,且其中较靠近 OA 者小于较远者。

若 OM 垂直于轴,我们必定有

$$AM>\frac{p_a}{2},$$

且必定有 $OM\geqslant y$,这里

(a) 在抛物线的情形

$$y:P_1N_1=N_1H:HM;$$

(b) 在双曲线或椭圆的情形

$$y:P_1N_1=(CM:MH)\cdot(HN_1:N_1C),$$

其中的符号与命题 99 的相同。

在 $OM>y$ 的情形,我们在命题 99 中对所有三种曲线证明了,对由 O 向曲线所作切割轴于 K 的任意直线,有 $NK<NG$;

但在 $OM=y$ 的情形,对 A 与 P_1 之间的任意点 P,除开 P_1 本身外有 $NK<NG$,对 P_1 有 $N_1K_1=N_1G_1$。并且,对离 A 比 P_1 更远的任意点 P,$NK<NG$ 仍成立。

Ⅰ. 兹考虑对所有点 P 有 $NK<NG$ 的三种圆锥曲线中任一种的情形。

设 P 是 A 以外的任意点。作切线 AY,PT。于是角 OAY 是钝角。因此,在 A 对 AO 的垂线如 AL 落在曲线之内。再者,因为 $NK<NG$,且 PG 垂直于 PT,角 OPT 是锐角。

(1) 假定 $OP=OA$,检验是否可能。

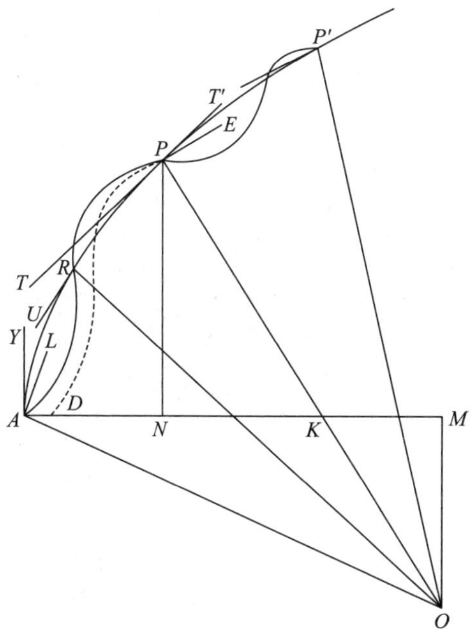

以 OP 为半径及 O 为中心作一个圆。因为角 OPT 是锐角,该圆将切割切线 PT,但 AL 将全部在其外。由此可知,该圆将切割圆锥曲线于某个中间点如 R。若 RU 是圆锥曲线在 R 的切线,则角 ORU 是锐角。因此,RU 必定与圆相交。但它全部落在其外:这是荒谬的。

因此,OP 不等于 OA。

(2) 假定 $OP < OA$,检验是否可能。

在这种情况下,以 O 为中心及以 OP 为半径所作的圆必定切割 AM 于某一点 D。于是,以与前相同的方式可以证明这是荒谬的。

因此,OP 既不等于 OA,又不小于 OA,则 $OA < OP$。

余下要证明的是,若 P' 是 P 以外的点,则 $OP < OP'$。

若延长切线 TP 至 T',则由于角 OPT 是锐角,角 OPT' 是钝角。因此,由 P 至 OP 的垂线,即 PE,落入曲线之中,且用于 A,P 的相同证明将适用于 P,P'。

因此 $OA < OP$,$OP < OP'$,等等。

Ⅱ. 若由 O 只能作一条法线 OP_1 切割轴,以上证明适用于 A 与 P_1 之间的所有点(除开 P_1 本身),且也适用于离 A 比 P_1 都更远的两点之间的比较。

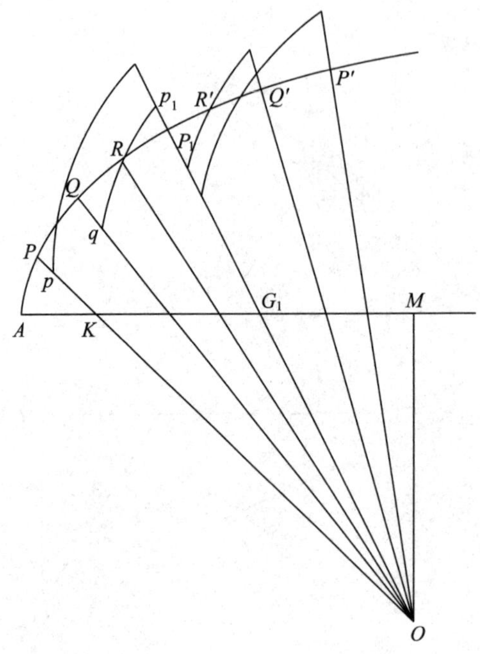

因此,余下要证明的只是

(a) $OP_1 > OP$(OA 与 OP_1 之间的任意直线),

(b) $OP_1 < OP'$(OP_1 以外的任意直线)。

(a) 首先假定 $OP = OP_1$,检验是否可能,并设 Q 是其间的任意点,使得在下续的证明中,$OQ > OP$。沿着 OQ 度量一个长度 Oq,使得 Oq 大于 OP_1 并小于 OQ。以 O 为中心及以 Oq 为半径作一个圆,与 OP_1 的延长线相交于 p_1。于是这个圆必定与圆锥曲线相交于一个中间点 R。

这样,由以上的证明,OQ 小于 OR,且因此小于 Oq:而这是荒谬的。

因此,OP 不等于 OP_1。

再者,假定 $OP > OP_1$,检验是否可能。然后,通过在 OP_1 上取长度 Op_1 大于 OP_1 并小于 OP,以同样的方式可以证明这是不可能的。

因此,因为 OP 既不能等于又不能大于 OP_1,故

$$OP < OP_1。$$

(b)若 OP' 不在 OA 与 OP_1 之间,但更靠近 OP_1,完全类似的一个证明将说明 $OP_1 < OP'$。

于是本命题得以完全确立。

命题 105(引理)

[V.68,69,70,71]

若在一条圆锥曲线的轴的同一侧的点 Q,Q'的两条切线相交于 T,且若 Q 比 Q'更靠近轴,则 $TQ<TQ'$。

本命题对抛物线、双曲线及 Q,Q'在同一个四分之一椭圆的情形立即可证:对抛物线而言,连接 QQ',作 TV 平行于轴,交 QQ'于 V。对双曲线而言,连接 CT,交 QQ'于 V。因为角 TVQ'大于角 TVQ,以及 $QV=VQ'$。

因此,底边 TQ 小于底边 TQ'。

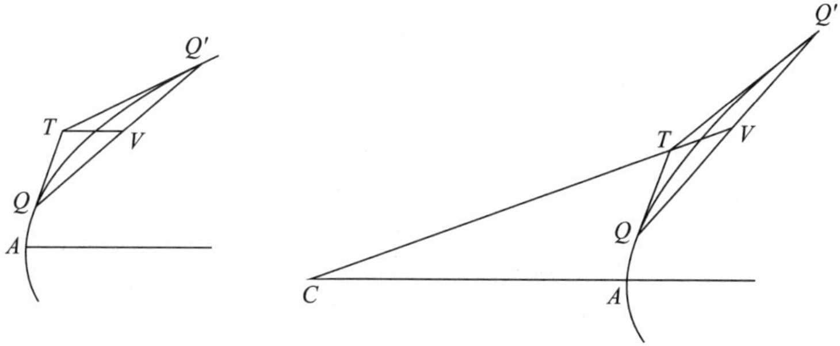

对 Q,Q'在不同的四分之一椭圆的情形,延长纵坐标 $Q'N'$再次与椭圆相交于 q'。连接 $q'C$ 并延长之,与椭圆相交于 R。于是 $Q'N'=N'q'$及 $q'C=CR$,故 $Q'R$ 平行于轴。设 RM 是 R 的纵坐标。

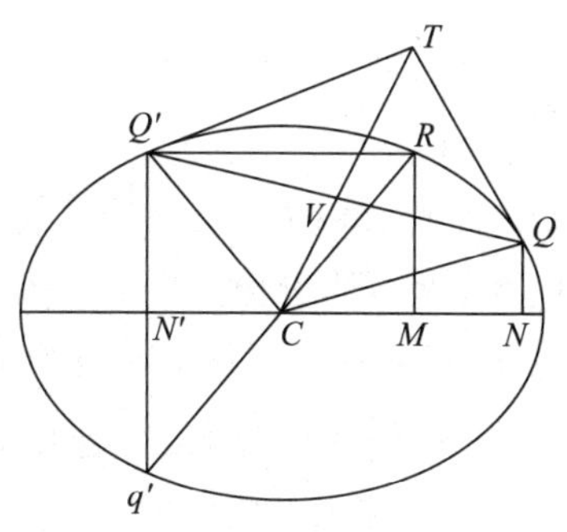

现在 $RM>QN$;

∴[命题 86,推论] $CQ>CR$,

即 $CQ>CQ'$;

$$\therefore \angle CVQ > \angle CVQ'$$

以及与前一样，$TQ < TQ'$。

命题 106

[V. 72]

若由一条抛物线或双曲线的轴下方的点 O，可以作两条法线 OP_1，OP_2 切割轴（P_1 比 P_2 更靠近顶点 A），且若也有 P 为曲线上的任意其他点，并连接 OP，则

（1）若 P 在 A 与 P_2 之间，则 OP_1 在所有 OP 线中最大，且每一侧更靠近 OP_1 的 OP 线大于较远者；

（2）若 P 在 P_1 与 P_2 之间，或在 P_2 之外，则 OP_2 在所有 OP 线中最小，且更靠近 OP_2 的 OP 线小于较远者。

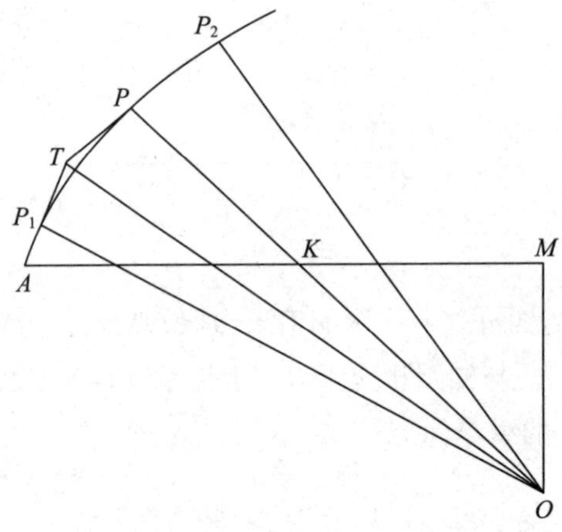

由命题 99，若 P 在 A 与 P_1 之间，则 OP 不是一条法线，但 $NK < NG$[①]。因此，根据应用于命题 104 的相同证明，我们发现当 P 由 A 向 P_1 移动时，OP 持续增加。

因此我们必须证明，当 P 由 P_1 向 P_2 移动时，OP 持续减少。设 P 是 P_1 与 P_2 之间的任意点，并设在 P_1，P 的切线相交于 T。连接 OT。

于是，由命题 105，$TP_1 < TP$，

① 这里的 N 是 P 向 AM 所作垂线的底脚，G 是在 P 的法线与 AM 的交点，K 在 G 的左方，图中均未给出。参看命题 99 的图及相应的译者注。——译者注

并且 $$TP_1^2+OP_1^2=TP^2+OP^2。$$[1]

由于 $AK>AG$,[2]故角 OPT 是钝角。

因此 $$OP<OP_1。$$

类似地可以证明,若 P' 是 P 与 P_2 之间的一点,则 $OP'<OP$。

用命题 104 的方法可以证明,当 P 由 P_2 朝向 A 与 P_1 移动时,[3]OP 持续增加。

于是本命题得以确立。

命题 107

[V. 73]

若 O 是椭圆长轴下方的一点,通过 O 只能对整个半椭圆 ABA' 作一条法线,然后,若 OP_1 是该法线,以及 P_1 在四分之一椭圆 AB 上,则 OP_1 将是由 O 向半椭圆所作所有直线段中最长的,且较靠近 OP_1 者将大于较远者。此外,OA' 将是由 O 至半椭圆 ABA' 所作所有直线段中最短的。

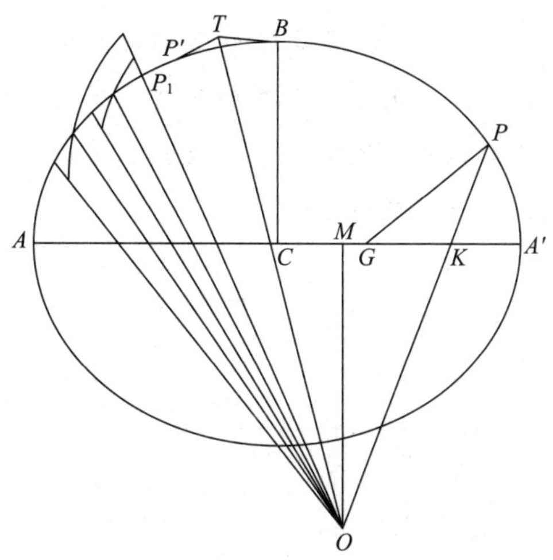

---

① 原文为 $TP_1^2+OP_1^2>TP^2+OP^2$,但根据勾股定理“>”显然应该改为“=”。——译者注

② 这里的 G 是在 P 的法线与 AM 的交点,因为 P 在两条法线之间,与上面不同,K 在 G 的左方。——译者注

③ 原文为“as P moves from P_2, further away from A and P_1”,根据上下文判断应为“as P moves from P_2, towards A and P_1”。——译者注

由命题 99 和命题 101 可知,若 OM 垂直于轴,则 M 必定位于 C 与 A' 之间,且 OM 必定大于命题 99 中确定的长度 y。

于是,对 A' 与 B 之间的所有点 P,因为 K 比 G 更靠近 A',用命题 104 的方法可证明 OA' 是所有这样的线 OP 中最短的,且 OP 的长度随着 P 由 A' 向 B 移动而持续增加。

对 B 与 P_1 之间的任意点 P',我们用命题 106 的方法,在 P' 和 B 作切线,它们相交于 T。于是我们立即导出 $OB < OP'$,且类似地,OP' 随着 P' 由 B 向 P_1 移动而持续增加。

对 P_1 与 A 之间的这部分曲线,我们应用在命题 104 的第二部分用过的归谬法。

命题 108

[V.74]

若 O 是椭圆长轴以下的一点,且通过 O 只能对整个半椭圆 ABA' 作两条法线,那条切割短轴的法线 OP_2,是由 O 向半椭圆所作所有直线段中最长的,而且较靠近它的直线段大于较远的直线段。此外,连接 O 至最近顶点 A 的 OA 是由 O 向半椭圆所作所有直线段中最短的。

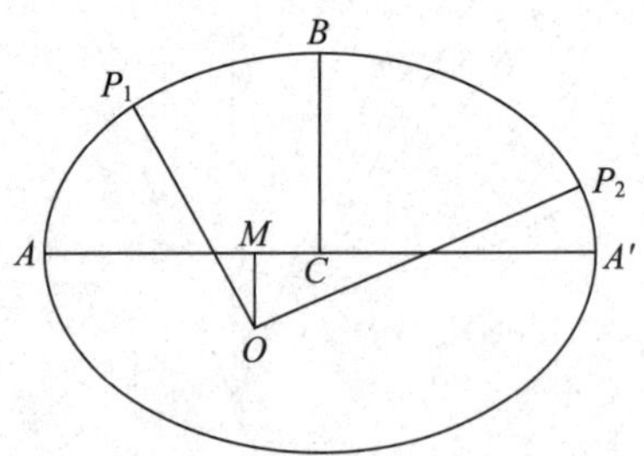

由命题 99 可知,若 O 至 A 比至 A' 近,则以 O 为其曲率中心的点 P_1 在四分之一椭圆 AB 上,且 OP_1 是两条可能的法线之一,而另一条法线的端点 P_2 在四分之一椭圆 BA' 上;也如在命题 99 中那样可以确定 $OM=y$。

在这种情况下,因为对四分之一椭圆 AB 只能作一条法线,我们用命题 104 的方法证明当 P 由 A 向 P_1 移动时 OP 增加,而当 P 由 P_1 向 B 移动时 OP 也增加。

用上一命题应用的方法可以确定,当 P 由 B 向 P_2 移动时 OP 增加,而当 P 由 P_2 向 A'移动时 OP 减少。

命题 109

[V. 75,76,77]

若 O 是椭圆长轴以下的一点,通过 O 可以对半椭圆 ABA' 作三条法线于点 P_1, P_2, P_3,其中 P_1, P_2 在四分之一椭圆 AB 上,而 P_3 在四分之一椭圆 BA' 上,则(若 P_1 离顶点 A 最近),

(1) OP_3 是由 O 向 A' 与 P_2 之间的半椭圆上所作所有线中最大的,且靠近 OP_3 的大于较远的,在两侧都是如此;

(2) OP_1 是由 O 向 A 与 P_2 之间的半椭圆上所作所有线中最大的,且靠近 OP_1 的大于较远的,在两侧都是如此。

(3) 在两个极大值中,$OP_3 > OP_1$。

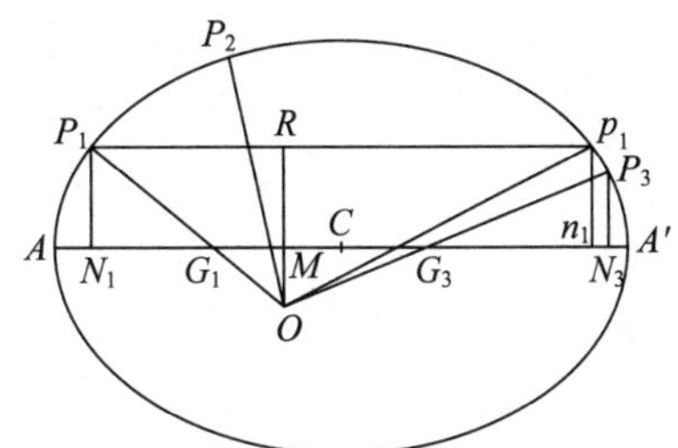

本命题的部分(2)用命题 106 的方法证明。

部分(1)用命题 107 的方法证明。

还需要证明部分(3)。

我们有

$$CN_1 : N_1G_1 = AA' : p_a = CN_3 : N_3G_3;$$

$$\therefore MN_1 : N_1G_1 < CN_3 : N_3G_3,\text{更有}$$

$$MN_1 : N_1G_1 < MN_3 : N_3G_3,$$

据此

$$MG_1 : N_1G_1 < MG_3 : N_3G_3;$$

以及由相似三角形的性质,

$$OM : P_1N_1 < OM : P_3N_3,$$

或者

$$P_1N_1 > P_3N_3。$$

若然后作 P_1p_1 平行于轴,交曲线于 p_1,通过延长 OM,交 P_1p_1 于 R 我们立即有

$$p_1R > P_1R,$$

故

$$Op_1 > OP_1;$$

$$\therefore 更有\ OP_3 > OP_1。$$

作为上面命题的特殊情况,我们有

(1) 若 O 在短轴上,且除开 OB 外不可能对椭圆作法线,则 OB 大于由 O 向曲线所作的任何其他直线段,且靠近它的大于较远的。

(2) 若 O 在短轴上,且可以对每个四分之一椭圆作一条法线(除开 OB)如 OP_1,则 OP_1 是由 O 向曲线所作所有直线段中最长的,且靠近它的大于较远的。

相等与相似的圆锥曲线

定义

1. 若可以把一条圆锥截线贴合到另一条上，处处重合而无相互切割，则它们被称为是相等的。若并非如此，则它们是不相等的。

2. 由诸圆锥曲线自顶点成比例的距离处，对轴作相同数目的纵坐标，若所有纵坐标都分别正比于相应的横坐标，则诸圆锥曲线被称为相似的。否则，它们是不相似的。

3. 对向一个圆弓形或圆锥曲线弓形的直线段被称为该弓形的底边。

4. 弓形的直径是一条直线，它等分其中所有平行于底边的弦，直径与弓形相交的点是弓形的顶点。

5. 若可以把一个弓形贴合到另一个上，处处重合而无切割，则它们被称为是相等的。若并非如此，则它们是不相等的。

6. 诸弓形称为相似的，若对应的底边与直径之间的角度相等，且在其中，若在每个弓形上的点作底边的平行线，则它们与直径的交点至顶点的距离成比例，每条平行线分别正比于每个相应的横坐标。

命题 110

[Ⅵ. 1,2]

(1) 在两条抛物线中，若每条对一条直径的纵坐标与相应的直径倾斜成相等的角度，且若相应的参数相等，则两条抛物线相等。

(2) 若在两条双曲线或两个椭圆中，每一个的纵坐标都对相应的直径相等地倾斜，且若直径以及相应的参数分别相等，则两条圆锥曲线相等，反之则不相等。

本命题可立即借助以下基本性质确立：

(1) 对抛物线有 $QV^2=PL\cdot PV$，以及

(2) 对双曲线或椭圆有 $QV^2=PV\cdot VR$，已在命题 1—3 中证明。

命题 111

[Ⅵ.3]

因为椭圆是有限的，而抛物线与双曲线趋向无限，椭圆不可能等于这两条曲线中的任一条；并且抛物线也不可能等于双曲线。

假设一条抛物线等于一条双曲线，它们可以相互贴合而完全相符。然后沿着每个的轴取相等的横坐标 AN, AN'，则对抛物线我们有

$$AN : AN' = PN^2 : P'N'^2。$$

因此，需要对双曲线有同样的成立，而这是不可能的，因为

$$PN^2 : P'N'^2 = (AN \cdot A'N) : (AN' \cdot A'N')。$$

因此，一条抛物线不可能与一条双曲线相等。

[随后有六个容易的命题，主要依赖于圆锥曲线的对称形式，不在此复制。]

命题 112

[Ⅵ.11,12,13]

(1) **所有抛物线皆相似。**

(2) **双曲线或椭圆彼此相似，若一个的一条直径上的"图形"与另一个的一条直径上的"图形"相似，且在每个图形中对直径的纵坐标，分别与直径成相等角度。**

(1) 这个结果可以由以下性质立即导出，

$$PN^2 = p_a \cdot AN。$$

(2)首先假定直径都是轴(对双曲线二者都是虚轴，对椭圆二者都是长轴或二者都是短轴)，使得在每种情况下，纵坐标都与直径成直角。

于是，比例 $p_a : AA'$ 在两条曲线中相同。因此，对一条圆锥曲线用大写字母，而对另一条用小写字母，并使 $AN : an$ 等于 $AA' : aa'$，我们同时有

$$PN^2 : (AN \cdot NA') = pn^2 : (an \cdot na')。$$

但 $$(AN \cdot NA') : AN^2 = (an \cdot na') : an^2,$$

因为 $$A'N : AN = a'n : an;$$

$$\therefore PN^2 : AN^2 = pn^2 : an^2,$$

或

$$PN : AN = pn : an,$$

即相似性条件得到满足(定义 2)。

再者,设 PP', pp' 是两条双曲线或两个椭圆中的直径,它们使得相应的纵坐标与直径的夹角相等,且每条直径与其参数之比相等。

在 P, p 作切线分别与轴相交于 T, t。于是角 CPT, cpt 相等。作 AH, ah 垂直于轴并与 CP, cp 相交于 H, h;以及以 CH, ch 为直径作圆,它们因此分别通过 A, a。通过 A, a 作 QAR, qar 分别平行于在 P, p 的切线,并交上述诸圆于 R, r。

设 V, v 分别是 AQ, aq 的中点,使得 V, v 分别位于 CP, cp 上。

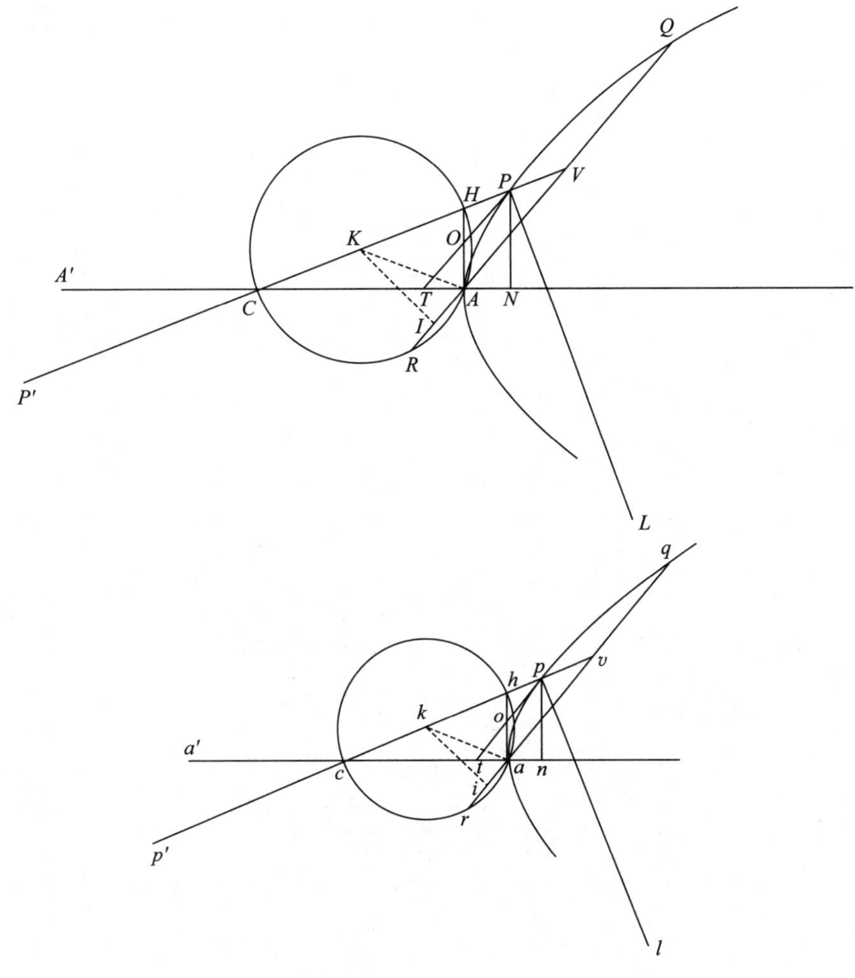

于是,因为在 PP',pp'上的“图形”相似,

$$AV^2:(CV\cdot VH)=av^2:(cv\cdot vh),\qquad\text{[命题 14]}$$

或者
$$AV^2:(AV\cdot VR)=av':(av\cdot vr),$$

据此
$$AV:VR=av:vr,\qquad(\alpha)$$

并且,由于角 AVC 等于角 avc,可知在 C,c 的角相等。

[因为,若 K,k 是这些圆的中心,且 I,i 分别是 AR,ar 的中点,由(α)式可导出

$$VA:AI=va:ai;$$

且由于
$$\angle KVI=\angle kvi,$$

三角形 KVI,kvi 相似。

因此,由于 VI,vi 以相同比例被分割于 A,a,三角形 KVA,kva 相似;

$$\therefore\ \angle AKV=\angle akv:$$

因此这些角或它们的补角的一半相等,即

$$\angle KCA=\angle kca。]$$

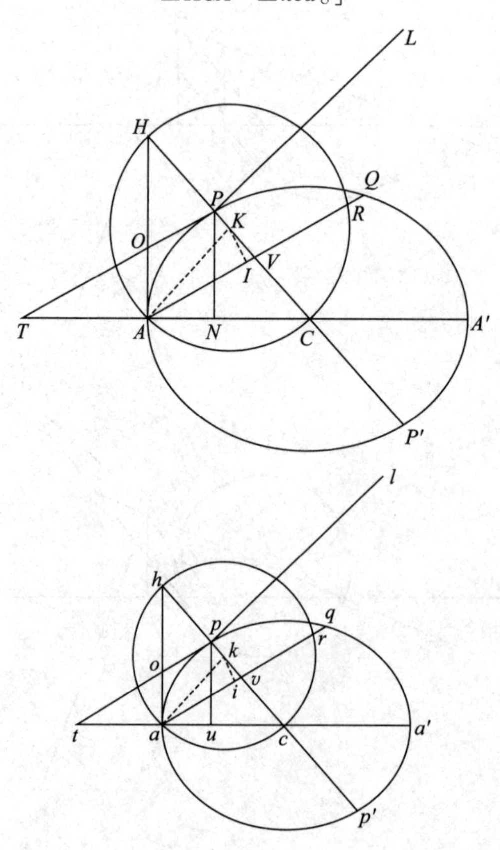

因此，由于在 P,p 的角也相等，三角形 CPT,cpt 相似。

作 PN,pn 垂直于轴，且随之有

$$PN^2:(CN\cdot NT)=pn^2:(cn\cdot nt),$$

据此 AA' 与其参数之比和 aa' 与其参数之比相等。 [命题 14]

因此(由前面的案例)，这两条圆锥曲线是相似的。

命题 113

[Ⅵ. 14,15]

抛物线既不能相似于双曲线，又不能相似于椭圆；而双曲线不能相似于椭圆。

[可由纵坐标的性质用归谬法证明]

命题 114

[Ⅵ. 17,18]

(1) **若 PT,pt 是对两条相似圆锥曲线的切线，它们分别与轴相交于 T,t，并与轴成相等的角度；若进一步，沿着通过 P,p 的直径度量 PV,pv，使得**

$$PV:PT=pv:pt,$$

且若 QQ',qq' 是通过 V,v 的弦，分别平行于 PT,pt，则弓形 QPQ',qpq' 相似并相似地放置。

(2) **反之，若二弓形相似并相似地放置，则 $PV:PT=pv:pt$，且诸切线相等地倾斜于诸轴。**

Ⅰ. 设该圆锥曲线是抛物线。

在 A,a 作切线，与通过 P,p 的直径相交于 H,h，并设 PL,pl 是这样的长度，使得

$$\left.\begin{aligned}PL:2PT&=OP:PH\\ \text{及 } pl:2pt&=op:ph\end{aligned}\right\},$$

其中 O,o 分别是 AH,PT 和 ah,pt 的交点。

因此，PL, pl 是对直径 PV, pv 的纵坐标的参数。 [命题 22]

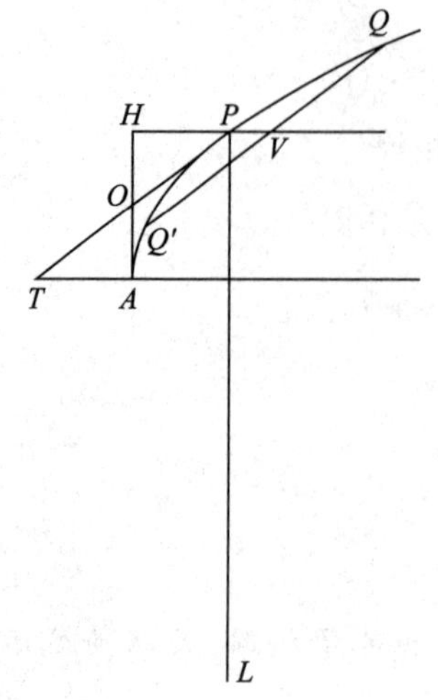

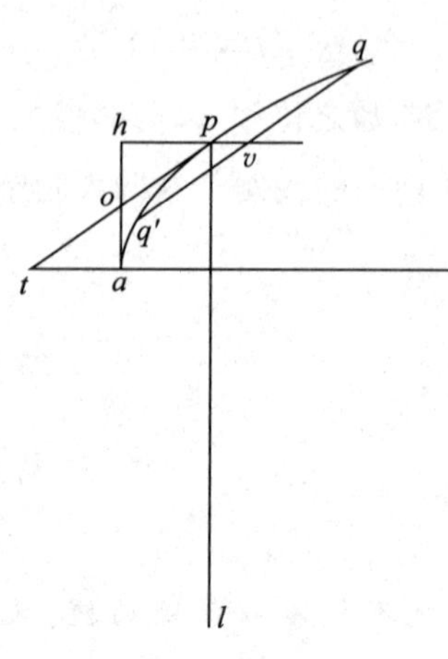

从而
$$QV^2 = PL \cdot PV,$$
$$qv^2 = pl \cdot pv。$$

(1) 现在，因为 $\angle PTA = \angle pta$，$\angle OPH = \angle oph$，

且三角形 OPH, oph 相似。

因此
$$OP : PH = op : ph,$$

故
$$PL : PT = pl : pt。$$

但由假设，
$$PV : PT = pv : pt;$$
$$\therefore PL : PV = pl : pv,$$

且因为 QV 是 PV, PL 之间的比例中项，qv 是 pv, pl 之间的比例中项，
$$QV : PV = qv : pv。$$

类似地，若 V', v' 是在 PV, pv 上的点，使得
$$PV : PV' = pv : pv',$$

且因此
$$PL : PV' = pl : pv',$$

由此可知，通过 V', v' 的纵坐标与其对应的横坐标之比相同。

因此，二弓形相似。(定义 6)

(2) 二弓形相似且相似地放置，我们需证明
$$\angle PTA = \angle pta,$$

以及
$$PV : PT = pv : pt。$$

现在,在 P,p 的切线分别平行于 QQ',qq',而在 V,v 的角相等。

因此,角 PTA,pta 相等。

并且,由相似弓形,

$$QV:PV=qv:pv,$$

而 $$PL:QV=QV:PV,\text{以及 } pl:qv=qv:pv;$$

$$\therefore PL:PV=pl:pv。$$

但是 $$\begin{cases}PL:2PT=OP:PH,\\ pl:2pt=op:ph,\end{cases}$$

以及,由相似三角形的性质, $OP:PH=op:ph$。

因此 $$PV:PT=pv:pt。$$

Ⅱ. 若曲线是双曲线或椭圆,假定作相似的构形,并对长轴或虚轴作纵坐标 PN,pn。我们可以使用命题 112 中的图,只是要记住,这里的弦是 QQ',qq',它们并不通过 A,a。

(1) 因为二圆锥曲线相似,其轴与其参数之比对二者相同。

因此, $PN^2:(CN\cdot NT)=pn^2:(cn\cdot nt)$。 [命题 14]

并且,角 PTN,ptn 相等,

因此 $$PN:NT=pn:nt。$$

从而 $$PN:CN=pn:cn,$$

以及 $$\angle PCN=\angle pcn。$$

因此也有 $$\angle CPT=\angle cpt。$$

由此可知,三角形 OPH,oph 相似。

因此 $$OP:PH=op:ph。$$

但是 $$\begin{cases}OP:PH=PL:2PT,\\ op:ph=pl:2pt,\end{cases}$$

据此 $$PL:PT=pl:pt。$$

并且,由于相似三角形的性质,

$$PT:CP=pt:cp;$$

$$\therefore PL:CP=pl:cp,$$

或者 $$PL:PP'=pl:pp'。\qquad (A)$$

因此,在 PP',pp' 上的"图形"是相似的。

再者,我们作 $$PV:PT=pv:pt,$$

故 $$PL:PV=pl:pv。\tag{B}$$

借助应用于命题 112 的方法,我们导出,

$$QV:PV=qv:pv,$$

以及,若 PV,pv 在点 V',v'成某个比例分割,通过这些点的纵坐标成相同的比例。

并且在 V,v 的角相等。

因此,二弓形相似。

(2) 若二弓形相似,诸纵坐标与其横坐标成比例,且我们有

$$\begin{cases} QV:PV=qv:pv, \\ PV:PV'=pv:pv', \\ PV:Q'V'=pv':q'v'。\end{cases}$$

于是 $$QV^2:Q'V'^2=qv^2:q'v'^2;$$

$$\therefore (PV\cdot VP'):(PV'\cdot V'P')=(pv\cdot vp'):(pv'\cdot v'p'),$$

以及 $$PV:PV'=pv:pv',$$

故 $$P'V:P'V'=p'v:p'v'。$$

由这些方程可知

$$\begin{cases} PV':VV'=pv':vv', \\ \text{及 } P'V':VV'=p'v':vv', \end{cases}$$

据此 $$P'V':PV'=p'v':pv';$$

$$\therefore (P'V'\cdot V'P):PV'^2=(p'v'\cdot v'p):pv'^2。$$

但是 $$PV'^2:Q'V'^2=pv'^2:q'v'^2;$$

$$\therefore (P'V'\cdot V'P):Q'V'^2=(p'v'\cdot v'p):q'v'^2。$$

但这些比值就是 PP',pp'与它们的对应参数的比值。

因此,在 PP',pp'上的“图形”是相似的;且因为在 V,v 的角相等,二圆锥曲线相似。

再者,由于二圆锥曲线相似,在轴上的“形状”相似。

因此, $$PN^2:(CN\cdot NT)=pn^2:(cn\cdot nt),$$

且在 N,n 的角是直角,而角 CPT 等于角 cpt。

因此,三角形 CPT,cpt 相似,并且角 CTP 等于角 ctp。

现在,因为 $$(PV\cdot VP'):QV^2=(pv\cdot vp'):qv^2,$$

以及 $$QV^2:PV^2=qv^2:pv^2;$$

随之有 $$PV:P'V=pv:p'v,$$

据此 $PP':PV=pp':pv$。

但是，由相似三角形 CPT，cpt 的性质，

$$CP:PT=cp:pt,$$

或者 $$PP':PT=pp':pt;$$

$$\therefore PV:PT=pv:pt,$$

于是命题得证。

命题 115

[Ⅵ. 21,22]

若对两条抛物线的轴，或对两个相似椭圆或两条相似双曲线的长轴或虚轴作纵坐标 PN，$P'N'$ 和 pn，$p'n'$，使得比值 $AN:an$ 和 $AN':an'$ 都等于对应的正焦弦，则弓形 PP'，pp 将相似；并且，PP' 也不会与被不同于 pn，$p'n'$ 的纵坐标切割的其他圆锥曲线的任意弓形相似，反之亦然。

[证明的方法遵循前一命题，不在此重复。]

命题 116

[Ⅵ. 26,27]

若任意圆锥被两个平行平面切割得到双曲或椭圆截线，则二截线相似但不相等。

参考命题 2 和命题 3 的图立即可见，若作另一平行于截平面的平面，它将切割轴线三角形平面于一条平行于 $P'PM$ 的直线 $p'pm$，且其底边是平行于 DME 的线 dme；并且，$p'pm$ 也将是所生成双曲线或椭圆的直径，且对应的纵坐标将平行于 dme，即平行于 DME。

因此，直径的纵坐标在两条曲线中对那些直径相等地倾斜。

并且，若 PL，pl 是相应的参数，则

$$PL:PP'=(BF\cdot FC):AF^2=pl:pp'$$

因此矩形 $PL\cdot PP'$ 与 $pl\cdot pp$ 相似。

由此可知,二圆锥曲线相似。 [命题 112]

但它们不可能相等,因为 $PL \cdot PP'$ 不可能等于 $pl \cdot pp'$。[参见命题 110(2)]

[对抛物线有一个类似的命题成立,因为由命题 1,$PL : PA$ 是一个定常比值。因此,两条平行抛物截线有不同的参数。]

作图题

命题 117

[Ⅵ. 28]

在给定正圆锥中找到等于给定抛物线的抛物截线。

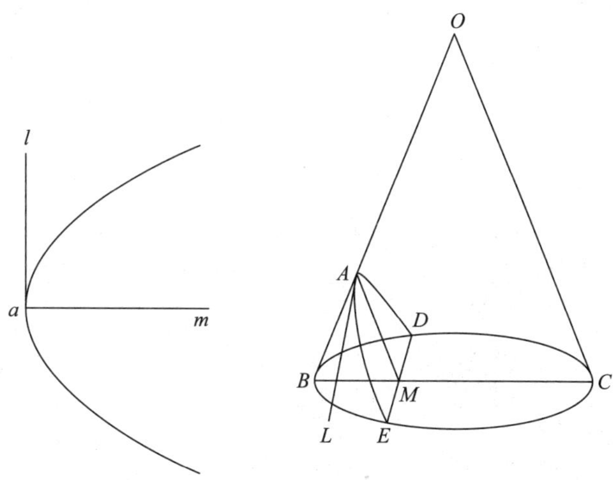

设给定抛物线的轴是 am，正焦弦是 al。设给定正圆锥为 OBC，其中 O 是顶点及 BC 是圆底面，并设 OBC 是一个通过轴的三角形，它交底面于 BC。

沿着 OB 度量 OA，使得

$$al : OA = BC^2 : (BO \cdot OC)。$$

作 AM 平行于 OC，与 BC 相交于 M，并通过 AM 作一个平面与平面 OBC 成直角，截圆底面于 DME。

于是 DE 垂直于 AM，且截线 DAE 是轴为 AM 的抛物线。

并且[命题 1]，若 AL 是正焦弦，

$$AL : AO = BC^2 : (BO \cdot OC),$$

其中 $AL = al$，且抛物线等于给定的那一条[命题 110]。

除开 DAE，不可能找到顶点在 OB 的其他抛物线等于给定抛物线。因为，若可能有另一条这样的抛物线，其平面必定垂直于平面 OBC，其轴必定平行于 OC。

若 A' 是假定的顶点及 $A'L'$ 是正焦弦,我们将会有 $A'L':A'O=BC^2:(BO\cdot OC)=AL:AO$。于是,若 A' 不与 A 重合,$A'L'$ 不可能等于 AL 或 al,那么该抛物线不可能等于给定的那条。

命题 118

[Ⅵ. 29]

在给定正圆锥中找一条截线等于一条给定的双曲线。(可能性的一个必要条件是:在圆锥的轴上的正方形与在底面半径上的正方形之比,必须不大于给定双曲线的实轴与其参数之比。)

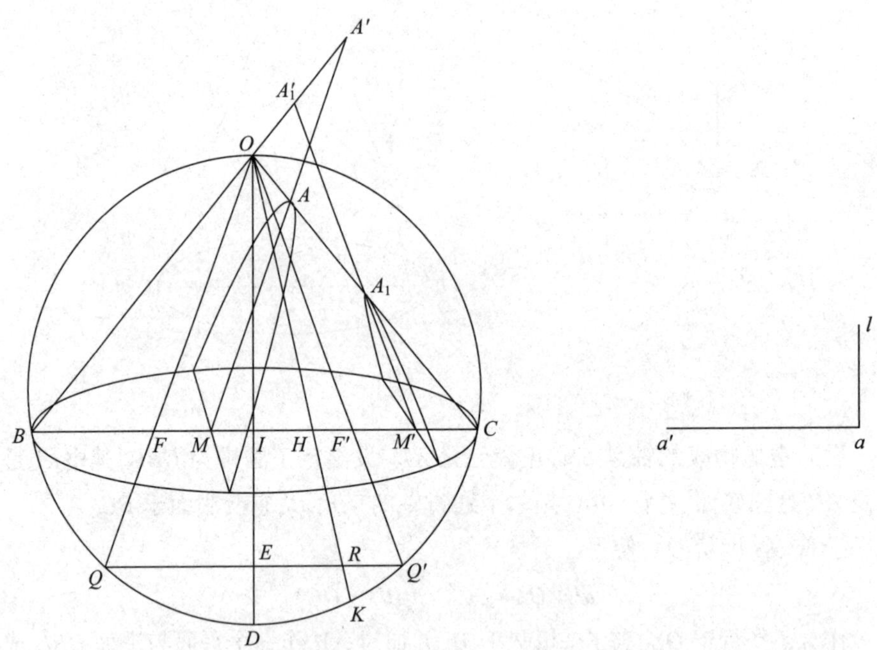

设给定双曲线的实轴和参数分别是 aa', al。

Ⅰ. 假定 $OI^2:BI^2<aa':al$,这里 I 是给定圆锥底面的中心。

设一个圆外接于轴向三角形 OBC,延长 OI 再次与圆相交于 D。

于是 $$OI:ID=OI^2:BI^2,$$

故 $$OI:ID<aa':al。$$

在 ID 上取 E 使得 $OI:IE=aa':al$，并通过 E 作弦 QQ' 平行于 BC。

假定现在置 AA'，A_1A_1' 于由 OC 与 BO 的延长线形成的角中，使得 $AA'=A_1A_1'=aa'$，且 AA'，A_1A_1' 分别平行于 OQ，OQ'，分别与 BC 相交于 M，M'。

通过 $A'AM$，$A_1'A_1M'$ 作平面垂直于三角形 OBC 所在的平面，生成双曲截线，对于 $A'AM$，A'_1A_1M' 将因此是实轴。

假定 OQ，OQ' 与 BC 相交于 F，F'。

于是
$$\begin{aligned} aa':al &= OI:IE \\ &= OF:FQ \text{ 或 } OF':F'Q' \\ &= OF^2:(OF\cdot FQ) \text{ 或 } OF'^2:(OF'\cdot F'Q') \\ &= OF^2:(BF\cdot FC) \text{ 或 } OF'^2:(BF'\cdot F'C) \\ &= AA':AL \text{ 或 } A_1A_1':A_1L_1, \end{aligned}$$
其中 AL，A_1L_1 分别是截线中 AA'，A_1A_1' 的参数。

由此可知，因为
$$AA'=A_1A_1'^{①}=aa',$$
故
$$AL=A_1L_1=al。$$
因此两条双曲截线的每一条都等于给定的双曲线。

没有其他顶点在 OC 上的相等的截线。

因为(1)，若可能有这样一条截线，且 OH 平行于它的轴，OH 不可能与 OQ 或者 OQ' 重合。这可以采用对抛物线的前一命题的方式证明。

然后因为(2)，若 OH 与 BC 相交于 H，与 QQ' 相交于 R，且又再次与该圆相交于 K，若这样的截线有可能，则我们应当有，
$$\begin{aligned} aa':al &= OH^2:(BH\cdot HC) \\ &= OH^2:(OH\cdot HK) \\ &= OH:HK; \end{aligned}$$
而这是不可能的，因为
$$aa':al=OI:IE=OH:HR。$$

Ⅱ. 若 $OI^2:BI^2=aa':al$，我们有 $OI:ID=aa':al$，且 OQ，OQ' 将都与 OD 重合。

在这种情况下，只有一条顶点在 OC 上的截线等于给定双曲线，且该截线的轴垂直于 BC。

---

① 原文为 A_1A'。——译者注

Ⅲ. 若 $OI^2 : BI^2 > aa' : al$,在正圆锥中不可能找到等于给定双曲线的截线。

因为,设有这样的截线,并作 ON 平行于它的轴,与 BC 相交于 N。检验是否可能。

于是,我们必定有 $aa' : al = ON^2 : (BN \cdot NC)$,

故 $$OI^2 : (BI \cdot IC) > ON^2 : (BN \cdot NC)。$$

但 $ON^2 > OI^2$ 而 $BI \cdot IC > BN \cdot NC$,故这是荒谬的。

命题 119

[Ⅵ. 30]

在一个给定的正圆锥中求一条截线等于给定的椭圆。

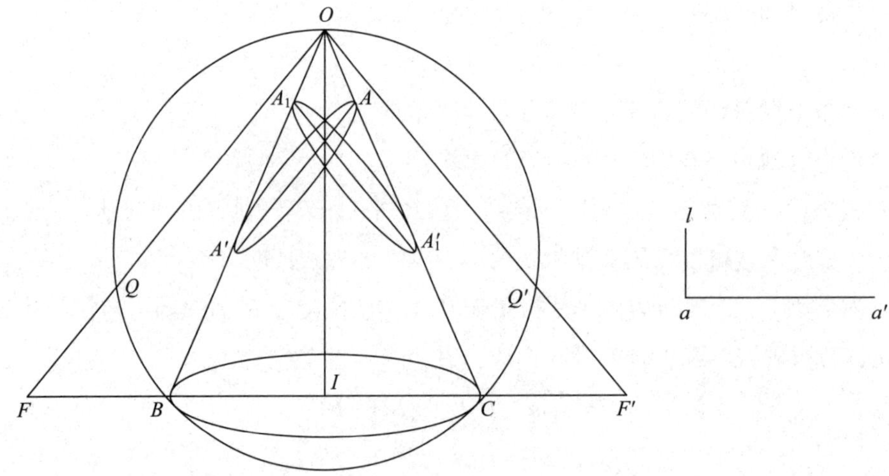

在这种情况下,我们先作一个圆外接于 OBC,并假定在 BC 延长线的两侧取 F, F',使得若 OF, OF' 与圆相交于 Q, Q',则

$$OF : FQ = OF' : F'Q' = aa' : al。$$

然后,我们置直线 AA', A_1A_1' 于角 BOC 中,使得它们每条都等于 aa',而 AA' 平行于 OQ 及 A_1A_1' 平行于 OQ'。

假定通过 AA', A_1A_1' 各作一个平面,每个都垂直于平面 OBC,且这些平面确定了两条截线,每条都等于给定的椭圆。

证明方法遵照前面的命题。

命题 120

[Ⅵ. 31]

求一个正圆锥相似于一个给定正圆锥,并包含一条给定抛物线作为它的一条截线。

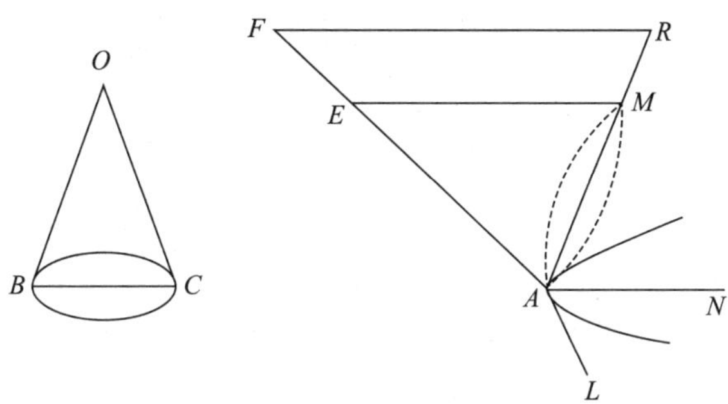

设 OBC 是给定正圆锥的一条轴向截线,并设给定抛物线的轴为 AN,其正焦弦为 AL。通过 AN 立一个垂直于抛物线的平面,并在该平面上作角 NAM 等于角 OBC。

取 AM 的长度使得 $AL:AM=BC:BO$,且以 AM 为底边,在平面 MAN 中作一个三角形 EAM 与三角形 OBC 相似。然后假定作一个圆锥,其顶点为 E 及底面为直径是 AM 且位于垂直于平面 EAM 的平面上的圆。

则圆锥 EAM 就是待求的圆锥。

因为 $$\angle MAN=\angle OBC=\angle EAM=\angle EMA;$$
故 EM 平行于抛物线的轴 AN。

这样,给定抛物线的平面切割圆锥于一条截线,它也是抛物线。

现在 $$AL:AM=BC:BO$$
$$=AM:AE,$$
或者 $$AM^2=EA\cdot AL;$$
$$\therefore AM^2:(AE\cdot EM)=AL:EM$$
$$=AL:EA。$$

从而 AL 是由给定抛物线的平面所作圆锥的抛物截线的正焦弦。它也是给定抛物线的正焦弦。

因此,给定抛物线本身是该抛物截线,EAM 是待求的圆锥。

不可能有与给定圆锥相似的另一个正圆锥,其顶点在给定抛物线的同一侧,且包含那条抛物线作为截线。

因为,若可能有另一个这样的顶点为 F 的圆锥,通过该圆锥的轴作一个平面,成直角切割给定抛物线的平面。于是二平面必定相交于抛物线的轴 AN,且因此,F 必定在平面 EAN 上。

再者,若 AF,FR 是圆锥的轴向三角形的边,FR 必定平行于 AN,或平行于 EM,且

$$\angle AFR=\angle BOC=\angle AEM,$$

故 F 必定在 AE 或 AE 的延长线上。设 AM 与 FR 相交于 R。

于是,若 AL' 是给定抛物线的平面所作圆锥 FAR 的抛物截线的正焦弦,则

$$\begin{aligned}AL' : AF &= AR^2 : (AF \cdot FR)\\ &= AM^2 : (AE \cdot EM)\\ &= AL : AE。\end{aligned}$$

因此,AL',AL 不可能相等;或给定抛物线不是圆锥 FAR 的一条截线。

命题 121

[Ⅵ. 32]

求一个正圆锥与一个给定正圆锥相似,并包含一条给定双曲线作为它的截线。(若 OBC 是给定圆锥,D 是其底面 BC 的中心,且若 AA',AL 是给定双曲线的轴和参数,可能性的一个必要条件是:比值 $OD^2 : DB^2$ 必须不大于比值 $AA' : AL$。)

通过给定双曲线的轴作一个平面垂直于它所在的平面;并在所述平面 AA' 上作一个圆弓形,它包含的角度等于给定圆锥在顶点的外角 $B'OC$。完成该圆,并设 EF 是垂直等分 AA' 于 I 的直径。连接 $A'E$,AE,并作 AG 平行于 EF,与 $A'E$ 的延长线相交于 G。

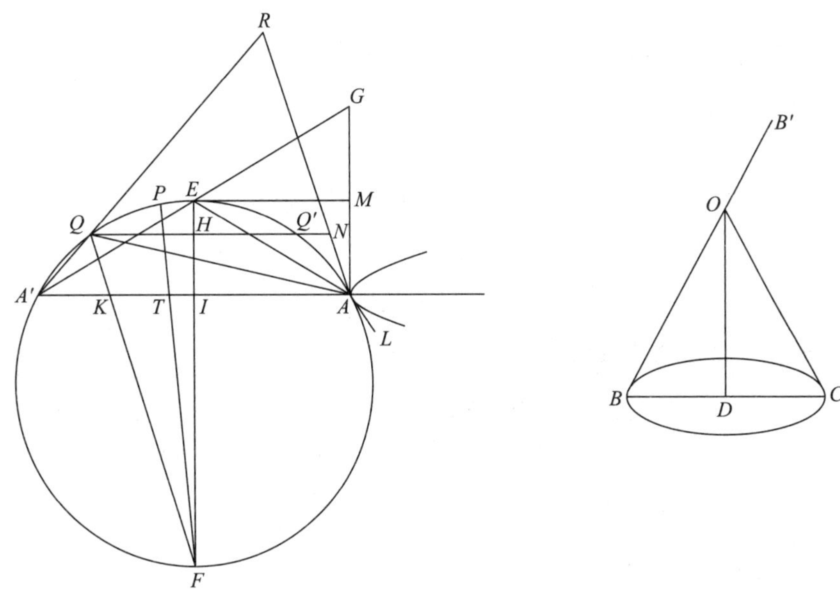

于是，因为 EF 等分角 $A'EA$，角 EGA 等于角 EAG，角 AEG 等于角 BOC，故三角形 EAG，OBC 相似。

作 EM 垂直于 AG。

于是 $$OD^2 : DB^2 = EM^2 : MA^2$$
$$= IA^2 : EI^2$$
$$= FI : IE。$$

Ⅰ. 假定 $$OD^2 : DB^2 < AA' : AL,$$
使得 $$FI : IE < AA' : AL。$$

在 EI 上取点 H，使得 $FI : IH = AA' : AL$，且通过 H 作圆的弦 QQ' 平行于 AA'。连接 $A'Q$，AQ，并在圆所在的平面中作 AR，与 AQ 成一个等于角 OBC 的角。设 AR 与 $A'Q$ 的延长线相交于 R，并与 QQ' 的延长线相交于 N。

连接 FQ 与 AA' 相交于 K。

于是，因为角 QAR 等于角 OBC，且
$$\angle FQA = \frac{1}{2}\angle A'QA = \frac{1}{2}\angle B'OC,$$
故 AR 平行于 FQ。

并且，三角形 QAR 与三角形 OBC 相似。

假定构建一个圆锥，其顶点是 Q，底面是垂直于圆 FQA 的平面上以 AR 为直

径的圆。

这个圆锥将有给定双曲线作为它的一条截线。

由该构形我们有,

$$AA' : AL = FI : IH$$

$$= FK : KQ, \text{由平行性},$$

$$= (FK \cdot KQ) : KQ^2$$

$$= (A'K \cdot KA) : KQ^2。$$

但由平行四边形 $QKAN$,

$$A'K : KQ = QN : NR,$$

以及

$$KA : KQ = QN : NA,$$

据此

$$(A'K \cdot KA) : KQ^2 = QN^2 : (AN \cdot NR)。$$

由此可知

$$AA' : AL = QN^2 : (AN \cdot NR)。$$

因此[命题 2],AL 是由给定双曲线的平面所作圆锥 QAR 的双曲截线的参数。两条双曲线于是有相同的轴和参数,据此它们相等[命题 110(2)];并且圆锥 QAR 具有待求的性质。

另一个这样的圆锥可以通过取点 Q' 替代 Q 并与前一样进行而求得。

除开这两个,不可能找到与给定的正圆锥相似,且有顶点在给定双曲线平面的同一侧,并包含那条双曲线作为一条截线的其他正圆锥。

因为,若可能有这样一个顶点为 P 的圆锥,通过它的轴作一个平面,成直角切割给定双曲线的平面。如此描述的平面必定通过给定双曲线的轴,据此 P 必定位于圆 FQA 的平面上。并且,因为该圆锥与给定圆锥相似,P 必定在弧 $A'QA$ 上。

于是,逆转前面的证明,我们必定有(若 FP 与 $A'A$ 相交于 T)

$$AA' : AL = FT : TP;$$

$$\therefore FT : TP = FI : IH,$$

而这是不可能的。

Ⅱ. 假定

$$OD^2 : DB^2 = AA' : AL。$$

故

$$FI : IE = AA' : AL。$$

在这种情况下,Q,Q' 与 E 合并,顶点为 E 和底面为垂直于平面 FQA 且以 AG 为直径的圆的圆锥,便是待求的圆锥。

Ⅲ. 若 $OD^2:DB^2>AA':AL$,不可能作一个正圆锥,它具有我们想要的性质。

设 P 是这样一个圆锥的顶点,检验是否可能。我们将如前有

$$FT:TP=AA'\cdot AL。$$

但 $$AA':AL<OD^2:DB^2 \text{ 或 } FI:IE。$$

从而 $$FT:TP<FI:IE,\text{而这是荒谬的。}$$

因此,等等。

命题 122

[Ⅵ. 33]

求一个与给定正圆锥相似的正圆锥,并包含一个给定的椭圆作为它的截线。

与前一样,取一个平面通过 AA' 且垂直于给定椭圆的平面;并在这样所作的平面上作一个以 AA' 为底边的圆弓形,其包含的角度等于给定圆锥的顶角 BOC。等分弓形的弧于 F。

作两条线 FK,FK' 与 AA' 延长线的两侧相交,使得若它们分别与弓形相交于 Q,Q',则

$$FK:KQ=FK':K'Q'=AA':AL。$$

作 QN 平行于 AA',AN 平行于 QF,它们相交于 N。连接 $AQ,A'Q$,并设 $A'Q$ 与 AN 相交于 R。

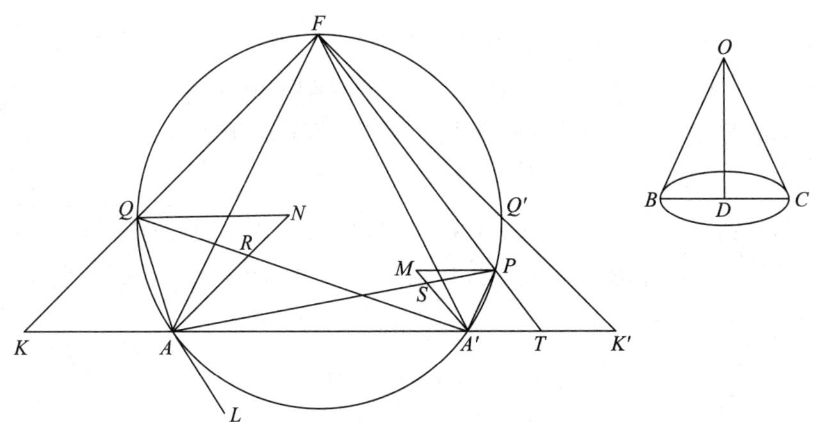

设想作一个圆锥，其顶点为 Q，其底面为与 AFA' 的平面成直角的平面上以 AR 为直径的圆。

这个圆锥将使得给定椭圆是它的一条截线。

由于 FQ，AR 是平行的，

$$\angle FQR=\angle ARQ,$$

$$\therefore \angle ARQ=\angle FAA'$$

$$=\angle OBC。$$

以及

$$\angle AQR=\angle AFA'$$

$$=\angle BOC。$$

因此，三角形 QAR，OBC 相似，且圆锥 QAR，OBC 也相似。

现在 $AA':AL=FK:KQ$，由构形，

$$=(FK\cdot KQ):KQ^2$$

$$=(A'K\cdot KA):KQ^2$$

$$=(A'K:KQ)\cdot(KA:KQ)$$

$$=(QN:NR)\cdot(QN:NA)，由平行性，$$

$$=QN^2:(AN\cdot NR)。$$

因此[命题 3]，AL 是圆锥 QAR 被给定椭圆平面所截而得的椭圆截线的正焦弦。即 AL 是给定椭圆的正焦弦。因此，该椭圆本身就是椭圆截线。

以类似的方式，可以找到另一个顶点为 Q' 的相似的正圆锥，使得给定的椭圆是一条截线。

除了这两个，不可能找到其他正圆锥满足给定条件且有顶点在给定椭圆平面的同一侧。因为，如在前一命题中所述，若有的话，其顶点 P 必须位于弧 AFA' 上。作 PM 平行于 $A'A$，以及 $A'M$ 平行于 FP，它们相交于 M。连接 AP，$A'P$，并设 AP 与 $A'M$ 相交于 S。

用与前相同的方式，三角形 $PA'S$ 于是将与 OBC 相似，且我们将有

$$PM^2:(A'M\cdot MS)=(AT\cdot TA'):TP^2=(FT\cdot TP):TP^2。$$

因此我们必定有

$$AA':AL=FT:TP;$$

但这是不可能的，因为

$$AA'\cdot AL=FK:KQ。$$

共轭直径长度的一些函数的值[①]

命题 123(引理)

[Ⅶ.1]

在一条抛物线中,[②]若 PN 是一个纵坐标,并沿着轴向离开 N 的方向度量 AH 等于正焦弦,则

$$AP^2=AN\cdot NH[=AN(AN+p_a)]。$$

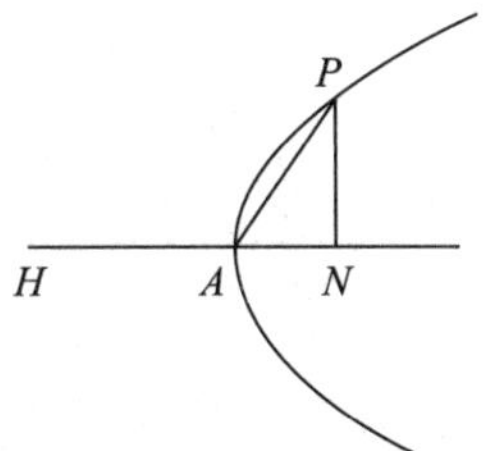

这可以由性质 $PN^2=p_a\cdot AN$,通过在等号两侧各加上 AN^2 立即得到证明。

命题 124(引理)

[Ⅶ.2,3]

若 AA' 被分于 H,对双曲线 H 在 AA' 内,对椭圆 H 在 AA' 外,使得 $AH:HA'=p_a:AA'$,于是,若 PN 是任意纵坐标,则

$$AP^2:(AN\cdot NH)=AA':A'H。$$

延长 AN 至 K,使得

① 本节有些命题(如命题 123—127,132,136,137,141)有专用的图,另一些未给出图示的请参考命题 127 的图。——译者注

② 整个卷Ⅶ主要处理有心圆锥曲线的共轭直径,插入了一两个关于抛物线的命题,无疑是为了说明,与有心圆锥曲线的特殊命题相关联的抛物线的任何显然的相应性质。

$$AN \cdot NK = PN^2;$$

于是 $$(AN \cdot NK):(AN \cdot A'N) = PN^2:(AN \cdot A'N)$$

$$= p_a : AA' \qquad [命题 8]$$

$$= AH : A'H, \text{由构形,}$$

或者 $$NK : A'N = AH : A'H。$$

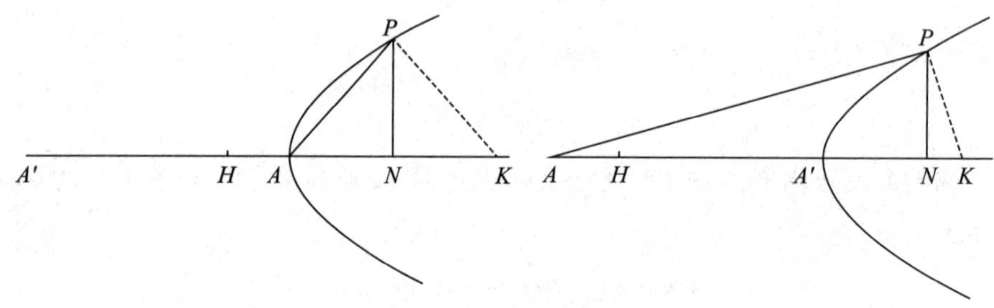

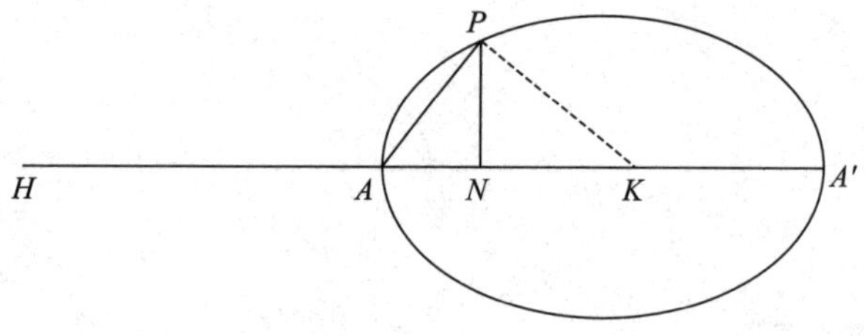

由此可知

$$A'N \pm NK : A'N = A'H \pm AH : A'H。$$

(其中“+”适用于双曲线,“~”适用于椭圆)。

因此 $$A'K : A'N = AA' : A'H;$$

$$\therefore A'K \pm AA' : A'N \pm A'H = AA' : A'H,$$

或者 $$AK : NH = AA' : A'H。$$

于是 $$(AN \cdot AK):(AN \cdot NH) = AA' : A'H。$$

又 $AN \cdot AK = AP^2$,因为 $AN \cdot NK = PN^2$。

因此 $$AP^2 : (AN \cdot NH) = AA' : A'H。$$

若 AA' 是一个椭圆的短轴而 p_a 是相应的参数,同样的命题也成立。

命题 125(引理)

[Ⅶ. 4]

若在一条双曲线或一个椭圆中,在 P 的切线与轴 AA' 相交于 T,且若 CD 是平行于 PT 的半径,则

$$PT^2 : CD^2 = NT : CN。$$

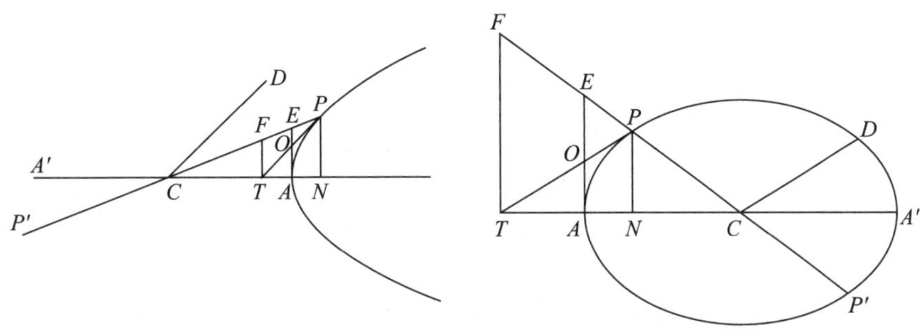

作 AE,TF 与 CA 成直角相交,且设 AE 与 PT 相交于 O。

若 p 是对 PP'的纵坐标的参数,我们有

$$\frac{p}{2} : PT = OP : PE。 \quad [命题 23]$$

并且,因为 CD 平行于 PT,它与 CP 共轭。

因此
$$\frac{p}{2} \cdot CP = CD^2。 \quad \cdots\cdots (1)$$

现在
$$OP : PE = PT : PF;$$

$$\therefore \frac{p}{2} : PT = PT : PF,$$

或者
$$\frac{p}{2} \cdot PF = PT^2。 \quad \cdots\cdots (2)$$

由(1)和(2)式,我们有

$$PT^2 : CD^2 = PF : CP$$
$$= NT : CN。$$

命题 126(引理)

[Ⅶ. 5]

在一条抛物线中,若 p 是对通过 P 的直径的纵坐标的参数,PN 是主要纵坐标,且若 AL 是正焦弦,则

$$p=AL+4AN。$$

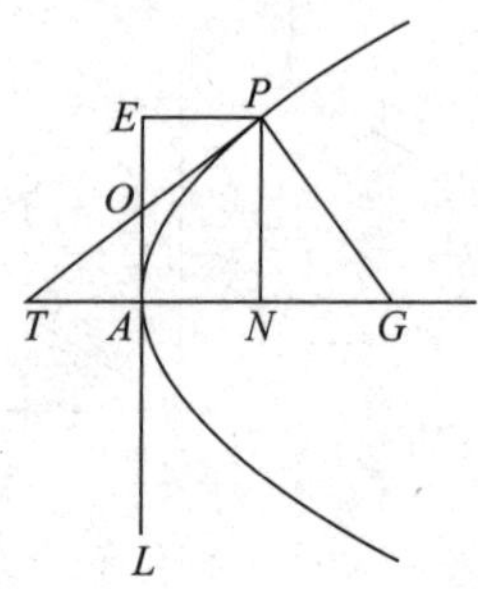

设在 A 的切线与 PT 相交于 O,与通过 P 的直径相交于 E,并设与 PT 成直角的 PG,与轴相交于 G。

于是,因为三角形 PTG,EPO 相似,

$$GT : TP=OP : PE,$$

$$\therefore GT=\frac{p}{2}。\cdots\cdots\cdots\cdots\cdots\cdots (1)$$ [命题 22]

再者,因为 TPG 是直角,则由抛物线的性质

$$TN\cdot NG=PN^2$$
$$=LA\cdot AN。$$

但是 $TN=2AN$。 [命题 12]

因此 $AL=2NG$; $\cdots\cdots\cdots\cdots\cdots\cdots$ (2)

于是 $AL+4AN=2(TN+NG)$

$=2TG$

$=p$,由以上(1)式。

[注:在此顺便证明了法线的性质(NG=正焦弦的一半),即把 PG 看作过 P 点的切线的垂线。参看命题 85,其中法线被看作由 G 至曲线的极小直线段。]

定义　若 AA'在两点 H, H'(对抛物线在内部,对椭圆在外部)被分割,使得

$$A'H : AH = AH' : A'H' = AA' : p_a,$$

其中 p_a 是对 AA'的纵坐标的参数,于是 $AH, A'H'$(成比例对应于 p_a)被称为**同调的**。

在这个定义中,AA'既可以是一个椭圆的长轴也可以是其短轴。

命题 127

[Ⅶ.6,7]

若 $AH, A'H'$在一条双曲线或一个椭圆中是"同调"的,PP', DD'是任意两条共轭直径,并若作 AQ 平行于 DD',与曲线相交于 Q,且 QM 垂直于 AA',则

$$PP'^2 : DD'^2 = MH' : MH。$$

连接 $A'Q$,并设在 P 的切线与 AA'相交于 T。

于是,因为 $A'C = CA$ 及 $QV = VA$(其中 CP 与 QA 相交于 V),$A'Q$ 平行于 CV。

现在　$PT^2 : CD^2 = NT : CN$　　[命题 125]

$= AM : A'M$,由相似三角形的性质。

且又由相似三角形的性质,

$$CP^2 : PT^2 = A'Q^2 : AQ^2,$$

据此,由等比定理,

$$\begin{aligned} CP^2 : CD^2 &= (AM : A'M) \cdot (A'Q^2 : AQ^2) \\ &= (AM : A'M) \cdot [A'Q^2 : (A'M \cdot MH')] \cdot \\ &\quad [(A'M \cdot MH') : (AM \cdot MH)] \cdot [(AM \cdot MH) : AQ^2]。\end{aligned}$$

但由命题 124,

$$A'Q^2 : (A'M \cdot MH') = AA' : AH',$$

以及　$(AM \cdot MH) : AQ^2 = A'H : AA' = AH' : AA'$,

并且　$(A'M \cdot MH') : (AM \cdot MH) = (A'M : AM) \cdot (MH' : MH)$。

由此可知

$$CP^2 : CD^2 = MH' : MH,$$

或者　$PP'^2 : DD'^2 = MH' : MH$。

这一结果当然可以写成形式

$$PP' : p = MH' : MH,$$

其中 p 是对 PP'的纵坐标的参数。

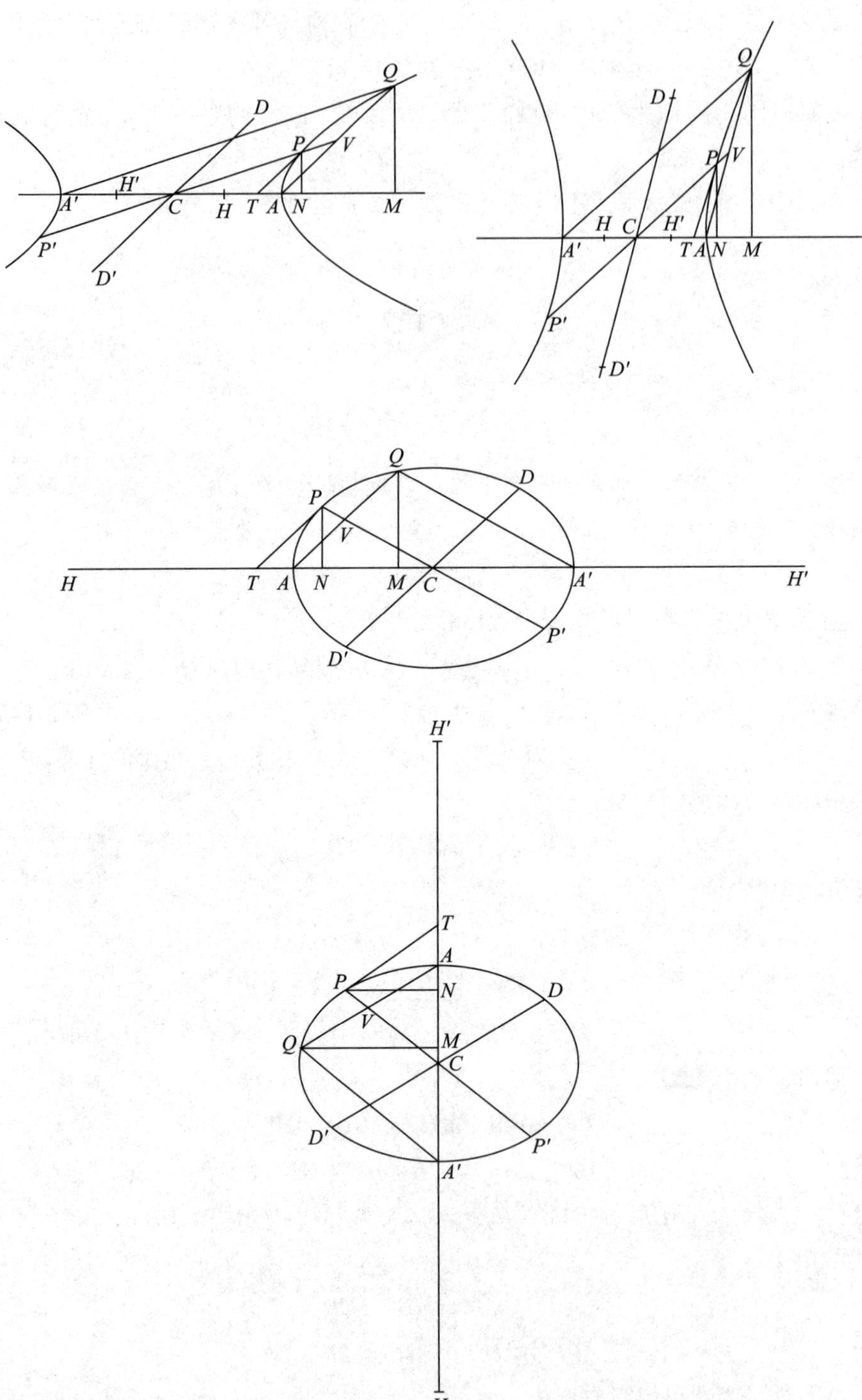
Q
D
P
V
H'
A'
C
H
T
A
N
M
P'
D'
Q
D
P
V
H
C
H'
A'
T
A
N
M
P'
D'
Q
D
P
V
H
T
A
N
M
C
A'
H'
P'
D'
H'
T
A
P
N
D
V
Q
M
C
D'
P'
A'
H

命题 128

[Ⅶ. 8,9,10,11]

在命题 127 的图中,以下关系对双曲线和椭圆都成立:

(1) $AA'^2:(PP'\pm DD')^2=(A'H\cdot MH'):(MH'\pm\sqrt{MH\cdot MH'})^2$,

(2) $AA'^2:(PP'\cdot DD')=A'H:\sqrt{MH\cdot MH'}$,

(3) $AA'^2:(PP'^2\pm DD'^2)=A'H:(MH\pm MH')$。

(1) 我们有

$$AA'^2:PP'^2=CA^2:CP^2;$$

$$\therefore AA'^2:PP'^2=(CN\cdot CT):CP^2 \quad [命题 14]$$

$$=(A'M\cdot A'A):A'Q^2,由相似三角形的性质。$$

现在 $$A'Q^2:(A'M\cdot MH')=AA':AH' \quad [命题 124]$$

$$=AA':A'H$$

$$=(A'M\cdot A'A):(A'M\cdot A'H),$$

故 $$(A'M\cdot A'A):A'Q^2=(A'M\cdot A'H):(A'M\cdot MH')。$$

因此,由以上,

$$AA'^2:PP'^2=A'H:MH' \quad \cdots\cdots\cdots\cdots(\alpha)$$

$$=(A'H\cdot MH'):MH'^2。$$

再者, $$PP'^2:DD'^2=MH':MH,[命题 127] \quad \cdots\cdots\cdots\cdots(\beta)$$

$$=MH'^2:(MH\cdot MH');$$

$$\therefore PP':DD'=MH':\sqrt{MH\cdot MH'}。 \quad \cdots\cdots\cdots\cdots(\gamma)$$

故 $$PP':(PP'\pm DD')=MH':(MH'\pm\sqrt{MH\cdot MH'}),$$

以及 $$PP'^2:(PP'\pm DD')^2=MH'^2:(MH'\pm\sqrt{MH\cdot MH'})^2。$$

因此,由以上(α)式,由首末比例,

$$AA'^2:(PP'\pm DD')^2=(A'H\cdot MH'):(MH'\pm\sqrt{MH\cdot MH'})^2,$$

(2) 我们由以上(γ)式导出

$$PP'^2:(PP'\cdot DD')=MH':\sqrt{MH\cdot MH'}。$$

因此由(α)式,由首末比例,

$$AA'^2:(PP'\cdot DD')=A'H:\sqrt{MH\cdot MH'}。$$

(3) 由(β)式,

$$PP'^2:(PP'^2\pm DD'^2)=MH':(MH\pm MH')。$$

因此由(α)式,由首末比例,

$$AA'^2:(PP'^2\pm DD'^2)=A'H:(MH\pm MH')。$$

命题 129

[Ⅶ. 12,13,29,30]

任意两条共轭直径的平方在每个椭圆中之和,以及在每条双曲线中之差,分别等于二轴的平方和或平方差。

应用前面两个命题的图和构形,我们有①

$$AA'^2:BB'^2=AA':p_a$$
$$=A'H:AH,由构形$$
$$=A'H:A'H'。$$

因此

$$AA'^2:(AA'^2\pm BB'^2)=A'H:(A'H\pm A'H')(其中“+”适用于椭圆),$$

或者 $$AA'^2:(AA'^2\pm BB'^2)=A'H:HH'。\quad\cdots\cdots\cdots\cdots(\delta)$$

再者,由命题 128 中的(α)式,

$$AA'^2:PP'^2=A'H:MH',$$

以及,借助命题 128 中的(β)式,

$$PP'^2:(PP'^2\pm DD'^2)=MH':(MH\pm MH')$$
$$=MH':HH'。$$

由最后两个关系式我们得到

$$AA'^2:(PP'^2\pm DD'^2)=A'H:HH'。$$

与(δ)式相比较,我们立即有

$$PP'^2\pm DD'^2=AA'^2\pm BB'^2。$$

---

① 下列式子中出现的 BB' 是 AA' 的共轭直径。——译者注

命题 130

[Ⅶ. 14,15,16,17,18,19,20]

以下结果可以由前面的命题导出,也就是

(1) **对于椭圆,**

$$AA'^2:(PP'^2\sim DD'^2)=A'H:2CM;$$

且对椭圆和双曲线二者,若用 p 记对 PP' 的纵坐标的参数,则

(2) $$AA'^2:p^2=(A'H\cdot MH'):MH^2,$$

(3) $$AA'^2:(PP'\pm p)^2=(A'H\cdot MH'):(MH\pm MH')^2,$$

(4) $$AA'^2:(PP'\cdot p)=A'H:MH,$$

(5) $$AA'^2:(PP'^2\mp p^2)=(A'H\cdot MH'):(MH'^2\mp MH^2)。$$

(1)我们有

$$AA'^2:PP'^2=A'H:MH',[命题 128,(\alpha)]$$

以及 $$PP'^2:(PP'^2\sim DD'^2)=MH':(MH'\sim MH),[命题 128,(\beta)]$$
$$=MH':2CM \text{ 在椭圆中。}$$

因此,对椭圆

$$AA'^2:(PP'^2-DD'^2)=A'H:2CM。$$

(2) 对任一条曲线都有

$$AA'^2:PP'^2=A'H:MH',\text{与前一样,}$$
$$=(A'H\cdot MH'):MH'^2,$$

又由命题 127,可知

$$PP'^2:p^2=MH'^2:MH^2;$$
$$\therefore AA'^2:p^2=(A'H\cdot MH'):MH^2。$$

(3) 由命题 127,可知

$$PP':p=MH':MH;$$
$$\therefore PP'^2:(PP'\pm p)^2=MH'^2:(MH\pm MH')^2。$$

又 $$AA'^2:PP'^2=(A'H\cdot MH'):MH'^2,\text{与前一样;}$$
$$\therefore AA'^2:(PP'\pm p)^2=(A'H\cdot MH'):(MH+MH')^2。$$

(4) $$AA'^2:PP'^2=A'H:MH',\text{与前一样,}$$

又 $PP'^2:(PP'\cdot p)=PP':p$

$=MH':MH$;[命题 127]

$\therefore AA'^2:(PP'\cdot p)=A'H:MH$。

(5) $AA'^2:PP'^2=(A'H\cdot MH'):MH'^2$,与前一样,

又 $PP'^2:(PP'^2\pm p^2)=MH'^2:(MH'^2\pm MH^2)$,

借助命题 127,则

$$AA'^2:(PP'^2\pm p^2)=(A'H\cdot MH'):(MH'^2\pm MH^2)。$$

命题 131

[Ⅶ. 21,22,23]

在一条双曲线中,若 $AA'\begin{cases}>BB',\\<BB',\end{cases}$ 则若 PP',DD' 是任何其他两条共轭直径,有 $PP'\begin{cases}>DD',\\<DD';\end{cases}$ 以及当 P 由 A 向两侧移动时,比值 $PP':DD'$ 持续地$\begin{cases}减少\\增加\end{cases}$。

并且,若 $AA'=BB'$,则 $PP'=DD'$。

(1)命题 127 的图中,第一幅对应于 $AA'>BB'$ 的情形,第二幅对应于 $AA'<BB'$ 的情形。

然后分别取$\begin{cases}第一幅图,\\第二幅图,\end{cases}$则由

$$PP'^2:DD'^2=MH':MH \qquad [命题 127]$$

可知 $PP'\begin{cases}>DD',\\<DD'。\end{cases}$

并且, $AA'^2:BB'^2=AA':p_a=A'H:AH$,由构形,

$=AH':AH$,

以及 $AH':AH\begin{cases}>MH':MH,\\<MH':MH,\end{cases}$

而当 M 由 A 移开,即若 Q 或 P 沿着曲线由 A 移开时,$MH':MH$ 持续地$\begin{cases}减少,\\增加。\end{cases}$

因此 $AA'^2:BB'^2\begin{cases}>PP'^2:DD'^2,\\<PP'^2:DD'^2,\end{cases}$

且比值 $PP'^2 : DD'^2$ 随着 P 由 A 移开而$\begin{cases}\text{减少,}\\ \text{增加。}\end{cases}$

并且对以下诸比值有相同的结论成立,

$$AA' : BB' \text{和} PP' : DD'。$$

(2) 若 $AA'=BB'$,则 $AA'=p_a$,且 H 和 H'都与 C 重合。

在这种情况下,有

$$AH=AH'=AC,$$

$$MH=MH'=CM,$$

以及恒有 $PP'=DD'$。

命题 132

[Ⅶ.24]

在椭圆中,若 AA' 是长轴,BB' 是短轴,且若 PP',DD' 是任意两条共轭直径,则

$$AA' : BB' > PP' : DD',$$

且当 P 自 A 向 B 移动时比值 $PP' : DD'$ 持续减少。

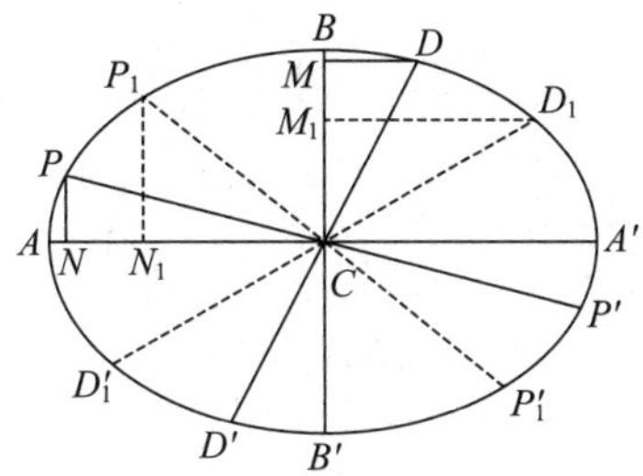

我们有 $$CA^2 : CB^2=(AN \cdot NA') : PN^2;$$

$$\therefore AN \cdot NA' > PN^2,$$

上式两侧均加上 CN^2,有

$$CA^2 > CP^2,$$

即 $$AA' > PP'。\qquad (1)$$

并且 $$CB^2 : CA^2=(BM \cdot MB') : DM^2,$$

其中 DM 是对 BB' 的纵坐标。

因此 $BM \cdot MB' < DM^2$,

上式两侧均加上 CM^2,有 $CB^2 < CD^2$;

$\therefore BB' < DD'$。…………………………………… (2)

再者,若 $P_1P'_1$,$D_1D'_1$ 是另一对共轭,且与 P 相比,P_1 更远离 A,则与 D 相比,D_1 更远离 B。

以及 $(AN \cdot NA'):(AN_1 \cdot N_1A') = PN^2 : P_1N_1^2$。

但是 $AN_1 \cdot N_1A' > AN \cdot NA'$;

$\therefore P_1N_1^2 > PN^2$,

以及 $AN_1 \cdot N_1A' - AN \cdot NA' > P_1N_1^2 - PN^2$。

但是,与前一样, $AN_1 \cdot N_1A' > P_1N_1^2$,

以及 $AN_1 \cdot N_1A' - AN \cdot NA' = CN^2 - CN_1^2$;

$\therefore CN^2 - CN_1^2 > P_1N_1^2 - PN^2$;

于是 $CP^2 > CP_1^2$,

或者 $PP' > P_1P'_1$。…………………………………… (3)

以完全相似的方式我们可以证明

$DD' < D_1D'_1$。…………………………………… (4)

因此,由(1)和(2)式我们有

$$AA' : BB' > PP' : DD',$$

以及,由(3)和(4)式, $PP' : DD' > P_1P'_1 : D_1D'_1$。

推论 立即可知,若 p_a, p, p_1 是对应于 $AA', PP', P_1P'_1$ 的参数,则

$$p_a < p,\ p < p_1。$$

命题 133

[Ⅶ. 25,26]

(1) *在双曲线或椭圆中,*

$$AA' + BB' < PP' + DD',$$

其中 PP',DD' 是除了轴以外的任意两条共轭直径。

(2) *在双曲线中,当 P 由 A 移开时 $PP'+DD'$ 持续增加;而在椭圆中,它随着 P 由 A 移开时增加,直到 PP',DD' 成为相等的共轭直径,它在那时为极大。*

(1) 参见命题 127 的图,对双曲线

$$AA'^2 \sim BB'^2 = PP'^2 \sim DD'^2 \qquad [命题129]$$

或者 $(AA'+BB') \cdot (AA' \sim BB') = (PP'+DD') \cdot (PP' \sim DD')$,且借助命题 131,

$$AA' \sim BB' > PP' \sim DD';$$

$$\therefore AA'+BB' < PP'+DD'。$$

类似地证明了,$PP'+DD'$随着 P 由 A 移开而增加。

在 $AA'=BB'$的情形,$PP'=DD'$且 $PP'>AA$;且本命题仍成立。

(2) 参见命题 132 的图。对椭圆

$$AA' : BB' > PP' : DD';$$

$$\therefore (AA'^2+BB'^2) : (AA'+BB')^2 > (PP'^2+DD'^2) : (PP'+DD')^2。$$[1]

但是

$$AA'^2+BB'^2 = PP'^2+DD'^2; \qquad [命题 129]$$

$$\therefore AA'+BB' < PP'+DD'。$$

类似地可以证明,当 P 由 A 移开时 $PP'+DD'$持续增加,直到 PP',DD'成为相等的共轭直径,那时它再次开始减少。

命题 134

[Ⅶ. 27]

在二轴不相等的每一个椭圆或每一条双曲线中,

$$AA' \sim BB' > PP' \sim DD',$$

共中 PP',DD'是任意其他共轭直径。并且,当 P 由 A 移开时,$PP' \sim DD'$减少,在双曲线中是持续的,而在椭圆中,直到 PP',DD'成为相等的共轭直径为止。

对椭圆,由命题 132 中的证明可知,这是清楚的。

参见命题 127 的图,对双曲线

$$AA'^2 \sim BB'^2 = PP'^2 \sim DD'^2,$$

以及

$$PP' > AA'。$$

由此可知

$$AA' \sim BB' > PP' \sim DD',$$

① 阿波罗尼奥斯直接做出这个断言,并未给出任何中间步骤。

且当 P 由 A 移开时后者持续减少。

[这一命题放在命题 133 之前更为恰当，因为它实际上被用于（到目前为止关于双曲线）那个命题的证明。]

命题 135

[Ⅶ. 28]

在每一条双曲线或每一个椭圆中，

$$AA' \cdot BB' < PP' \cdot DD',$$

且当 P 由 A 移开时 $PP' \cdot DD'$ 增加，在双曲线中增加是持续的，而在椭圆中，增加持续到 PP', DD' 与相等的共轭直径重合为止。

参见命题 127 和命题 132，我们有

$$AA'+BB' < PP'+DD', \qquad [\text{命题 } 133]$$

$$\therefore (AA'+BB')^2 < (PP'+DD')^2。$$

且对椭圆，

$$AA'^2+BB'^2=PP'^2+DD'^2, \qquad [\text{命题 } 129]$$

因此，通过相减，

$$AA' \cdot BB' < PP' \cdot DD',$$

且以相似的方式可说明，$PP' \cdot DD'$ 增加，直到 PP', DD' 与相等的共轭直径重合。

对双曲线［证明在阿波罗尼奥斯的论述中省略］，$PP' > AA'$, $DD' > BB'$，且 PP', DD' 二者都随着 P 由 A 移开而持续增加。因此本命题是显然的。

命题 136

[Ⅶ. 31]

若 PP', DD' 是椭圆或共轭双曲线中的两条共轭直径，且若在 P, P', D, D' 四点作曲线的切线，形成平行四边形 $LL'MM'$，则

平行四边形 $LL'MM'$ = 矩形 $AA' \cdot BB'$。[①]

---

① 矩形 $AA' \cdot BB'$ 指以 AA' 和 BB' 为边的矩形。AA' 和 BB' 是椭圆或双曲线的两轴。为方便读者，我们在下页的图中补画了 BB'，并加注 A' 的位置。——译者注

设在 P,D 的切线与轴 AA' 分别相交于 T,T'。设 PN 是对 AA' 的一个纵坐标，并取长度 PO 使得

$$PO^2=CN\cdot NT。$$

现在
$$CA^2:CB^2=(CN\cdot NT):PN^2$$ ［命题 14］
$$=PO^2:PN^2,$$

或者
$$CA:CB=PO:PN;$$

$$\therefore CA^2:(CA\cdot CB)=(PO\cdot CT):(CT\cdot PN)。$$

因此也有，
$$CA^2:(PO\cdot CT)=(CA\cdot CB):(CT\cdot PN),$$

或者
$$(CT\cdot CN):(PO\cdot CT)=(CA\cdot CB):(CT\cdot PN)。\qquad(1)$$

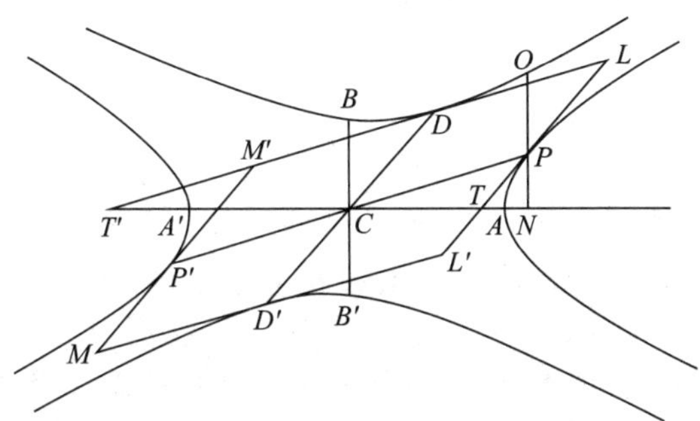

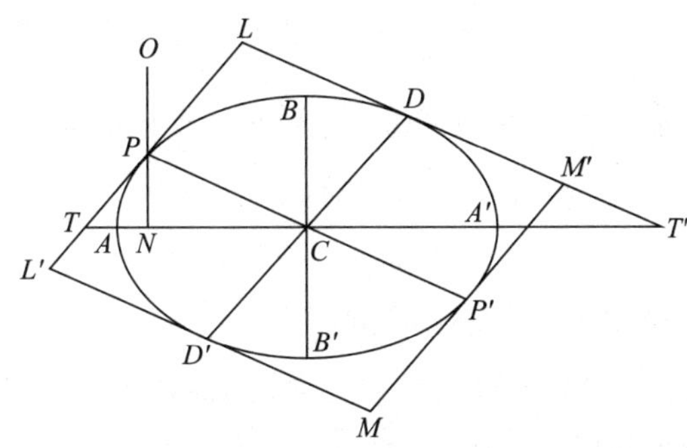

再者，
$$PT^2:CD^2=NT:CN,$$ ［命题125］

故
$$2\triangle CPT:2\triangle T'DC=NT:CN。$$

但平行四边形(CL)是 $2\triangle CPT$ 与 $2\triangle T'DC$ 之间的比例中项，

因为
$$2\triangle CPT:(CL)=PT:CD$$
$$=CP:DT'$$
$$=(CL):2\triangle T'DC。$$

并且，PO 是 CN 与 NT 之间的比例中项。

因此

$$2\triangle CPT:(CL)=PO:CN=(PO\cdot CT):(CT\cdot CN)$$
$$=(CT\cdot PN):(CA\cdot CB)\text{，由以上(1)式。}$$

又 $$2\triangle CPT=CT\cdot PN;$$

$$\therefore (CL)=CA\cdot CB,$$

把等式两侧同乘以 4，则

$$\square LL'MM'=AA'\cdot BB'\text{。}$$

命题 137

[Ⅶ. 33,34,35]

假定 p_a 是对应于双曲线轴 AA' 的参数，p 是对应于直径 PP' 的参数，

(1) 若 AA' 不小于 p_a，则 $p_a<p$，且当 P 由 A 移开时 p 持续增加；

(2) 若 AA' 小于 p_a，但不小于 $\frac{p_a}{2}$，则 $p_a<p$，且当 P 由 A 移开时 p 增加；

(3) 若 $AA'<\frac{p_a}{2}$，则在轴的两侧都可以找到一条直径 P_0P_0'，使得 $p_0=2P_0P_0'$。又有 p_0 小于任何其他参数 p，且当 P 由 P_0 向任一方向移开时 p 增加。

(1) (a) 若 $AA'=p_a$，我们有[命题 131(2)]

$$PP'=p=DD',$$

以及当 P 由 A 移开时，PP' 及 p 持续增加。

(b) 若 $AA'>p_a$，则 $AA'>BB'$，且如在命题 131(1)中，$PP':DD'$ 及 $PP':p$，当 P 由 A 移开时持续减少，但 PP' 增加，因此 p 增加更多。

(2)假定 $AA'<p_a$，但 $\not< \frac{p_a}{2}$。

设 P 是顶点 A 所在分支上的任意点；作 $A'Q$ 平行于 CP，与同一分支相交于 Q，并作纵坐标 QM。

如同在前面诸命题中，分 $A'A$ 于 H,H'，使得

$$A'H:HA=AH':H'A'=AA':p_a\text{。}$$

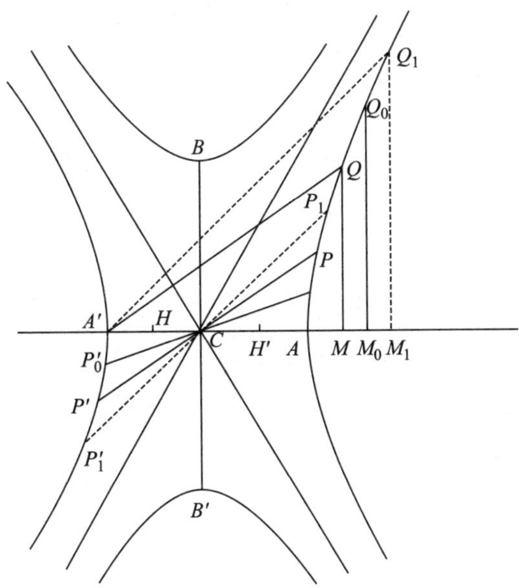

（本图在原图的基础上增添了一些线条和符号，使之也适用于命题 138，140，142，146。主要增添内容有：1. 渐近线；2. 共轭双曲线；3. M_0 对本命题满足 $HH'=H'M_0$，但它对命题 140 则满足 $HH'=2H'M_0$；4. 线条 P'_0P_0；5. 垂线 Q_0M_0；6. 符号 BB'。——译者注）

因此 $$AA'^2:p_a^2=(A'H\cdot AH'):AH^2。\cdots\cdots\cdots\cdots\cdots\cdots\cdots\cdots \quad (\alpha)$$

我们现在有 $$2AH'\geqslant AH>AH'。$$

以及 $$MH+HA>2AH;$$

$$\therefore (MH+HA):AH>AH:AH',$$

或者 $$(MH+HA)AH'>AH^2。\quad (\beta)$$

由此可知

$$(MH+HA)AM:(MH+HA)AH',\text{或者 } AM:AH',$$
$$<(MH+HA)AM:AH^2。$$

因此，由合比定理，

$$MH':AH'<[(MH+HA)AM+AH^2]:AH^2=MH^2:AH^2,\cdots\cdots\cdots \quad (\gamma)$$

据此 $$(A'H\cdot MH'):(A'H\cdot AH')<MH^2:AH^2,$$

或者也有，

$$(A'H\cdot MH'):MH^2<(A'H\cdot AH'):AH^2。$$

但由命题130(2)及以上的(α)式,这些比值分别等于$AA'^2:p^2$和$AA'^2:p_a^2$。

因此
$$AA'^2:p^2<AA'^2:p_a^2,$$
或者
$$p_a<p。$$

再者,若P_1是与P相比距A更远的点,且若$A'Q_1$平行于CP_1,而且M_1是纵坐标QM_1的底脚,则因为$AH\leqslant 2AH'$,
$$MH<2MH';$$
并且
$$M_1H+MH>2MH。$$
于是
$$(M_1H+MH)MH'>MH^2。$$

这是与上面(β)式相似的关系式,只是M替代了A,M_1替代了M。

于是我们由相同的证明,导出了对应于以上(γ)式的结果,或即
$$M_1H':MH'<M_1H^2:MH^2,$$
或者
$$AA'^2:p_1^2<AA'^2:p^2,$$
故$p<p_1$,命题得证。

(3)兹设$AA'<\dfrac{p_a}{2}$。

取一点M_0使得$HH'=H'M_0$,并设Q_0,P_0与M_0的关系及Q,P与M的关系相同。

于是
$$P_0P_0':p_0=M_0H':M_0H。\quad[命题127]$$
由此可知,因为$HH'=H'M_0$,故
$$p_0=2P_0P_0'。$$

其次,设P是曲线上P_0与A之间的一点,而Q是M的对应点。

因为
$$MH'<M_0H',$$
于是
$$M_0H'\cdot H'M<HH'^2。$$

在不等式两边都加上矩形$(MH+HH')MH'$,我们有
$$(M_0H+HM)MH'<MH^2。$$

这又对应于上面的关系式(β),只是M替代了A,M_0替代了M,以及<号替代了>号。

对应于上面(γ)式的结果是
$$M_0H':MH'>M_0H^2:MH^2;$$
$$\therefore (A'H\cdot M_0H'):M_0H^2>(A'H\cdot MH'):MH^2,$$
或者
$$AA'^2:p_0^2>AA'^2:p^2,$$

因此 $p > p_0$。

以类似的方式,我们可证明当 P 由 P_0 向 A 移动时 p 增加。

最后,设 P 比 P_0 离 A 更远。

在这种情况下 $H'M > H'M_0$,

以及我们有 $H'M \cdot H'M_0 > HH'^2$,

且由前一个证明,交换 M 与 M_0,并在关系式中代入相反的符号,则

$$AA'^2 : p^2 < AA'^2 : p_0^2,$$

以及 $p > p_0$。

以同样的方式,我们可证明当 P 由 P_0 和 A 移开时[①] p 增加。

因此命题得证。

命题 138

[Ⅶ. 36]

在二轴不等的双曲线中,若 p_a 是对应于 AA' 的参数,p 是对应于 PP' 的参数,则

$$AA' \sim p_a > PP' \sim p,$$

且当 P 由 A 移开时 $PP'-p$ 持续减少。

用与前一命题相同的记法,

$$A'H : HA = AH' : H'A' = AA' : p_a,$$

据此 $AA'^2 : (AA' \sim p_a)^2 = (A'H \cdot AH') : HH'^2$。

并且[命题 130(3)]

$$AA'^2 : (PP' \sim p)^2 = (A'H \cdot MH') : HH'^2。$$

但是 $A'H \cdot MH' > A'H \cdot AH'$;

$$\therefore AA'^2 : (PP' \sim p)^2 > AA'^2 : (AA' \sim p_a)^2。$$

因此 $AA' \sim p_a > PP' \sim p$。

类似地,若 P_1,M_1 比 P,M 离 A 更远,则我们有

$$A'H \cdot M_1H' > A'H \cdot MH',$$

且随之有

① 原文为"p 当 P 由 P 和 A 移开时"。——译者注

$$PP'\sim p > P_1P_1'\sim p_1,$$

等等。

命题 139

[Ⅶ. 37]

在一个椭圆中，若 P_0P_0', $D_0D'_0$ 是相等的共轭直径，PP', DD' 是任何其他共轭直径，且若 p_0, p, p_a, p_b 分别是对应于 P_0P_0', PP', AA', BB' 的参数，则

(1) $AA'\sim p_a$ 是对 A 与 P_0 之间所有点 P 的 $PP'\sim p$ 的极大值，且当 P 由 A 向 P_0 移动时 $PP'\sim p$ 持续减少，

(2) $BB'\sim p_b$ 是对 B 与 P_0 之间所有点 P 的 $PP'\sim p$ 的极大值，且当 P 由 B 向 P_0 移动时 $PP'\sim p$ 持续减少，

(3) $BB'\sim p_b > AA'\sim p_a$。

以上结果(1)与(2)由命题 132 立即可以得到。

(3)因为 $p_b : BB' = AA' : p_a$，且 $p_b > AA'$，由此立即可知 $BB'\sim p_b > AA'\sim p_a$。

命题 140

[Ⅶ. 38,39,40]

(1) 在双曲线中，若 $AA' \geqslant \frac{1}{3}p_a$，则

$$PP'+p > AA'+p_a,$$

其中 PP' 是任意其他直径，p 是对应的参数；且 P 越接近 A，$PP'+p$ 越小。

(2) 若 $AA' < \frac{1}{3}p_a$，则在轴的每一边都有一条直径，如 P_0P_0'，使得 $P_0P_0' = \frac{1}{3}p_a$；且 $P_0P_0'+p_0 < PP'+p$，其中 PP' 是在轴的同一侧的任意其他直径；并且当 P 由 P_0 移开时 $PP'+p$ 持续增加。

(1) 构形与前相同，我们假定

(a) $$AA' \geqslant p_a。$$

在这种情况下[命题 137(1)]，当 P 由 A 移开时 PP' 持续增加，且 p 的情况与之相同。

因此 $PP'+p$ 也持续增加。

(b) 假定
$$\frac{1}{3}p_a \leqslant AA' < p_a;$$
$$\therefore AH' \geqslant \frac{1}{3}AH;$$

于是
$$AH' \geqslant \frac{1}{4}(AH+AH'),$$

以及
$$(AH+AH') \cdot 4AH' \geqslant (AH+AH')^2。$$

因此
$$4(AH+AH')AM : 4(AH+AH')AH', \text{或 } AM : AH',$$
$$\leqslant 4(AH+AH')AM : (AH+AH')^2;$$

以及,由合比定理,
$$MH' : AH' \leqslant [4(AH+AH')AM+(AH+AH')^2] : (AH+AH')^2。$$

现在
$$(MH+MH')^2-(AH+AH')^2 = 2AM(MH+MH'+AH+AH')$$
$$> 4AM(AH+AH');$$
$$\therefore 4AM(AH+AH')+(AH+AH')^2 < (MH+MH')^2。$$

由此可知
$$MH' : AH' < (MH+MH')^2 : (AH+AH')^2,$$

或者 $(A'H \cdot MH') : (MH+MH')^2 < (A'H \cdot AH') : (AH+AH')^2$;
$$\therefore AA'^2 : (PP'+p)^2 < AA'^2 : (AA'+p_a)^2 \text{[由命题 130(3)]}。$$

因此
$$AA'+p_a < PP'+p。$$

再者,因为
$$AH' \geqslant \frac{1}{4}(AH+AH'),$$
$$MH' > \frac{1}{4}(MH+MH');$$
$$\therefore 4(MH+MH')MH' > (MH+MH')^2。$$

以及,若 P_1 是离 A 比 P 远的另一个点,且点 Q_1, M_1 对应于点 Q, M,则如前相同的证明(用 M 替代 A, M_1 替代 M),我们有
$$(A'H \cdot M_1H') : (M_1H+M_1H')^2 < (A'H \cdot MH') : (MH+MH')^2。$$

我们导出
$$PP'+p < P_1P_1'+p_1;$$

于是本命题得以确立。

(2) 我们有 $AH' < \frac{1}{3}AH$,故 $AH' < \frac{1}{2}HH'$。

作 $H'M_0$ 等于$\frac{1}{2}HH'$,故 $M_0H' = \frac{1}{3}M_0H$。

于是
$$P_0P_0' : p_0 = M_0H' : M_0H = 1 : 3,$$
以及
$$P_0P_0' = \frac{p_0}{3}。$$
其次,因为
$$M_0H' = \frac{1}{3}M_0H,$$
$$\therefore M_0H' = \frac{1}{4}(M_0H + M_0H')。$$

现在假定 P 是 A 与 P_0 之间的一个点,M 对应于 P,使得
$$M_0H' > MH';$$
$$\therefore (M_0H + M_0H')^2 > (M_0H + MH') \cdot 4M_0H'。$$
在不等式两侧同减去矩形$(M_0H + M_0H') \cdot 4MM_0$,则
$$(MH + MH')^2 > (M_0H + MH') \cdot 4MH';$$
$$\therefore (M_0H + MH') \cdot 4MM_0 : (M_0H + MH') \cdot 4MH',\text{或者 } MM_0 : MH',$$
$$> [(M_0H + MH') \cdot 4MM_0] : (MH + MH')^2。$$
因此,由合比定理,
$$M_0H' : MH' > [(M_0H + MH') \cdot 4MM_0 + (MH + MH')^2] : (MH + MH')^2$$
$$> (M_0H + M_0H')^2 : (MH + MH')^2。$$
从而,
$$A'H \cdot M_0H' : (M_0H + M_0H')^2 > A'H \cdot MH' : (MH + MH')^2。$$
因此[命题 130(3)]
$$AA'^2 : (P_0P_0' + p_0)^2 > AA'^2 : (PP' + p)^2,$$
即
$$PP' + p > P_0P_0' + p_0。$$

再者,若 P_1 是 P 与 A 之间的一个点,则如前所述,用 M 代替 M_0,用 M_1 代替 M,我们有
$$(MH + MH')^2 > (MH + M_1H') \cdot 4MH',$$
且我们可以完全如前一样地证明
$$P_1P_1' + p_1 > PP' + p,$$
等等。

最后，若 $MH>M_0H$，我们有

$$(MH+M_0H')\cdot 4M_0H' > (MH+M_0H')^2。$$

若在这个不等式的两边都加上矩形 $(MH+M_0H')\cdot 4MM_0$，它们分别成为

$$(MH+M_0H')\cdot 4MH' > (MH+MH')^2,$$

而上面使用的证明方法给出

$$P_0P_0'+p_0>PP'+p,$$

等等。

因此本命题得以确立。

命题 141

[Ⅶ.41]

在任意椭圆中，若 PP' 是任意直径及 p 是其参数，则 $PP'+p > AA'+p_a$，且当 P 越靠近 A 时 $PP'+p$ 越小；并且 $BB'+p_b > PP'+p$。

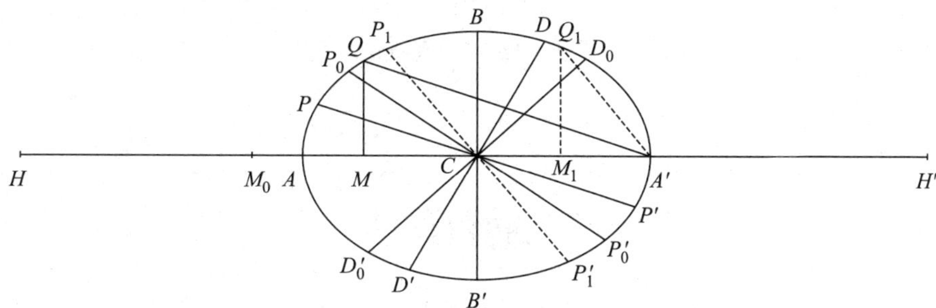

（本图在原图的基础上增添了一些线条和符号，使之也适用于命题 141，143，145，147。主要增添内容有：1. 短轴 BB'；2. 补全直径 PP'，并作其共轭直径 DD'；3. 补全直径 P_1P_1'；4. 点 M_0 满足 $M_0H' = H_0H'/\sqrt{2}$；5. 一对相等的共轭直径 P_0P_0'，D_0D_0'。——译者注）

用与前相同的构形，

$$A'H : HA = AH' : H'A'$$
$$= AA' : p_a$$
$$= p_b : BB'。$$

于是 $$AA'^2:(AA'+p_a)^2=A'H^2:HH'^2$$
$$=(A'H\cdot AH'):HH'^2。\quad\cdots\cdots\cdots(\alpha)$$

并且 $$AA'^2:BB'^2=AA':p_a=A'H:A'H'$$
$$=(A'H\cdot A'H'):A'H'^2,$$

以及 $$BB'^2:(BB'+p_b)^2=A'H'^2:HH'^2。$$

因此,由首末比例,

$$AA'^2:(BB'+p_b)^2=(A'H\cdot A'H'):HH'^2。\cdots\cdots\cdots\cdots\cdots\cdots(\beta)$$

由(α)和(β)式, $$\because AH'>A'H',$$
$$\therefore AA'+p_a<BB'+p_b。$$

再者 $AA'^2:(PP'+p)^2=(A'H\cdot MH'):HH'^2$,[命题 130(3)]

以及 $$AA'^2:(P_1P'_1+p_1)^2=(A'H\cdot M_1H'):HH'^2,$$

其中 P_1 在 P 与 B 之间。因为

$$AH'>MH'>M_1H'>A'H',$$

故有 $$AA'+p_a<PP'+p,$$
$$PP'+p<P_1P'_1+p_1,$$
$$P_1P'_1+p_1<BB'+p_b,$$

即可得本定理。

命题 142

[Ⅶ. 42]

在双曲线中,若 PP' 是任意直径及 p 是其参数,则

$$AA'\cdot p_a<PP'\cdot p,$$

且当 P 由 A 移开时 $PP'\cdot p$ 增加。

参见命题 137,我们有 $A'H:HA=AA'^2:(AA'\cdot p_a)$,

以及 $$A'H:MH=AA'^2:(PP'\cdot p),$$ [命题 130(4)]

然而 $$HA<MH;$$

$$\therefore AA'\cdot p_a<PP'\cdot p,$$

且由于当 P 由 A 移开时 MH 持续增加,则 $PP'\cdot p$ 也是如此。

命题 143

［Ⅶ. 43］

在一个椭圆 $AA' \cdot p_a < PP' \cdot p$，其中 PP' 是任意直径，且当 P 由 A 移开时 $PP' \cdot p$ 增加，当 P 与 B 或 B' 重合时 $PP' \cdot p$ 达到一个极大。

与命题 142 一样，本结果由命题 130(4) 即可得到。图参见命题 141。

［这两个命题也明显可见是成立的，因为 $PP' \cdot p = DD'^2$。］

命题 144

［Ⅶ. 44，45，46］

在一条抛物线中（图参见命题 126）

(1) 若 $AA' \geqslant p_a$，或

(2) 若 $\frac{1}{2}(AA' \sim p_a)^2 \leqslant AA' < p_a$，则

$$AA'^2 + p_a^2 < PP'^2 + p^2,$$

其中 PP' 是任意直径，且当 P 由 A 移开时 $PP'^2 + p^2$ 增加；

(3) 若 $AA'^2 < \frac{1}{2}(AA' \sim p_a)^2$，则在轴的两侧都将找到一条直径 P_0P_0'，使得 $P_0P_0'^2 = \frac{1}{2}(P_0P_0' \sim p_0)^2$，且 $P_0P_0'^2 + p_0^2 < PP'^2 + p^2$，其中 PP' 是任意其他直径；并且当 PP' 越接近 P_0P_0' 时 $PP'^2 + p^2$ 越小。

(1) 设 $AA' \geqslant p_a$。

于是，若 PP' 是任意其他直径，$p > p_a$，且当 P 由 A 移开时 p 增加［命题 137(1)］；并且 $AA' < PP'$，当 P 由 A 移开时 AA' 增加；

$$\therefore AA'^2 + p_a^2 < PP'^2 + p^2,$$

且当 P 由 A 移开时 $PP'^2 + p^2$ 持续增加。

(2) 设 $\frac{1}{2}(AA' \sim p_a)^2 \leqslant AA' < p_a$。

于是,因为 $AA':p_a=A'H:AH=AH':A'H'$,

$$2AH'^2\geqslant HH'^2$$

以及 $$2MH'\cdot AH'>HH'^2。$$

在最后一个不等式的两边加上 $2AH\cdot AH'$,

$$2(MH+AH')AH'>2AH\cdot AH'+HH'^2=AH^2+AH'^2;$$

$$\therefore 2(MH+AH')AM:2(MH+AH')AH',\text{或者 } AM:AH',$$

$$<2(MH+AH')AM:(AH^2+AH'^2)。$$

因此,由合比定理,

$$MH':AH'<[2(MH+AH')AM+AH^2+AH'^2]:(AH^2+AH'^2),$$

以及 $$MH^2+MH'^2=AH^2+AH'^2+2AM(MH+AH'),$$

故 $$MH':AH'<(MH^2+MH'^2):(AH^2+AH'^2);$$

或者 $$(A'H\cdot MH):(MH^2+MH'^2)<(A'H\cdot AH'):(AH^2+AH'^2);$$

$$\therefore AA'^2:(PP'^2+p^2)<AA'^2:(AA'^2+p_a^2)。$$ [命题 130(5)]

于是 $$AA'^2+p_a^2<PP'^2+p^2。$$

再者,因为 $$2MH'^2>HH'^2,$$

以及(若 $AM_1>AM$) $$2M_1H'\cdot MH'>HH'^2,$$

通过用 M 替代 A 和用 M_1 替代 M,我们以相似的方式证明

$$PP'^2+p^2<P_1P_1'^2+p_1^2。$$

(3)设 $AA'<\frac{1}{2}(AA'\sim p_a)^2$,

故 $$2AH'^2<HH'^2。$$

取 M_0 点,使得 $2M_0H'^2$ 等于 HH'^2。

现在 $$M_0H':M_0H=P_0P_0':p_0,$$ [命题 127]

故 $$P_0P_0'^2=\frac{1}{2}(P_0P_0'\sim p_0)^2。$$

其次,若 P 在 A 与 P_0 之间,

$$2M_0H'^2=HH'^2,$$

以及 $$2M_0H'\cdot MH'<HH'^2。$$

在不等式的两边都加上 $2MH\cdot MH'$,则

$$2(M_0H+MH')MH'<MH^2+MH'^2,$$

以及,以与前完全相同的方式,我们可以证明

$$P_0P'^2_0+p_0^2 < PP'^2+p^2。$$

再者,若 P_1 在 A 与 P 之间,则

$$2MH' \cdot M_1H' < HH'^2,$$

据此(加上 $2M_1H \cdot M_1H'$)

$$2(MH+M_1H')M_1H' < M_1H^2+M_1H'^2,$$

以及,以同样的方式,

$$PP'^2+p^2 < P_1P'^2_1+p_1^2。$$

类似地,有 $$P_1P'^2_1+p_1^2 < AA'^2+p_a^2。$$

最后,若 $$AM > AM_0,$$

$$2MH' \cdot M_0H' > HH'^2,$$

以及,若 $$AM_1 > AM,$$

$$2M_1H' \cdot MH' > HH'^2;$$

据此,我们以类似方式导出

$$PP'^2+p^2 > P_0P'^2_0+p_0^2,$$

$$P_1P'^2_1+p_1^2 > PP'^2+p^2,$$

等等。

命题 145

[Ⅶ. 47,48]

在椭圆中(图参见命题 141)

(1) 若 $AA'^2 \leqslant \frac{1}{2}(AA'+p_a)^2$,则 $AA'^2+p_a^2 < PP'^2+p^2$,且当 P 由 A 移开时 PP'^2+p^2 增加,当 P 与 B 重合时 PP'^2+p^2 达到一个极大;

(2) 若 $AA'^2 > \frac{1}{2}(AA'+p_a)^2$,则在轴的两侧都可以找到一条直径 $P_0P'_0$,使得 $P_0P'^2_0=\frac{1}{2}(P_0P'_0+p_0)^2$,且 $P_0P'^2_0+p_0^2$ 在同一个四分之一椭圆中小于 PP'^2+p^2,当 P 由 P_0 向任一侧移动时 PP'^2+p^2 增加。

(1) 假定 $AA'^2 \leqslant \frac{1}{2}(AA'+p_a)^2$。

现在 $(A'H \cdot AH') : (A'H^2+A'H'^2)=AA'^2 : (AA'^2+p_a^2)$。

并且 $AA'^2 : BB'^2=p_b : BB'=AA' : p_a=A'H : A'H'$

$=(A'H \cdot A'H') : A'H'^2$,

以及 $BB'^2 : (BB'^2+p_b^2)=A'H'^2 : (A'H^2+A'H'^2)$;

因此,由等比定理,

$$AA'^2 : (BB'^2+p_b^2)=(A'H \cdot A'H') : (A'H^2+A'H'^2)。$$

且与前一样,

$$AA'^2 : (AA'^2+p_a^2)=(A'H \cdot A'H') : (A'H^2+A'H'^2)。$$

再者, $AA'^2 \leqslant \frac{1}{2}(AA'+p_a)^2$,

$\therefore 2A'H \cdot AH' \leqslant HH'^2$,

据此 $2A'H \cdot MH' < HH'^2$。

减去 $2MH \cdot MH'$,我们有

$$2A'M \cdot MH' < MH^2+MH'^2, \cdots\cdots\cdots\cdots (1)$$

$\therefore (2A'M \cdot AM) : (2A'M \cdot MH')$,或者 $AM : MH'$,

$> (2A'M \cdot AM) : (MH^2+MH'^2)$,

且因为 $2A'M \cdot AM+MH^2+MH'^2=A'H^2+A'H'^2$,

及合比定理,我们有

$$AH' : MH' > (A'H^2+A'H'^2) : (MH^2+MH'^2),$$

$$\therefore (A'H \cdot AH') : (A'H^2+A'H'^2) > (A'H \cdot MH') : (MH^2+MH'^2),$$

据此 $AA'^2 : (AA'^2+p_a^2) > AA'^2 : (PP'^2+p^2)$, [命题 130(5)]

或者 $AA'^2+p_a^2 < PP'^2+p^2$。

再者,或者 $MH < M_1H'$,或者 $MH \geqslant M_1H'$。

(a) 设 $MH < M_1H'$。

于是 $MH^2+MH'^2 > M_1H^2+M_1H'^2$,

以及 $M_1H^2+M_1H'^2 > M_1H' \cdot 2(M_1H'-MH)$;①

$\therefore [MM_1 \cdot 2(M_1H'-MH)] : [M_1H' \cdot 2(M_1H'-MH)]$,或者 $MM_1 : M_1H'$

---

① 如在前面(1)中,

$$M_1H^2+M_1H'^2 > 2A'M_1 \cdot M_1H'$$

$=M_1H' \cdot 2(M_1H'-A'H')$,更有

$> M_1H' \cdot 2(M_1H'-MH)$。

$$> [MM_1 \cdot 2(M_1H'-MH)] : (M_1H^2+M_1H'^2)。$$

又 $$MH^2+MH'^2-(M_1H^2+M_1H'^2) = 2(CM^2-CM_1^2);$$

$$\therefore MM_1 \cdot 2(M_1H'-MH)+M_1H^2+M_1H'^2 = MH^2+MH'^2;$$

于是,由合比定理,我们有

$$MH' : M_1H' > (MH^2+MH'^2) : (M_1H^2+M_1H'^2);$$

因此也有

$$(A'H \cdot MH') : (MH^2+MH'^2) > (A'H \cdot M_1H') : (M_1H^2+M_1H'^2),$$

以及 $$AA'^2 : (PP'^2+p^2) > AA'^2 : (P_1P_1'^2+p_1^2), \qquad [命题 130(5)]$$

故 $$PP'^2+p^2 < P_1P_1'^2+p_1^2。$$

(b) 若 $$MH \geqslant M_1H',$$

$$MH^2+MH'^2 \leqslant M_1H^2+M_1H'^2,$$

用与前相同的方式,它导致

$$(A'H \cdot MH') : (MH^2+MH'^2) > (A'H \cdot M_1H') : (M_1H^2+M_1H'^2),$$

以及 $$PP'^2+p^2 < P_1P_1'^2+p_1^2。$$

最后,因为

$$(A'H \cdot A'H') : (A'H^2+A'H'^2) = AA'^2 : (BB'^2+p_b^2),$$

以及 $$(A'H \cdot M_1H') : (M_1H^2+M_1H'^2) = AA'^2 : (P_1P_1'^2+p_1^2),$$

以同样的方式可以证明

$$P_1P_1'^2+p_1^2 > BB'^2+p_b^2。$$

(2) 假定 $$AA'^2 > \frac{1}{2}(AA'+p_a)^2。$$

故 $$2AH'^2 > HH'^2。$$

取 M_0 点,使得 $2M_0H'^2$ 等于 HH'^2,故

$$M_0H'^2 = \frac{1}{2}HH'^2 = HH' \cdot CH';$$

$$\therefore HH' : M_0H' = M_0H' : CH'$$

$$= (HH' \sim M_0H') : (M_0H' \sim CH'),$$

据此 $$M_0H : CM_0 = HH' : M_0H',$$

以及 $$HH' \cdot CM_0 = M_0H \cdot M_0H'。$$

若然后(a), $$AM < AM_0,$$

$$4CM_0 \cdot CH' > 2MH \cdot M_0H'。$$

在不等式的两侧都加上 $2MM_0 \cdot M_0H'$,

$$4CM_0 \cdot CH' + 2MM_0 \cdot M_0H' > 2M_0H \cdot M_0H',$$

以及再者,不等式的两侧加上 $4CM_0^2$,

$$2(CM+CM_0)M_0H' > M_0H^2 + M_0H'^2。$$

由此可知

$$2(CM+CM_0)MM_0 : 2(CM+CM_0)M_0H',\text{或者 } MM_0 : M_0H',$$
$$< 2(CM+CM_0)MM_0 : (M_0H^2+M_0H'^2)。$$

现在 $$2(CM+CM_0)MM_0+M_0H^2+M_0H'^2=MH^2+MH'^2,$$

故由合比定理,

$$MH' : M_0H' < (MH^2+MH'^2) : (M_0H^2+M_0H'^2)。$$

以及

$$(A'H \cdot MH') : (MH^2+MH'^2) < (A'H \cdot M_0H') : (M_0H^2+M_0H'^2),$$

据此 $$P_0P'^2_0+p_0^2 < PP'^2+p^2。$$

类似地,若 $$AM_1 < AM,$$

$$2HH' \cdot CM > 2M_1H \cdot MH',$$

以及用与前相同的方式可以证明

$$PP'^2+p^2 < P_1P'^2_1+p_1^2。$$

以及,因为 $2HH' \cdot CM_1 > 2AH \cdot M_1H'$,

以相似的方式可以证明

$$P_1P'^2_1+p_1^2 < AA'^2+p_a^2。$$

最后(b),若 $AM > AM_0$,相同的证明方法给出

$$P_0P'^2_0+p_0^2 < PP'^2+p^2,$$

等等。

命题 146

[Ⅶ. 49,50]

在一条双曲线中(图参见命题 137)

(1) 若 $AA' > p_a$,则 $AA'^2 \sim p_a^2 < PP'^2 \sim p^2$,其中 PP' 是任意直径,且当 P 由 A 移开时 $PP'^2 \sim p^2$ 增加;并且 $2(AA'^2 \sim p_a \cdot AA') > PP'^2 \sim p^2 > AA'^2 \sim p_a \cdot AA'$;

（2）**若 $AA' < p_a$，则 $AA'^2 \sim p_a^2 > PP'^2 \sim p^2$，且当 P 由 A 移开时 $PP'^2 \sim p^2$ 减少；并且 $PP'^2 \sim p^2 > 2(AA'^2 \sim p_a \cdot AA')$。**

（1）如通常那样，$A'H : AH = AH' : A'H' = AA' : p_a$，

$$\therefore (A'H \cdot AH') : (AH'^2 \sim AH^2) = AA'^2 : (AA'^2 \sim p_a^2)。$$

现在 $MH' : AH' < MH : AH$；

$$\therefore MH' : AH' < (MH'+MH) : (AH'+AH)$$
$$= (MH'+MH)HH' : (AH'+AH)HH'$$
$$= (MH'^2 \sim MH^2) : (AH'^2 \sim AH^2)。$$

因此 $$(A'H \cdot MH') : (MH'^2 \sim MH^2) < (A'H \cdot AH') : (AH'^2 \sim AH^2)；$$

$$\therefore AA'^2 : (PP'^2 \sim p^2) < AA'^2 : (AA'^2 \sim p_a^2)，\text{［命题 130(5)］}$$

或者 $$AA'^2 \sim p_a^2 < PP'^2 \sim p^2。$$

再者，若 $$AM_1 > AM,$$

$$M_1H' : MH' < M_1H : MH;$$

$$\therefore M_1H' : MH' < (M_1H'+M_1H) : (MH'+MH),$$

以及如前所述，我们得到

$$PP'^2 \sim p^2 < P_1P_1'^2 \sim p_1^2,$$

等等。

现在，若沿着 PP' 度量 PO 等于 p，

$$PP'^2 \sim p^2 = 2PO \cdot OP' + OP'^2;$$

$$\therefore 2PP' \cdot OP' > PP'^2 \sim p^2 > PP' \cdot OP'。$$

但是 $$PP' \cdot OP' = PP'^2 \sim PP' \cdot PO$$
$$= PP'^2 \sim p \cdot PP'$$
$$= AA'^2 \sim p_a \cdot AA', \quad \text{［命题 129］}$$

$$\therefore 2(AA'^2 \sim p_a \cdot AA') > PP'^2 \sim p^2 > AA'^2 \sim p_a \cdot AA'。$$

（2）若 $AA' < p_a$，

$$MH' : AH' > MH : AH;$$

$$\therefore MH' : AH' > (MH'+MH) : (AH'+AH),$$

以及

$$(A'H \cdot MH') : (A'H \cdot AH') > (MH'+MH)HH' : (AH'+AH)HH',$$

即 $$= (MH'^2 - MH^2) : (AH'^2 - AH^2)。$$

因此，如前所述，我们发现在这种情况下有

$$PP'^2 \sim p^2 < AA'^2 \sim p_a^2。$$

类似地

$$P_1P_1'^2 \sim p_1^2 < PP'^2 \sim p^2,$$

等等。

最后,若延长 PP' 至 O 使得 $PO=p$,

$$AA'^2 \sim p_a \cdot AA' = PP'^2 \sim p \cdot PP' \quad [命题 129]$$
$$= PP' \cdot OP'。$$

以及

$$PP'^2 \sim p^2 = PP'^2 \sim PO^2$$
$$= 2PP' \cdot PO' + P'O^2$$
$$> 2PP' \cdot OP'$$
$$> 2(AA'^2 \sim p_a \cdot AA')。$$

命题 147

[Ⅶ.51]

在一个椭圆中(图参见命题 141)

(1) 若 PP' 是任意直径,使得 $PP'>p$,则

$$AA'^2 \sim p_a^2 > PP'^2 \sim p^2,$$

且当 P 由 A 移开时 $PP'^2 \sim p^2$ 减少;

(2) 若 PP' 是任意直径,使得 $PP'<p$,则

$$BB'^2 \sim p_b^2 > PP'^2 \sim p^2,$$

且当 P 由 B 移开时 $PP'^2 \sim p^2$ 减少。

(1) 在这种情况下(使用命题 141 的图)

$$AH' : MH' < AC : CM,$$

$$\therefore (A'H \cdot AH') : (A'H \cdot MH') < (2HH' \cdot AC) : (2HH' \cdot CM);$$

即

$$(A'H \cdot AH') : (A'H \cdot MH') < (AH'^2 \sim AH^2) : (MH'^2 \sim MH^2)。$$

因此也有,

$$(A'H \cdot AH') : (AH'^2 \sim AH^2) < (A'H \cdot MH') : (MH'^2 \sim MH^2)。$$

故

$$AA'^2 : (AA'^2 - p_a^2) < AA'^2 : (PP'^2 - p^2), \quad [命题 130(5)]$$

以及

$$AA'^2 \sim p_a^2 > PP'^2 \sim p^2。$$

并且,若 $AM_1 > AM$,以同样方式我们将有

$$(A'H \cdot MH') : (A'H \cdot M_1H') < (MH'^2 \sim MH^2) : (M_1H'^2 \sim M_1H^2),$$

且因此 $$PP'^2 \sim p^2 > P_1P'^2_1 \sim p_1^2,\text{等等。}$$

(2) 在这种情况下,P 必定在 B 与任一相等共轭直径的一个端点之间,且若 P 在四分之一椭圆 $A'B$ 中,M 将在 C 与 A'之间。①

于是,若 M_1 对应于另一个点 P_1,且 $AM_1 > AM$,我们有

$$MH' > M_1H',\text{以及 } CM < CM_1;$$

$$\therefore (A'H \cdot MH') : (A'H \cdot M_1H') > CM : CM_1$$
$$= (2CM \cdot HH'^2) : (2CM_1 \cdot HH')$$
$$= (MH^2 \sim MH'^2) : (M_1H^2 \sim M_1H'^2),$$

据此,以同样的方式,我们可以证明

$$PP'^2 \sim p^2 > P_1P'^2_1 \sim p_1^2;$$

且当 P 向 B 移近时 $PP'^2 \sim p^2$ 增加,当 P 与 B 重合时 $PP'^2 \sim p^2$ 有一个极大值。

① 原文为 AB,但根据文意,这里应改为 $A'B$。——译者注

科学元典丛书

1 天体运行论 [波兰] 哥白尼
2 关于托勒密和哥白尼两大世界体系的对话 [意] 伽利略
3 心血运动论 [英] 威廉·哈维
4 薛定谔讲演录 [奥地利] 薛定谔
5 自然哲学之数学原理 [英] 牛顿
6 牛顿光学 [英] 牛顿
7 惠更斯光论（附《惠更斯评传》） [荷兰] 惠更斯
8 怀疑的化学家 [英] 波义耳
9 化学哲学新体系 [英] 道尔顿
10 控制论 [美] 维纳
11 海陆的起源 [德] 魏格纳
12 物种起源（增订版） [英] 达尔文
13 热的解析理论 [法] 傅立叶
14 化学基础论 [法] 拉瓦锡
15 笛卡儿几何 [法] 笛卡儿
16 狭义与广义相对论浅说 [美] 爱因斯坦
17 人类在自然界的位置（全译本） [英] 赫胥黎
18 基因论 [美] 摩尔根
19 进化论与伦理学(全译本)(附《天演论》) [英] 赫胥黎
20 从存在到演化 [比利时] 普里戈金
21 地质学原理 [英] 莱伊尔
22 人类的由来及性选择 [英] 达尔文
23 希尔伯特几何基础 [德] 希尔伯特
24 人类和动物的表情 [英] 达尔文
25 条件反射：动物高级神经活动 [俄] 巴甫洛夫
26 电磁通论 [英] 麦克斯韦
27 居里夫人文选 [法] 玛丽·居里
28 计算机与人脑 [美] 冯·诺伊曼
29 人有人的用处——控制论与社会 [美] 维纳
30 李比希文选 [德] 李比希
31 世界的和谐 [德] 开普勒
32 遗传学经典文选 [奥地利] 孟德尔 等
33 德布罗意文选 [法] 德布罗意
34 行为主义 [美] 华生
35 人类与动物心理学讲义 [德] 冯特
36 心理学原理 [美] 詹姆斯
37 大脑两半球机能讲义 [俄] 巴甫洛夫
38 相对论的意义：爱因斯坦在普林斯顿大学的演讲 [美] 爱因斯坦
39 关于两门新科学的对谈 [意] 伽利略
40 玻尔讲演录 [丹麦] 玻尔
41 动物和植物在家养下的变异 [英] 达尔文

42 攀援植物的运动和习性 ［英］达尔文
43 食虫植物 ［英］达尔文
44 宇宙发展史概论 ［德］康德
45 兰科植物的受精 ［英］达尔文
46 星云世界 ［美］哈勃
47 费米讲演录 ［美］费米
48 宇宙体系 ［英］牛顿
49 对称 ［德］外尔
50 植物的运动本领 ［英］达尔文
51 博弈论与经济行为（60 周年纪念版） ［美］冯·诺伊曼 摩根斯坦
52 生命是什么（附《我的世界观》） ［奥地利］薛定谔
53 同种植物的不同花型 ［英］达尔文
54 生命的奇迹 ［德］海克尔
55 阿基米德经典著作集 ［古希腊］阿基米德
56 性心理学、性教育与性道德 ［英］霭理士
57 宇宙之谜 ［德］海克尔
58 植物界异花和自花受精的效果 ［英］达尔文
59 盖伦经典著作选 ［古罗马］盖伦
60 超穷数理论基础（茹尔丹 齐民友 注释） ［德］康托
61 宇宙（第一卷） ［德］亚历山大·洪堡
62 圆锥曲线论 ［古希腊］阿波罗尼奥斯
化学键的本质 ［美］鲍林

科学元典丛书（彩图珍藏版）

自然哲学之数学原理（彩图珍藏版） ［英］牛顿
物种起源（彩图珍藏版）（附《进化论的十大猜想》） ［英］达尔文
狭义与广义相对论浅说（彩图珍藏版） ［美］爱因斯坦
关于两门新科学的对话（彩图珍藏版） ［意］伽利略

科学元典丛书（学生版）

1 天体运行论（学生版） ［波兰］哥白尼
2 关于两门新科学的对话（学生版） ［意］伽利略
3 笛卡儿几何（学生版） ［法］笛卡儿
4 自然哲学之数学原理（学生版） ［英］牛顿
5 化学基础论（学生版） ［法］拉瓦锡
6 物种起源（学生版） ［英］达尔文
7 基因论（学生版） ［美］摩尔根
8 居里夫人文选（学生版） ［法］玛丽·居里
9 狭义与广义相对论浅说（学生版） ［美］爱因斯坦
10 海陆的起源（学生版） ［德］魏格纳
11 生命是什么（学生版） ［奥地利］薛定谔
12 化学键的本质（学生版） ［美］鲍林
13 计算机与人脑（学生版） ［美］冯·诺伊曼
14 从存在到演化（学生版） ［比利时］普里戈金
15 九章算术（学生版） （汉）张苍 耿寿昌
16 几何原本（学生版） ［古希腊］欧几里得

物种起源

自然哲学之数学原理

狭义与广义相对论浅说

关于两门新科学的对话

海陆的起源

博物文库

博物学经典丛书

1. 雷杜德手绘花卉图谱 〔比利时〕雷杜德 著 / 绘
2. 玛蒂尔达手绘木本植物 〔英〕玛蒂尔达 著 / 绘
3. 果色花香——圣伊莱尔手绘花果图志 〔法〕圣伊莱尔 著 / 绘
4. 休伊森手绘蝶类图谱 〔英〕威廉 · 休伊森 著 / 绘
5. 布洛赫手绘鱼类图谱 〔德〕马库斯 · 布洛赫 著
6. 自然界的艺术形态 〔德〕恩斯特 · 海克尔 著
7. 天堂飞鸟——古尔德手绘鸟类图谱 〔英〕约翰 · 古尔德 著 / 绘
8. 鳞甲有灵——西方经典手绘爬行动物 〔法〕杜梅里 〔奥地利〕费卿格 / 绘
9. 手绘喜马拉雅植物 〔英〕约瑟夫 · 胡克 著 〔英〕沃尔特 · 菲奇绘
10. 飞鸟记 〔瑞士〕欧仁 · 朗贝尔
11. 寻芳天堂鸟 〔法〕弗朗索瓦 · 勒瓦扬 〔英〕约翰 · 古尔德 〔英〕阿尔弗雷德 · 华莱士 著
12. 狼图绘：西方博物学家笔下的狼 〔法〕布丰 〔英〕约翰 · 奥杜邦 〔英〕约翰 · 古尔德 等
13. 缤纷彩鸽——德国手绘经典 〔德〕埃米尔· 沙赫特察贝著； 舍讷 绘

生态与文明系列

1. 世界上最老最老的生命 〔美〕蕾切尔 · 萨斯曼 著
2. 日益寂静的大自然 〔德〕马歇尔 · 罗比森 著
3. 大地的窗口 〔英〕珍 · 古道尔 著
4. 亚马逊河上的非凡之旅 〔美〕保罗 · 罗索利 著
5. 生命探究的伟大史诗 〔美〕罗布 · 邓恩 著
6. 食之养：果蔬的博物学 〔美〕乔 · 罗宾逊 著
7. 人类的表亲 〔法〕让 · 雅克 - 彼得 著 弗朗索瓦 · 戴思邦 著
8. 拯救土壤 〔美〕克莉斯汀 · 奥尔森 著
9. 十万年后的地球 〔美〕寇特 · 史塔格 著
10. 看不见的大自然：生命与健康的微生物根源 〔美〕大卫 · 蒙哥马利 著 安妮 · 比克莱 著
11. 种子与人类文明 〔英〕彼得 · 汤普森 著
12. 狼与人类文明 〔美〕巴里 · H. 洛佩斯 著
13. 大杜鹃：大自然里的骗子 〔英〕尼克 · 戴维斯 著
14. 向大自然借智慧：仿生设计与更美好的未来 〔美〕阿米娜 · 汗 著
15. 在人与兽之间 〔美〕蒙特 · 雷埃尔 著
16. 感官的魔力 〔美〕大卫 · 阿布拉姆 著

自然博物馆系列

1. 蘑菇博物馆 〔英〕彼得 · 罗伯茨 著 〔英〕谢利 · 埃文斯 著
2. 贝壳博物馆 〔美〕M. G. 哈拉塞维奇 著 〔美〕法比奥 · 莫尔兹索恩 著
3. 蛙类博物馆 〔英〕蒂姆 · 哈利迪 著
4. 兰花博物馆 〔英〕马克 · 切斯 著 〔荷〕马尔滕 · 克里斯滕许斯 著 〔美〕汤姆 · 米伦达 著
5. 甲虫博物馆 〔加拿大〕帕特里斯 · 布沙尔 著
6. 病毒博物馆 〔美〕玛丽莲 · 鲁辛克 著
7. 树叶博物馆 〔英〕艾伦 · J. 库姆斯 著 〔匈牙利〕若尔特 · 德布雷齐 著
8. 鸟卵博物馆 〔美〕马克 · E. 豪伯 著
9. 毛虫博物馆 〔美〕戴维 · G. 詹姆斯 著
10. 蛇类博物馆 〔英〕马克 · O. 希亚 著
11. 种子博物馆 〔英〕保罗 · 史密斯 著

达尔文经典著作系列

已出版:

物种起源	〔英〕达尔文 著　舒德干 等译
人类的由来及性选择	〔英〕达尔文 著　叶笃庄 译
人类和动物的表情	〔英〕达尔文 著　周邦立 译
动物和植物在家养下的变异	〔英〕达尔文 著　叶笃庄、方宗熙 译
攀援植物的运动和习性	〔英〕达尔文 著　张肇骞 译
食虫植物	〔英〕达尔文 著　石声汉 译　祝宗岭 校
植物的运动本领	〔英〕达尔文 著　娄昌后、周邦立、祝宗岭 译祝宗岭 校
兰科植物的受精	〔英〕达尔文 著　唐　进、汪发缵、陈心启、胡昌序 译　叶笃庄 校,陈心启 重校
同种植物的不同花型	〔英〕达尔文 著　叶笃庄 译
植物界异花和自花受精的效果	〔英〕达尔文 著　萧辅、季道藩、刘祖洞 译　季道藩 一校,陈心启 二校

即将出版:

腐殖土的形成与蚯蚓的作用	〔英〕达尔文 著　舒立福 译
贝格尔舰环球航行记	〔英〕达尔文 著　周邦立 译